प्राकृतिक खेती

प्राकृतिक खेती

रितिक आर्य
रिसर्च स्कालर
आचार्य नरेन्द्र देव कृषि एवं प्रौद्योगिक विश्वविद्यालय,
कुमारगंज, अयोध्या

रेनू आर्य
वैज्ञानिक (गृह विज्ञान-प्रसार शिक्षा एवं संचार प्रबंधन)
कृषि विज्ञान केन्द्र, बहराइच
आचार्य नरेन्द्र देव कृषि एवं प्रौद्योगिक विश्वविद्यालय,
कुमारगंज, अयोध्या

आर.एल. आर्य
पूर्व वरिष्ठ वैज्ञानिक (सस्य विज्ञान)
भारतीय दलहन अनुसंधान संस्थान, कानपुर
जिला सलाहकार, राष्ट्रीय खाद्य सुरक्षा मिशन, कानपुर देहात

साईन्टिफिक
पब्लिशर्स

साईन्टिफिक
पब्लिशर्स

जोधपुर
5-ए, न्यू पाली रोड,
पोस्ट बॉक्स नं. 91
जोधपुर - 342 001 राजस्थान (भारत)
E-mail: info@scientificpub.com
Website: www.scientificpubonline.com

नई दिल्ली
4806/24, अंसारी रोड़, दरियागंज,
नई दिल्ली- 110 002 (भारत)

ISBN: 978-93-94645-69-1

eISBN: 978-93-94645-70-7

भारत में मुद्रित

भूमिका

कृषि को एक ऐसे नए दृष्टिकोण की आवश्यकता है, जो पोषण, सुरक्षा, पर्यावरण संबंधी स्थिरता और भूमि की उत्पादकता के उददेश्यों के बीच संतुलन स्थापित कर सके। प्राकृतिक खेती एक संभावित व्यावहारिक विधि के रूप में उभरी है। प्राकृतिक खेती सभी बाहरी तत्त्वों/निवेशों के उपयोग को पूर्णतय: नकारती है और पूरी तरह से मृदा में सूक्ष्म जीव आधारित जैव विविधता के संबर्धन एवं फसल प्रणाली से संबंधित प्रबंधन पर निर्भर करती है। खेती की यह विधि जैव विविधता का संरक्षण करती है और पर्यावरण को रासायनिक उर्बरकों एवं कीटनाशकों के प्रतिकूल प्रभावों से बचाती है। इससे मृदा जैव कार्बन से संबंधित अवयवों में सुधार करने की दिशा में उल्लेखनीय लाभकारी परिणाम प्रदान किए हैं। प्राकृतिक खेती दुनिया का सबसे बड़ा कार्बन पृथक्करण कार्यक्रम बनने की क्षमता रखता है। विशेष रूप से हरित आवरण के साथ मृदा जैविक कार्बन में बढ़ोतरी के माध्यम से प्राकृतिक खेती सिंचाई में होने वाले पानी के उपयोग को 30 प्रतिशत से 60 प्रतिशत तक कम कर देती है। उत्पादक सामग्रियों की काफी कम लागत के साथ-साथ शून्य रासायनिक कृषि निवेशों और उनके उच्च गुणवत्ता वाले उत्पादों के लिए लगातार मिलने वाली बेहतर कीमतों के कारण शुरुआती चरण में भी किसानो की शुद्ध आय में बढ़ोतरी होती है।

कई लोग अपने खाने वाले गेहूँ के खेत में रसायनों का प्रयोग बंद कर देते हैं वस्तुता पैदावार घट जाती है। खेत में रासायनिक उर्वरक डालना बंद करके अगर किसान गोबर की खाद ही डालेंगे तथा बाकी कुछ नहीं बदलेंगे, तब तो फसल की पैदावार जरूर घटेगी, लेकिन अगर गोबर की खाद के साथ-साथ हम कुछ और कम खर्चे वाले कृषि निवेशों का प्रयोग तथा जीवामृत, धनजीवामृत बीजामृत का प्रयोग करेंगे तो यह समस्या नहीं आएगी। प्रस्तुत पुस्तक में कम खर्च, गुणवत्तायुक्त फसल उत्पादन की विधि के बारे में भी आंकलन किया गया है। भोजन सबकी आवश्यकता है, इसलिए यह पुस्तक फसल उगाने वाले और खाने वालों, दोनों के लिए उपयुक्त है। इस के साथ-साथ यदि कृषक स्वावलंबी हो जाता है, तो बाहर से कुछ खरीदने की जरूरत नहीं रहेगी। छोटी जोत वाला किसान भी खेती से ही कमा-खा सकता है। यदि पूरे साल खेत में काम मिलता है, तो स्वस्थ भोजन के साथ-साथ गांवों और पूरे समाज की दशा और दिशा भी बदल जाएगी जिससे एक आत्मनिर्भर तथा खुशहाल समाज बन जाएगा। पर्यावरण संकट में भी कमी आएगी इसलिए समाज परिवर्तन के काम में लगे प्रत्येक संगठनों द्वारा भी ऐसी खेती को कम-से-कम परखा तो जरूर जाना चाहिए।

यह पुस्तक गौ आधारित प्राकृतिक खेती से जुड़े कृषकों के खेतों को देख कर, उनसे और विशेषज्ञों से वार्तालाप, उनके प्राप्त अनुभवों एवं विषयवस्तु से संबंधित पुस्तकों के आधार पर तैयार की गई है। पुस्तक के लेखन में सहयोग एवं मार्गदर्शन प्रदान करने वाले वैज्ञानिकों के हम विशेषरूप से आभारी हैं।

लेखकगण उन सभी वैज्ञानिकों, विषय वस्तु विशेषज्ञों, अध्यापकों, प्रसार कार्य कर्ताओं आदि सभी का आभार व्यक्त करते हैं जिनके सहयोग से इस पुस्तक को तैयार किया गया है। इस पुस्तक को तैयार करने में जिन पुस्तकों, अखबारों, पत्र-पत्रिकाओं, मैगजीन, इंटरनेट आदि का सहयोग लिया गया है लेखकगण उन सभी के आभारी हैं। प्रस्तुत पुस्तिका में यदि कुछ कमियाँ अथवा त्रुटियाँ रह गईं हो तो हम पाठकों के सुझावों और उनके सहयोग का स्वागत करते हैं और इन त्रुटियों/कमियों को आगामी संस्करण में सुधार करके इस पुस्तक को और अधिक उपयोगी बनाया जा सके।

लेखकगण !

विषय सूची

भूमिका v

1. प्रस्तावना 1–22
2. जीरो बजट प्राकृतिक खेती 23–28
3. प्राकृतिक खेती से संबंधित प्रचलित कृषि पद्धतियाँ 29–104
4. रसायनमुक्त प्राकृतिक फल एवं सब्जी उत्पादन तकनीक 105–114
5. प्राकृतिक खेती की आवश्यकता 115–122
6. प्राकृतिक खेती के लिए आवश्यक कम उत्पादन लागत पद्धतियाँ 123–141
7. प्राकृतिक खेती के लिए कार्बनिक खादें 142–183
8. प्राकृतिक खेती में जैव उर्वरकों की भूमिका 184–196
9. प्राकृतिक खेती में एकीकृत नाशी जीव प्रबंधन 197–202
10. प्राकृतिक खेती में मृदा को समृद्ध करने की देशी तकनीक 203–210
11. प्राकृतिक खेती में एकीकृत पादप पोषण प्रबन्धन 211–214
12. पादप रोगो के निदान में प्राकृतिक उत्पादो का महत्व 215–219
13. पौधा कीट एवं रोग नियंत्रण में प्राकृतिक उत्पाद 220–229
14. प्राकृतिक कीटनाशी/जैविक एजेण्ट द्वारा कीट रोग नियन्त्रण 230–238
15. कृषि में जैविक/प्राकृतिक नियन्त्रण 239–247
16. मानव स्वास्थ्य, मृदा स्वास्थ्य, पर्यावरण पर प्राकृतिक खेती का योगदान 248–252
17. प्राकृतिक खेती का आधार गौ पालन 253–262
18. आवारा पशुओं एवं वनरोज (नील गाय) का नियंत्रण 263–268
19. फसल अवशेष प्रबन्धन – प्राकृतिक खेती का आधार 269–274

20. रसायन मुक्ति का प्रमाण पत्र लेना हुआ आसान 275–277

21. सहभागिता एवं जैविक प्रतिभूति प्रणाली 278–283

22. परिशिष्ट 284–286

अध्याय 1

प्रस्तावना

प्राकृतिक खेती कृषि की वह पद्धति जिसमें पर्यावरण के प्राकृतिक संतुलन को बनाए रखते हुए भूमि, जल एवं वायु को प्रदूषित किए बिना एवं संश्लेषित कृषि निवेशों के प्रयोग किए बिना दीर्घकालीन समय तक स्थिर एवं टिकाऊ उत्पादन प्राप्त करने की विधि है। इस पद्धति में कृषि रसायनों का प्रयोग बिल्कुल भी नहीं किया जाता है। यह पद्धति रासायनिक कृषि की अपेक्षा बहुत अधिक सस्ती, स्वावलंबी एवं चिर स्थायी है। इसमें मृदा को एक जीवित माध्यम माना गया है, यह मात्र भौतिक माध्यम नहीं है। प्राकृतिक खेती से लक्षित कृषि उत्पादन प्राप्त करते हुए प्राकृतिक की संपदा जैसे मृदा, जीवांश, जल एवं वायुमण्डल में एक सामंजस्य स्थापित किया जाता है।

विगतवर्षों से प्राकृतिक खेती ने एक मान्य एवं जीवन क्षम-कृषि पद्धति के रूप में ध्यान आकर्षित किया है। पृथ्वी मानव एवं पर्यावरण के बीच मधुर, परस्पर लाभदायी तथा दीर्घायु संबंधों की आवधारणा को आधार बनाकर आज की प्राकृतिक/शून्य बजट खेती की परिकल्पना की गई। समय के बदलते स्वरूप के साथ शून्य बजट खेती अपने प्रारंभिक काल के मुकाबले अब और अधिक सरल एवं सुगम हो गई है और अनेक नए आयाम अब इसके प्रमुख अंग हैं। शून्य बजट खेती की नीति निर्धारण प्रकिया में प्रदेश तथा अंतर्राष्ट्रीय बाजार में उत्कृष्ट उत्पाद के रूप में पहचान इसकी बढ़ती महत्ता का प्रतीक है। विगत दो दशकों में विश्व समुदाय में खाद्य गुणवत्ता सुनिश्चित करने के साथ पर्यावरण को स्वस्थ रखने हेतु जागरूकता बढ़ी है। अनेक किसानों एवं सरकारी तथा गैर-सरकारी संस्थाओं ने इस विद्या को भी समान रूप से उत्पादन के अनुरूप पाया है। प्राकृतिक खेती प्रणेताओं का तो पूरा विश्वास है कि इस विद्या से न केवल स्वस्थ वातावरण, उपयुक्त उत्पादकता तथा प्रदूषणमुक्त खाद्यान्न प्राप्त होगा बल्कि इसके द्वारा संपूर्ण ग्रामीण विकास की एक नई स्वपोषित स्वावलंबी प्रक्रिया शुरू होगी। शुरुआती हिचकिचाहट के बाद शून्य बजट खेती अब कृषकों एवं प्रदेश की विकास की मुख्य धारा से जुड़ रही है और भविष्य में आर्थिक, सामाजिक तथा पर्यावरणीय सुरक्षा के नए आयाम सुनिश्चित भी करेगी। हालांकि प्रारंभिक काल से अब तक प्राकृतिक खेती के अनेक रूप प्रचलित हुए हैं, परंतु आधुनिक प्राकृतिक/शून्य बजट खेती अपने मूलरूप से बिल्कुल अलग है। स्वस्थ मानव, स्वस्थ मृदा तथा स्वस्थ खाद्यान्न के साथ स्वस्थ एवं टिकाऊ वातावरण के प्रति संवेदनशीलता आज इसके प्रमुख बिंदु अथवा सिद्धांत हैं।

प्राकृतिक खेती की परिभाषा

प्राकृतिक/शून्य बजट खेती को कई संस्थाओं/वैज्ञानिकों ने परिस्थितियाँ के अनुसार कई प्रकार से परिभाषित किया है जो निम्नवत् हैं।

"यह खेती करने का एक ऐसी आसान एवं सस्ती पद्धति जिसके अन्तर्गत हम प्रकृति के साथ संतुलन बनाकर खेती करते हैं। इस पद्धति में प्रकृति से प्राप्त सभी संसाधनों जैसे मृदा, वायु, वर्षा, ओस, खरपतवार, जीव-जन्तु एवं सूर्य का प्रकाश आदि का इस प्रकार से उपयोग किया जाता है कि ये एक दूसरे के लिए सहायक सिद्ध हो सकें तथा प्रकृति में संतुलन स्थापित कर सकें।"

हमारी वर्तमान कृषि पद्धति प्रकृति के साथ सन्तुलन नही बना पा रही है। प्रतिवर्ष गर्मी, सर्दी, बरसात आदि के बारे में नए-नए रिकार्ड/आँकड़े सामने आते रहते हैं। आज हमें विभिन्न प्रतिकूल वातावरणीय परिस्थितियों का सामना करना पड़ रहा है। इस कारण किसान द्वारा अपनी आय का एक बहुत बड़ा भाग खेत की तैयारी से लेकर, बीज की बुआई, खाद, पानी, रासायनिक उर्वरकों तथा कृषि रक्षा रसायनों पर खर्च करना पड़ रहा है। रासायनिक खेती के कारण हमारी मिट्टी, पानी तथा वायु प्रदूषित हो गई है। इस कारण हमें स्वास्थ्यवर्धक फसलोत्पादन प्राप्त नहीं हो पा रहा है। इससे हम और हमारे पेड़ पौधे व जीव जन्तुओं में अनेक रोग एवं बीमारियाँ पनप रही है। जिससे किसान की आर्थिक स्थिति भी कमजोर होती जा रही है। इसलिए हमे प्रकृति के साथ समन्वय स्थापित करके खेती करनी चाहिए।

प्राकृतिक विधि से खेती करने के लिए हम उपरोक्त बातों का ध्यान रखें तो प्रकृति के साथ स्वतः ही समन्वय स्थापित हो जाता है। जिससे यह शून्य लागत वाली खेती बन जाती है तथा उपज भी अधिक एवं गुणवत्तायुक्त प्राप्त होती है।

प्राकृतिक खेती को अभियान के रूप में अपनाया जाना चाहिए ताकि किसान समृद्ध बने, समाज स्वस्थ हो, मृदा को खराब होने से बचाया जा सके और हम देश में दूसरी हरित क्रांति ला सके। प्राकृतिक खेती रसायनिक खाद रहित होने के साथ-साथ पानी के भी कम उपयोग के साथ की जाती है। प्रगतिशील किसानों ने फल, फूल, अनाज तथा सब्जियों का प्राकृतिक खेती के माध्यम से उत्पादन कर अपना पैसा बचाने के साथ मृदा को भी स्वस्थ बनाया है।

प्राकृतिक विधि से खेती करने के लिए चार बातें प्रमुख हैं:-

1. किसान किसी भी फसल की बुआई अथवा रोपाई करें - इस विधि से खेती करने पर खेत की जुताई करने की कोई आवश्यकता नहीं है। बीज की बुआई हो या पौधे की रोपाई आदि कृषि कार्य तैयार भूमि में किये जाते हैं। बीज की बुआई/रोपाई कार्य उपयुक्त समय पर करने से अधिक उपज प्राप्त होती है तथा खेती के अन्य कार्य भी सही समय पर किए जा सकते हैं।
2. इस विधि से खेती करने पर बाजार से किसी भी रासायनिक खाद जैसे यूरिया, डी.ए.पी., एन.पी.के. आदि को खेत में प्रयोग करने की आवश्यकता नहीं पड़ती है।

भूमि से ही पौधों के लिए सभी आवश्यक पोषक तत्व उपयुक्त मात्रा में आसानी से उपलब्ध हो जाते हैं, परन्तु पौधों के लिए समस्त आवश्यक पोषक तत्त्वों की उपलब्धता सुनिश्चित करने के लिए फसल अवशेष प्रबंधन एक आवश्यक क्रिया है।

3. खरपतवारों को नियंत्रित करने के लिए किसी भी रासायनिक खरपतवारनाशी की आवश्यकता नहीं पड़ती है क्योंकि इस विधि से खेती करने पर खरपतवारों को नियंत्रित करने के लिए जैविक अथवा यांत्रिक विधियाँ अपनाई जाती हैं। इन विधियों से खेत में प्रभावी खरपतवार नियंत्रण होने के साथ-साथ खरपतवारों के पौधे भूमि में मिल जाने से मृदा में कार्बनिक पदार्थ की मात्रा में वृद्धि हो जाती है जिससे पौधों को पोषक तत्त्व भी प्राप्त हो जाते हैं।
4. पेड़-पौधों को कीट, रोग तथा बीमारियाँ इस विधि से कृषि करने पर बहुत कम नुकसान पहुँचाती है। यदि फसलों में हानि की मात्रा आर्थिक क्षति स्तर से अधिक होती है तब इनके नियंत्रण की आवश्यकता पड़ती है इसके लिए फसलों में यांत्रिक अथवा जैविक विधियां प्रयोग की जाती हैं। इसके अतिरिक्त जैव रसायन एवं जैव कीटनाशी सूत्र भी इनके नियंत्रण के लिए बहुत ही प्रभावी हैं।

प्राकृतिक कृषि के कुछ विशेष तथ्यः प्राकृतिक कृषि के कुछ विशेष तथ्य निम्नलिखित हैं-

1. खेती की यह पद्धति प्रकृति, विज्ञान, अध्यात्म एवं अहिंसा पर आधारित शाश्वत कृषि पद्धति है।
2. इस पद्धति के अन्तर्गत कृषकों को रासायनिक खादों/उर्वरकों, गोबर की खाद, जैविक खाद, वर्मी कम्पोस्ट, विषैले कीटनाशी/फफूंदीनाशी/खरपतवारनाशी आदि का प्रयोग कदापि नहीं करना होता है केवल देशी गाय के माध्यम से इस खेती को आसानी से कर सकते हैं। सिंचित अथवा असिंचित दशाओं में भी इस विधि से खेती की जा सकती है।
3. खेती की इस पद्धति में केवल 10 प्रतिशत सिंचाई पानी एवं 10 प्रतिशत विद्युत की आवश्यकता होती है। इसका तात्पर्य यह है कि इस पद्धति के अपनाने से 90 प्रतिशत सिंचाई पानी तथा 90 प्रतिशत विद्युत ऊर्जा की बचत होती है।
4. इस पद्धति में उगायी गई फसलों की उपज/उत्पादकता रासायनिक कृषि पद्धति अथवा जैविक कृषि पद्धति की अपेक्षा अधिक एवं गुणवत्तायुक्त होती है जो मनुष्यों के लिए अधिक उत्पादन एवं स्वास्थ्य के लिए अधिक लाभदायक है।
5. इस पद्धति से उगाये गए फसल के उत्पाद विषमुक्त (रसायनमुक्त), उच्च गुणवत्तायुक्त, पौष्टिक तथा स्वादिष्ट होते हैं। फसल के उत्पाद में इन गुणों के कारण उपभोक्ताओं द्वारा इनकी माँग अधिक होने से बाजार में मूल्य भी अधिक प्राप्त होता है जिससे कृषकों की आर्थिक स्थिति में सुधार होता है।

6. रासायनिक कृषि से मानव, पशु, पक्षी, जल, भूमि एवं पर्यावरण की दशा खराब होती है अथवा विनाश होता है जबकि कम लागत की गौ आधारित प्राकृतिक खेती से उक्त सभी का विनाश रुक जाता है और प्राकृतिक संसाधनों की शाश्वतता बढती है साथ ही साथ पर्यावरण प्रदूषण भी नहीं होता है।
7. कम लागत प्राकृतिक कृषि का नारा है कि गाँव का पैसा गाँव में, शहर का पैसा गाँव में।
8. इन सभी पहलुओं को दृष्टि में रखते हुए देश के प्रत्येक किसान को कम लागत की गौ आधारित प्राकृतिक कृषि तथा अध्यात्मिक कृषि को स्वीकार करना आज की आवश्यकता है।

''पेड़-पौधों की वृद्धि और उनसे अधिक उत्पादन प्राप्त करने के लिए जिन-जिन संसाधनों की आवश्यकता होती है, उन सभी संसाधनों को पौधों को उपलब्ध कराने के लिए प्रकृति को बाध्य करना प्राकृतिक कृषि कहलाती है। फसल का लागत मूल्य सहयोगी फसलों से प्राप्त करना और मुख्य फसल बोनस के रूप में प्राप्त करना ही कम लागत की प्राकृतिक खेती है।''

भारत की अर्थव्यवस्था का मुख्य आधार कृषि है-देश की 43 प्रतिशत जनसंख्या की जीविका कृषि पर निर्भर है। इसके बावजूद भारत के करीब 60 प्रतिशत व्यक्तियों को वर्ष 2050 तक खाद्यान्न की गंभीर कमी होने की आशंका व्यक्त कर रहे है, परन्तु यह भ्रांति है।

जलवायु परिवर्तन के दुष्प्रभाव, उर्वरको और कीटनाशकों के अनियंत्रित प्रयोग, भूमि क्षरण, समाप्त होता भू-जल, महंगे बीज और कर्ज पर महंगी ब्याज दर जैसी चुनौतियां भारत के कृषि के लिए कृषको के सामने एक विकट समस्या है। महंगा कर्ज किसानो के ऋण में डूबने और किसान परिवारों की परेशानी का एक बड़ा कारण बनता जा रहा है जिसके फलस्वरूप किसानों द्वारा आत्महत्याएँ जैसी घटनाओं में निरंतर वृद्धि होती जा रही है।

ऑस्ट्रेलिया में यूनिवर्सिटी ऑफ दक्षिण ऑस्ट्रेलिया में वरिष्ठ प्रवक्ता और कृषि एवं खाद्य मुद्दों पर संयुक्त राष्ट्र पर्यावरण कार्यक्रम के सहयोगी एवं भारतीय कृषि वैज्ञानिक डा. हरविंदर संधू का कहना है कि 1960 के दशक की हरित क्रांति के बाद से प्रचलित उच्च निवेश कृषि ही इन समस्याओ के प्रमुख कारणो में से एक है, परन्तु भविष्य में ऐसा सम्भव नही है इसलिए किसान इसका विकल्प तलाशने के लिए सतत् प्रयत्नशील हैं।

यू.एन. पर्यावरण एजेंसी पारिस्थितिकी तंत्र और जैव विविधता के अर्थशास्त्र (Economics of Ecosystems and Biodiversity) की मेजवानी करता है जो प्रकृति के मूल्यों को प्रत्यक्ष बनाने पर केन्द्रित एक वैश्विक पहल है। कृषि और खाद्य ने इस पहल को वर्ष 2014 में शुरू किया गया था ताकि नीतिनिर्धारिक कृषि खाद्य मूल्य श्रंखला (वैल्यू चैन) की प्रकृति पर निर्भरता और प्रभावों को बेहतर ढंग से समझ सके। शून्य बजट प्राकृतिक खेती के सिद्धातों का कृषि व खाद्य के लिए पारिस्थितिक तंत्र और जैव विविधता के अर्थशास्त्र के साथ

तालमेल बैठाया जाता है, जिससे प्रति हेक्टेयर उत्पादकता से ध्यान हटाकर समग्र दृष्टिकोण पर ध्यान केन्द्रित हो और कृषि से मानवीय, सामाजिक और पर्यावरणीय लाभ और लागत के मूल्यों को पहचाना जा सके।

कृषि में असंख्य सकारात्मक और नकारात्मक बाहयताए छिपी होती हैं जिसमें कीटनाशकों के इस्तेमाल से मानव स्वास्थ्य पर असर और जलाशयो का प्रदूषण का शिकार होना है।

परम्परागत खेती बनाम रासायनिक खेती के गुण-दोषों पर एक सार्थक बहस आज विदेश-देश-प्रदेश में गम्भीरता से हो रही है। कृषि आज भी हमारी अर्थव्यवस्था की रीढ़ है तथा प्राचीनकाल से ही खेती करना उत्तम व्यवसाय माना जाता रहा है। इसलिए प्रसिद्ध कवि घाघ ने भी कहा है कि 'उत्तम खेती मध्यम बान निसिध चाकरी भीख समान'। शायद इसलिए कि इसमें किसान की आत्मनिर्भरता के साथ-साथ स्वायत्तता भी है। यह मानव उपयोग के लिए पौधों और जानवरों के विकास का प्रबंधन करने की एक कला है। 1960 के दशक के बाद देश में आई हरित क्रांति ने भारतीय कृषि के भविष्य की दिशा तथा दशा दोनों को तय किया। इस वैज्ञानिक खेती से खेत में महंगे बीज, खाद, कीटनाशक तथा बड़े-बड़े कृषि यंत्रों का प्रयोग हुआ, इससे खेती महंगी होती गई, पहले उपज बढ़ी, फिर स्थिर हुई तत्पश्चात्-आत्म हत्याओं की घटनाऐं प्रारम्भ हो गई। कृषि ऋण इसी कृषि की उत्पत्ति है। आज की इस परिस्थिति को शायद कृषि वैज्ञानिको को दोषी ठहराया जा रहा है क्योंकि हमारे देश के कृषि वैज्ञानिक एवं प्रसार कर्त्ताओं के दिन रात एक करके खेती की ऐसी परिकल्पना की जो विश्व के प्रत्येक देश एवं वैज्ञानिको द्वारा एक सराहनीय कदम बताया जा रहा है कि भारत विश्व का एक ऐसा देश है जो देश की तीव्रतम गति से बढ़ती जनसंख्या को खाद्यान्न उपलब्ध कराने में सक्षम हो सका है यह अभियान केवल देश की जनसंख्या के लिए खाद्यान्न ही नहीं उपलब्ध करा सका है बल्कि देश में अतिरिक्त खाद्यान्न भी उपलब्ध है जो देश की सम्पूर्ण जनसंख्या को कई वर्षों तक खाद्यान्न उपलब्ध करा सकता है, परन्तु वर्तमान समय में अधिक उत्पादन प्राप्त करने की होड़ में कृषको ने उन्नत एवं अधिक उत्पादन प्राप्त करने वाली प्रजातियो के उगाने के साथ-साथ अधिक मात्रा में उर्वरको एवं कीटनाशकों के प्रयोग से मृदा, जल, वायु आदि ज्यादा प्रदूषित हो गये हैं जिसके परिणामस्वरूप मनुष्यों एवं पशुओं में खतरनाक बीमारियाँ पनप रही है। बढ़ते प्रदूषण के बचाव के लिए गौ आधारित प्राकृतिक खेती को ध्यान में रखते हुए कृषि उत्पादन की बृद्धि को वर्तमान क्रम में बनाये रखते हुए जिस प्रकार से हरित क्रांति के समय वैज्ञानिको ने जो कदम उठाये उन्हे इस समय भी ध्यान में रखना होगा कि इस प्राकृतिक खेती में कृषकों को केवल एक ही चिंता सता रही है कि कही फसल की उपज में कमी न हो जाए। इसके लिए वैज्ञानिको को सभी फसलो का उन्नत तथा अधिक उपज देने वाली प्रजातियाँ जो जीवामृत, घनजीवामृत, बीजामृत आदि के प्रति अनुग्राही एवं अनुकूल हो तथा ऐसी स्थिति में भी अधिक उत्पादन देने में सक्षम हो।

कृषि क्षेत्र में देश और प्रदेश को आत्मनिर्भर बनाने के लिए प्राकृतिक खेती सबसे बेहतर विकल्प है। इस खेती पद्धति को अपनाने से किसानों के उत्पादन की लागत कम होकर आय

कई गुणा बढ़ेगी। यह नितांत आवश्यक है कि 'जहरमुक्त व पोषणयुक्त खाद्यान्न' के लिए व्यापक स्तर पर प्राकृतिक खेती को ही अपनाया जाए। प्राकृतिक कृषि से संबंधित विभिन्न सामग्री जैसे घनजीवामृत, बीजामृत, जीवामृत इत्यादि तैयार किये जा सके।

खेती में विभिन्न रासायनों का प्रयोग, फसल उत्पादन एवं उत्पादकता बढ़ाने हेतु हरित क्रांति के पश्चात् प्रारम्भ हुआ था। फसल उत्पादन के समय विपरीत मौसम, भूमि की पौष्टिक तत्त्वों के लिए अधिक माँग कीट-बीमारियों की रोकथाम कर अधिक उत्पादन लेना इस कृषि पद्धति का मूल उद्देश्य था, लेकिन धीरे-धीरे फसल उत्पादन का गिरना, पानी का प्रदूषण, भूमि का अम्लीयकरण, भूमि में उपलब्ध खनिजों में कमी, कीट-बीमारियों में आ रही लगातार प्रतिरोधक क्षमता, नए कीट-बीमारियों का उद्भव इत्यादि इसके नकारात्मक परिणाम अब सामने आ रहे हैं। कीटनाशकों के प्रयोग से इसका उछिष्ट लाभ अल्पकालिक है, वहीं इनका दुष्प्रभाव वातावरण, जमीन एवं जल निकायों में लंबे समय तक रहना शुरू हुआ। आज कहावत है कि 'थोड़ा अच्छा है, पर थोड़ा अधिक और अच्छा है' के अनुसार खाद-कीटनाशकों का अंधाधुंध प्रयोग मानव एवं अन्य उपलब्ध जीवन के नाश का कारण बनता जा रहा है।

प्राकृतिक खेती, भूमि की उर्वरता एवं जैविक मात्रा में वृद्धि कर तथा फसलों एवं फल-सब्जियों में कीट-पतंगों एवं बीमारियों की रोकथाम करके किसानों की आर्थिक स्थिति में बदलाव लाने की क्षमता रखती है। हिमाचल प्रदेश जैसे पहाड़ी राज्यों में कृषकों के पास कम भूमि है तथा किसान अधिकतर देसी नस्ल के पशुओं का पालन करते हैं। हमारा प्रदेश कृषि बागवानी में देश के अग्रणी राज्यों में से एक है, लेकिन देश में बढ़ते रासायनों के प्रयोग से खेती में लागत का लगातार बढ़ना चिंता का विषय है।

रासायनिक कृषि-बागवानी के दुष्प्रभाव दुनिया भर में देखे जा रहे हैं। इन रासायनों के अत्यधिक प्रयोग से जल-ज़मीन तो प्रदूषित हुई ही है, विभिन्न वैज्ञानिक शोध, फल-सब्जियों द्वारा मनुष्य के शरीर में रसायनों के प्रवेश और उनके स्वास्थ्य पर बुरे असर की भी पुष्टि करते हैं। पर्यावरण को दूषित करने के अतिरिक्त रासायनिक खेती ने फ़सल उत्पादन की लागत को इतना बढ़ा दिया है कि किसान या तो ऋण के बोझ में दब रहा है या कृषि छोड़ दूसरे रोजगार की तलाश में शहर की ओर रुख कर रहा है। रासायनिक खेती के लिए प्रस्तुत विकल्प, प्राकृतिक खेती एक सस्ता विकल्प है।

प्राकृतिक खेती में ज़हरमुक्त एवं अधिकतम फ़सल-फल उत्पादन हेतु कुछ विशेष घटक विधियां आसान एवं बहुत कम खर्चे में बनने वाले घटक हैं। न्यूनतम लागत, अधिक उपज, उच्च गुणवत्ता, स्वस्थ पर्यावरण, जहर-रोग-कीट-प्राकृतिक संकट-कृषि कर्ज एवं चिंता मुक्त के साथ-साथ किसान-बागवान को समद्ध, खुशहाल एवं स्वावलम्बी बनाने वाली खेती ही प्राकृतिक खेती है। प्राकृतिक खेती, किसानों की खेती के लिए आवश्यक आदानों की बाजारी खरीद को एकदम से खत्म करती है। इस विधि की यह परिकल्पना है कि किसान सभी आवश्यक कृषि निवेश घर पर या इसके आसपास उपलब्ध संसाधनों द्वारा ही बनाऐगा। इन

सभी क्रियाओं को 'शून्य लागत प्राकृतिक खेती' नामकरण किया है जिसमें 'शून्य लागत' का अभिप्राय है कि फसल में कृषि निवेशों की आवश्यकता हेतु बाजार से कुछ भी नहीं खरीदना।

कृषि के आर्थिक निर्णय

कृषि और खाद्य मूल्यांकन ढाँचे के लिए पारिस्थितिकी तंत्र और जैव विविधता का अर्थशास्त्र, कृषि और खाद्य प्रणालियों की सही लागतों की जाँच करता है। पारिस्थितिक तंत्र और जैव विविधता के अर्थशास्त्र ने अभी तक शून्य बजट प्राकृतिक खेती का पूर्ण मूल्यांकन नहीं किया है, लेकिन इस बात के प्रमाण हैं कि इसका सकारात्मक पारिस्थितिक प्रभाव जैसे मिट्टी की गुणवत्ता, उर्वरता और जल धारण क्षमता पर पड़ता है। साथ ही उपज परिवर्तनशीलता में कमी और किसानों की आय बढने जैसे सामाजिक-आर्थिक लाभ भी है। खाद्य सुरक्षा और जलवायु परिवर्तन सहन क्षमता पर इसके सकारात्मक प्रभावों के भी प्रमाण हैं। प्रमुख बात यह है कि इनमें से कुछ लाभ आर्थिक निर्णयो में शामिल नही होते हैं। भविष्य में यह अंतर कम अथवा समाप्त करना होगा जिसमे सकारात्मक और नकारात्मक बाहयताओं के अनुसार हो, वरना स्पष्ट है कि हम अपने भोजन की सही लागत का भुगतान नहीं कर रहे हैं। दूसरे शब्दों में हमें सही लागत लेखांकन की आवश्यकता है।

चूंकि शून्य बजट प्राकृतिक खेती का कथिततौर पर सकारात्मक असर हो रहा है तो इससे कृषि और खाद्य मूल्यांकन के लिए पारिस्थितिक तंत्र और जैव विविधता के अर्थशास्त्र पर भी प्रभाव होगा। मूल्यांकन का उद्देश्य निर्णय निर्माताओं को यह बताना है कि शून्य बजट प्राकृतिक खेती से किस हद तक समाज को लाभ हो रहा है, जिससे इसको और अधिक बढावा देने की कीमत समझी जा सके।

जो लोग शून्य बजट प्राकृतिक खेती की आलोचना करते हैं उन्हें पहले इसके असंख्य सकारात्मक बाहय लाभ देखने चाहिए और तुलनात्मक अध्ययन वर्तमान की पारंपरिक प्रणालियो की नकारात्मक बाहयताओं से करनी चाहिए।

इस प्रक्रिया में कई ऐसे समूहों के भी स्वार्थ निहित बताए हैं, जिन्हें भारी रियायत वाली सधन खेती को जारी रखने से लाभ होता है।

बदलाव की अपील

संयुक्त राष्ट्र का खाद्य और कृषि संगठन भी उच्च-निवेश, संसाधन-गहन खेती पर निर्भरता घटाने के महत्व पर बल देता है और देशों से उत्पादकता बढाने, टिकाऊ भोजन उपलब्ध कराने और प्राकृतिक संसाधनों के कुशल उपयोग के लिए कृषि विविधता जैसे दृष्टिकोण अपनाने का आग्रह कर रहा है। आंध्रप्रदेश में शून्य बजट प्राकृतिक खेती को पूरा समर्थन दिया है। वही अब कृषि वैज्ञानिक भी स्थान के हिसाव से विशेष समाधानों की तलाश करने की सिफारिश करने लगे हैं।

शून्य बजट प्राकृतिक खेती से स्थानीय स्तर पर इस तरह के समाधान मिल सकते हैं और खेती कर पैदावार में सुधार, पर्यावरण की रक्षा और सामाजिक कल्याण को बढ़ाने की क्षमता रखती है। प्राकृतिक खेती किसानों की आजीविका, मनुष्यों के स्वास्थ्य, पृथ्वी की दशा एवं सरकारी अनुदान देने से बचने के लिए उपयोगी है विगत पाँच दशकों में खाद्य सुरक्षा के लक्ष्य को सफलापूर्वक हासिल करने के बाद अब समय आ गया है कि भारत अपनी कृषि को पर्यावरण अनुकूल बनाने के साथ-साथ किसानों की आय में निरंतर वृद्धि सुनिश्चित करने के लिए खेती के तौर तरीको में बदलाव करे। हरित क्रांति से देश को निःसंदेह खाद्य सुरक्षा प्राप्त हुई, लेकिन इससे रासायनिक उर्वरकों, कीटनाशकों एवं शाकनाशियों के अधिक प्रयोग पर भी निर्भरता बढ़ी है। परिणामस्वरूप पिछले कुछ वर्षों में मृदा जैव कार्बन की मात्रा में भारी कमी दर्ज की गई है। भारतीय मृदा विज्ञान संस्थान, भोपाल के अनुसार मृदा में जैव कार्बन की मात्रा 1947 में 2.0 प्रतिशत से भी अधिक थी, परंतु आज यह देश में औसतन 0.4 प्रतिशत से भी कम होने पर चिंताजनक स्तर पर आ गई है, जो भूमि की उर्बरता बनाए रखने के लिए आवश्यक 1.0-1.5 प्रतिशत की स्वीकार्य सीमा से काफी कम है। इसके लिए कार्बनिक पदार्थों (हरी खाद) एवं खादों के प्रयोग न किए लाने अथवा उर्वरको के अत्यधिक उपयोग को जिम्मेदार ठहराया जा सकता है, जो 1969 में 12.4 किग्रा. प्रति हेक्टेअर से बढ़कर 2020 में 175 किग्रा. प्रति हैक्टेयर हो गया है। इसके अतिरिक्त औसत खेत का आकार 1970-71 में 2.28 हैक्टेयर से कम होकर 2015-16 में 1.08 हैक्टेयर हो गया है। छोटे आकार के खेत कृषि यंत्रीकरण के अनुकूल नही होते और इसलिए बड़े आकार के खेतों की तुलना में कम उत्पादकता को प्रदर्शित करते हैं। मृदा की उर्वरता में गिरावट और छोटे एवं सीमांत खेतों की प्रधानता की वजह से कृषि के औद्योगिक माडल को भारत में क्रियांवित नहीं किया जा सकता है, जैसा कि विकसित अर्थव्यवस्थाओं में लागू है।

आज भारतीय कृषि में 89 प्रतिशत भू-जल का उपयोग होता है। विश्व में भारत की पहचान पानी की कमी वाले देश के रूप में जानी जाती है देश में प्रति व्यक्ति जल की उपलब्धता 1951 में 5178 घन मीटर थी जो 2011 में 1544 घन मीटर रह गई है। 2050 तक प्रतिव्यक्ति जल उपलब्धता कम होकर 1140 घन मीटर से भी कम रहने का अनुमान है इसलिए आर्थिक सर्वेक्षण, 2019 में सुझाव दिया कि भूमि उत्पादकता के स्थान पर जल संरक्षण उपायों के माध्यम से सिंचाई जल उत्पादकता पर ध्यान केन्द्रित किया जाना चाहिए। अमेरिका से प्रकाशित होने वाली पत्रिका द नेचर में बहुत पहले ही एक लेख प्रकाशित किया गया था जिसमें कहा गया था कि विश्व में जल दोहन/उपयोग का स्थिति यदि यही रही तो आने वाले समय में विश्व युद्ध केवल पानी के लिए ही होगा।

देश के 11 राज्यों में खेती की इस विधि का पहले ही अपना चुके लगभग 30 लाख किसानों का ऐसा ही अनुभव रहा है। 11 राज्यो में 6.5 लाख हैक्टेयर भूमि पर प्राकृतिक खेती सफलतापूर्वक की जा रही है जिसके परिणाम सकारात्मक रहे हैं।

वर्तमान में आन्ध्रप्रदेश एवं हिमाचल प्रदेश प्राकृतिक खेती को बढ़ावा देने वाले अग्रणी राज्य हैं। आन्ध्रप्रदेश ने 2024 तक प्राकृतिक खेती को 60 लाख से अधिक किसानों तक पहुँचाने का लक्ष्य रखा है। यहाँ प्राकृतिक खेती के अन्तर्गत पाँच फसलों (धान, मूँगफली, चना, मक्का और मिर्च) की पैदावार में 8 प्रतिशत से लेकर 32 प्रतिशत तक की बढ़ोत्तरी हुई है। सेंटर फॉर स्टडी आफ साइंस, टेक्नोलॉजी एण्ड पॉलिसी द्वारा आन्ध्रप्रदेश में किए गये अध्ययन में पाया गया कि पारम्परिक खेती को छोड़ कर प्राकृतिक खेती को अपनाने पर सिंचित फसल की स्थिति में प्रति एकड 1400-3500 किलोलीटर पानी एवं 12.50 गीगाजोल ऊर्जा की बचत और कार्बन डाई-ऑक्साइड के उत्सर्जन में 1.4 मीट्रिक टन से लेकर 6.6 मीट्रिक टन की कमी हुई है। हिमाचल प्रदेश में हुए इसी तरह के एक अध्ययन में पाया गया कि खेती की लागत में 56 प्रतिशत की कमी के साथ-साथ फसल की पैदावार में 27 प्रतिशत की वृद्धि हुई है।

किसानों की शुद्ध आय में वृद्धि करने तथा पर्यावरण को संरक्षित करने के अतिरिक्त प्राकृतिक कृषि पद्धतियाँ रासायनिक पदार्थों से मुक्त कृषि उत्पादों की अधिक पैदावार के माध्यम से पोषण सुरक्षा सुनिश्चित करेगी। प्राकृतिक खेती भारत को निर्धारित अवधि के भीतर अपने सतत् विकास के लक्ष्यों को प्राप्त करने मे मदद करेगी, जिससे वैश्विक एजेंडा 2030 को पूरा करने मे योगदान मिलेगा। कुल मिलाकर प्राकृतिक खेती कृषको की आजीविका, नागरिकों के स्वास्थ्य, पृथ्वी की दशा और किसानों के आर्थिक स्थिति को मजबूत करने के लिए भी उपयुक्त है।

महात्मा गाँधी के इस वाक्य को ध्यान में रखकर जीरो बजट प्राकृतिक खेती की जाए, तो किसान को न तो अपने उत्पाद को औने-पौने दाम में बेचना पड़ेगा और न ही पैदावार कम होने की शिकायत रहेगी, लेकिन सोना उगलने वाली हमारी धरती पर खेती करने वाला किसान लालच का शिकार होकर रासायनिक खेती करके और अपनी एवं मृदा की सेहत खराब कर रहा है।

कृषि आधारित अर्थव्यवस्था वाले इस देश में रासायनिक खेती के बाद अब जैविक खेती सहित पर्यावरण हितैषी खेती, एग्रो इकोलॉजिकल फार्मिंग, बायोडायनामिक फार्मिंग, वैकल्पिक खेती, शाश्वत कृषि, सावयव कृषि, सजीव खेती, सांद्रिय खेती, पंचगव्य कृषि, दसगव्य कृषि तथा नाडेप कृषि जैसी अनेक प्रकार की विधियाँ अपनाईं जा रही हैं और संबंधित जानकार ही इसकी सफलता के दावे पेश करते आ रहे हैं।

परन्तु किसान भ्रमित हैं। परिस्थितियाँ उसे लालच की ओर धकेलती जा रही हैं। उसे यह नहीं मालूम उसके लिए सही क्या हैं? रासायनिक खेती के स्थान पर उसे अब जैविक कृषि दिखाई दे रही है। किन्तु जैविक खेती से ज्यादा सस्ती, सरल एवं ग्लोबल वार्मिंग (पृथ्वी के बढ़ते तापमान) का मुकाबला करने वाली जीरो बजट प्राकृतिक खेती मानी जा रही है, परन्तु रासायनिक खेती की तुलना में जैविक खेती भी अधिक उपज देने वाली, मृदा को हानि न पहुँचाने वाली एवं पर्यावरण हितैषी कृषि है।

जीरो बजट प्राकृतिक खेती देशी गाय के गोबर एवं गौमूत्र पर आधारित है। एक देशी गाय के गोबर एवं गौमूत्र से एक किसान लगभग तीस एकड़ जमीन पर जीरो बजट प्राकृतिक खेती कर सकता है। देशी प्रजाति के गौवंश के गोबर एवं मूत्र से जीवामृत, घनजीवामृत तथा जामन बीजामृत बनाया जाता है। इनका खेत में उपयोग करने से मिट्टी में पोषक तत्त्वों की मात्रा में वृद्धि के साथ-साथ जैविक गतिविधियों का विस्तार होता है। जीवामृत का प्रत्येक महीने में एक अथवा दो बार खेत में छिड़काव किया जा सकता है। जबकि बीजामृत का इस्तेमाल बीजों को उपचारित करने में किया जाता है। इस विधि से खेती करने वाले किसानों को बाजार से किसी प्रकार की खाद और कीटनाशक रसायन खरीदने की आवश्यकता ही नहीं पड़ती है। फसलों की सिंचाई के लिए पानी एवं बिजली भी मौजूदा रासायनिक खेती की तुलना में दस प्रतिशत ही खर्च होता है।

गाय से प्राप्त सप्ताह भर के गोबर एवं गौमूत्र से निर्मित घोल का खेत में छिड़काव करने से खाद का काम करता है और भूमि की उर्वरता का ह्रास भी नहीं होता है। इसके प्रयोग से एक ओर जहाँ गुणवत्तायुक्त उपज प्राप्त होती है, वही दूसरी ओर उत्पादन लागत भी लगभग शून्य आती है।

प्राकृतिक खेती के सूत्रधार महाराष्ट्र के सुभाष पालेकर की माने तो जैविक खेती के नाम पर जो लिखा और कहा जा रहा है, वह सही नही है। जैविक खेती रासायनिक खेती से भी खतरनाक है तथा विषैली और खर्चीली साबित हो रही है। उनका कहना है कि वैश्विक तापमान वृद्धि में रासायनिक खेती और जैविक खेती एक महत्वपूर्ण यौगिक है। वर्मी कम्पोस्ट का जिक्र करते हुए वे कहते हैं कि यह विदेशों से आयातित विधि है और इसकी ओर सबसे पहले रासायनिक खेती करने वाले ही आकर्षित हुए हैं, क्योंकि वे यूरिया से जमीन के प्राकृतिक उपजाऊपन पर पड़ने वाले प्रभाव से पूर्णरूप से जान चुके हैं।

वर्मी कम्पोस्ट खाद बनाने में इस्तेमाल किए जाने वाले आयातित केंचुओं को भूमि की उर्वराशक्ति के लिए हनिकारक मानने वाले श्री पालेकर बताते हैं कि दरअसल इनमें देशी केंचुओं का एक भी लक्षण दिखाई नहीं देता है। आयात किया गया यह जीव केंचुआ न होकर आयसेनिया फोटिडा नामक जन्तु है, जो भूमि में स्थित फसल अवशेषों और गोबर को खाता है। जबकि हमारे यहाँ पाया जाने वाला देशी केंचुआ मिट्टी एवं इसके साथ मृदा में उपस्थिति हानिकारक जीवाणु जो फसलों एवं पेड़-पौधों को नुकसान पहुँचाते हैं, उन्हें खाकर खाद के रूप में परिवर्तित कर देता है। साथ ही मृदा में अंदर बाहर ऊपर नीचे होता रहता है, जिससे भूमि में असंख्य छिद्र बन जाते हैं, जिससे वायु का संचार एवं वर्षा के जल का पुनर्भरण हो जाता है। इस तरह देशी केंचुआ जल प्रबंधन का सबसे अच्छा वाहक है। साथ ही खेत की जुताई करने वाले हल का काम भी करता है अर्थात् हलवाहा भी कहा जाता है।

जीरो बजट प्राकृतिक खेती जैविक खेती से भिन्न है तथा ग्लोबल वार्मिंग और वायुमण्डल में आने वाले बदलाव का मुकाबला एवं उसे रोकने में सक्षम है इस तकनीक का इस्तेमाल

करने वाला किसान कर्ज के झंझट से भी मुक्त रहता है। प्राप्त जानकारी के अनुसार अब तक देश में लगभग 40 लाख किसान इस विधि से जुड़े हुए हैं।

वर्तमान में खेती की विधि एवं उपज, उत्पादन, खेती की लागत को दृष्टि में रखते हुए बहुत से प्रगतिशील किसान प्राकृतिक खेती को अपना रहे हैं। प्राकृतिक खेती, खेती की वह विधि है जो प्राचीन काल से की जा रही है। इस खेती के कुछ नए स्वरूप भी आ रहे हैं जो काफी मिलते-जुलते हैं जैसे जैविक खेती, शून्य बजट खेती, पारंपरिक खेती आदि हैं। केन्द्र सरकार के कृषि मंत्रालय के अनुसार प्राकृतिक कृषि पद्धति की तरह देश में अब तक लगभग 4 लाख हैक्टेयर क्षेत्र में यह खेती की जा रही है।

प्राकृतिक खेती का मुख्य आधार देशी गाय है। प्राकृतिक खेती कृषि की प्राचीन पद्धति है। यह भूमि के प्राकृतिक स्वरूप को बनाए रखती है। प्राकृतिक खेती में रासायनिक कीटनाशक का उपयोग नहीं किया जाता है। इस प्रकार की खेती में जो तत्त्व प्रकृति में पाए जाते हैं, उन्हीं को खेती में कीटनाशक के रूप में काम में लिया जाता है।

प्राकृतिक खेती में गोबर की खाद, कम्पोस्ट, जीवाणु खाद, हरी खाद, फसल अवशेष और प्रकृति में उपलब्ध खनिज जैसे- रॉक फास्फेट, जिप्सम आदि द्वारा पौधों को जो तत्त्व दिए जाते हैं। प्राकृतिक खेती में प्रकृति में उपलब्ध जीवाणुओं, मित्र कीट और जैविक कीटनाशक द्वारा फसल को हानिकारक कीटों एवं बीमारियों से बचाया जा सकता हैं।

प्राकृतिक खेती की आवश्यकता

- विगत कई वर्षों से खेती में काफी नुकसान देखने को मिल रहा है इसका मुख्य कारण हानिकारक रासायनिक कीटनाशकों का प्रयोग है। इससे फसल उत्पादन में लागत भी बढ़ रही है।
- भूमि के प्राकृतिक स्वरूप में भी बदलाव हो रहे हैं जो काफी लाभदायक हो सकते हैं। रासायनिक खेती से प्रकृति में और मनुष्य के स्वास्थ्य में काफी गिरावट आई है जिससे मनुष्यों में कई प्रकार की जटिल बीमारियाँ पनप रही हैं।
- किसानों की उपज का आधा हिस्सा उर्वरकों और कीटनाशकों के प्रयोग में चला जाता है। यदि किसान खेती में अधिक मुनाफा या फायदा कमाना चाहता है तो उसे प्राकृतिक खेती की तरफ अग्रसरित होने के लिए प्रेरित करता है।
- खेती में उन पदार्थों को उगाया जाता है जिनका प्रयोग खाद्य पदार्थों के रूप में किया जाता है। इन खाद्य पदार्थों में जिंक और आयरन जैसे कई खनिज तत्त्व उपस्थित होते हैं। जो हमारे स्वास्थ्य के लिए काफी लाभदायक होते हैं। इसके अतिरिक्त इन खाद्य पदार्थों में विटामिन्स, हार्मोंस भी प्रचुर मात्रा में पाए जाते हैं जो प्राकृतिक खेती के माध्यम से खेती करने पर इनके उत्पादों में इन तत्वों की वृद्धि हो जाती है।

- रासायनिक खाद और कीटनाशक के प्रयोग किए जाने वाले खाद्य पदार्थ अपनी गुणवत्ता खो देते हैं। जिससे हमारे शरीर पर इनका प्रतिकूल प्रभाव पड़ता है।
- रासायनिक खाद और कीटनाशक के प्रयोग से मृदा की उर्वरक क्षमता में हार्ष हो रहा है। यह भूमि के लिए बहुत ही हानिकारक है और इससे तैयार खाद्य पदार्थ मनुष्य और जानवरों के स्वास्थ्य पर प्रतिकूल प्रभाव डालते हैं जिससे मनुष्यों की कार्यक्षमता पर भी बुरा प्रभाव पड़ता है।
- रासायनिक खाद और कीटनाशक के प्रयोग से मृदा की उर्वरक क्षमता काफी कम हो गई। जिससे मृदा के पोषक तत्त्वों का संतुलन बिगड़ गया है। इस घटती मृदा की उर्वरक क्षमता को देखते हुए जैविक खाद का उपयोग आवश्यक हो गया है। इन रसायनों के प्रयोग से मृदा में नए-नए प्रकार के कीटों एवं बीमारियों का प्रकोप भी अधिक हो रहा है।

प्राकृतिक खेती का महत्व

- भोजन के अधिकार पर संयुक्त राष्ट्र की रिपोर्ट, 2017 में कहा गया है कि कृषि पारिस्थितिकी (Agroecology) विश्व की संपूर्ण आबादी को भोजन उपलब्ध कराने और उसका उपयुक्त पोषण सुनिश्चित करने के लिए पर्याप्त पैदावार देने में सक्षम है। ऐसे कई उदाहरण मौजूद हैं जहाँ गाँव प्राकृतिक खेती की ओर आगे बढ़ते हुए ग्रामीण जीवन में परिवर्तन ला रहे हैं तथा शहरों में भी प्राकृतिक खेती के सफल प्रयोग किए जा रहे हैं।
- बिना सरकारी सहायता के इन उपलब्धियों को देखते हुए कल्पना की जा सकती है कि यदि इसमें राज्य का सहयोग प्राप्त हो तो बड़ी संख्या में किसानों को लाभ मिल सकता है।
- भारत सरकार प्राकृतिक खेती को बढ़ावा देने के लिए किसानों को प्रोत्साहित कर रही है, परन्तु यह प्रोत्साहन प्रचार और जागरूकता के साथ-साथ आर्थिक स्तर पर भी होना चाहिए।
- भारत बड़ी मात्रा में रासायनिक उर्वरकों पर अनुदान देता है यह अनुदान वर्ष 1976-77 की 60 हजार करोड़ रुपए से बढ़कर वर्तमान में एक लाख करोड़ रुपए से भी अधिक हो गया है।
- भारत के सबसे बड़े आार्थिक बोझों में से एक रासायनिक उर्वरको के लिए प्रदत्त केन्द्रीय अनुदान रही है। इसकी तुलना में जैविक क्षेत्र को मात्र 500 करोड़ रुपए की सब्सिडी प्राप्त है।
- इसके अतिरिक्त परंपरागत कृषि विकास योजना (PKVY) तथा उत्तर-पूर्वी क्षेत्र के

लिए जैविक मूल्य श्रृंखला विकास अभियान के दायरे में अत्यन्त सीमित क्षेत्र ही है। प्राकृतिक खेती के अन्तर्गत मात्र 23.02 मिलियन हैक्टेयर भूमि है जो भारत में कुल कृषि योग्य भूमि (181.95 मिलियन हेक्टेयर) की मात्र 1.27 प्रतिशत है।

प्राकृतिक खेती के संचालन के चक्र

प्राकृतिक खेती मुख्यत: पांच चक्रों के द्वारा संचालित की जाती है, जो निम्नवत् है:-

1. **जीवामृत:** किसी भी भारतीय नस्ल की गाय के गोबर, मूत्र तथा अन्य स्थानीय उपलब्ध सामग्रियों जैसे: गुड़, दाल का आटा तथा अदूषित या सजीव मिट्टी के मिश्रण से बनाया हुआ घोल, भूमि में सूक्ष्म जीवाणुओं की संख्या में बढ़ोत्तरी करता है। परंपरागत खेती से यह प्राकृतिक खेती भिन्न है क्योंकि इसमें गाय का गोबर और मूत्र, जैविक खाद के रूप में नहीं बल्कि, एक जैव-जामन के रूप में प्रयोग किया जाता है। यह जामन, भूमि में लाभदायक सूक्ष्म जीवाणुओं एवं स्थानीय केंचुओं की संख्या एवं गतिविधियों को सर्वश्रेष्ठ स्तर तक बढ़ाकर जमीन में पहले से अनुपलब्ध आवश्यक पोषक तत्त्वों की पौधों को उपलब्धता सरल करता है। इससे पौधों की हानिकारक जीवाणुओं से सुरक्षा तथा भूमि में 'जैविक कार्बन' की मात्रा में बढ़ोत्तरी होती है।
2. **बीजामृत:** देसी गाय के गोबर, मूत्र एवं बुझा चूना आधारित घटक से बीज एवं पौध-जड़ों पर सूक्ष्म जीवाणु आधारित लेप करके इनकी नई जड़ों को बीज या भूमि जनित रोगों से संरक्षित किया जाता है। बीजामृत प्रयोग से बीज की अंकुरण क्षमता में अप्रत्याशित वृद्धि देखी गई है।
3. **आच्छादन:** भूमि में उपलब्ध नमी को सुरक्षित रखने हेतु इसकी ऊपरी सतह को किसी अन्य फसल या फसलों के अवशेष से ढक दिया जाता है। इस प्रक्रिया से 'ह्यूमस' की वृद्धि, भूमि की ऊपरी सतह का संरक्षण, भूमि में जल संग्रहण क्षमता, सूक्ष्म जीवाणुओं तथा पौधों के लिए आवश्यक पोषक तत्त्वों की मात्रा में बढ़ोतरी के साथ खरपतवारों का भी नियंत्रण होता है।
4. **वापसा (भूमि में वायु प्रवाह):** यह वापसा, भूमि में जीवामृत प्रयोग तथा आच्छादन का परिणाम है। जीवामृत के प्रयोग तथा आच्छादन करने से भूमि की संरचना में सुधार होकर त्वरित गति से 'ह्यूमस' निर्माण होता है। इससे अन्तत: भूमि में अच्छे जल प्रबंधन की प्रक्रिया आरम्भ होती है। फसल न तो अधिक वर्षा-तूफान में गिरती है और न ही सूखे की स्थिति में फसल में सूखे का कोई प्रतिकूल प्रभाव भी नहीं पड़ता है।
5. **अन्त: फसल पद्धति (इन्टरक्रापिंग)**–का तात्पर्य है कि एक फसल के साथ दूसरी फसल उगाना है।

प्राकृतिक खेती के सिद्धान्त

प्राकृतिक खेती के चार प्रमुख सिद्धान्त हैं:-

1. **पहला सिद्धान्त है, खेतों में कोई जुताई नहीं करना। यानी न तो उनमें जुताई करना और न ही मिटटी पलटना–** धरती अपनी जुताई स्वाभाविक रूप से पौधों की जड़ों के प्रवेश तथा केंचुओं व छोटे प्राणियों तथा सूक्ष्म जीवाणुओं के माध्यम से स्वयं कर लेती है।
2. **दूसरा सिद्धान्त है कि किसी भी तरह की तैयार खाद या रासायनिक उर्वरको का उपयोग न किया जाए–** इस पद्धति में हरी खाद, कम्पोस्ट एवं गोबर की खाद को ही उपयोग में लाया जाता है तथा गोबर एवं मूत्र से बने हुए पदार्थ जैसे जीवामृत, बीजामृत, घन जीवामृत, पंचगव्य, दसगव्य, बायोडाय-मिमिक आदि का प्रयोग किया जाता है।
3. **तीसरा सिद्धान्त है कि निराई गुडाई न की जाए, न तो हलों से और न शाकनाशियो के प्रयोग द्वारा–** खरपतवार मिट्‌टी को उर्वरक बनाने तथा सूक्ष्म जीवों में संतुलन स्थापित करने में प्रमुख भूमिका निभाते हैं। बुनियादी सिद्धान्त यही है कि खरपतवार को पूरी तरह समाप्त करने की बजाए इनको धीरे-धीरे समाप्त किये जाने की आवश्यकता है।
4. **चौथा सिद्धान्त रसायनों पर बिल्कुल निर्भर न करना–** जोतने तथा उर्वरकों के उपयोग जैसी गलत प्रथाओं के कारण कमजोर पौधे उगाना शुरू हुए, तब से ही फसलों में बीमारियाँ लगने तथा कीट–असंतुलन की समस्याएँ खड़ी होने शुरू हुई। प्रकृति, भूमि, जल, वातावरण आदि से छेड़छाड़ न करने से प्राकृतिक-संतुलन बिल्कुल सही रहता है।

इस प्रकार प्राकृतिक खेती के मुख्यतः चार सिद्धांत हैं जो निम्नवत हैं:-

1. **सह-फसल**-मुख्य फसल की पंक्तियों के मध्य ऐसी फसल उगाना जो भूमि में नत्रजन (नाइट्रोजन) की आपूर्ति तथा किसान को खेती में लागत की कीमत की प्रतिपूर्ति करें।
2. **मेढ़ें तथा कतारें**-खेती के बीच कतारों में मेढ़ें तथा नालियां बनाईं जाती हैं, जिनमें वर्षा का पानी संग्रहित होकर लंबे समय तक खेत में नमी की उपलब्धता निरंतर बनाये रखता है। लंबे वर्षाकाल के समय यह नालियाँ तथा मेढ़ें खेतों में जमा हुए अधिक पानी की निकासी करने में मदद करती हैं।
3. **स्थानीय केंचुओं की गतिविधियाँ**-इस खेती की विधि द्वारा जमीन में स्थानीय पारिस्थितिकी का निर्माण होता है जिससे निष्क्रिय हुए स्थानीय केंचुओं की गतिविधियाँ बढ़ जाती हैं।
4. **गोबर**-भारतीय नस्ल की किसी भी गाय का गोबर एवं मूत्र, इस कृषि पद्धति में उत्तम

माना गया है। क्योंकि इसमें लाभदायक सूक्ष्म जीवाणुओं की संख्या दूसरे किसी भी पशु या गाय की अन्य प्रजातियों की तुलना से कई गुणा अधिक होती है।

प्राकृतिक कृषि (खेती) निम्न सिद्धान्तो पर कार्य करती है:-

1. **देशी गाय–** यह कृषि मुख्य रूप से देशी गाय पर आधारित है। देशी गाय के एक ग्राम गोबर में 300 से 500 करोड़ तक सूक्ष्म जीवाणु होते हैं जबकि विदेशी गाय के एक ग्राम गोबर में 78 लाख से की कम सूक्ष्म जीवाणु पाये जाते हैं। मृदा में इन सूक्ष्म जीवाणुओं की अधिक संख्या में उपस्थिति से कार्बनिक पदार्थों आदि का विघटन बडी ही शीघ्रता से होता है और इनके विघटन के पश्चात इनमें पाये जाने वाले पोषक तत्त्व पौधे को आसानी से एवं अधिक मात्रा में उपलब्ध हो जाते हैं। देशी गाय के गोबर एवं मूत्र की गंध से देशी केंचुए भूमि की सतह पर आ जाते हैं और भूमि की ऊपरी सतह को उपजाऊ बनाते हैं। देशी गाय के गोबर में 16 मुख्य पोषक तत्त्व होते है। यही 16 पोषक तत्व ही हमारे पौधों के वृद्धि एवं विकास के लिए आवश्यक है। ये 16 तत्व देशी गाय की आँत में निर्मित होते हैं जो गोबर एवं मूत्र द्वारा बाहर आ जाते हैं, इसलिए देशी गाय प्राकृतिक कृषि का मूल आधार है।
2. **जुताई–** प्राकृतिक कृषि में गहरी जुताई नहीं की जाती क्योंकि यह भूमि की उपजाऊ शक्ति को कम कर देती है। 36 डिग्री सेंटीग्रेट तापमान होते ही भूमि से कार्बन का नष्ट हो जाना शुरू हो जाता है और ह्यूमस निर्माण की क्रिया रुक जाती है जिसके कारण भूमि की उपजाऊ शक्ति कम हो जाती है अत: खेत की सदैव उथली जुताई ही करनी चाहिए।
3. **जल प्रबन्धन–** प्राकृतिक कृषि में सिंचाई पौधों से कुछ दूरी पर की जाती है। इसमें मात्र 10 प्रतिशत जल का ही उपयोग होता है जिसमें 90 प्रतिशत जल की बचत हो जाती है। पौधों को कुछ दूरी से सिंचाई पानी देने पर पौधों की जड़ों की लम्बाई बढ़ जाती है। जड़ों की लम्बाई बढ़ जाने से पौधों के तनों की मोटाई भी बढ़ जाती है अर्थात इस क्रिया से पौधों की लम्बाई भी बढ़ जाती है। इसके परिणामस्वरूप फसल का उत्पादन एवं उत्पादकता में वृद्धि हो जाती है।
4. **पौधों की दिशा–** प्राकृतिक कृषि में फसल की पंक्तियों की दिशा उत्तर-दक्षिण होती है जिससे पौधों को सूर्य का प्रकाश अधिक समय तक मिलता रहे। एक पौधे से दूसरे पौधे की दूरी बढ़ाए जाने के कारण भी पौधों को अधिक मात्रा में सूर्य से ऊर्जा प्राप्त होती है, जिससे पौधे अपने शरीर का निर्माण करते हैं। इससे पौधों पर किसी भी प्रकार के कीटों का प्रकोप होने की सम्भावना कम हो जाती है और पौधों में पोषक तत्त्व भी संतुलित मात्रा में ग्रहण कर संचित हो जाते हैं। पौधों के पंक्तियों/ कतारों की दिशा उत्तर-दक्षिण होने से फसल के उत्पादन में 20 प्रतिशत से भी अधिक की वृद्धि हो जाती है।

5. **सहयोगी फसलें–** प्राकृतिक कृषि में मुख्य फसल के साथ सहयोगी फसलों में विशेष रूप से दलहनी फसलों की खेती एक साथ मिश्रित/मिलवां/अन्तः फसल पद्धति के रुप में की जाती है जिससे मुख्य फसल को नाइट्रोजन, फास्फोरस, पोटाश आदि पोषक तत्व प्रचुर मात्रा में उपलब्ध होते हैं। सहयोगी फसलों की जड़ों के पास नाइट्रोजन स्थिरीकरण जीवाणु जैसे राइजोबियम, एजोस्पाइरीलम, एजोटोबैक्टर, आदि की सहायता से पौधों का विकास होता है। प्राकृतिक कृषि में मुख्य फसल पर कीटों का प्रकोप नहीं होने से कीट नियंत्रण भी साथ-साथ होता है।

6. **आच्छादन–** भूमि की सतह के ऊपर फसलों के अवशेष से ढकना आच्छादन कहलाता है। इससे भूमि सतह से वाष्पोत्सर्जन कम होने से पानी की बचत होती है और भूमि से कार्बन भी नष्ट नहीं होता है जिससे भूमि की उर्वरा शक्ति बढ़ती है। आच्छादन हवा से नमी एकत्र करता है और पौधों को उसकी विभिन्न क्रियाओं के लिए उपलब्ध कराता है, इससे फसलों में सूक्ष्म पर्यावरण का निर्माण होता है और देशी केंचुओं की गतिविधियाँ बढ़ जाती हैं। देशी केंचुए अपनी विष्ठा भूमि की सतह पर डालते हैं। केंचुओं की विष्ठा में सामान्य मिट्टी से 7 गुना अधिक नाइट्रोजन, 9 गुना अधिक फास्फोरस और 11 गुना अधिक पोटाश के साथ-साथ काफी मात्रा में सूक्ष्म पोषक तत्त्व होते हैं जिससे भूमि शीघ्र ही सजीव हो उठती है एवं भूमि की उर्वरा शक्ति में वृद्धि हो जाती है।

7. **सूक्ष्म पर्यावरण–** प्राकृतिक कृषि में 65 प्रतिशत से 72 प्रतिशत तक नमी, 25 डिग्री से 32 डिग्री तक वायु का तापमान, भूमि के अंदर अंधेरा, वापसा, ऊब और छाया चाहिए। इन परिस्थितियों के निर्माण को सूक्ष्म पर्यावरण कहते हैं। भूमि इन परिस्थितियों का निर्माण करती हैं। आच्छादन करने से भूमि में अंधेरा, नमी, वापसा, ऊब और छाया का निर्माण होता है।

8. **केषाकर्षण शक्ति/पृष्ठ तनाव (Capillary Action)–** प्राकृतिक कृषि में पौधे केषाकर्षण शक्ति के द्वारा मिट्टी की अधिक गहराई से पोषक तत्वों को ग्रहण कर लेते हैं जिससे भूमि में जीवाणु की क्रियाशीलता एवं उनकी गतिविधियों में वृद्धि हो जाती हैं। भूमि के 6 इंच (15 सेमी) नीचे की अधोसतह में जीवाणु पर्याप्त मात्रा में पाये जाते हैं। रासायनिक खेती में रासायनिक उर्वरकों/खादों के कारण केषाकर्षण शक्ति कार्य नहीं कर पाती। केसाकर्षण/पृष्ठतनाव में मिटटी के दो कणों के बीच 50 प्रतिशत नमी तथा 50 प्रतिशत हवा का संचरण होना चाहिए। रासायनिक खादों के प्रयोग से मिटटी के दो कणों के मध्य नमक जमा हो जाता है, जैसे यूरिया में 46 प्रतिशत नाइट्रोजन और 54 प्रतिशत नमक (नेफ्था) होता है जो मिट्टी के दो कणों के बीच में जमा हो जाता है। मृदा की अधोसतह में पोषक तत्वों का भण्डार होते हुए भी पौधे उन्हें ग्रहण नहीं कर पाते क्योंकि वहाँ पर केषाकर्षण

शक्ति काम नही कर पाती। प्राकृतिक कृषि में केंचुओं की गतिविधियाँ बढ़ जाने के कारण मिट्टी के कणों के मध्य 50 प्रतिशत नमी और 50 प्रतिशत हवा का संचरण होता है जिससे प्राकृतिक कृषि में ऊर्जा का उपयोग करके पौधे अपनी वृद्धि एवं विकास अधिक कर लेने से फसलों के उत्पादन में वृद्धि हो जाती है।

9. **देशी केंचुओं की गतिविधियाँ–** हमारे देशी केंचुए धरती माता के हृदय स्थान हैं क्योंकि जैसे हमारा हृदय धड़कता है। उसी तरह केंचुए भूमि के अंदर जब ऊपर-नीचे आवागमन करते हैं तो इससे भूमि में स्पंदन होता है। देशी केंचुए मानो भूमि की जुताई कर रहे हैं। ये भूमि के अंदर छेद कर अपनी विष्ठा से भूमि की सतह को पोषक तत्त्वों से समृद्ध बनाते हैं, लेकिन केंचुओं की पर्याप्त गतिविधियों के लिए भूमि की सतह पर आच्छादन होना चाहिए। भूमि का अंधेरा होने से सूक्ष्म पर्यावरण का निर्माण होता है। यदि मृदा सतह पर सूक्ष्म पर्यावरण का निर्माण नहीं होता है तो केंचुए अपना कार्य सुचारु रूप से नहीं कर पाते हैं और भूमि समृद्ध नहीं हो पाती, इसलिए प्राकृतिक कृषि में आच्छादन एक मुख्य घटक होता है।

10. **गुरुत्वाकर्षण बल–** प्राकृतिक कृषि में गुरुत्वाकर्षण बल की सहायता से पोषक तत्त्वो को पौधे बड़ी आसानी से ग्रहण कर लेते हैं क्योंकि जिस पोषक तत्त्व को पौधा जहाँ से ग्रहण करता है वहाँ उसकी जड़ों को जाना पड़ता है। जैसे पौधा अपने शरीर के निर्माण में हवा से 78 प्रतिशत पानी लेता है, लेकिन अपने जीवन चक्र पूर्ण होने पर वह पुनः हवा को ही लौटा देता है। यह कार्य गुरुत्वाकर्षण एवं प्राकृतिक बल की मदद से पूर्ण हो जाता है।

11. **भवंडर–** प्राकृतिक कृषि में भवंडर की मदद से संतुलित वर्षा होती है। वर्षा द्वारा वायुमण्डल से नत्रजन प्राप्त करके पौधे अपनी वृद्धि एवं विकास करते हैं। भवंडर सदैव अलग-अलग स्थान पर आते हैं। जिससे पृथ्वी पर पानी की उपलब्धता बनी रहती है और भूमि में पानी का स्तर बढ़ जाता है। वर्षा का सम्पूर्ण पानी भूमि में ही सोख लिये जाने के कारण भूमि मुलायम हो जाती है जिससे सूक्ष्म जीवाणु अपना कार्य तेजी से करते हैं। इस तूफान से पौधों की पत्तियों की गतिविधियाँ बढ़ जाती है जिससे पौधे सौर ऊर्जा को अच्छी प्रकार से ग्रहण करके अपनी वृद्धि एवं विकास में वृद्धि करके फसल के उत्पादन में बढ़ोत्तरी करते हैं।

12. **देशी बीज–** प्राकृतिक कृषि में देशी बीजों की फसलोत्पादन में एक महत्वपूर्ण भूमिका होती है क्योंकि देशी फसलों की प्रजातियों के बीज उगाने पर पोषक तत्वों की कम आवश्यकता होती है जिसके परिणमस्वरूप बीज पोषक तत्व कम ग्रहण करके उत्पादन अधिक देते हैं। देशी बीजों में संकर/प्रमाणित बीजों की अपेक्षा प्रोटीन अधिक होने से पौष्टिकता अधिक होने के कारण स्वाद में सदैव अच्छे होते हैं।

प्राकृतिक खेती का मूल सिद्धांत है कि वायु, पानी तथा जमीन में सभी आवश्यक पोषक तत्व प्रचुर मात्रा में उपलब्ध हैं। इसलिए फसल या पेड़-पौधों के लिए किसी भी बाहरी रासायनिक खादों की आवश्यकता नहीं है। यह प्राकृतिक खेती विधि, मित्र कीट-पतंगों की संख्या में वृद्धि एवं अनुकूल वातावरण का निर्माण कर फसलों को कीट-पतंगों एवं बीमारियों से सुरक्षित करतीं है। इस तरह किसी भी कीटनाशक या फफूंदनाशक की आवश्यकता को भी समाप्त कर देती है।

जीवामृत और घनजीवामृत का प्रयोग भूमि में सूक्ष्म जीवाणुओं तथा केंचुओं की गतिविधियों को बढ़ाता है। जो इसमें अनुपलब्ध अवस्था में उपस्थित विभिन्न पौष्टिक तत्त्वों को उपलब्ध अवस्था में बदलकर समय-समय पर आवश्यकतानुसार पौधों को उपलब्ध करवाते हैं। इस तरह सूक्ष्म जीवाणुओं तथा स्थानीय केंचुओं की गतिविधियों की सक्रियता से भूमि की उर्वरा शक्ति हमेशा-हमेशा के लिए बनी रहती है।

प्राकृतिक खेती की मूल आवश्यकता कोई भी भारतीय नस्ल की गाय है। इन नस्लों की गाय के गोबर में लाभदायक जीवाणुओं की संख्या विदेशी किस्म की गायों या अन्य जानवरों की तुलना में 300-500 गुणा अधिक है। अतः इस विधि में अधिकतम लाभ लेने के लिए किसी भी भारतीय नस्ल की गाय के गोबर तथा मूत्र से बनाए जाते हैं।

रासायनिक खेती और किसान

- छोटे किसान आजीविका और अस्तित्व के संकट से जूझ रहे हैं। किसान रासायनिक उर्वरकों तथा कीटनाशकों के उपयोग से जुड़ी कई समस्याओं का सामना कर रहे हैं।
- भारत के 86 प्रतिशत कृषक लघु व सीमांत कृषक की श्रेणी में आते हैं रासायनिक कृषि कृषकों को ऋणग्रस्तता की ओर ले जाती है और उर्वरक कंपनियों को लाभ प्रदान कराती है।
- केरल राज्य में वर्ष 2008 की रिपोर्ट के अनुसार, पिछले 50 वर्ष से केरल में गहन कृषि के आरम्भ और इसके प्रचलन के परिणामस्वरूप उत्पादकता लगभग स्थिर हो चुकी है।
- उर्वरक, कीटनाशक और जल जैसी बाहय निविष्टियों की उच्च माँग से प्रेषित कृषि के उच्च लागत की पूर्ति हेतु लिये गए ऋण के कारण किसान ऋण-जाल में फँस जाते हैं। जिसके परिणामस्वरूप किसानों द्वारा आत्महत्या की घटनाओं में वृद्धि हुई है।
- खाद्य एवं कृषि संगठन ने पुष्टि की है कि रासायनिक कृषि का संबंध कृषक ऋण ग्रस्तता और आत्महत्याओं से है तथा यह भी रेखांकित किया है कि वर्ष 1997-2005 के मध्य महाराष्ट्र राज्य में 30000 से भी अधिक किसानों ने आत्महत्या की है।
- मुम्बई उच्च न्यायालय ने महाराष्ट्र में किसानों की आत्महत्या के कारणों को संबोधित करते हुए कहा कि देश में कपास उगाए जाने वाले क्षेत्रों में आत्महत्या की अधिक

घटनाएँ हुईं, जहाँ रासायनिक उर्वरकों एवं कीटनाशी रसायनों का प्रयोग अधिक मात्रा में किया गया था।

सरकार के प्राक्कलन समिति की वर्ष 2015 की रिपोर्ट में रासायनिक खेती के प्रति वर्तमान नीति की निंदा करते हुए कहा गया था कि विद्यमान उर्वरक सब्सिडी व्यवस्था ने भारतीय कृषि का सर्वाधिक नुकसान किया है जिसके कारण कृषक उर्वरकों का प्रयोग आवश्यकता से अधिक करने लगा है जिससे पशु-पक्षियों-मनुष्यों में अनेक प्रकार की घातक बीमारियां उत्पन्न हो रही हैं।

प्राकृतिक खेती से लाभ

1. प्राकृतिक खेती करने से लगभग शून्य लागत पर भी रासायनिक खेती की तुलना में अधिक उत्पादन मिल जाता है। प्राकृतिक खेती से प्राप्त उत्पादन की गुणवत्ता रासायनिक खेती से प्राप्त उत्पादन की तुलना में अधिक होती है।
2. प्राकृतिक खेती से प्राप्त उत्पाद में पोषक तत्वों की मात्रा अधिक होती है तथा इसका स्वाद भी बहुत अच्छा होता है जो मनुष्यों के स्वास्थ्य के लिए बहुत ही उपयुक्त है।
3. किसान को बाजार से खेती के लिए किसी भी प्रकार की सामग्री को खरीदने की आवश्यकता नहीं होती है जिससे फसल पैदा करने में उत्पादन लागत में कमी आती है।
4. फसलों में खरपतवार नियंत्रण, कीट, रोग तथा बीमारियों के नियंत्रण करने से किसान को स्थायी छुटकारा मिल जाता है।
5. प्राकृतिक संसाधनों, पशुधन एवं गाँव में बेरोजगारी की समस्या का स्थायी समाधान हो जाता है।
6. प्राकृतिक खेती में ऐसे किसी भी पदार्थ का प्रयोग नहीं किया जाता जो पर्यावरण को नुकसान पहुचाएँ जिसके कारण प्रकृति के साथ संतुलन बना रहता है।
7. प्राकृतिक खेती से उत्पादित अनाज की गुणवत्ता उच्च होने के साथ-साथ अधिक उत्पादन प्राप्त होता है। उच्च गुणवत्तायुक्त उत्पाद की बाजार में अधिक कीमत मिलने के कारण किसान की आर्थिक एवं सामाजिक स्थिति में सुधार होता है।
8. एक खेत में एक बार मसाला मिट्टी देने के पश्चात फिर कभी भी खाद देने की आवश्यकता नहीं होती है जिससे फसल पैदा करने में आनी वाली उत्पादन लागत में कमी आती है।
9. गौ आधारित प्राकृतिक खेती से प्राप्त उत्पादो को न्यूट्रिशिनल वैल्यू के साथ पारम्परिक एवं सांस्कृतिक आधार पर ''गौ आधारित प्राकृतिक खेती के अन्तर्गत उत्पादित'' ब्राण्ड के रूप में उपभोक्ताओं को उपलब्ध कराया जा सकता है। कृषको द्वारा चेन सिस्टम के माध्यम से गाँव, कस्बों एवं महानगरों में रिटेल आउटलेट स्थापित कर, इन

उत्पादों के विपणन का मॉडल विकसित किया जा सकता है तथा किसानों की आय में वृद्धि की जा सकती है।

प्राकृतिक खेती से प्राप्त लाभों को हम इस प्रकार वर्गीकृत कर सकते हैं कि:

कृषकों की दृष्टि से

- भूमि की उपजाऊ क्षमता में वृद्धि हो जाती है।
- सिंचाई अंतराल में वृद्धि होती है।
- रासायनिक खाद पर निर्भरता कम होने से लागत में कमी आती है।
- फसलों की उत्पादकता में वृद्धि होती है।
- बाजार में जैविक उत्पादों की माँग बढ़ने से किसानों की आय में भी वृद्धि होती है।
- नवयुवकों/कृषकों को रोजगार के नए अवसर उपलब्ध होते हैं।

मृदा की दृष्टि से

- जैविक खाद के उपयोग करने से भूमि की उर्वराशक्ति में सुधार आता है।
- भूमि की जलधारण क्षमता बढ़ती है।
- भूमि से पानी का वाष्पीकरण कम होता है।
- मृदा में जैवपदार्थ में वृद्धि होने से पौधों द्वारा पोषक तत्त्वों की ग्रहण क्षमता में भी वृद्धि हो जाती है।

पर्यावरण की दृष्टि से

- भूमि के भूमिगत जलस्तर में वृद्धि होती है।
- मिट्टी, खाद्य पदार्थ और जमीन में पानी के माध्यम से होने वाले प्रदूषण में कमी आती है।
- कचरे का उपयोग खाद बनाने में होने से बीमारियों में कमी आती है तथा इसके निस्तारण में किसी भी प्रकार का कोई अतिरिक्त व्यय नहीं करना पड़ता है।
- फसल उत्पादन की लागत में कमी के साथ-साथ कृषकों की आय में वृद्धि होती है।

अन्तर्राष्ट्रीय बाजार की स्पर्धा में जैविक उत्पाद की गुणवत्ता का खरा उतरना।

रासायनिक खेती और प्राकृतिक खेती में अन्तर

रासायनिक खेती	प्राकृतिक खेती
रासायनिक रूप से प्रबंधित मिट्टी में पौधों के पोषक तत्वों की पूर्ति केवल अकार्बनिक स्रोत के माध्यम से की जाती है, बिना किसी कार्बनिक स्रोत के भोजन प्राप्त करने के लिए यह अंततः मृदा पारिस्थितिकी तंत्र को विकास माध्यम से वंचित कर देता है।	जैविक प्रबंधन में खाद्य वेब संबंधों और तत्व चक्रण पर ध्यान केन्द्रित किया जाता है जिसका उद्देश्य कृषि पारिस्थितिकी तंत्र की स्थिरता संवहनीयता और होमोस्टैसिस (संतुलित संतुलन) को अधिकतम करना होता है।
अधिकांश पोषक तत्व जड़ क्षेत्र से बाहर निकल जाते हैं और फसल जड़ों के वृद्धि एवं विकास के लिए आवश्यक पोषक तत्वों को खो सकती है। इसी तरह रासायनिक रूप से प्रबंधित मिट्टी फसलों को अधिक संरचना समर्थन प्रदान नहीं करती है। उपरोक्त के संयोजन से फसल पकती है।	प्राकृतिक खेती में भौतिक (संरचना), रासायनिक (पोषक तत्व परिवर्तन और खनिजीकरण) और जैविक गतिविधियाँ (अपघटन) फसल की स्थिति और विकास के पक्ष में है। मिटटी की जीवंतता फसल वृद्धि के लिए एक अच्छा विकास माध्यम और समर्थन प्रदान करती है।
रासायनिक रूप से प्रबंधित मिट्टी में रसायन के अवशेषों को छोड़ती है जिससे जल एवं पर्यावरण प्रदूषण का कारण बनता है। कभी-कभी यह मानव पर्यावरण के लिए विषाक्त प्रभाव का भी कारण बनता है।	प्राकृतिक खेती में सभी प्रथायें आपस में जुड़ी हुई हैं और अन्तिम उत्पाद अपघटय होगा। इसलिए पर्यावरण प्रदूषण का कोई कारण नहीं है।
अकार्बनिक कृषि निवेश सामग्री महंगी होती है तथा उत्पादन और संचालन के लिए बहुत अधिक तकनीकी ज्ञान और निवेश की आवश्यकता होती है।	कार्बनिक कृषि निवेश सामग्री कम खर्चीला स्रोत है, जो आसानी से उपलब्ध है और प्रयोग करने में बहुत आसान है।

अध्याय

2 जीरो बजट प्राकृतिक खेती

देश में खेती को सस्ता एवं टिकाऊ बनाने के लिए लगातार प्रयास किए जा रहे हैं साथ ही प्राकृतिक और जैविक खेती पर लगातार ध्यान केन्द्रित किया जा रहा है। इन दोनों पद्धतियों में गाय के गोबर एवं गौमूत्र की ही आवश्यकता पड़ती है। इसलिए सरकार अब गौ आधारित कृषि को बढ़ावा दे रही है इससे किसानों को और कृषि को भी काफी लाभ होगा साथ ही कृषि लागत में भी कमी आयेगी और किसानों की आय बढ़ेगी।

कृषि वैज्ञानिकों एवं इसके विशेषज्ञों के अनुसार फसल की बुवाई से पहले वर्मी कम्पोस्ट और गोबर खाद खेत में डाली जाती है अथवा हरी खाद की बुआई करके कुछ समय पश्चात् खेत में पलटकर खाद के रूप में प्रयोग किया जाता है। यह भी देखा गया है कि इसमें निहित 46 प्रतिशत उड़नशील कार्बन हमारे देश में पड़ने वाली 36 से 48 डिग्री सेल्सियस तापमान के दौरान खाद से मुक्त हो वायुमंडल में मिल जाती है। इसके अलावा नायट्रस ऑक्साइड और मिथेन भी निकल जाती है और वायुमंडल में हरितगृह निर्माण में सहायक होती है। हमारे देश में दिसम्बर से फरवरी केवल तीन महीने ही ऐसे हैं, जब तापमान उक्त खाद के उपयोग के लिये अनुकूल रहता है।

जीरो बजट प्राकृतिक खेती जैविक खेती से भिन्न है, परन्तु इसमें प्रयोग की जाने वाली सामग्री एवं उद्देश्य एक समान हैं तथा ग्लोबल वार्मिंग और वायुमंडल में आने वाले बदलाव का मुकाबला एवं उसे रोकने में सक्षम है। इस तकनीक का इस्तेमाल करने वाला किसान कर्ज के झंझट से भी मुक्त रहता है। प्राप्त जानकारी के अनुसार अब तक में करीब 40 लाख किसान इस पद्धति से जुड़े हुये हैं।

प्राकृतिक खेती को रासायनमुक्त खेती के रूप में परिभाषित किया जा सकता है जिसमें केवल प्राकृतिक आदानों का उपयोग करता है। कृषि-पारिस्थितिकी में अच्छी तरह से आधारित, यह एक विविध कृषि प्रणाली है जो फसलों, पेड़ों और पशुधन को एकीकृत करती है, जिससे कार्यात्मक जैव विविधता के इष्टतम उपयोग की सुविधा मिलती है।

प्राकृतिक खेती से कई अन्य लाभ यथा मिट्टी की उर्वरता और पर्यावरणीय स्वास्थ्य की बहाली और ग्रीनहाउस गैस उत्सर्जन का शमन या निम्नीकरण प्रदान करते हुए किसानों की आय बढ़ाने का मजबूत आधार प्रदान करती है। प्राकृतिक खेती प्राकृतिक या पारिस्थितिक प्रक्रियाओं, जो खेतों में या उसके आस-पास मौजूद होती हैं, पर आधारित होती है।

अंतरराष्ट्रीय स्तर पर, प्राकृतिक खेती को पुनर्योजी खेती है जो ग्रह को बचाने के लिए एक प्रमुख कार्यनीति है–का एक रूप माना जाता है। इसमें भूमि परिपाटियों तथा मृदा और पौधों में वातावरण से कार्बन, जहाँ यह हानिकारक होने के बजाय वास्तव में उपयोगी है, को अलग करने का प्रबंधन करने की क्षमता है।

प्राकृतिक खेती के भारत में कई स्वदेशी रूप हैं, इनमें से सबसे लोकप्रिय आंधप्रदेश में की जाती है। यह प्रथा, अन्य रूपों में, अन्य राज्यों, विशेष रूप से दक्षिण भारत के राज्यों में भी अपनाई गई है। इसे भारतीय प्राकृतिक कृषि पद्धति (बीपीकेपी) के रूप में केन्द्र प्रायोजित योजना परम्परागत कृषि विकास योजना (पीकेवीवाई) के अंतर्गत बढ़ावा दिया जाता है। बीपीकेपी का उद्देश्य पारंपरिक स्वदेशी प्रथाओं को बढ़ावा देना है जो बड़े पैमाने पर ऑन-फार्म बायोमास रिसाइक्लिंग पर आधारित हैं, जिसमें मल्चिंग और गाय के गोबर के उपयोग और मूत्र के मिश्रण तैयार करने पर जोर दिया गया है।

इसमें किसी भी सिंथेटिक रासायनिक आदानों का उपयोग नहीं किया जाता है। वर्तमान में, बीपीकेपी को आंध्र प्रदेश, छत्तीसगढ़, केरल, हिमाचल प्रदेश, झारखंड, ओडिशा, मध्य प्रदेश और तमिलनाडु सहित देश के आठ राज्यों द्वारा अपनाया जा रहा है।

प्राकृतिक खेती हेतु रणनीति

24.02.2022 को 'इंडियन एक्सप्रेस' में प्रकाशित Road To Natural Farming लेख पर आधारित है। इसमें प्राकृतिक खेती के महत्त्व के संबंध में चर्चा की गई है।

अपने बजट संभाषण में भारत की वित्त मंत्री ने प्राकृतिक, रसायन-मुक्त, जैविक एवं शून्य-बजट प्राकृतिक खेती (Zero Budget Natural Farming & ZBNF) के प्रति सरकार की प्रतिबद्धता की पुष्टि की। पिछले चार बजट संभाषणों में यह तीसरी बार है जब उन्होंने (शून्य बजट) प्राकृतिक खेती का उल्लेख किया है।

प्राकृतिक खेती जैसा कि नाम से ही स्पष्ट है, कम संसाधनों के साथ अधिक परिणाम प्राप्त करने हेतु प्रकृति के साथ समन्वय में कार्य करने की कला है।

हालाँकि यह प्रयास अभी तक पैदावार में गिरावट और किसानों की आय में अधिक सुधार करने में सफल नहीं रही है। इन चुनौतियों से निपटने के लिये, किसानों को रसायन-मुक्त खेती के लिये प्रोत्साहन देना और उन्हें पहले से ही प्राकृतिक खेती में संलग्न अन्य किसानों एवं संस्थाओं की सहायता उपलब्ध करना एक आदर्श कदम होगा।

प्राकृतिक खेती और इसका महत्त्व

खेती के इस दृष्टिकोण को सर्वप्रथम एक जापानी किसान सह दार्शनिक मसानोबु फुकुओका (Masanobu Fukuoka) ने वर्ष 1975 में प्रकाशित अपनी किताब 'द वन-स्ट्रॉ रेवोलूशन' (The One Straw Revolution) के माध्यम से प्रस्तुत किया था।

- यह एक विविधिकरण कृषि प्रणाली है जो फसलों, वृक्षों और पशुधन को एकीकृत करती है, जिससे कार्यात्मक जैव विविधता के इष्टतम उपयोग का अवसर प्राप्त होता है।
- अंतर्राष्ट्रीय स्तर पर प्राकृतिक खेती को पुनर्योजी कृषि (Regenerative Agriculture) का एक रूप माना जाता है जो पृथ्वी की रक्षा के लिये एक प्रमुख रणनीति है।
- यह मृदा की उर्वरता एवं पर्यावरणीय स्वास्थ्य की पुनर्बहाली और ग्रीनहाउस गैस उत्सर्जन के न्यूनीकरण या शमन जैसे विविध लाभों के साथ ही किसानों की आय बढ़ाने का वादा करता है।
- इसमें भूमि अभ्यासों का प्रबंधन करने और वायुमंडल से कार्बन को मृदा एवं पादपों में जब्त (Sequester) करने की क्षमता है जहाँ यह वास्तव में उपयोगी साबित होता है।

इस सम्बन्ध में शुरू की गई विभिन्न पहलें

भारत में प्राकृतिक खेती को परंपरागत कृषि विकास योजना (PKVY) के अंतर्गत भारतीय प्राकृतिक कृषि पद्धति कार्यक्रम (BPKP) के रूप में प्रोत्साहित किया जा रहा है।

- भारतीय प्राकृतिक कृषि पद्धति (BPKP) पारंपरिक स्वदेशी प्रथाओं को बढ़ावा देने पर लक्षित है जो बाह्य रूप से खरीदे जाने वाले आदानों/कृषि निवेशों को कम करता है।
- कृषि-वानिकी पर उप-मिशन (SMAF) का उद्देश्य किसानों को कृषि फसलों के साथ ही बहु-उपयोगी वृक्षों के रोपण के लिये प्रोत्साहित करना है, जो न केवल जलवायु लचीलेपन एवं किसानों को आय का एक अतिरिक्त स्रोत प्रदान करने के दृष्टिकोण से लाभप्रद है बल्कि लकड़ी-आधारित उद्योग एवं हर्बल उद्योग के लिये उन्नत फीडस्टॉक भी प्रदान कर सकता है।
- राष्ट्रीय सतत् कृषि मिशन (National Mission on Sustainable Agriculture-NMSA) को प्रौद्योगिकियों के विकास, प्रदर्शन और प्रसार के लिये शुरू किया गया है, ताकि कृषि को जलवायु परिवर्तन के प्रतिकूल प्रभावों के प्रति लचीला बनाया जा सके।
- पूर्वोत्तर क्षेत्र के लिये जैविक मूल्य श्रृंखला विकास मिशन (Mission Organic Value Chain Development for North Eastern Region-MOVCDNER) – NMSA के अंतर्गत एक उप-मिशन है जिसका उद्देश्य एक मूल्य शृंखला प्रारूप में प्रमाणित जैविक उत्पादन विकसित करना है।
- वर्ष 2022-23 के बजट में राष्ट्रीय कृषि विकास योजना को 10,433 करोड़ रुपए का 4.2 गुना (पिछले वर्ष की तुलना में) अधिक आवंटन हुआ है जो रसायन-मुक्त खेती के जमीनी कार्यान्वयन हेतु धन निर्धारित करेगा।

संबन्धित मुद्दे

- सिक्किम (भारत का पहला जैविक राज्य) में जैविक खेती की ओर आगे बढ़ने के बाद पैदावार में कुछ गिरावट देखी गई है।
- ZBNF में उपज लाभ की गिरावट को देखते हुए कुछ वर्षों बाद कई किसान पारंपरिक खेती की ओर लौट गए हैं।
- जबकि ZBNF ने निश्चित रूप से मिट्टी की उर्वरता को बनाए रखने में मदद की है, उत्पादकता और किसानों की आय को बढ़ाने में इसकी भूमिका अभी तक निर्णायक नहीं हो सकी है।
- किसानों द्वारा रसायन-मुक्त कृषि की ओर आगे बढ़ने के मार्ग में प्रायः इस अवरोध की शिकायत भी की जाती है कि आसानी से उपलब्ध प्राकृतिक आदानों की कमी है। प्रत्येक किसान के पास अपने स्वयं के आदान या इनपुट्स विकसित करने के लिये समय, धैर्य अथवा श्रम का अभाव होता है।
- 'नेचर सस्टेनेबिलिटी' जर्नल में प्रकाशित एक अध्ययन में कहा गया है कि प्राकृतिक आदानों का पोषक मूल्य कम कृषि निवेश वाले खेतों (कम मात्रा में उर्वरकों और कीटनाशकों का उपयोग करने वाले खेतों) में एक समय उपयोग किये जाने वाले रसायनों के समान ही है, अधिक कृषि निवेश वाले खेतों में यह कम है।
- जब इस तरह की पोषक तत्वों की कमी वृहत स्तर पर संयुक्त होती है तो यह गुजरते वर्षों के साथ उपज को प्रभावित कर सकती है और इससे खाद्य सुरक्षा संबंधी चिंताएँ उत्पन्न हो सकती हैं।
- हालांकि वर्ष 2022-23 के बजट में देश भर में प्राकृतिक या रसायन-मुक्त खेती को बढ़ावा देने की परिकल्पना की गई है, लेकिन कृषि एवं किसान कल्याण मंत्रालय को कोई विशेष आवंटन प्रदान नहीं किया गया है।
- PKVY और राष्ट्रीय जैविक खेती परियोजना (National Project on Organic Farming) जैसी वर्तमान में कार्यान्वित योजनाओं का भी बजट में कोई उल्लेख नहीं हुआ है।

रसायन-मुक्त प्राकृतिक खेती को बढ़ावा देने के लिये क्या-क्या उपाय किये जा सकते हैं?

- **गंगा घाटी से परे जाना:** गंगा घाटी से परे भी वर्षा सिंचित क्षेत्रों में प्राकृतिक खेती को बढ़ावा देने पर ध्यान केंद्रित करना।
- वर्षा सिंचित क्षेत्र, सिंचित क्षेत्रों (जहाँ सिंचाई प्रचलित है) की तुलना में प्रति हेक्टेयर उर्वरकों का केवल एक तिहाई उपयोग ही करते हैं।

- इन क्षेत्रों में रसायन-मुक्त खेती की ओर आगे बढ़ना आसान होगा।
- साथ ही, किसानों को लाभ होने की संभावना है क्योंकि इन क्षेत्रों में फसल की वर्तमान पैदावार कम है।

- **सुगम संक्रमण के लिये जोखिम निवारण:** प्रधानमंत्री फसल बीमा योजना (सरकार की फसल बीमा योजना) में रसायन-मुक्त खेती की ओर आगे बढ़ते किसानों के स्वतः नामांकन को सक्षम करना।
  - कृषि में कोई भी परिवर्तन ट्रांजीशन, जैसे फसल विविधीकरण या कृषि पद्धतियों में परिवर्तन किसानों के जोखिम में वृद्धि करता है।
  - इस तरह के जोखिमों को कवर किये जाने पर किसान ऐसे किसी परिवर्तन-ट्रांजीशन के लिये अधिक प्रेरित होंगे।
- **कृषि क्षेत्र के MSME को सहायता प्रदान करना:** रसायन-मुक्त कृषि के लिये कृषि निवेशों का उत्पादन करने वाले छोटे उद्यमों को सरकार से सहायता प्रदान की जानी चाहिये।
  - आसानी से उपलब्ध प्राकृतिक आदानों की अनुपलब्धता की समस्या को दूर करने के लिये प्राकृतिक खेती के प्रोत्साहन को ग्राम-स्तरीय इनपुट निर्माण सह बिक्री दुकानों (Input Preparation and Sales Shops) की स्थापना के साथ संयुक्त किये जाने की आवश्यकता है।
  - देश भर में प्रति गाँव दो दुकानों की स्थापना से कम-से-कम पाँच मिलियन युवाओं और महिलाओं को आजीविका प्रदान कर सकती है।
- **सफल किसानों से प्रेरणा लेना:** देश भर में सतत संवहनीय कृषि को बढ़ावा देने और इसका अभ्यास करने वाले गैर-सरकारी संगठनों और अग्रणी किसानों से सहयोग एवं प्रेरणा ग्रहण की जा सकती है।
  - ऊर्जा, पर्यावरण एवं जल परिषद (Council on Energy, Environment and Water-CEEW) के एक शोध का अनुमान है कि कम-से-कम पाँच मिलियन किसान पहले से ही सतत् कृषि के किसी न किसी रूप का अभ्यास कर रहे हैं और सैकड़ों गैर-सरकारी संगठन उन्हें प्रोत्साहन प्रदान कर रहे हैं।
  - आंध्र प्रदेश में समकक्ष किसानों (विशेष रूप से अग्रणी किसानों) से ऑन-फील्ड प्रदर्शनों के माध्यम से अनुभव और प्रेरणा ग्रहण करना रसायन-मुक्त कृषि के प्रसार में बेहद प्रभावी साबित हुआ है।
- **सामुदायिक संस्थानों का लाभ उठाना:** जागरूकता प्रसार, प्रेरणा और सामाजिक समर्थन के लिये सामुदायिक संस्थानों का लाभ उठाया जा सकता है।

- सरकार द्वारा एक ऐसे पारितंत्र का विकास करने की आवश्यकता है जहाँ किसान कृषि क्षेत्र में किसी भी ट्रांजीशन की ओर आगे बढ़ते समय एक-दूसरे से सीख सकें और एक-दूसरे का समर्थन कर सकें।
- कृषि विश्वविद्यालयों में पाठ्यक्रम विकसित करने के साथ ही सतत् कृषि अभ्यासों के संबंध में कृषि विस्तार कार्यकर्ताओं (Agriculture Extension Workers) की कुशलता में वृद्धि किये जाने की आवश्यकता है।

अध्याय 3

प्राकृतिक खेती से संबंधित प्रचलित कृषि पद्धतियाँ

संपूर्ण विश्व में बढ़ती हुई जनसंख्या एक गंभीर समस्या है, बढ़ती हुई जनसंख्या के साथ भोजन की आपूर्ति के लिए मानव द्वारा खाद्य उत्पादन की होड़ में अधिक से अधिक उत्पादन प्राप्त करने के लिए तरह-तरह की रासायनिक खादों, जहरीले कीटनाशकों का उपयोग, प्राकृति के जैविक और अजैविक पदार्थों के बीच आदान-प्रदान के चक्र को पारिस्थितिकीय प्रणाली (इकालाजी सिस्टम) प्रभावित करता है, जिससे भूमि की उर्वरा शक्ति कम हो जाती है, साथ ही वातावरण प्रदूषित होता है तथा मनुष्य के स्वास्थ्य पर प्रतिकूल प्रभाव पड़ता है।

प्राचीन काल में मानव स्वास्थ्य के अनुकूल तथा प्राकृतिक वातावरण के अनुरूप खेती की जाती थी, जिससे जैविक और अजैविक पदार्थों के बीच आदान-प्रदान का चक्र निरंतर चलता रहा था, जिसके फलस्वरूप जल, भूमि, वायु तथा वातावरण प्रदूषित नहीं होता था। भारत वर्ष में प्राचीन काल से कृषि के साथ-साथ गौ पालन किया जाता था, जिसके प्रमाण हमारे ग्रंथों में कृष्ण और बलराम हैं जिन्हें हम गोपाल एवं हलधर के नाम से संबोधित करते हैं अर्थात् कृषि एवं गोपालन संयुक्त रूप से अत्यधिक लाभदायी था, जोकि प्राणी मात्र तथा वातावरण के लिए अत्यन्त उपयोगी था। परन्तु बदलते परिवेश में गोपालन धीरे-धीरे कम हो गया तथा कृषि में तरह-तरह की रसायनिक खादों एवं कीटनाशकों का प्रयोग होने लगा जिसके फलस्वरूप जैविक और अजैविक पदार्थों के चक्र का संतुलन बिगड़ता जा रहा है, और वातावरण प्रदूषित होकर, मानव जाति के स्वास्थ्य को प्रभावित कर रहा है। अब रसायनिक खादों, जहरीले कीटनाशकों के उपयोग के स्थान पर, जैविक खादों एवं जैव रसायनों का उपयोग कर अधिक से अधिक उत्पादन प्राप्त कर सकते हैं जिससे भूमि, जल एवं वातावरण शुद्ध रहेगा और मनुष्य एवं प्रत्येक जीवधारी स्वस्थ रहेंगे।

भारत वर्ष में ग्रामीण अर्थव्यवस्था का मुख्य आधार कृषि है और कृषकों की मुख्य आय का साधन भी खेती है। हरित क्रांति के समय से बढ़ती हुई जनसंख्या को ध्यान में रखते हुए एवं आय की दृष्टि से उत्पादन बढ़ाना आवश्यक है अधिक उत्पादन के लिये खेती में अधिक मात्रा में रासायनिक उर्वरकों एवं कीटनाशक का उपयोग करना पड़ता है जिससे सीमान्त तथा छोटे कृषक के पास कम जोत में अत्यधिक लागत लग रही है और जल, भूमि, वायु और वातावरण भी प्रदूषित हो रहा है साथ ही खाद्य पदार्थ भी जहरीले हो रहे हैं। इसलिए इस प्रकार की उपरोक्त सभी समस्याओं से निपटने के लिये गत वर्षो से निरन्तर टिकाऊ खेती के सिद्धान्त पर खेती करने की सिफारिश की गई, जिसे उत्तर प्रदेश के कृषि विभाग ने इस

विशेष प्रकार की खेती को अपनाने के लिए बढ़ावा दिया जिसे हम "वैज्ञानिक जैविक खेती" अथवा गौ आधारित प्राकृतिक खेती के नाम से जानते हैं। भारत सरकार भी इस खेती को अपनाने के लिए प्रचार-प्रसार कर रही है।

प्राकृतिक खेती कृषि की वह विधा है जिसके अन्तर्गत प्राकृतिक संतुलन को बनाये रखते हुए कृषि में किसी भी प्रकार के रसायनों का प्रयोग न करते हुए तथा मृदा की उर्वरता को बरकरार रखते हुए खेती की जाती है। विभिन्न परिस्थितियों के अनुसार प्राकृतिक खेती को कई प्रकार के नामों से वर्गीकृत किया गया है, परन्तु इनमें आपस में बहुत ज्यादा भिन्नताएँ नहीं हैं।

1. प्राकृतिक खेती: खेती की इस पद्धति में न्यूनतम सस्य तकनीकी का समावेश किया जाता है तथा कृषि की प्राकृतिक विधियों से भूमि की सेहत का विशेष रूप से ध्यान रखा जाता है। प्राकृतिक खेती प्रणाली को शून्य बजट खेती भी कहा जाता है क्योंकि इस खेती में रासायनिक उर्वरक एवं रसायनों का प्रयोग नहीं किया जाता बल्कि प्राकृतिक रूप से तैयार खादों का इस्तेमाल किया जाता है। प्राकृतिक खेती सहित पारंपरिक स्वदेशी पद्धतियों को

बढ़ावा देने के लिए 2020-21 से परंपरागत कृषि विकास योजना की उप योजना के रूप में भारतीय प्राकृतिक कृषि पद्धति की शुरुआत की गई है।

प्राकृतिक खेती में प्रक्षेत्र पर ही उपलब्ध जैविक संसाधनों के अधिकाधिक उपयोग पर बल दिया जाता है तथा मृदा की जैविक प्रक्रियाओं को सुचारू रुप से चलाने के लिए जीवामृत का उपयोग किया जाता है। बीज एवं जडोपचार हेतु बीजामृत का उपयोग मृदा उपचार हेतु जीवामृत का प्रयोग इस प्रक्रिया के मुख्य अवयव हैं। बीजामृत एवं जीवामृत बनाने की विधि का वर्णन अन्य अध्यायों में दिया गया है। जीवामृत में अनेको लाभदायक सूक्ष्मजीवाणु पाये जाते हैं एक अध्ययन के अनुसार जीवामृत में निम्नलिखित सूक्ष्म जीवाणु बहुतायत में उपलब्ध होते हैं।

एजोस्पाइरिलम	2×10^6
पी.एस.एम.	2×10^6
स्यूडोमानास	2×10^6
ट्रायकोडरमा	2×10^6
खमीर एवं मोल्ड	2×10^7

एक एकड़ के लिए 200 लीटर जीवामृत की आवश्यकता होती है। इसका उपयोग सिंचाई जल द्वारा, ड्रिप सिंचाई या स्प्रिंकलर द्वारा करना चाहिए, इसे मल्च के ऊपर छिड़क कर या पेड़ों के नीचे कुण्ड बनाकर भी प्रयोग किया जा सकता है।

2. नक्षत्रों की खेती: कृषि की इस पद्धति में प्रक्षेत्र के आस-पास उपलब्ध संसाधनों की समृद्धि पर जोर दिया जाता है। वैज्ञानिक विधि से प्रति इकाई क्षेत्रफल से सौर ऊर्जा के प्रयोग के आधार पर उत्पादन की गणना की जाती है। भारतीय ज्योतिष शास्त्र में ग्रहों को अपने अनुकूल बनाने के लिए वनस्पति अग्रणी है। ज्योतिष महत्व के पौधे रोपे जाएँ तो तमाम समस्याओं से निजात मिल सकती है। कानपुर में जाजमऊ में गंगा किनारे पौधों की आकाश गंगा बनाई गई है, जहाँ नक्षत्र एवं ग्रहों के अनुसार ही पौधे लगाये गये हैं। यह पौधे यहाँ आने वाले पर्यटकों और छात्रों लिए ज्ञान और विज्ञान का संगम हैं। इसे नक्षत्र वाटिका का नाम दिया गया है।

उत्तर दिशा में पीपल, ईशान कोण में लटजीरा, पूर्व में गूलर, आग्नेय कोण में ढ़ाक तथा दक्षिण में खैर के पौधे लगाये जाते हैं। नक्षत्र वाटिका में सौर मण्डल के नौ ग्रहों जैसे सूर्य ग्रह में अक्र (आक), चन्द्र में पलाश (ढ़ाक), मंगल में खादिर (खैर), बुध में अपामार्ग (लटजीरा), बृहस्पति में पिप्पल (पीपल), शुक्र में शमी (दयोकर), राहु में दूर्वा (दूब) तथा केतु में कुष तथा 27 नक्षत्रों जैसे अश्विनी में कोचिला, भरनी में आँवला, कृतिका में गूलर, रोहिडी में जामुन, मृगशिरा में खैर, आद्रा में शीशम, पुनर्वसु में बाँस, पुष्य में पीपल, अंश्लेषा में नागकेसर, मधा में वट, पूर्वा फाल्गुनी में पलास, उत्तरा फाल्गुनी में पाकड़, हस्त में रीठा, चित्रा में बेल, स्वाती में अजरून, विशाखा में कटैया, अनुराधा में भालसिरी, ज्येष्ठा में चीड़, मूल में शाल, पूर्वा अषाढ़ा में अशोक, उत्तराषाढ़ा में कटहल, श्रवण में अकोम, घनिठ्ठा में शमी, शतमिषा में कदम्ब, पूर्व भाद्रपद में आम तथा उत्तर भाद्रपद में नीम के पौधे लगाये जाएंगे तो ये पौधे शक्ति का विशेष श्रोत होते हैं। यह बिल्कुल सत्य है कि पौधों के माध्यम से ही व्यक्ति धनी, स्वस्थ तथा रोगमुक्त बनता है।

3. पंचांग खेती: प्राचीन काल में तिथि तथा नक्षत्रों की स्थिति के आधार पर खेती की बुआई, सस्य क्रियाएँ, कटाई एवं भण्डारण तिथियों के आधार पर निर्धारित होती थी। इस खेती में आकाशीय या नक्षत्रीय ऊर्ज़ा का प्रभाव पेड़-पौधों के भाग जैसे पत्ती, फल, बीज तथा जड़ों पर पड़ता है और अधिक गुणवत्ता वाली उपज प्राप्त की जा सकती है। प्रतिवर्ष इन नक्षत्रों की गति के आधार पर कृषि पंचांग तैयार किया जाता है और इसके अनुसार खेती

करने से लाभ होता है। कृषि पंचांग विशेष रूप से चाँद की गति पर निर्भर करता है। शास्त्रों और पुराण में भारत में प्राचीन काल से ही मुहूर्त देखकर खेती करने का प्रचलन रहा है। किसान ग्रह नक्षत्रों तथा चाँद को देखकर फसल का चुनाव, फसल की बुवाई, कटाई आदि खेती के कार्य करते थे, परन्तु वैज्ञानिक युग में धीरे-धीरे इसका प्रचलन समाप्त हो गया। यह वैज्ञानिक तथ्य है कि पृथ्वी पर मौजूद पानी को चन्द्रमा अपनी ओर खींचता है। पेड़-पौधो की कोशिकाओं में जल की मात्रा रहती ही है, इसलिए चन्द्रमा की गति का प्रभाव पौधों पर पड़ना स्वाभाविक है। भारत में विभिन्न कार्यों को करने के लिए पंचांग का उपयोग किया जाता है। भारतीय पंचांग तिथिवार, श्रेष्ठ, शुभ, प्रिय, अशुभ आदि संभावित परिणामों पर नजर डालता है। उसी अनुसार भारत में कृषि के विभिन्न कार्यों को सम्पन्न करने के लिए नक्षत्र एवं वायुमण्डलीय प्रभावों के शुभ तथा अशुभ तिथिवार, घड़ी एवं अनुभव से प्राप्त प्रथाओं का उपयोग किया जाता है। इस कैलेंडर या पंचांग का उपयोग प्रकृति को लेकर सूक्ष्म से भी सूक्ष्म प्रभावों का कृषि में लाभ लिया जा सकता है। चन्द्रमा अपनी कक्षा में पृथ्वी के चारों ओर अण्डाकार कक्ष में घूमता है अतः चन्द्रमा लगभग 7 दिन के अन्तराल से पृथ्वी के अति पास या अति दूर होता है। इन दोनों ही अवस्थाओं में बीजों से कमजोर पौधे बनते हैं इसलिए दोनो स्थितियों में कोई भी कृषि नहीं करना चाहिए।

4. जीरो बजट खेतीः खेती की इस पद्धति के अन्तर्गत जीवामृत, बीजामृत, पलवार एवं गुड़ाई आदि के द्वारा भूमि शोधन कर फसलोत्पादन किया जाता है। जीरो बजट खेती में बाजार से कुछ भी खरीदना नहीं पड़ता है यानि गाँव का पैसा गाँव में और शहर का पैसा भी गाँवों में आये तो गाँवों में भी समृद्धि आएगी। यदि आपके पास एक देशी गाय है तो आप जीरो बजट प्राकृतिक कृषि से 30 एकड़ की खेती आसानी से कर सकते हैं और बाहर से खरीदना भी कुछ नहीं है तो जब कर्ज की समस्या नही तो आत्महत्या की नौबत ही कहाँ है।

जीरो बजट प्राकृतिक खेती में गोबर, गोमूत्र आधारित खादों/उर्वरकों के प्रयोग से एवं आवश्यकता पड़ने पर नीम, करंज, लहसुन, धतूरा आदि के प्रयोग से निर्मित कीट नियंत्रकों जैसे नीमास्त्र, ब्रम्हास्त्र, अग्निआस्त्र आदि के प्रयोग से फसलों में हानि पहुँचाने वाले कीटों का प्रभावी नियंत्रण किया जाता है।

5. शाश्वत योगिक खेतीः शाश्वत योगिक खेती एक ऐसी पद्धति है जिसमें हम राजयोग का प्रयोग करते हुए परमात्मा से शक्ति लेकर फसल को योग के प्रकंपन द्वारा सकारात्मक ऊर्जा देते हैं। इसके साथ ही जैविक खाद का भी प्रयोग किया जाता है इससे उत्पन्न उपज पौष्टिक एवं शक्तिशाली होती है। प्राचीन काल में माना जाता था कि अन्न का मन मस्तिष्क पर प्रभाव पड़ता है और मन का स्वास्थ्य रोगों से गहरा संबंध है। शाश्वत योगिक खेती के लिए हमें कुदरत के नियम एवं प्रभाव पर चलकर प्रगत विज्ञान के आधार से निसर्ग एवं प्रकृति के पाँचों तत्त्वों सहित सर्व जीव जन्तुओं, पशु पक्षियों से स्नेह का रिश्ता जोड़ना है। इसके लिए आवश्यक है आध्यात्मिक शक्तियों की, जो हमे राजयोग से मिलती है। इस पद्धति में योग एवं मन्त्रोचारण एवं ध्यान केन्द्रित करने की विधि द्वारा सुबह एवं सायंकाल में योगियों द्वारा फसल एवं खेत को ऊर्जा प्रदान की जाती है।

6. होमा फार्मिंग: इस वैदिक पद्धति में अग्निहोत्र एवं मन्त्रोचारण द्वारा खेत में ऊर्जा संचालन द्वारा फसल सुरक्षा की जाती है। वैदिक समय से ही भारतीय मनीषी पेड़ पौधों पर शोध करते थे यह एक बहुत ही आसान एवं प्रभावी तकनीकी है। जो फसल उत्पादन में तो आश्चर्यजनक परिणाम दे सकती है यह बहुत ही आसान एवं कारगर है। इस पद्धति में उगाये गये पौधों का आकार, रंग, स्वाद सब कुछ अच्छा होता है। फसलों पर बीमारियाँ कम आती हैं और कुछ समय उपरांत बीमारियाँ लगना ही बन्द हो जाती हैं।

होमा खेती की शुरुआत का पता वेदों से चलता है इसका सिद्धान्त है कि आप वातावरण को शुद्ध तथा दोषमुक्त रखेंगे तो स्वच्छ वातावरण आपको सभी दोषों से मुक्त रखेगा। होमा खेती के प्रणेता इसे अन्वेषित अध्यात्मिक विज्ञान कहते हैं और वैदिक काल की आध्यात्मिक प्रक्रिया है। होमा खेती की अवधारणा के अनुसार यदि पवित्र अग्नि के समक्ष विशिष्ट संस्कृत मंत्रों का उच्चारण (अग्निहोत्र पूजा) निश्चित समय पर किया जाए तो पूरा वातावरण ऊर्जामय हो जाता है जिसमे समस्त जीव स्वरूपों की जैविक क्रिया बढ़ जाती है। यद्यपि इस प्रक्रिया में कोई भी पद खेती विशिष्ट नहीं है, परन्तु इस प्रक्रिया में परिवार, वातावरण, पौधों, फसलों तथा पशुओं को ऊर्जा प्रदान करने में किया जा सकता है। पूजा या हवन से प्राप्त राख का उपयोग खाद के रूप में पौधों और जानवरों आदि को शक्ति प्रदान करने में किया जा सकता है। होमा खेती चूंकि एक वातावरण उपचार प्रक्रिया है अतः इसे किसी भी प्रकार की अन्य जैविक खेती की प्रक्रिया के साथ अपनाया जा सकता है। होमा प्रणाली भले ही बहुत कम खर्चीली हो, परन्तु इसके प्रचलन में अत्यधिक अनुशासन और समय का नियंत्रण अति आवश्यक है। अग्निहोत्र मूलतः होमाग्नि तकनीक है जो कि वेदों के अनुसार सूर्योदय एवं सूर्यास्त की जैविक लय ताल पर आधारित है और प्राचीन वेद विज्ञान में इसका उल्लेख मिलता है। अग्निहोत्र को वर्तमान समय में काफी सरल और व्यवस्थित कर दिया गया है। अतः कोई भी इसे प्रयोग कर सकता है।

अग्निहोत्र के दौरान सूखा गाय का गोबर तथा घी को (मक्खन का शुद्ध रूप), उल्टे शंकु के आकार के तांबे के बर्तन में (हवन कुंड में) भूरे चावलों के साथ एक विशेष मंत्र का जाप करते हुए अग्नि प्रज्जवलित कर जलाया जाता है। ऐसी मान्यता है कि हवन कुण्ड में जैविक पदार्थों के जलने तथा उपयुक्त मंत्रोपचार से मूल्यवान शुद्धिकरण ऊर्जा निकलती है। यह ऊर्जा वातावरण में समाहित होने के साथ-साथ हवन कुण्ड की राख में भी समाहित हो जाती है। इस ऊर्जा से भरी राख का जैविक खेती में विभिन्न रूपों में प्रयोग किया जा सकता है। अग्निहोत्र एवं होम या हवन की राख को खेतों या क्यारियों में फैला देने के अतिरिक्त और भी कई प्रकार से इसके उपयोग की सलाह दी गई है।

बीजों और कंदों के उपचार हेतु: बुआई से पहले बीजों और कंदों को हवन कुण्ड की राख और गोमूत्र मिश्रण से उपचारित करना चाहिए। 2-5 लीटर पानी में 2-5 लीटर गौ मूत्र मिलाकर इसमें चार चम्मच अग्निहोत्र राख (प्रति पाँच लीटर के हिसाब से) डालकर मिश्रण बनाएँ और इसे अच्छी तरह से हिलाएँ। बीजो और कंदों को इस मिश्रण में 30-40 मिनट के

लिए डुबो कर रख दें। इससे पौधों का अंकुरण अच्छा होगा और उनमें कीट तथा व्याधियों के प्रति प्रतिरोधक क्षमता अधिक होगी। गाय के गोबर के समान, गौमूत्र में भी बैक्टीरिया के खिलाफ लड़ने की क्षमता होती है और बीजों और कंदों के चारों ओर एक परत चढ़ जाती है जो कि बीजो और कंदो की रक्षा करती है। उपचारित बीज छाँव में फैलाकर सुखा लेते हैं। बीज इतने सूखे होने चाहिए कि आसानी से चारों तरफ बिखेरे जा सके, परन्तु इतने भी न हो कि बीजो की परत निकल जाये। यदि यह पूरी तरह सूख जायेगे तो बीजो का अंकुरण नहीं होगा अतः इनमें हल्की नमी होना आवश्यक है। कंदों को उपचारित करने के बाद तुरन्त रोप देना अथवा लगा देना चाहिए।

उर्वरक या खादे: अग्निहोत्र राख तथा बिच्छू बूटी अर्क का मिश्रण बनाकर पौधे को खाद के रूप में दिया जा सकता है। यह विशिष्ट द्रव्य पौधों को शक्ति प्रदान करता है। बिच्छू बूटी अर्क को 7 से 14 दिनों तक या मौसम के अनुसार अग्न्होत्र राख तथा पानी मिलाकर सड़ने दें। सड़न पूर्ण होने पर छानकर अर्क निकाल लें। इस अर्क को एक से नौ के अनुपात में जल में मिलाकर छिड़काव करें।

पौध पुष्टिकारक घोल: अग्निहोत्र पौध पुष्टिकारक घोल बनाने के लिए चार चम्मच अग्निहोत्र राख और चार चम्मच बारीक पिसा हुआ सूखा गोबर लेकर लगभग पाँच लीटर पानी में डालकर हिलाए और स्प्रे के रूप में पौधो पर छिड़काव करें। इसको पुनः 14 दिनों के अंतराल में या आवश्यकतानुसार प्रयोग कर सकते हैं।

छिड़काव वाला घोल: छिड़काव किये जाने वाला पुष्टिकारक घोल पाँच लीटर पानी में चार चम्मच अग्निहोत्र राख मिलाकर बनाया जा सकता है। इस घोल को तीन दिनों तक के लिए रख देते हैं और फिर बारीक छननी से छान लेते हैं यह पौधों को कीटों और अन्य बीमारियों से बचाता है। छिड़काव किये जाने वाले घोल को कुछ विशिष्ट फर्न की कलियों से भी तैयार किया जा सकता है। इसमें 150 ग्राम फर्न की कलियों को दो लीटर पानी से दो चम्मच अग्निहोत्र राख के साथ मिलाकर सात से दस दिनों के लिए सड़ने को रख देते हैं, फिर इसे पतली महीन छननी से छान कर छिड़काव पद्धति से पौधों पर समान रूप से छिड़क देते हैं यह पौधों को कीट आदि से (जैसे शम्बूक) रक्षा करता है।

ग्लोरिया बायोसोल होम जैव उर्वरक: ग्लोरिया बायोसोल बहुत ही प्रभावशाली जैव उर्वरक है जिसे घर के वातावरण में तैयार किया जा सकता है। बायोसोल द्रव्य का उपयोग पौधों में मृदा का पालन पोषण करता है। बायोसोल वर्मीवाश से श्रेष्ठ है जिसमें अत्यधिक संख्या में लाभकारी सूक्ष्मजीवाणु और होम अथवा हवन की ऊर्जा होती है। अग्निहोत्र राख उन सभी तत्त्वो पर सकारात्मक प्रभाव डालती है, जिनकी सहायता से बायोसोल को सूक्ष्म पोषक तत्त्वो से समृद्ध बनाया जाता है।

बायोसोल बनाने हेतु आवश्यक तत्त्व:

- ताजा गाय का गोबर

- केचुआ की खाद
- गौमूत्र
- अग्निहोत्र की राख
- पानी

उपरोक्त तत्त्वो को 200, 500 या 1000 लीटर की टंकी में मिला देते हैं। इसमें एक तांबे का श्रीयंत्र डाल दिया जाता है। इसके पश्चात् टैंक को बीस से तीस दिनों तक के लिए सीलबंद कर देते हैं। पाचन की क्रिया पूर्ण होने के पश्चात् द्रव्य को निकाल सकते हैं। बायो सोल को अग्निहोत्र राख के घोल के साथ एक से दस के अनुपात में मिलाकर प्रयोग करते हैं। एक एकड़ के लिए 200 लीटर बायोसोल का घोल आवश्यक है। बायोसोल मिश्रण का छिड़काव 15 दिनों के अंतराल से किसी भी फसल पर किया जा सकता है। बायोसोल मिश्रण का प्रयोग सूर्योदय से पूर्व या सूर्यास्त के बाद करना चाहिए। यदि बायोसोल मिश्रण को अच्छी तरह से बंद कर केन में रखते हैं तो यह लम्बे समय तक कार्य करता रहेगा अर्थात् लगभग 6 महीने तक बचा हुआ बायोसोल का ठोस अथवा गाढ़ा मिश्रण (जिसमें अत्याधिक सूक्ष्म पुष्टिकारक होते हैं) किसी भी प्रकार की जैविक खाद के साथ एक से पांच के अनुपात में मिलाकर प्रयोग कर सकते हैं।

अग्निहोम के लिए शुद्ध देशी गाय का घी, अग्निहोम करने का ताँबे का पिरामिड आकार का पात्र, देशी गाय के गोबर के उपले, साबुत चावल, मिट्टी या काँच का पात्र जिसमें राख एकत्रित करनी है। सूर्योदय के समय एवं सूर्यास्त के समय का विशेष ध्यान रखें। अग्निहोम करने की शुरुआत शाम के समय से करें। सूर्योदय के समय-सूर्याय स्वाहा सूर्याय इंद्र न मम, प्रजापतये स्वाहा प्रजापतये इंद्र न मम। इन मंत्रों के साथ आप गाय के उपले से अग्नि जलाकर चावल और गाय के घी की दो-दो आहुतियाँ दें। अग्निहोम होने के बाद जो राख मिले उस

राख को अपने गार्डन अथवा फसलों/पेड़ों में उपयोग में लाएँ। यह उपाय दिखने में बहुत ही साधारण है, लेकिन इसके परिणाम बहुत ही सार्थक है। अग्निहोम कार्मिक से लाभ निम्न हैं:-

1. इस पद्धति से फसल उत्पादन में कई गुना बढ़ोत्तरी होती है।
2. खाद एवं कीटनाशकों का खर्च बचता है।
3. फलों एवं सब्जियों का गुणवत्ता तथा स्वाद बढ़ जाता है।
4. सब्जियों की पौष्टिकता बढ़ जाती है, फलों एवं सब्जियों में हानिकारक तत्त्व नहीं रहते हैं तथा फल, सब्जियों का रंग, रूप, आकार, स्वाद सब कुछ बेहतर हो जाता है।

7. परमाकल्चरः खेती की इस पद्धति में भी गौ आधारित, फसल अवशेष प्रबंधन एवं भूमि के स्वास्थ्य को दृष्टिगत रखते हुए जैव विविधता एवं कंटूर वृक्षारोपड़ करते हुए, फसलों को प्राकृतिक आधार पर संकलित किया जाता है। सतत कृषि या परमाकल्चर (Permaculture) भूमि प्रबंधन से संबंधित एक विशेष दृष्टिकोण है तथा पारिस्थितिकी खेती है जो प्राकृतिक पर्यावरण में विद्यमान विन्यासों को अपनाने के दर्शन पर आधारित है। परमाकल्चर कृषि की ऐसी विधा है जिसमें सीधे-सीधे प्रकृति की व्यवस्था अथवा पारिस्थितिकी की नैसर्गिक प्रकृति को अपनाया जाता है।

परमाकल्चर शब्द को ऑस्ट्रेलिया के एक छात्र डेविड हॉमग्रेन और उनके प्रोफेसर बिल मॉरिसन ने परमानेंट एग्रीकल्चर को जोड़कर गढ़ा है। अर्थात् परमाकल्चर का अर्थ परमानेंट एग्रीकल्चर, या सतत कृषि है, जिसे नैसर्गिक रूप से निरंतर किया ज़ा सकता है। जापान के मासानोबू फुकुओका के प्राकृतिक सिद्धान्त से यह विधा प्रेरित दिखाई देती है। इस विधा के वैसे तो अनेक सूत्र है पर समेकित जल सम्पदा प्रबन्धन इसमें सबसे महत्वपूर्ण है। मॉरिसन ने ठीक कहा है कि परमाकल्चर अर्थात सतत कृषि ऐसा दर्शन है जिसमें प्रकृति के साथ चलना होता है। इसमें विचार शून्य परिश्रम की बजाय विचारवान दृष्टि विकसित करनी होती है। पौधों एवं पशुओं की प्रत्येक गति विधि पर अध्ययनशील दृष्टि रखनी होती है।

सतत कृषि का पहला सिद्धान्त भूमि संरक्षण है अर्थात् भूमि में जीवन जिस किसी रूप में है उससे छेड़छाड़ नही करना तथा उसकी निरन्तरता बनाये रखना है। दूसरे सिद्धान्त के अन्तर्गत जनता को उन संसाधनों के उपयोग की अनुमति होनी चाहिए जो उनके आस्तित्त्व के लिए आवश्यक है संसाधनों के उपयोग के पश्चात् जो कचरा (वेस्ट) बचता है उसका उपयोग खाद बनाने के रूप में किया जाये। तीसरा सिद्धान्त है उचित हिस्सेदारी अर्थात किसी को भी आवश्यकता से अधिक हिस्सा नहीं मिलना चाहिए जो बचे उसका उपयोग पुनर्निवेश के रूप में किया जा सकता है। इस प्रकार सतत कृषि का अर्थ भूमि की स्थिति और गति, प्राकृतिक संसाधनों और स्थान विशेष में उपलब्ध जीव जन्तुओं के गठजोड़ से है। सतत कृषि ऐसी स्थिति है जिसमें इन सबका बेहतर समन्वय स्थापित किया जाता है।

8. बायो डायनामिक खेती: प्राचीन समय से ही यह धारणा है कि हमारे जीवन के हर पहलू पर पर्यावरण तथा मौसम पर सूर्य, चाँद, सितारे एवं नक्षत्रों की गति का प्रभाव होता है। इसी आधार पर यह भी माना जाता है कि कृषि एवं फसल उत्पादन पर भी इन नक्षत्रों का महत्त्वपूर्ण प्रभाव होता है। इन नक्षत्रीय शक्तियों की प्रभाविता को ध्यान में रखकर विभिन्न संस्थाओं द्वारा कुछ जैव सक्रिय उत्पाद (Biodynamic preparations) तैयार किये गये हैं। ये जैव सक्रिय उत्पाद मिट्टी की उर्वराशक्ति को बढ़ाने के साथ नाशीजीव प्रबन्धन में भी अपना योगदान विशेषरूप से रखते हैं। जैव सक्रिय पदार्थों के लगातार प्रयोग से मृदा की खोई हुई उर्बरा क्षमता पुर्नस्थापित होती है तथा मिट्टी के स्वास्थ्य में उत्तरोत्तर सुधार होता है। कुछ जैव सक्रिय उत्पाद रोगनिरोधी पदार्थो के रूप में भी कार्य करते हैं और कृषि नाशी जीव के प्रबन्धन में महत्वपूर्ण भूमिका का निर्वाहन करते है। जैव सक्रिय पदार्थों के प्रायोजकों के अनुसार जैव सक्रिय पदार्थो के प्रयोग से मिट्टी और उसके आस-पास के वातावरण में ऐसी प्राकृतिक प्रक्रियाओं की शुरुआत होती है जिससे मिट्टी और उसमें उगने वाले पौधों में नक्षत्रीय शक्तियों को ग्रहण करने और उन शक्तियों को लाभ वाली प्रक्रियाओं में बदलने की क्षमता उत्पन्न होती है। जैव सक्रिय उत्पाद पौधों का भोजन नहीं है वरन् ये पौधों में नक्षत्रीय शक्तियों को ग्रहण करने की क्षमता बढ़ाते हैं। कम्पोस्ट में प्रयुक्त होने वाले जैव सक्रिय उत्पाद कम्पोस्ट उत्प्रेरक या वृद्धिकारक होकर कुछ विशिष्ट जीवाणुओं द्वारा नक्षत्रीय शक्तियों को ग्रहण करने की क्षमता उत्पन्न होती है जिससे विभिन्न पोषक तत्त्व चक्रों का निर्बाध संचालन होता है। जैव सक्रिय उत्पाद ऐसे जैविक उत्पाद हैं जिनसे नक्षत्रीय शक्तियों को मिट्टी में विभिन्न जैविक प्रक्रियाओं एवं तत्त्व चक्रों को मजबूत एवं प्रभावी करने के काम में लिया जाता है।

इस प्रकार की खेती में आदिकालीन कलैंडर के आधार पर विभिन्न प्रकार की बायोडायनामिक पद्धतियाँ तैयार की जाती हैं जिसका प्रयोग बीज अंकुरण, फसल बढ़वार एवं फसल सुरक्षा के विभिन्न पहलुओं को ध्यान में रखकर किया जाता है। बायोडायनामिक खेती जैविक खेती की तरह है, परन्तु यह जैविक खेती से उन्नत है, इससे उपज की गुणवत्ता एवं मृदा के स्वास्थ्य में वृद्धि होती है। बायोडायनामिक कृषि का जन्म तब हुआ जब 1924 में डॉ. रूडोल्फ स्टीनर ने जर्मनी में किसानों के एक बड़े समूह को कृषि की नई पद्धति के बारे में आठ व्याख्यान दिये। डॉ. रूडोल्फ स्टीनर एक ऑस्ट्रेलियाई दार्शनिक एवं वैज्ञानिक थे, जिनका विचार प्राच्च दर्शन, खासकर बौद्ध धर्म, हिन्दू धर्म और वैदिक शास्त्र से बहुत प्रभावित था। बायोडायनामिक दो शब्दों बायोस + डायनामिक = जीवन + ऊर्जा से मिलकर बना है।

चंद्रमा की दिशा एवं दशा को देखते हुए जो खेती की जाती है उसे डायनामिक खेती कहते हैं जिस तारीख को शनि एवं चंद्रमा आमने-सामने रहते हैं वह तारीख किसी भी कृषि कार्य के लिए उत्तम होती है। पूर्णिमा के दो दिन पहले से किसी भी फसल की बुआई करना सही रहता है क्योंकि इस समय नमी सबसे अधिक रहती है। चंद्रमा की चाल के

अनुसार कैलेण्डर का निर्माण किया जाता है जिसके अनुसार खेती की जाती है। इस कैलेण्डर में लिखा होता है कि किस फसल में कब और क्या कृषि कार्य करना चाहिये। कृषि कार्यो में समय तथा मौसम की जानकारी होना आवश्यक है। प्राचीन समय में कृषक कृषि के किसी भी कार्य को करने से पहले समय का बहुत ध्यान रखते थे। कृषक यहाँ तक ध्यान रखते थे कि जैविक खाद का प्रयोग, बीज की बुआई, कटाई के लिए सूर्य, चन्द्रमा, मौसम, अग्नि तथा वायु का विशेष ध्यान रखते थे। इन सभी का हमारी कृषि में विशेष योगदान है। किसान समाधान किसानों के लिए खेती में जुड़ी सभी तरह के कालचक्र के साथ प्रकृति की जानकारी लेकर आया है।

बायोडायनामिक खेती का तात्पर्य यह भी है कि ब्रह्मण्डीय शक्तियों के समावेश के आधार पर खेती करना। जानकारों का मानना है कि इस प्रकार खेती करने से लागत कम तथा उत्पादन कई गुना ज्यादा होता है। बायोडायनामिक खेती को बढ़ावा देने के लिए सर्ग संस्था इस पर कार्य कर रही है। उत्तर प्रदेश कृषि विकास भी बायोडायनामिक खेती को बढ़ावा दे रही है।

अभी तक कुल मिलाकर नौ प्रकार के जैव सक्रिय उत्पाद विकसित किये गये हैं और नुस्खा क्रमांक 500 से 508 तक नाम दिये गये हैं। इन उत्पादों में नुस्खा क्रमांक 500 (बी. डी.-500) तथा नुस्खा क्रमांक 501 (बी.डी.-501) सर्वाधिक लोकप्रिय हैं। नुस्खा क्रमांक 502 से 507 (बी.डी.-502 से बी.डी.-507) कम्पोस्ट उत्पादन मे प्रयोग किये जाते हैं। नुस्खा क्रमांक 508 (बी.डी.-508) रोगनिरोधी है और अनेक प्रकार के फफूंद जन्य रोगों की रोकथाम के लिए सहायक है।

जैव शक्ति पदार्थों के लगातार प्रयोग करने से मिट्‌टी की खोई हुई उर्वरा शक्ति पुनर्स्थापित होती है तथा मिट्‌टी के स्वास्थ्य में उत्तरोत्तर सुधार होता है। कुछ जैव सक्रिय उत्पाद रोग निरोधी पदार्थों के रूप में कार्य करते हैं और कृषि नाशीजीव के प्रबन्धन में महत्वपूर्ण भूमिका निभाते हैं।

9. वैज्ञानिक जैविक खेती: इस पद्धति में प्राकृतिक उत्पादन के सिद्धान्त, भूमि स्वास्थ्य एवं मृदा जीवांश पर आधारित फसल क्रम में ताप, दाब, नमी, प्रकाश एवं दूरी के नियम के अनुसार दलहनी, तिलहनी एवं खाद्यान्न फसलों के उत्पादन के साथ-साथ पशुधन को भी महत्व दिया जाता है। जैविक खेती कृषि की वह विधा है जो संश्लेषित उर्वरकों एवं संस्लेशित कीटनाशकों के अप्रयोग या न्यूनतम प्रयोग पर आधारित है तथा जो भूमि की उर्वराशक्ति को बनाये रखने के लिए फसलचक्र, हरी खाद, कम्पोस्ट आदि का प्रयोग करती है। खेती की वह विधा जिसमें रसायनिक उर्वरको एवं कीटनाशकों के बिना या कम प्रयोग से फसलों का उत्पादन किया जाता है, जैविक खेती कहलाती है। जैविक खेती का मुख्य उद्‌देश्य पर्यावरण के नुकसान से बचाते हुए भूमि की उर्वरा शक्ति को बनाए रखते हुए अधिक से अधिक गुणवत्तायुक्त उत्पादन प्राप्त करना होता है।

जैविक खेती एक ऐसी पद्धति है, जिसमें रासायनिक उर्वरकों, कीटनाशकों तथा खरपतवारनाशियों

के स्थान पर जीवांश खादों (गोबर की खाद, कम्पोस्ट, हरी खाद, जीवाणुकल्चर, जैविक खाद आदि), जैवनाशियो (बायो-पैस्टीसाइड) तथा बायो एजेन्ट (क्राइसोपा आदि) का प्रयोग किया जाता है, जिससे न केवल भूमि की उर्वरा शक्ति लम्बे समय तक बनी रहती है, बल्कि पर्यावरण भी प्रदूषित नहीं होता है एवं कृषि लागत घटने तथा कृषि उत्पाद की गुणवत्ता बढ़ने से कृषकों को अधिक लाभ भी मिलता है।

जैविक खेती वह सदाबहार कृषि पद्धति है, जो पर्यावरण की शुद्धता, जल एवं वायु की शुद्धता, भूमि का प्राकृतिक स्वरूप बनाने वाली, जलधारण क्षमता बढ़ाने वाली, धैर्यशील, कृत संकल्पित होते हुए रसायनों का उपयोग आवश्यकतानुसार कम-से-कम करते हुए कृषक को कम लागत से दीर्घकालीन स्थिर तथा अच्छी गुणवत्ता वाली पारम्परिक पद्धति है।

10. स्ट्रा फार्मिंग: यह पद्धति जापान के फुकोका द्वारा विकसित की गई है जिसके अन्तर्गत फसल अवशेषों की पलवार द्वारा बीज संरक्षण जो कि चिकनी मिट्टी में बीजों की गोलियाँ बनाकर वांछित स्थानों पर बीजारोपण किया जाता है। सामान्यत: फसल अवशेषों में धान का पुआल, ज्वार/बाजरा/मक्का की कडवी, गेहूँ का भूसा, गन्ना की सूखी/हरी पत्तियाँ आदि आते हैं जिनको कृषक खेत में जला देते हैं जिससे पर्यावरणीय क्षति के साथ-साथ भूमि की उर्वराशक्ति का ह्रास हो जाता है। इन फसल अवशेषों से उत्तम किस्म की कम्पोस्ट भी बनाई जा सकती है। कम्पोस्ट बनाने में इन फसल अवशेषों के शीघ्र सडान के लिए वेस्ट डिकम्पोजर का प्रयोग बहुत ही लाभकारी है तथा फसल अवशेषों में इसके प्रयोग से 80-90 दिन में उच्च गुणवत्तायुक्त खाद बनकर तैयार हो जाती है। खेत में इन फसल अवशेषों के मिला देने से मृदा में जैव पदार्थ की मात्रा में भी वृद्धि हो जाती है एवं मृदा में लाभदायक सूक्ष्म जीवाणुओं की संख्या में वृद्धि होने से मृदा की उर्वरता में वृद्धि होने से फसल उत्पादन में वृद्धि हो जाती है। फसल अवशेषों को मृदा में मिलाने के लिए श्रेडर, मल्चर, रिवर्सिबुल मोल्ड बोर्ड प्लाऊ, हैप्पी सीडर, सुपर सीडर, जीरो सीड कम फर्टीड्रिल आदि कृषि यन्त्रों का प्रयोग किया जा सकता है। सीमित सिंचाई के साधनों अथवा असिंचित/बारानी दशाओं में नमी संरक्षण के लिए फसल की दो पंक्तियों के मध्य में इन फसल अवशेषों को फैला देने से नमी संरक्षित रहती है तथा इनके सड़-गल जाने से मृदा की उर्वरा शक्ति में वृद्धि होने से फसल उत्पादन भी अधिक प्राप्त होता है। धान के पुआल का प्रयोग गत्ता बनाने वाली फैक्टरियों में तथा कॉच एवं नर्सरी की पौध आदि सामान की पैकिंग के लिए भी किया जा सकता है। स्ट्रा फार्मिंग के अन्तर्गत फसल अवशेषों का मृदा की सतह पर रहने से मृदा नमी संरक्षित रहती है। जिससे बीजों का जमाव एवं फसल की वृद्धि अच्छी होने से फसलोत्पादन मे वृद्धि होती है।

11. यौगिक खेती: यौगिक खेती का अर्थ है परम्परागत जैविक खेती के साथ योग पवित्र मानसिक तरंगों का प्रयोग करना है। इसके अन्तर्गत सर्वप्रथम भूमि शोधन तथा बीज उपचार किया जाता है। बीज को परमात्मा की याद से, सर्व शक्तिवान की ऊर्जा से ओत-प्रोत किया जाता है। खेत में शिव ध्वजारोपड कर परमात्मा की शक्ति का प्रवाह फसल पर किया

जाता है। खेत में अथवा दूर बैठे भी फसल पर परमात्मा की याद अर्थात योग की पवित्र सकारात्मक तरंगों का प्रयोग किया जाता है। पानी के साथ योग का प्रयोग, खेत में जैविक खाद का प्रयोग, प्राकृतिक फसल संरक्षण तथा सहफसली खेती अपनाने के साथ ही खेती में सूक्ष्म पर्यावरण की स्थापना की जाती है। उससे भूमि की उर्वरा शक्ति पुनः वापस आती है और खेती से पूर्णतः शुद्ध, सात्विक, पौष्टिक अनाज, फल तथा सब्जियाँ प्राप्त होती है। यह यौगिक खेती की एक पद्धति नहीं है बल्कि भारत की प्राचीन ऋषि-कृषि परम्परा को पुनर्जीवित कर स्वर्णिम भारत की पुनर्स्थापना का एक क्रांतिकारी कदम है।

12. ऋषि कृषिः पेड़ पौधों की वृद्धि और उनसे अच्छा उत्पादन लेने के लिए जिन जिन संसाधनों की आवश्यकता होती है, उन सभी संसाधनों को प्रकृति से ही जुटाना ऋषि कृषि कहलाता है। पुराने समय में हमारे ऋषि मुनि इसी पद्धति का प्रयोग करते थे तथा उत्तम किस्म के अन्न एव फलों का उत्पादन करते थे। भूमि शोधन एवं भूमि में जीवाणुओं की वृद्धि के लिए प्रति एकड़ 15 किग्रा. बरगद के वृक्ष के नीचे की मिट्टी खेत की तैयारी के समय छिड़क कर मिला दिया जाता है। त्तपश्चात् भूमि तथा बीज शोधन एवं फसलों की वृद्धि के लिए अमृत पानी का प्रयोग किया जाता है। अमृत पानी बनाने के लिए गाय का ताजा गोबर (10 किग्रा.), गाय का घी (250 ग्रा.) मिलाकर इस मिश्रण में 500 ग्राम शहद अथवा गुड़ मिलाकर रात भर रखें फिर 200 ली. पानी में मिलाकर 5 प्रतिशत की दर से एक एकड़ में छिड़काव करें। एक फसल में अमृत पानी का तीन बार छिड़काव करना लाभप्रद होता है।

अग्निहोत्र कृषि

अग्निहोत्र भस्म उच्चारण पर्यावरण को शुद्ध करने की एक वैदिक कृषि पद्धति है। खेत में, गाँव में, घर में तथा शहर में पर्यावरण को स्वच्छ बनाये रखकर सूर्योदय एवं सूर्यास्त के समय मिटी तथा तांबे के पात्र में गाय के गोबर के कंडे में अग्नि प्रज्वलित कर अखंड अक्षत (बिना टूटे चावल) चावल के 8-10 दानों को गाय के घी में मिलाकर हाथ अंगूठे, मध्य अनामिका व छोटी उँगुली से अग्निहोत्र मंत्र उच्चारण के साथ स्वाहाः शब्द के साथ आहुति दी जाती है। इसके प्रयोग से वातावरण शुद्ध होता है तथा फसलों में शुद्ध वायु का संचार होने से पौधों की वृद्धि एवं विकास के लिए उचित वातावरण तैयार होने से पौधों में फल, फूल, फलियों की संख्या में अधिक वृद्धि होती है तथा दानों का आकार बढ़ जाता है जिससे अधिक फसलोत्पादन प्राप्त होता है।

अग्निहोत्र मंत्र

सूर्योदय के समय-सूर्याय स्वाहा, सूर्याय इदम् न मम् (प्रथम आहुति के समय)

प्रजापतये स्वाहा, प्रजापतये इदम् न मम (द्वितीय आहुति के समय)

सूर्यास्त के समय-अग्नेय स्वाहा, अग्नेय इदम् न मम् (प्रथम आहुति के समय)

प्रजापतये स्वाहा, प्रजापतये इदम् न मम (द्वितीय आहुति के समय)

खेतों पर अग्निहोत्र मंत्र, पौधों में कीट-व्याधि निरोधकता के साथ भूमि में उपलब्ध पोषण-जैव कार्बन-ऊर्जा का सक्षम उपयोग कर अधिक उत्पादन हेतु प्रेरित करता है। अग्निहोत्र मंत्र के उच्चारण से फसलों के आस-पास वातावरण में ऐसी शक्तियों का विकास होता है जो फसलोत्पादन के लिए अनुकूल होती है। अग्निहोत्र मंत्र के उच्चारण फसलों के मध्य में ब्रह्म मुहूर्त की वेला में ही किया जाता है। इस समय वातावरण में एक विशेष प्रकार की ऊर्जा/शक्तियों का संचार होता है जो फसलों की विभिन्न प्रकार की क्रियाओं को संचालित कर देता है जो फसलों के अधिक उत्पादन देने में सक्षम होती है।

वैज्ञानिकों ने ऋषि कृषि की अवधरणा पर आधारित इस पौराणिक खेती की विधा को आज के समय में कारगर मानते हुए आजमाने की तैयारी शुरू कर दी है। उसने इसे जैव गतिशील कृषि एवं जैव ग्राम नामकरण दिया है। इस विधि से बीज वाली खेती को अग्निहोत्र कृषि भी कहते हैं। वेदों में भी इस कृषि का उल्लेख है। इसे अपनाने से पर्यावरण, कृषि एवं किसान सभी को लाभ मिलेगा। स्वस्थ जीवन शैली पर आधारित कृषि की प्राचीन विधा आज की मांग बन गई है।

13. पंचगव्य कृषि: पंचगव्य एक विशिष्ट समृद्धशाली जैव सूत्र है इसे गाय के पाँच उत्पादों जैसे गोबर, गौमूत्र, दूध, दही एवं घी से मिलाकर तैयार किया जाता है। पंचगव्य में बहु-उपयोगी सूक्ष्मजीव जैसे फफूंद, बैक्टीरिया, एक्टीनोमाइसिटीज एवं अनेकों सूक्ष्म पुष्टिकारक जीवाणु होते हैं यह पंचगव्य खेती के लिए बलवर्धक का कार्य करता है, पौधों को प्रबल करता है एवं उनको ताकत पहुँचाता है और साथ ही गुणवत्तायुक्त उत्पादन प्राप्त करने में सहायक है। पंचगव्य में उपस्थित सूक्ष्म जीवों की संख्या निम्नानुसार पाई जाती है।

- कुल फफूंदी – 38800 प्रति मिली
- कुल बैक्टीरिया – 1880000 प्रति मिली
- लैक्टोबैसीलस – 2260000 प्रति मिली
- कुल एनऐरोबिक जीवाणु – 10000 प्रति मिली
- अम्ल उत्पादक जीवाणु – 360 प्रति मिली
- मिथेन उत्पादक जीवाणु – 250 प्रति मिली

जैविक एवं रासायनिक अध्ययनों से ज्ञात हुआ है कि पौधों की अच्छी बढ़वार हेतु लगभग सभी सूक्ष्म तत्त्व तथा हार्मोन प्रचुर मात्रा में उपलब्ध होते हैं। किण्डवनकारी सूक्ष्म जीवाणु जैसे यीस्ट (खमीर) एवं लैक्टोबैसीलस की अधिकता से मृदा की जैविक प्रक्रियाओं में कमी आती है और अनेक लाभदायक सूक्ष्मजीवाणुओं की संख्या में बढ़ोतरी होती है। 3 से 4 प्रतिशत का पंचगव्य घोल पर्णीय छिड़काव हेतु पर्याप्त होता है। 4 से 5 बार छिड़काव करने से फसल की अच्छी पैदावार और उत्पादकता सुनिश्चित की जा सकती है। पंचगव्य के छिडकाव हेतु निम्न पद्धतियां अपनाई जा सकती हैं।

अ. दो छिड़काव फूल आने से पहले 15 दिनों के अन्तराल पर।

ब. दो छिड़काव फूल से फल/फलियां बनते समय 10 दिनों के अन्तराल पर।

स. एक छिड़काव फल/फलियों परिपक्व होने पर।

पंचगव्य का उपयोग करने पर कई फसलों में उत्तम प्रभाव देखने को मिले हैं जैसे बागवानी वाली फसलें, आम, अमरुद, नीबू, केला, मसाले वाली फसलें जैसे हल्दी, जैसमिन फूल, दवा वाले पौधे जैसे कोलियस, अश्वगंधा, सब्जियों जैसे ककड़ी, पालक, भिंडी, मूली एवं अनाज वाली फसलें जैसे मक्का, हरा चना एवं सूरजमुखी आदि। पंचगव्य से गोल सूत्रकृमि की समस्या को एवं कंडुवा रोगों को भी कम किया जा सकता है एवं मृदा में लगातार प्रयोग से गोलकृमियों की संख्या में भी कमी आती हैं। पंचगव्य के छिड़काव से पत्तों की ऊपरी सतह पर एक तैलीय परत-सी चढ़ जाती है जिससे जल के उत्सर्जन में कमी होने से जल का ह्रास कम-से-कम होता है।

14. नैटयुको खेती: नैटयुको खेती पारिस्थितिकी तंत्र के सभी अवयवों तथा उपलब्ध संसाधनों के मध्य सामंजस्य स्थापित कर उनके भरपूर दोहन के सिद्धान्त पर आधारित है। यह विधा दार्शनिक एवं व्यवहारिक पद्धति में जैविक एवं प्राकृतिक खेती से बिल्कुल अलग है तथा रासायनिक आधारित कृषि निवेशों के प्रयोग के स्थान पर इस विधा में सूर्य के प्रकाश के अधिकाधिक प्रयोग तथा वैज्ञानिक तकनीक से स्थानीय संसाधनों के बेहतर प्रबंधन पर जोर दिया जाता है। इस विधा के सफल संचालन हेतु आवश्यक है कि पहले हम उगाई जाने वाली फसलों की वातावरण तथा पोषण आवश्यकताएँ, स्थानीय मिट्टी की उर्वरता तथा पौधे-पर्यावरण-भूमि के बीच के संबंधों के महत्व एवं कैसे उनका उपयुक्त प्रबन्धन किया जा सके इसे अच्छी तरह समझ लेना चाहिए। नैटयुको खेती के प्रमुख चरण निम्नानुसार हैं:-

विज्ञान का सरलीकरण: लगातार प्रयोगों ने यह साबित किया गया है कि विज्ञान के कठिनतम पहलू भी साधारण भाषा में किसानों तक पहुँचाये जा सकते हैं और किसान उनका कृषि में उचित प्रयोग भी कर सकता है। खेती में उत्तरोत्तर विकास के लिए ऐसी बौद्धिक क्रांति की आवश्यकता है जिससे किसान समान रूप से भागीदार हो। यह तकनीकी साक्षरता प्रक्रिया से मृदा एवं जल प्रबंधन, पर्ण क्षेत्र फैलाव, सूर्य ऊर्जा के भरपूर दोहन तथा स्थानीय संसाधन के उपयुक्त प्रबंधन तथा खेती के सभी अवयवों के बीच समन्वय स्थापित कर उच्चतम उत्पादन प्राप्त किया जा सकता है और सबके लिए भरपूरता का लक्ष्य हासिल किया जा सकता है।

नैटयुको खेती विज्ञान को समझना

- नैटयुको खेती पद्धति प्राकृतिक संसाधन पर आधारित होने के बावजूद प्राकृतिक खेती और जैविक खेती से अलग है।
- प्राकृतिक खेती में प्रकृति के अनुभव एवं विवेक को आधार बनाकर तथा प्रकृति के साथ सहयोग की अपेक्षा कर खेती की जाती है। जबकि नैटयुको खेती वैज्ञानिक ज्ञान

के आधार पर प्रकृति को अधिक से अधिक जानने और प्रयोगो द्वारा उसके संवर्धन तथा उपयुक्त प्रयोग पर आधारित है। यह उत्तरोत्तर समृद्ध होने वाली ऐसी ज्ञान गंगा है जिसमें मानव तथा पर्यावरण के मध्य परस्पर सहभागिता तथा सम्मान को सर्वोपरि स्थान दिया गया है। नैटयुको खेती विज्ञान आज की रसायन कृषि निवेश आधारित खेती से बिल्कुल अलग है और दोनो के बीच कोई समानता नहीं है। नेटयुको खेती इस अवधारणा पर आधारित है कि प्रकृति में उपलब्ध असीमित संसाधन तथा सूर्य ऊर्जा को यदि मानव ज्ञान एवं श्रम से परिपोषित किया जाये तो सबके लिए भरपूर उत्पादन प्राप्त किया जा सकता है।

- इसके लिए यह आवश्यक है कि तार्किक ज्ञान द्वारा यह सुनिश्चित किया जाये कि मिट्टी की उर्वरता अक्षुण रखने के लिए कैसे हरियाली बनाकर रखी जाये तथा कैसे स्थानीय संसाधनों तथा जैव अंश का पुनर्चक्रीकरण कर उनकी अनवरत उपलब्धता बनी रहे।
- इस विधा द्वारा पौध ज्यामिती, फसल बढ़वार, पर्णक्षेत्र फैलाव प्रबंधन तथा सूर्य ऊर्जा के मध्य समन्वय स्थापित कर उच्चतम उत्पादन गणितीय माप के साथ प्राप्त किया जा सकता है।
- इस विधा के प्रणेताओं का मानना कि आज की मुद्रा बाजार प्रणाली निकट भविष्य में ऐसी नई पर्यावरण आधारित आर्थिक प्रणाली में बदल जायेगी जिसमें ऊर्जा बाजार प्रबंधन एक महत्वपूर्ण पहलू होगा।

प्राकृतिक खेती की इन प्रमुख प्रचलित विधियों का विस्तृत विवरण निम्नवत् हैः

(अ) ऋषि कृषि

वैज्ञानिकों ने ऋषि-कृषि की अवधारणा पर आधारित इस पौराणिक खेती की विधा को आज के समय में कारगर मानते हुए आजमाने की तैयारी शुरू कर दी है। जिसे जैव गतिशील कृषि व जैवग्राम नामकरण दिया है। इस विधि को अग्निहोत्र कृषि भी कहते हैं। वेदों में इसका उल्लेख है। इसे अपनाने से पर्यावरण, कृषि तथा किसान सभी को लाभ मिलेगा। स्वस्थ जीवन शैली पर आधारित कृषि की यह प्राचीन विधा आज के समय की माँग बन गई है। वेदों से प्राप्त जानकारी ऋषि कृषि का प्रचलन महाराष्ट्र एवं मध्यप्रदेश के किसानों द्वारा किया गया था। इस विधि में खेतों से प्राप्त श्रोतो जैसे कम्पोस्ट, गाय का गोबर, हरी पत्ती की खाद एवं फसलों के अवशेषों (जिनकी मल्चिंग की जा सके) को अमृत पानी सूत्र के साथ प्रयोग कर मृदा को समृद्ध बनाया जाता है। 15 किलो शुद्ध जीवंत मिट्टी जिसे बरगद की तली से एकत्र किया गया हो और जो जड़ों के आस-पास की हो, को एक एकड़ जमीन पर फैलाकर 200 लीटर अमृतपानी सूत्र का छिड़काव करने से मृदा जीवंत तथा समृद्ध हो जाती

है। अमृत पानी बनाने के लिए 250 ग्राम घी, 10 किलो गाय का ताजा गोबर एवं 500 ग्राम शहद को मिलाकर 200 लीटर पानी में घोला जाता है। इसका उपयोग बीज उपचार (बीज संस्कार), मृदा को समृद्ध बनाने के लिए (भूमि संस्कार) एवं पौधों पर छिड़काव (पादप संस्कार) हेतु किया जाता था। मृदा उपचार हेतु इसका उपयोग सिंचाई के माध्यम से किया जाता था। इस पद्धति के अनेक प्रदर्शन वृहद स्तर पर विभिन्न फसलों, जैसे फलों, सब्जियों, अनाज, दानों, दलहनी, तिलहनी, जौ, गन्ने की फसलों एवं कपास आदि पर किया गया है और यह प्रक्रिया प्रभावी पायी गयी है।

कृषि वैज्ञानिकों का कहना है कि आज जलवायु परिवर्तन की वजह से परंपरागत जैविक कृषि से जहाँ अपेक्षाकृत कम पैदावार प्राप्त होती है, वहीं इस विधि से दो गुनी तथा गुणवत्तायुक्त उपज प्राप्त होती है। इस विधि से चावल, गेहूं, मक्का, ज्वार, बाजरा, टमाटर, प्याज, गोभी, खीरा, आम, पपीता आदि विभिन्न तरह के खाद्यान्न फसलों, सब्जियों व फलों की खेती की जा सकती है। देश की कुछ जगहों में इस विधि से खेती किए जाने पर उसके बेहतर परिणाम सामने आए हैं। इस विधि से खेती करने वाले किसानों को लाभ होता है।

अग्निहोत्र खेती की विधि: जुते हुए खेत या बाग में पिरामिड के आकार वाले ताम्रपात्र को स्थापित कर दिया जाता है। उस पात्र में गाय के गोबर से बने उपले में अग्नि प्रज्वलित की जाती है। हाथ में थोड़े से अक्षत (हाथ से कूटे हुए) लेकर उसमें घी की कुछ बूँदें डालकर सुबह के समय सूर्याय स्वाहा, सूर्याय इंद्र मम तथा प्रजापतयेस्वाहा, प्रजापतयेइदंन मम मंत्र का पाठ कर उसकी आहुति की जाती है। इसी प्रकार सूर्यास्त के वक्त अग्नेय स्वाहा, अग्नेय इंद्रमम व प्रजापतये स्वाहा, प्रजापतये इदंन मम मंत्रोच्चार कर आहुति की जाती है। उसके बाद

फसल की अवधि में पड़ने वाली अमावस्या व पूर्णिमा तिथि को आधे घंटे तक ऊंत्रयंबकम होम किया जाता है। इस दौरान मंत्रोच्चार से होने वाले स्पंदन को भी खेती के लिए लाभप्रद पाया गया है। इस बीच दोनों दिनों के हवन से जो राख बनती है उसे अलग अलग पात्र में रखा जाता है। फिर दोनों को मिलाकर खेतों में उनका छिड़काव कर दिया जाता है।

अग्निहोत्र कृषि का अभिप्राय अग्नि द्वारा व्यक्ति, कृषि प्रक्षेत्र तथा वायुमंडल को पवित्र करने की प्रक्रिया है। इस प्रक्रिया द्वारा वायुमंडल एवं वातावरण में प्रकृति की स्वाभाविक शक्तियों, ज्योतिषीय संयोजनों एवं मंत्र शक्ति से ऐसे परिवर्तन लाने का प्रयास किया जाता है जिससे सूर्य और चन्द्रमा से प्राप्त होने वाली उच्च शक्ति-युक्त ब्रह्माण्डीय ऊर्जा को और अच्छे ढंग से ग्रहण किया जा सके। इस पद्धति में यह भी दावा किया जाता है कि पृथ्वी के ऊर्जा चक्र को इस प्रकार नियंत्रित किया जाता है कि यह ऊर्जा प्रकृति के अनुरूप प्राणीमात्र के कल्याण के लिए सकारात्मक दिशा में प्रवाहित होती रहे।

इस पद्धति के मानने वालों का दावा है कि नियमित अग्निहोत्र (यज्ञ की विशिष्ट प्रक्रिया) करने से कृषि प्रक्षेत्र व यज्ञ करने वाले व्यक्ति के चारों ओर एक विशिष्ट वातावरण 'आभा' का निर्माण होता है जिसके प्रभाव से आस-पास की नकारात्मक शक्तियाँ नष्ट हो जाती हैं। इससे मनुष्य तथा पशुओं दोनों के स्वास्थ्य पर भी सकारात्मक प्रभाव पड़ता है और कृषि उर्वरता का अद्‌भुत विकास होता है। कृषि भूमि में नियमित अग्निहोत्र करने तथा यज्ञ भस्म का छिड़काव करने से भूमि की उर्वरा शक्ति में गुणात्मक सुधार होता है। इस पद्धति में जैविक कृषि और अग्निहोत्र से कृषि व बागवानी की गुणवत्ता बढ़ाने में भी सहायक है।

ईश्वर ने मनुष्य को शुद्ध शाकाहारी बनाया है। इस विधि से जुड़े मानव भी शुद्ध शाकाहारी एवं उच्च विचारों के मालिक होते हैं, लेकिन इस विधि से भी किसानों का भला नहीं हो पाया है। इसलिए यह विधि भी किसान को नहीं चाहिए, इसका भी विकल्प होना चाहिए।

पेड़-पौधों की वृद्धि और उनसे अच्छा उत्पादन प्रान्त करने के लिए जिन-जिन कृषि संसाधनों की आवश्यकता होती है, उन सभी कृषि संसाधनों को प्रकृति से ही जुटाना ऋषि कृषि कहलाता है। प्राचीन काल में हमारे ऋषि मुनि इसी पद्धति का प्रयोग करते थे जिसके फलस्वरूप वह उत्तम किस्म के खाद्यान्न एवं फलों का उत्पादन करते थे। ऋषि कृषि में किसी प्रकार की लागत नहीं होने के कारण यह पद्धति वर्षों तक भारतीय कृषि का आधार रही।

ऋषि कृषि के सिद्धांत

ऋषि कृषि के सिद्धांत वही हैं जो प्राकृतिक खेती के हैं जिनका विवरण निम्नवत् है:-

1. देसी गायः ऋषि कृषि मुख्य रूप से गाय पर आधारित कृषि है। देसी गाय के एक ग्राम गोबर मे 300 से 500 करोड़ तक सूक्ष्म जीवाणु होते हैं। जबकि विदेशी गाय के एक ग्राम गोबर मे अस्सी लाख से भी कम जीवाणु पाये जाते हैं।

देसी गाय के गोबर एवं मूत्र की गंध से देसी केंचुए भूमि की सतह पर आ जाते हैं और भूमि को उपजाऊ बनाते हैं। देसी गाय के गोबर मे 16 मुख्य पोषक तत्त्व पाये जाते हैं। इन्हीं 16 पोषक तत्त्वों को पौधे भूमि से ग्रहण करके अपने शरीर का निर्माण करते हैं। ये 16 तत्त्व देसी गाय के आँत में निर्मित होते हैं। इसलिए देसी गाय हमारे ऋषि मुनियों के आश्रम में अनिवार्य रूप से पाली जाती थी।

2. जुताईः ऋषि कृषि की मान्यता है कि गहरी जुताई भूमि की उपजाऊ शक्ति को कम कर देती है। 36 डिग्री सेंटीग्रेड तापमान होते ही भूमि से कार्बन उड़ना शुरू हो जाता है और ह्यूमस की निर्माण क्रिया रुक जाती है। जिसके कारण भूमि की उपजाऊ शक्ति कम हो जाती है।

3. जल प्रबंधनः ऋषि कृषि में सिंचाई पौधों से कुछ दूरी पर की जाती है इसमे केवल 10 प्रतिशत जल का ही उपयोग होता है और इस प्रकार पानी की भी बचत होती है। इस विधि से सिंचाई करने से पौधों की जड़ो की लंबाई बढ़ जाती है, पौधों की लंबाई भी बढ़ जाती है जिससे अधिक उत्पादन प्राप्त होता है।

4. पौधों की दिशाः हमारे ऋषि-मुनि वनस्पति विज्ञान के बहुत बड़े विद्वान एवं जानकार थे इसलिए ऋषि कृषि में पौधों की दिशा उत्तर-दक्षिण रखी जाती थी जिससे पौधों को सूर्य का प्रकाश अधिक समय तक मिलता रहे क्योंकि पौधे अपना भोजन सूर्य के प्रकाश की उपस्थिति में ही बनाते हैं। इस विधि से पौधा रोपण करने के पश्चात् कीटों के प्रकोप की संभावना भी काफी कम हो जाती है। इस विधि का प्रयोग करके ही हम अपने उत्पादन को 20 प्रतिशत तक बढ़ा सकते हैं।

5. सहयोगी फसलेंः क्योंकि हमारे ऋषि-मुनि कृषि विज्ञान के ज्ञाता थे वो ये भी जानते थे कि मुख्य फसल के साथ सहयोगी फसल का क्या महत्त्व है। जिससे मुख्य फसल को नाइट्रोजन, फास्फोरस, पोटाश आदि सहयोगी फसलों से मिलता रहे।

सहयोगी फसलों की जड़ों के पास नाइट्रोजन स्थिरीकरण करने वाले जीवाणु जैसे राइजोबियम, एजोस्पिरिलम, एजोटोबैक्टर आदि की सहायता से पौधों का विकास होता है। इस विधि से कृषि करने से कीट नियंत्रण भी स्वतः हो जाता है।

6. आच्छादनः ऋषि-कृषि में आच्छादन का विशेष महत्त्व है। भूमि कि सतह के ऊपर फसलों के अवशेष ढकना आच्छादन कहलाता है। इससे पानी की बचत होती है और भूमि से कार्बन भी नष्ट नहीं होने पाता, जिससे भूमि की उर्वराशक्ति बढ़ती है साथ ही साथ देसी केंचुओं की गतिविधियाँ भी बढ़ जाती हैं।

देसी केंचुओं कि विष्ठा में सामान्य मिट्टी से 7 गुना अधिक नाइट्रोजन, 9 गुना अधिक फास्फोरस और 11 गुना अधिक पोटाश होता है जिससे भूमि शीघ्र ही सजीव हो उठती है।

7. सूक्ष्म पर्यावरणः ऋषि कृषि में 65 प्रतिशत से 72 प्रतिशत तक नमी, 25 डिग्री से 32 डिग्री सेंटीग्रेड तक वायु का तापमान, भूमि के अंदर अंधेरा, वापसा, ऊब और छाया चाहिए। इन परिस्थितियों के निर्माण को ही सूक्ष्म पर्यावरण कहते हैं। इन परिस्थितियों का निर्माण आच्छादन द्वारा निर्मित किया जाता है।

8. केषाकर्षण शक्तिः ऋषि कृषि में पौधे केषाकर्षण शक्ति के द्वारा मिट्टी कि गहराई से पोषक तत्त्वों को ग्रहण कर लेते हैं। भूमि के नीचे 5 इंच कि मिट्टी में सूक्ष्म जीवाणु पर्याप्त मात्रा में पाये जाते हैं। रासायनिक उर्वरकों के प्रयोग के कारण यह शक्ति काम नहीं कर पाती। क्योंकि रासायनिक खादों के प्रयोग से मिट्टी मे नमक जमा हो जाता है जैसे कि यूरिया मे 46 प्रतिशत नाइट्रोजन और 54 प्रतिशत नैष्था (नमक) होता है जो मिट्टी के दो कणों के मध्य जमा हो जाता है ।

मिट्टी की गहराई मे पोषक तत्त्वों का भंडार होते हुए भी पौधे उन्हें ग्रहण नहीं कर पाते, क्योंकि वहां पर केषाकर्षण शक्ति काम नहीं कर पाती। ऋषि कृषि मे केंचुओं कि गति विधियाँ बढ़ जाने के कारण मिट्टी के दो कणों के बीच 50 प्रतिशत नमी और 50 प्रतिशत हवा का संचरण होता है जिससे ऋषि कृषि में शक्ति का उपयोग करके पौधे अपना विकास कर लेते हैं। इसलिए ऋषि-कृषि में पौधों की वृद्धि एवं विकास अधिक होने के कारण उत्पादन में वृद्धि हो जाती है।

9. देसी केंचुओं की गतिविधियाँः हमारे देसी केंचुए जब भूमि के अंदर ऊपर-नीचे आवागमन करते हैं तो भूमि कि सतह को पोषक तत्त्वों से समृद्ध बनाते हैं। आच्छादन के कारण भूमि के अंदर केंचुओं के लिए आवश्यक सूक्ष्म वातावरण का निर्माण होता है जो जुताई से भी ज्यादा भूमि को सशक्त बनाता है।

10. गुरुत्वाकर्षण बलः ऋषि कृषि में गुरुत्वाकर्षण बल के कारण पौधे पोषक तत्त्वों को आसानी से ग्रहण कर लेते हैं क्योंकि पौधे जिस पोषक तत्त्व को जहाँ से ग्रहण करता है वहाँ ही अंत मे उसको जाना पड़ता है। जैसे पौधा अपने शरीर के निर्माण में हवा से 78 प्रतिशत पानी ग्रहण करता है, लेकिन अपने जीवन की समाप्ती पर वह दोबारा हवा को ही लौटा देता है।

11. देसी बीजः ऋषि कृषि में देसी बीजों की महत्वपूर्ण भूमिका होती है क्योंकि देसी बीज कम पोषक तत्त्वों का प्रयोग करके भी ज्यादा उत्पादन देने में सक्षम होते हैं जबकि हाइब्रिड बीज (संकर बीज) भूमि से ज्यादा पोषक तत्त्वों की आवश्यकता होने के कारण धीरे-धीरे जमीन को अनुउर्वर/बंजर बना देते हैं।

ऋषि कृषि प्रकृति, विज्ञान, आध्यात्म एवं अहिंसा पर आधारित शाश्वत कृषि पद्धति है। ऋषि कृषि के सिद्धान्त से आपको बिना रसायनिक खाद, गोबर खाद, जैविक खाद, केंचुआ खाद, जैव कीटनाशक, जैव खरपतवारनाशक एवं जैव फफूंदनाशक के प्रयोग से गुणवत्तायुक्त उत्तम किस्म की उपज प्राप्त होती है। केवल एक देसी गाय की सहायता से आप ऋषि कृषि की तर्ज पर प्राकृतिक खेती कर सकते हैं।

(ब) शाश्वत यौगिक कृषि

प्राचीनकाल में किसान स्वयं का उत्पादित बीज बोता था, खुद ही गाय के गोबर से निर्मित खाद एवं गोमूत्र एवं प्राकृतिक संसाधनों को ही कृषि रक्षा के रूप में प्रयोग करता था। कृषक शहर या बाजार में तो केवल अपने उत्पादों की बिक्री हेतु जाता था जिससे शहर का पैसा तो गांव आता था पर गांव का पैसा शहर नहीं जाता था तो गांव का पैसा शहर लाने के उदय हुआ एक साजिश के तहत। यदि अधिक उत्पादन करने वाले संकर बीजों का उत्पादन करने का चमत्कार दिखा दिया जाए तो उनके अन्दर भी मोह लोभ और कभी न बुझने वाली तृष्णा का जन्म होगा और ग्रामीण समुदाय महंगा संकर बीज खरीदने शहर अवश्य आएगा। उन्होंने चमत्कारिक उत्पादन करने वाले बीजों के साथ चमत्कारिक उर्वरकों को बनाया जिसके प्रयोग से भूमि की सजीवता नष्ट होती है अगर सजीवता नष्ट होती है तो प्रतिरोधक शक्ति का भी ह्रास होता है जिससे फसलों पर रोग एवं कीटों के आक्रमण की शुरुआत होती है और इन समस्याओं पर नियंत्रण हेतु घातक रसायनों तथा विषों पर तो कृषक समुदाय को भी निर्भर होना ही पड़ेगा। इन सभी को बाजार से लाने तथा शहर की ओर निरंतर अर्थ चक्र चलने से कोई नहीं रोक सकता। इसके साथ ही रसायनों के प्रयोग से भूमि की सजीवता नष्ट होने के साथ ही उसकी प्रकृति कठोर होना स्वाभाविक है जिससे साधारण देशी हलों एवं बैलों से जुताई भी सम्भव न हो पाएगी और किसानों का मशीनों, ट्रैक्टरों आदि पर निर्भर होना स्वाभाविक ही है।

इसका समाधान है आध्यात्मिक कृषि का जीरो बजट सिद्धान्त। जीरो बजट खेती में आपको बाजार से कुछ भी नहीं खरीदना पड़ता है। यानि गाँव का पैसा गाँव में और शहर का पैसा भी गाँवों में आए तो गाँवों में भी समृद्धि आएगी अगर आपके पास एक गाय है तो आप जीरो बजट प्राकृतिक कृषि में 25-30 एकड़ की खेती आसानी से कर सकते हैं और बाहर से खरीदना भी कुछ नहीं है तो जब कर्ज की भी समस्या नहीं तो आत्महत्या की नौबत ही कहाँ है।

रासायनिक उर्वरकों के लगातार प्रयोग से भूमि की उत्पादकता में ठहराव आ गया। यदि हमें भविष्य में कृषि के उत्पादन में वृद्धि करना है तथा अपनी आने वाली पीढ़ी के लिए शुद्ध हवा, जल, पर्यावरण तथा खाद्यान्न उपलब्ध कराना है तो एकमात्र विकल्प है जिस पर हमें चलना है और वह है जीरो बजट की प्राकृतिक (शाश्वत यौगिक) कृषि का मार्ग। इसमें गोबर, गोमूत्र आधारित उर्वरकों के प्रयोग से एवं आवश्यकता पड़ने पर उन्हीं का नीम, करंज, लहसुन, धतूरा आदि के प्रयोग से निर्मित कीट नियंत्रकों का उपयोग कर प्रबन्धन किया जाता है। भूमि पर पलवार (मल्चिंग) एवं वाफसा द्वारा भूमि की संरचना ठीक रखने के कारण सिंचाई में पानी का प्रयोग भी कम होता है। अतः कुल मिलाकर किसान अधिक उत्पादन लेकर स्वावलंबी हो सकता है।

शून्य बजट की शाश्वत (प्राकृतिक) खेती के लिए घरेलू कीटनाशकों को बनाना तथा उनका प्रयोग निम्नलिखित रूप से कर सकते हैं।

1. नीमास्त्र– रस चूसने वाले कीट एवं बारीक इल्लियों हेतु

आवश्यक सामग्री– 5 किलो हरी नीम की पत्तियाँ या सूखे फल (निबौली), 5 ली. गोमूत्र तथा 1 किग्रा. गाय का गोबर।

बनाने की विधि– 5 किग्रा. नीम की पत्ती या निबौली को अच्छी प्रकार बारीक कूट ले। 100 लीटर पानी में यह कुटे फल या पत्तियाँ डालें फिर उसमें 5 ली. गोमूत्र डालें और 1 किलो देशी गाय का गोबर डाल कर घोलें और ढककर 24 घण्टे रखें। दिन में दो बार लकड़ी से घोल को चलाए तथा 24 घंटे बाद द्रव्य को कपड़े से छान लें और फसलों पर छिड़काव करके फसल पर कीटों के प्रकोप को कम किया जा सकता है।

2. ब्रह्मास्त्र– हानि पहुँचाने वाले कीट एवं बड़ी इल्लियाँ।

आवश्यक सामग्री– गोमूत्र 10 ली., नीम के पत्ते 3 किग्रा., करंज के पत्ते 2 किग्रा., शरीफा के पत्ते 2 किग्रा., सफेद धतूरे, अमरूद, अंडी, पपीता प्रत्येक के 2-2 किग्रा. पत्ते।

बनाने की विधि– उपरोक्त वनस्पतियों में कोई पाँच वनस्पतियाँ लेकर अच्छी तरह कूट ले, कूटने में मिक्सर ग्राइंडर का प्रयोग न करें। कुटी हुई वनस्पतियाँ 10 ली. गोमूत्र में घोलिये तथा घोल को ढ़क्कन रखकर उबाले। 3 से 4 उबाल आने पर उतारकर नीचे रख दें इसके पश्चात इसे 48 घंटे तक ठंडा होने दे। बाद में कपड़े से छानकर धोल को भरकर रख ले। ब्रम्हास्त्र तैयार हो चुका है। इस ब्रम्हास्त्र को छः महीने तक रखा जा सकता है, परन्तु दूसरे गाँव इसे नहीं ले जा सकते हैं।

प्रयोग– 100 लीटर पानी में 2.5 से 3 लीटर प्रति एकड़ की दर से ब्रह्मास्त्र मिलाकर फसल पर छिड़काव करें।

3. अग्निआस्त्र– तना बेधक, फलों की इल्ली, कपास, फलियों एवं समस्त प्रकार की सूड़ियाँ।

आवश्यक सामग्री– 10 लीटर गोमूत्र, 0.5 से 1 किग्रा. खाने वाली तम्बाकू, 500 ग्राम हरी तीखी मिर्च, 500 ग्राम लहसुन, 5 किग्रा नीम के पत्ते।

बनाने की विधि– 10 लीटर गोमूत्र ले उसमें उपरोक्त समस्त सामग्री को अच्छी तरह कूटकर डालें। लकड़ी से गोमूत्र में अच्छी प्रकार से मिलाए और इसे बर्तन पर ढ़क्कन रखकर उबालें। लगातार 4 बार उबाल आने के बाद बर्तन नीचे रखे तथा 48 घण्टे ढ़क्कन सहित ठंड़ा होने हेतु रखा रहने दें। 48 घंटे बाद घोल को कपड़े से छान ले और बोतल में भरकर रख दें। यह अग्निआस्त्र तीन महीने तक प्रयोग किया जा सकता है। इसका प्रयोग अपने गाँव में ही करना है।

प्रयोग–100 लीटर पानी में 2.5–3.0 ली. प्रति एकड की दर से अग्निआस्त्र मिलाकर फसल पर छिड़काव कर सकते हैं।

4. बायोसोल–बायोसोल जैविक खेती की वह विधा है जिसमें जैविक खाद का अपघटन होमा वातावरण में अग्निहोत्र राख के घोल तथा श्रीयंत्र के प्रयोग से किया जाता है। बायोसोल का प्रयोग पौधों के पोषण तथा मृदा की उर्वरता बढ़ाने हेतु किया जाता है। बायोसोल में पोषक तत्त्वों की मात्रा वर्मीवास से अधिक होती है।

1. वर्मीकम्पोस्ट	–	75 कि.ग्रा.
2. ताजा गोबर	–	75 कि.ग्रा.
3. पत्तियों तथा पौधों के अवशेष की खाद	–	75 कि.ग्रा.
4. गोमूत्र	–	10 ली.
5. अग्निहोत्र राख	–	5 कि.ग्रा.
6. श्री यंत्र	–	एक
7. जल	–	200 ली.
8. टंकी (अपघटन टैंक)	–	500 ली.

बनाने की विधि

1. सर्वप्रथम टंकी में श्रीयंत्र को डालते हैं।
2. 200 ली. पानी में 5 कि.ग्रा. अग्निहोत्र राख मिलाकर घोल तैयार करते हैं।
3. 50 ली. घोल को अपघटन टैंक में भरते हैं। टंकी के दोनों वाल्व बंद होने चाहिए।
4. 25 कि.ग्रा. वर्मी कम्पोस्ट + 25 कि.ग्रा. गाय का ताजा गोबर + 3 ली. गोमूत्र को टंकी में डालकर अच्छी तरह मिला देते हैं।
5. 100 ली. घोल को टंकी में डालते हैं।
6. बचे हुए 50 ली. घोल को टंकी में डालते हैं।
7. पुनः 25 कि.ग्रा. वर्मीकम्पोस्ट + 25 कि.ग्रा. गाय का ताजा गोबर + 25 कि.ग्रा. खाद + 3 ली. गोमूत्र को भलीभांति मिलाते हैं।

इस प्रकार टंकी में 225 कि.ग्रा. जैविक पदार्थ + 10 ली. गौ मूत्र + 200 ली. अग्निहोत्र राख का घोल तैयार हो गया, अब इसे भलीभांति मिलाते हैं। टंकी को भलीभांति बन्द करके हवा का आवागमन रोक देते हैं। आठ दिन के अन्तराल पर वाल्व खोलकर गैस को निकाल देना चाहिए। इस प्रकार 28 दिन में जैविक पदार्थ का भलीभांति अपघटन हो जाता है। 28 दिन बाद नल खोलकर बायोसोल को एक प्लास्टिक के बर्तन में रख देते हैं। इस प्रकार 150-200 ली. बायोसोल प्राप्त होता है। जिसमें 8-10 गुना पानी मिलाकर छिड़काव करते हैं। यह छिड़काव 15 दिन के अन्तराल पर किसी फसल में कर सकते हैं। बायोसाल को हवाबन्द बर्तन में छः महीने तक रखा जा सकता है।

अन्य प्राकृतिक कीटनाशकों को बनाने की विधि एवं इनके प्रयोग के बारे में विस्तृत वर्णन आगे के अध्यायों में दिया गया है।

(स) वैदिक खेती/जैव-गतिशील खेती/बायोडायनामिक कृषि

जैव गतिशील कृषि, कृषि की कोई नवीन प्रणाली या पद्धति नहीं है, अपितु यह तो वैदिक कालीन कृषि है। यह एक प्रकार की पारंपरिक कृषि विधा है जिसमें जैविक खादों के समुचित प्रयोग के साथ खगोलीय पिण्डो विशेषकर चन्द्रमा की परिभ्रमण के आधार पर कृषि क्रियाओं को संचालन किया जाता है। प्राचीन कृषि की विभिन्न विधाओं यथा वैदिक खेती, अग्निहोत्र कृषि, होमासोल, प्राकृतिक खेती, जैविक खेती, जिसे भारतीय विचारकों, ऋषि-मुनियों के अथक प्रयास से विकसित किया है। "जैव गतिशील खेती" जिसे वर्तमान परिस्थितियों में यूरोप की सस्य जलवायु परिस्थिति के अनुसार ढाला गया है। कृषि के विभिन्न प्रकारों में, जैविक कृषि का स्पेन में कृषि क्षेत्र में तेजी से नामकरण कर रहा है यह एक प्रकार की घटना है जो बड़े पैमाने पर किसानों के उत्पादन के नए तरीकों की खोज का कारण है। इस मामले में, एक निश्चित प्रकार के उत्पाद की मांग को पूरा करने की आवश्यकता के परिणामस्वरूप बायोडायनामिक कृषि उत्पन्न हुई है। चूंकि बायोडायनामिक उत्पादों के उपभोक्ता कुछ उपायों की माँग करते हैं जो भोजन के नियंत्रण और स्वास्थ्य की गारंटी देते हैं, इसलिए बायोडायनामिक कृषि में जैविक उत्पाद का दोहरा नियंत्रण और प्रमाणन होना चाहिए।

जब हम इस प्रकार की कृषि के बारे में बात करते हैं तो हमें पता होना चाहिए कि यह अपनी विशेषताओं और तकनीकों के साथ एक मॉडल है। यह वही है जो परमाकल्चर, पुनर्योजी कृषि या अन्य प्रकार की कृषि के साथ होता है। उद्देश्य कुछ विशिष्ट उत्पादन मानकों को प्रमाणित करने में सक्षम होना है जो इसके उपभोग के खिलाफ स्वास्थ्य और भोजन की सुरक्षा की गारंटी देते हैं।

यह रुडोल्फ स्टीनर के कुछ सिद्धांतों के आधार पर जैविक खेती की एक विधि है। बायोडायनामिक शब्द का जन्म कुछ ऐसे लोगों से हुआ था, जो मानवविज्ञान के इस संस्थापक के सम्मेलनों में शामिल हुए थे और उन्हें दी गई सभी सामग्रियों को अमल में लाने के लिए आगे बढ़ाया। यह ज्ञान को जोड़ने के बारे में है कि कृषि के बारे में प्रकृति के कुछ

आध्यात्मिक दर्शन हैं। इस प्रकार की कृषि पूरे विश्व में 50 से अधिक विभिन्न देशों में प्रचलित है।

बायोडायनामिक शब्द जीवन के बल को संदर्भित करता है। अर्थात, इस प्रकार की कृषि का उद्देश्य भूमि और पौधों के स्वास्थ्य की गारंटी देने वाली फसलों के उत्पादन में कुछ सिद्धांतों का सम्मान करता है। इसके अलावा, जानवरों और मनुष्यों दोनों के लिए सही पोषण सुनिश्चित करना चाहिए। कुछ फसल उत्पादन प्रणालियां जैसे कि गहन कृषि पारिस्थितिकी तंत्र पर कुछ नकारात्मक प्रभाव डालती हैं। कीटनाशकों और उर्वरकों के अधिक उपयोग से पानी और मिट्टी दूषित होती है। इस प्रकार, बायोडायनामिक कृषि प्रकृति का सम्मान करना चाहती है ताकि प्रकृति को किसी भी प्रकार का नुकसान न हो।

स्टेनर के अनुसार यह ज्ञान का एक मार्ग है जो मनुष्य को आध्यात्म से ब्रह्मांड की ओर ले जाना चाहता है।

बायोडायनामिक कृषि का सामंजस्य

बायोडायनामिक कृषि दृष्टिकोण प्रकृति और मानव के साथ संबंधों से जीवन के विभिन्न रहस्यों का उत्तर चाहता है। अर्थात् यह कृषि की एक शाखा है जिसका एक समग्र दृष्टिकोण है क्योंकि यह मानव विज्ञान से शर्तों का उपयोग करता है। इस प्रकार की कृषि जो महत्त्वपूर्ण शक्तियों के साथ काम करती है, जो उन मूल सिद्धांतों को पहचानती है जो प्रकृति के पास हैं और जो मानव में मौजूद हैं। आप जो खोज रहे हैं वह उत्पादन और उपचार के बीच संतुलन है। इसे कृषि के एक प्रकार को बनाने वाली विधियों और तकनीकों के बजाय खुले ज्ञान का एक तरीका माना जा सकता है।

इस प्रकार की कृषि को समझने के लिए आपको पादप जीवन को समझना होगा। यह समझना पर्याप्त नहीं है कि पौधे खुले प्राणी हैं और पृथ्वी की गहराई से आकाश की ऊँचाई तक आने वाले प्रभावों से बनते हैं, लेकिन वे नियमित उत्पादन दरों तक पहुँचने के लिए सूर्य, चंद्रमा, ग्रहों और सितारों के अस्तित्त्व से प्रभावित होते हैं।

प्रत्येक पौधे की लय को समझकर हम मृदा को तैयार करने, बोने और बेहतर फसल देने में सक्षम होने के लिए सटीक क्षण जान सकते हैं। इस तरह, बायोडायनामिक कलैंडर की स्थापना हुई। बायोडायनामिक कृषि फसलों को बढ़ाने और खाद की गुणवत्ता में सुधार करने में सक्षम होने के लिए कुछ तैयारियों का उपयोग करती है। उदाहरण के लिए संश्लेषित उर्वरकों और संश्लेषित कवकनाशी और कीटनाशकों की उपस्थिति का उपयोग नहीं किया जा सकता है। ऐसा इसलिए है क्योंकि यह एक प्रकार की जैविक खेती है। बायोडायनामिक किसानों के लिए इन जमीनों का दोहन कार्बनिक पदार्थों की मात्रा है जो अन्योन्याश्रित जीवों के जीवन को बनाए रखने में सक्षम है। इस बात पर जोर दिया जाना चाहिए कि बायोडायनामिक कृषि की एक विशेषता यह है कि यह सभी फसलों को एक साथ पशुधन, पोषक तत्त्वों के पुनर्चक्रण,

खोज को वैश्विक स्तर पर पहचान बनाने के लिए जैव-गतिशील कृषकों एवं शोधकर्ताओं की मेहनत क्रमशः धीरे-धीरे रंग ला रही है।

जैव-गतिशील खेती, खेती के लिए एक सम्पूर्ण दृष्टिकोण है जिसमें खेती की प्रक्रिया में सभी हितधारक शामिल होते हैं जैसे कि कृषक, मृदा, पर्यावरण-व्यवस्था, जानवरों और पक्षी जो कि कृषि क्रियाओं में भाग लेते हैं, और इन सब से ऊपर, ब्रह्मांडीय शक्तियाँ जिनका प्रभाव पृथ्वी पर उपस्थिति जीवित प्राणियों पर पड़ता है। इससे यह स्पष्ट होता है की धरती पर रहने वाले जीवों पर ब्रह्मांडीय शक्तियों का प्रभाव वास्तविक है। इन प्रभावों से अवगत होने के कारण जैव-गतिशील खेती (बायोडायनामिक) का अभ्यास किया जाता है। जैव-गतिशील कृषि पद्धति से उत्पन्न पदार्थ/उत्पाद दूसरी विधियों से की जाने वाली अन्य खेती की विधियों की अपेक्षा अधिक स्वाद और सुगंध से परिपूर्ण होते हैं। इसे पारिस्थितिक खेती के रूप में भी जाना जाता है, यह आधुनिक भारतीय किसानो को काफी हद तक अज्ञात है। जैव-गतिशील खेती का मूल सिद्धांत खेती को एक व्यक्ति और एक पूर्ण इकाई के रूप में ग्रहण करना है। फसल और पशुधन एकीकरण, मिट्टी उन्नयन, पौधे और पशु विकास को महत्त्व दिया जाता है। किसान भी इस पूरे तंत्र का एक हिस्सा है।

पृथ्वी एक सजीव प्राणी

रुडोल्फ स्टेनर ने पृथ्वी को भी अन्य सामान्य जीवों की तरह सजीव मानते हुए इसके श्वसन की क्रिया का भी वर्णन किया है उन्होंने बताया था कि आरोही और अवरोही चंद्रमा की अवधि पृथ्वी की साँस लेना और साँस छोड़ने से संबंधित है। भारतीय सभ्यता हमेशा से पृथ्वी को धरती माता का सम्मान देता आ रहा है। पृथ्वी के सजीव होने या इसमें जीवन को लेकर तमाम धर्मों के ग्रंथों में इसका सविस्तार वर्णन मिलता है।

पृथ्वी की दीर्घकालीन श्वसन प्रक्रिया

श्वसन काल	पृथ्वी की श्वसन की प्रक्रिया
सर्दी	श्वास अंदर लेना
गर्मी	श्वास बाहर छोड़ना
आरोही चंद्रावधि	श्वास अंदर लेना
अवरोही चंद्रावधि	श्वास बाहर छोड़ना

पृथ्वी की दैनिक श्वसन प्रक्रिया

श्वसन काल	पृथ्वी की श्वसन की प्रक्रिया
शाम सूर्यास्त से ओस गिरना शुरू होने तक	श्वास अंदर लेना
ओस गिरने से लेकर सुबह सूर्योदय तक	श्वास बाहर छोड़ना

जैव-गतिशील कृषि पद्धति की मूलभूत आवश्यकता

जैव-गतिशील कृषि की मुख्य रूप से दो मूलभूत आवश्यकताएँ होती हैं जो निम्नलिखित हैं:

1. जैव-गतिशील कृषि पंचांग
2. जैव-गतिशील पदार्थ

1. जैव-गतिशील कृषि पंचांग: जैव-गतिशील कृषि पद्धति मूलत चंद्र चक्रण (चन्द्रमा के उत्थान एवं क्षीणन) पर आधारित है। जैव-गतिशील कृषि में जैव-गतिशील पदार्थ बनाना, बीज और फसल लगाने के समय एवं उनके कटाई का समय भी चंद्र चक्रण पर निर्भर करता है। एक खगोलीय कलैंडर जिसे जैव गतिशील कृषि कलैंडर कहते हैं जोकि मूलत: चंद्र परिचालन एवं चंद्र की स्थिति के आधार पर रोपण अथवा बीज बोने के लिए इष्टतम तिथि निर्धारित करता है।

चंद्र परिचालन एवं जैव-गतिशील कृषि पंचांग

जिस तरह से मनुष्यों को विभिन्न कार्यों के लिए पंचांग की आवश्यकता है, ठीक उसी तरह से फसलों का भी एक पंचांग होता है जिसकी सहायता से जैव-गतिशील कृषक अपने कृषि क्रियाओं का संचालन करते हैं। चंद्र परिचालन पौधे की जड़ों के आकार, गठन और उनकी वृद्धि पर प्रभाव डालता है। अगर हम चंद्र चरण के अनुसार अपनी फसलों की बुआई करें तो किसानों को अच्छी उपज मिल सकती है। चन्द्र परिचालन के आधार पर कृषि क्रियाओं के करने की पद्धति कोई नई बात नहीं है, यह एक प्राचीन पद्धति है जो हमारे पूर्वजों में प्रचलित थी। चंद्र चक्र के आधार पर खेती के फायदों को अब वैज्ञानिक रूप से साबित कर दिया गया है। जैव-गतिशील कृषि क्रियाओ का सम्पादन चंद्र परिचालन पर आधारित फसल पंचांग के अनुरूप होता है। जिसका निर्णय राशि चक्र सिद्धांतों के आधार पर किया जाता है।

चंद्र परिचालन पर प्रभाव

जैव-गतिशील कृषि का मूल सिद्धांत यह है कि चंद्रमा के चलायमान होने के कारण ब्रह्मांड में उपस्थित 12 राशि चिन्हों को चार समूहों में विभाजित होने से जुड़ा है। चार समूहों का वर्गीकरण उनमें पाये जाने वाले तत्त्व के आधार पर किया गया है (1) पृथ्वी, (2) जल, (3) अग्नि और (4) वायु। इस प्रकार प्रत्येक समूह का कृषि क्रियाओं के संचालन एवं पौधे के जीवन पर कुछ विशेष प्रभाव पड़ता है।

तदनुसार वृषभ, कन्या और मकर राशि पृथ्वी से जुड़ी हुई है और ये जड़ क्षेत्र के विकास में मदद करती है। मिथुन, तुला और कुंभ राशि वायु और सूर्य की रोशनी से जुड़े हुए हैं और फूलों के विकास में मदद करते हैं। कर्क, वृश्चिक और मीन को जल से जुड़ी हुई राशि मानी जाती है इसलिए इनका प्रभाव पत्तियों के विकास में माना जाता है। जबकि मेष, सिंह

और धनु फलों और बीज के विकास में मददगार माना जाता है क्योंकि ये अग्नि तत्त्व का प्रतिनिधित्व करते हैं। बीज बोना, पत्तियों पर छिड़काव, पौधे के प्रसार, ग्राफ्टिंग चंद्रमा के पतन चरण (जो कि नए चाँद से 15 दिन पहले) के दौरान किया जाना चाहिए। दूसरी ओर, चंद्रमा के उत्थान चरण (जो कि पूर्णिमा की अवधि से 15 दिन से पहले) के दौरान खेतों की जुताई, खाद का उपयोग एवं पौधरोपण के लिए किया जा सकता है।

मृदा की उर्वरता में सुधार करने और मृदा स्वास्थ्य को निरंतर सुनिश्चित करने के लिए केंचुए और सूक्ष्म जीवों की मदद से निर्मित जैविक खाद और कंपोस्ट का भी प्रयोग करते हैं। रासायनिक कीटनाशकों की जगह जैविक कीटनाशकों का प्रयोग करते हैं और नीम, अरंड एवं पोंगामिया की पत्तियों से तैयार किए गए कीटनाशी का उपयोग कर सकते हैं।

दिन-रात की अवधि एवं ऋतु चक्र

प्रत्येक माह नई चंद्रमा से पूर्ण चंद्रमा तक चन्द्र परिभ्रमण/परिचक्रण करता है, हम यहाँ पर सिर्फ चंद्र परिचक्रण की बात कर रहे हैं, क्योंकि यह हमारे पृथ्वी के सबसे निकट है और पृथ्वी की गतिविधियों को प्रभावित करता है, परन्तु इस ब्रह्माण्ड में अनगिनत चंद्रमा विद्यमान है। प्रत्येक माह, औसतन, मुख्य रूप से 6 अलग-अलग चंद्र परिचक्रण होता है, जिसकी पुनरावृत्ति हर 27-29 दिनों में होती है। प्रत्येक महीने होने वाली इन 6 अलग-अलग चंद्र परिचक्रण के अनुसार जैव-गतिशील कृषि रोपण पंचांग तैयार किया जाता है। जैव-गतिशील कृषक, इन चक्रों के दौरान कृषि गतिविधियों के लिए महत्वपूर्ण दिन दर्शाया जाता है। 6 चंद्र परिचक्रण निम्न प्रकार हैं।

चंद्र परिचक्रण के प्रकार	परिभ्रमण/परिचक्रण की पुनरावृति
पूर्ण एवं नया चंद्रमा	29.5 दिन
शनि के विपरीत चंद्रमा	27.3 दिन
आरोही (चढ़ते हुए) एवं अवरोही (उतारते) चंद्रमा	27.3 दिन
चंद्रमा नोड्स	27.2 दिन
पेरिगी-एपेगी	27.5 दिन
राशि चक्र नक्षत्रों में चंद्रमा	27.3 दिन
नया चंद्रमा	पूर्णिमा परिचक्रण
परिभ्रमण/परिचक्रण अवधि	29.5 दिन

नया चंद्रमा को देखना आसान होता है, जब नया चाँद शुरू होता है, तब चंद्रमा सूर्य के नजदीक होने के कारण लगभग अदृश्य होता है। ज्यों-ज्यों चन्द्रमा सूर्य से दूर होता जाता है हम इसे अधिक स्पष्ट रूप से देख पाते हैं। सबसे पहले आकाश में पतला बहुत ही सुंदर अर्धचंद्राकार (वर्धमान के रूप में) नये चंद्रमा का दर्शन होता है और यह मात्र 7 दिनों के

बाद यह पहली तिमाही तक पहुँच जाता है, इस समय तक चंद्रमा की डिस्क अर्ध श्वेत एवं अर्ध श्याम दिखाई पड़ती है। पहली तिमाही के बाद पूर्णिमा आता है, जो कि पहली तिमाही के अपेक्षा लगभग 12 गुना ज्यादा उज्जवल होता है। फिर अंतिम तिमाही आती है, चंदमा का जब दूसरा अर्ध रोशनी से भरपूर होता है। इस तरह लगभग 29.5 दिनों में एक चक्र पूर्ण हो जाता है और इसी तरह से ये क्रम अनवरत एवं अबाध रूप से जारी रहता है।

नया चंद्रमा का प्रभाव

नया चंद्रमा के दौरान मृदा में भूमिगत गतिविधियाँ अधिक होती हैं। इस अवधि के दौरान पौधों में कोशिका द्रव्य का प्रवाह कम होता है। इसलिए, हरी खाद को मृदा में दबाना और घास काटने के लिए एक अच्छा समय होता है।

पूर्णिमा का प्रभाव

कई सदियों से किसानों का अनुभव एवं वैज्ञानिक प्रयोगों ने यह सिद्ध किया है कि पौधों की वृद्धि पर पूर्णिमा के चन्द्र का उल्लेखनीय प्रभाव होता है। रुडोल्फ स्टेनर के कृषि व्याख्यानों एवं बाद के वैज्ञानिक अनुसंधान के आधार पर, जैव-गतिशील कृषि इस बात की मान्यता देता है कि चंद्रमा एवं पूर्णिमा के चाँद का प्रभाव सभी जीव-जन्तुओं एवम् पेड़-पौधों पर भी पड़ता है।

1. चंद्र ऊर्जा से सबसे अधिक प्रभावित तत्त्व पानी है (उदाहरण के लिए पौधों में कोशिका द्रव्य)।
2. चन्द्र को पूर्णिमा की अवस्था तक पहुँचने के 48 घंटों में पृथ्वी में नमी की मात्रा में एक विशिष्ट वृद्धि दिखाई देती है। यही कारण है कि पौधों की वृद्धि को बढ़ावा देने वाले कारकों में अचानक वृद्धि देखी जा सकती है।
3. ऐसा देखा गया है कि पूर्णिमा की अवधि के दौरान बीजों में त्वरित अंकुरण होता है। साथ-ही-साथ पौधे की वृद्धि भी तेजी से होती है। इस समय चोट या कटाई-छटाई के कारण पौधों की वनस्पति क्षतिपूर्ति भी तेजी से होता है। क्योंकि इस दौरान पौधों में कोशिका विभाजन एवं कोशिका विकास में विस्तार की प्रवृत्ति होती है।
4. ध्यान देने योग्य बात यह है कि, इस अवधि के दौरान बीजों में अंकुरण बहुत तेजी से होता है, परन्तु विशेष रूप से गर्म एवं उच्च आर्द्रता की परिस्थितियों में कवक के हमले से ग्रस्त भी हो सकता है ।
5. ऐसा प्रतीत होता है कि पूर्णिमा के दौरान नमी में वृद्धि के कारण पौधों पर कवक के विकास के लिए अनुकूल परिस्थितियाँ प्रदान करता है।
6. विशेष रूप से स्लग और घोंघे का इस दौरान कीटों की गतिविधियों में वृद्धि देखी जा सकती है। यहाँ तक की मानव और जानवरों में भी आंतरिक कृमि परजीवी में भी वृद्धि देखी जा सकती है।

पूर्णिमा के प्रभाव के कारण पौधों द्वारा तरल खाद्य पदार्थों का अवशोषण बढ़ जाता है। अक्सर पूर्णिमा में बारिश की प्रवृत्ति होती है।

चंद्रमा विपरीत शनि

परिक्रमण/परिभ्रमण अवधि 27.5 दिन

यह परिस्थिति तब उत्पन्न होती है जब चंद्रमा और शनि दोनों पृथ्वी के विपरीत दिशा में होते हैं एवं उनकी शक्ति रश्मियाँ विपरीत दिशाओं से पृथ्वी पर प्रकाशित हो रही होती हैं। इसका प्रत्येक परिक्रमण/परिभ्रमण की अवधि 27.5 दिनों का होता है। इस दौरान की चंद्र की शक्तियां पौधों में कैल्शियम संवर्धन में सहायता करती हैं जो कि पौध प्रसारण एवं प्रजनन के लिए आवश्यक होता है। जबकि शनि की शक्ति पौधों में सिलिका संवर्धन में वृद्धि लाती है, जोकि जड़, पत्ती और फल के निर्माण की आवश्यक सामग्री मानी जाती है। पृथ्वी में प्रवाहित होने वाले इन दो प्रभावों के संतुलन के कारण इस समयावधि में बोया जाने वाले बीज से बहुत मजबूत पौधे उत्पन्न होते हैं। शनि के विपरीत चंद्रमा के दौरान रोपे गए पौधे अन्य दिनों रोपे गए पौधो की अपेक्षा प्रायः मजबूत होते है। इस समय जैव-गतिशील 501 (सींग सिलिका) का छिड़काव, पौधों के प्रतिरोधक क्षमता को मजबूत करते हुए पाया गया है जोकि पौधे को रोगों एवं कुछ कीड़े मकौड़ों के हमलों के प्रति प्रतिरोधक क्षमता विकसित करने में मददगार हो सकते हैं।

आरोही एवं अवरोही चंद्रमा 27.3 दिन की लय

चंद्रमा का दैनिक पथ हमेशा एक समान नहीं होता है, इसमे उतार चढ़ाव आता रहता है। कभी-कभी यह आकाश में अपेक्षाकृत थोड़ी ऊँचाई पर विद्यमान होता है, तो कभी-कभी कम ऊँचाई पर अवस्थित होता है। चंद्रमा को हर महीने अरोही एवं अवरोही चक्रण को पूरा करने में 27.3 दिन लगते हैं। जब चन्द्रमा एक चाप के रूप में पूर्व से पश्चिम की तरफ बढ़ता हैं एवं यह चाप हर दिन आसमान में बढ़ती जाती है, तो उसे हम आरोही चक्रण कहते है एवं जब हम देखते हैं कि चंद्रमा का आकार दिन प्रतिदिन कम हो रहा है तो उसे चंद्रमा का अवरोही चक्रण कहते हैं। चंद्रमा को इस चक्र को पूरा करने के लिए 27.3 दिन का समय लगता है, प्रत्येक आरोही और अवरोही चक्रण की अवधि लगभग दो सप्ताह की होती है।

चंद्रमा नोड्स परिचक्रण अवधि 27.2 दिन

चन्द्रमा जैसे आरोही एवं अवरोही चक्रण के दौरान चढ़ता और उतरता है, इस क्रम में चन्द्रमा सूर्य के पथ को पार करता है इस पार करने (क्रॉसिंग पॉइंट) के बिंदु को नोड्स कहा जाता है। यह वही समय और स्थान होता है जब ग्रहण हो सकता हैं। चंद्रमा हर 27.2 दिनों में एक पूर्ण नोडल चक्र पूर्ण कर लेता है, इसलिए लगभग हर 14 दिनों में एक नोड होता है, इस प्रकार हर महीने दो नोड्स होते हैं। नोड्स का प्रभाव क्रॉसिंग के सटीक समय से पहले और बाद में लगभग 6 घंटे तक रहता है। नोड्स समय का विवरण रोपण कलैंडर

में दिया जाता है। चंद्रमा जब सूर्य को सामने से पार करता है तो सूर्य के लाभकारी प्रभाव को नगण्य कर देता है, चूंकि यह संक्षिप्त अवधि के लिए होता है। इसलिए कृषक इस अवधि के दौरान कोई कृषि या बागवानी का काम नहीं करते हैं। इसका प्रभाव चंद्रमा पर सूर्य ग्रहण के समान होता है।

भूम्युच्च (एपीजी) एवं भू-समीपक (पेरिगी)

परिभ्रमण/परिचक्रण की पुनरावृत्ति अवधि 27.5 दिन

चंद्रमा पृथ्वी के चारों ओर एक दीर्घवृत्ताकार पथ पर परिभ्रमण/परिचक्रण करता है, एवं 27.5 दिनों में अपनी कक्षा का एक चक्कर में पूर्ण कर लेता है। इस दीर्घवृतीय परिपथ पर चलते हुए चंद्रमा कभी पृथ्वी के बहुत समीप आ जाता है तो कभी बहुत दूर चला जाता है। इस तरह जब चंद्र परिचक्रण के दौरान पृथ्वी के निकटतम बिंदु पर हो तो उसे हम भू-समीपक (पेरिगी) कहते हैं, परन्तु जब चन्द्रमा पृथ्वी से सबसे दूरस्थ बिंदु पर होगा तो उस बिंदु को भूम्युच्च (एपीजी) कहते हैं।

भू-समीपक (पेरिगी) के दौरान चंद्रमा पृथ्वी के सबसे निकट होता है, इसलिए यह पृथ्वी पर अधिक नमी का संचार करता है। इन परिस्थितियों में रोगाणु विशेष तौर पर फफूंदी का विकास द्रुतगति से होता है, इस समय कीट एवं पतंगों में भी हमले की प्रवृत्ति पाई जाती है। विशेष रूप से यह परिस्थिति तब ज्यादा स्पष्ट परिलक्षित होती है जब यह भूम्युच्च (एपीजी) की अवस्था पूर्णिमा के आस-पास के दिनों में हो।

शोधकर्ताओं और किसानों ने पाया है कि भूम्युच्च (एपीजी) के दौरान आलू की बुआई का सबसे अच्छा समय माना जाता है क्योंकि आलू का उत्पादन ज्यादा होता है, परन्तु यदि हम भू-समीपक (पेरिगी) के दौरान आलू की बुआई करें तो परिणामस्वरुप कम आलू पैदा होगा, लेकिन आकार में बड़ा होगा। इस तरह प्रत्येक माह में एक भूम्युच्च (एपीजी) एवं भू-समीपक (पेरिगी) अवस्था चन्द्र परिभ्रमण में देखने को मिलता है। भूम्युच्च (एपीजी) एवं भू-समीपक (पेरिगी) के दिनांक और समय रोपण कलैंडर में दिए जाते हैं क्योंकि ये दोनों काल खंड यथा, भूम्युच्च एवं भू-समीपक, तनाव की अवस्था लाते हैं, यही कारण है कि इस दौरान (12 घंटे पूर्व से लेकर 12 घंटे पश्चात् तक) बुआई कार्यक्रम वर्जित है, परन्तु इसी दौरान आलू की बुआई का सर्वश्रेष्ठ समय होता है।

2. जैव-गतिशील पदार्थ: जैव-गतिशील खाद का प्रयोग जैव-गतिशील कृषि में प्रचलित है। इन सभी तकनीकों का मूल उद्देश्य मृदा में अनिवार्य रूप से सूक्ष्म जीवों को बढ़ाना है, जो कि मृदा पर्यावरण प्रणाली का हिस्सा है। जब ये सूक्ष्म जीव मिट्टी में पर्याप्त मात्रा में होते हैं और उनकी गतिविधियों से पौधों को सभी प्रकार के पोषक तत्त्व उपलब्ध होने में आसानी होती है। जैव-गतिशील कृषि की एक अन्य महत्वपूर्ण अवधारणा यह है कि खेत को बाहरी आदानों की आवश्यकता से बचना भी है। खेत के सभी अपशिष्ट को समृद्ध कार्बनिक

देता है जो पौधों के जीवन के मूल सिद्धांत हैं। एक गाय के सींग की खाद 1 हैक्टेयर भूमि के लिए पर्याप्त होती है। इसको अच्छी प्रकार मिलाकर बुआई/रोपाई से पहले इस घोल को सायंकाल चन्द्र की दक्षिणायण में झाड़ू अथवा पत्ती युक्त शाखा से खेत में बड़ी-बड़ी बूंदों के रूप में छिड़काव किया जाना चाहिए।

जैव-गतिशील पदार्थ 501 (सींग सिलिका खाद)

यह उत्प्रेरक सिलिका पाउडर से बनाया जाता है। सिलिका का मुख्य योगदान प्रकाश संश्लेषण को प्रभावी बनाने में होता है। बी.डी. 501, मार्च-अप्रैल में चन्द्र की उत्तरायण की स्थिति में गाय के सींग को अच्छी प्रकार साफ कर इन सींगों में सिलिका का लेप भरकर भूमि में बी.डी. 500 की तरह गड्ढ़े में सीधा रख देते हैं। अक्टूबर-नवम्बर में सींगों को चन्द्र की उत्तरायण की स्थिति में निकाल कर शीशे के जार में घर की खिड़की के पास प्रकाश में भण्डारित करते हैं।

एक ग्राम सिलिका उत्प्रेरक को 13.5 ली. पानी में एक घन्टा तक घड़ी की तथा इसके विपरीत दिशा में भंवर बनाते हुए प्रातःकाल अच्छी प्रकार मिलाया जाता है। छिड़काव प्रातःकाल सूर्योदय के समय चन्द्र की उत्तरायण की स्थिति में किया जाता है। बी.डी. 501 के प्रयोग से पौधों में कीट तथा व्याधि के प्रति सहिष्णुता भी बढ़ती है।

जैव-गतिशील पदार्थ 502-508

जैव-गतिशील पदार्थ 502-508 को २० इंच गहरे सुराख में डाल कर बनाया जाता है, एक से दूसरे पदार्थ के सुराख के बीच की दूरी ५-७ फीट रखते हैं। जैव-गतिशील पदार्थ 508 या वेलेरियन को एक सुराख में डाला जाता है और फिर इसे बाहर चारों तरफ हाथ से पानी देकर फैलाया जाता है। फिर विन्द्रो पर १-२ मुट्ठी मृदा बिखेर दिया जाता है उसके बाद उसे

पुआल से ढ़क दिया जाता है, इस तरह से इसे छः महीने से लेकर एक साल तक विघटित होने लिए ऐसे ही छोड़ दिया जाता है। इस दौरान कार्बनिक अवशेष छोटे कणों में टूटकर पुनः जटिल ह्यूमस के रूप में संश्लेषित हो जाते हैं। शोध से पता चलता हैं कि कम्पोस्ट की खाद को सामान्य तकनीक पद्धतियों से बनाने पर पोषक तत्त्व बने रहते है जो कि यंत्रीकृत तरीकों से बनाए गए कम्पोस्ट के समान ही प्रभावी होते हैं।

जैव-गतिशील पदार्थ की तैयारी में उपयोग किए जाने वाले छह औषधीय पौधो से बने जैव-गतिशील पदार्थ 502-508 है जिनका विवरण निम्नलिखित है:

जैव-गतिशील पदार्थ 502

इसका वैज्ञानिक नाम योरो पोटैशियम है। यह पोटैशियम एवं सल्फर पोषक से जुड़ा हुआ है यह उन मृदाओं के लिए राम बाण है जिसमें लगातार कई वर्षों की खेती करने के फलस्वरूप मृदा अनुपजाऊ हो गई।

जैव-गतिशील पदार्थ 503

कैमोमाइल फूल जिसका वैज्ञानिक नाम ट्रिकरिया रिकुताता है जो कि जीवित कैल्शियम प्रक्रियाओं से जुड़े होते हैं, पौधों के पोषक तत्त्वों को स्थिर करते हैं, जैव-गतिशील पदार्थ 503 अत्यधिक किण्डवन को कम कर देते हैं और पौधों की वृद्धि में सुधार करते हैं।

जैव-गतिशील पदार्थ 504

स्टिंगिंग (नेटलीअर्टिका डाइओका) यह पौधा लोहे से संबंध रखता है और नाइट्रोजन को स्थिर करने में मदद करता है।

जैव-गतिशील पदार्थ 505

ओक की छाल (क्वाक्रस रोबोर), इस पौधे में कैल्शियम की प्रचुर मात्रा पायी जाती है एवं पादप रोगों से लड़ने की क्षमता में वृद्धि करता है एवं कवक के हमलों को दूर करने में मदद करता है।

जैव-गतिशील पदार्थ 506

डेंडिलियन फूल (रैक्सैकम ऑफिसिनेल), यह पौधा जीवित सिलिका प्रक्रियाओं से जुड़ा हुआ है। यह पौधे तथा मृदा के अंतरसंबंधों के प्रभाव को सक्रिय करता है।

जैव-गतिशील पदार्थ 507

वेलेरियन फूल (लेरियाना ऑफिसिलालिस), यह पौधा फास्फोरस की गतिविधि के लिए एक मजबूत संबंध हैं। वे पानी के माध्यम से निकाले जाते हैं और इन्हें पूरी कम्पोस्ट खाद की सतह पर छिड़कते हैं।

जैव-गतिशील पदार्थ 508

घोड़े की पूँछ (कुइसेतुम अर्वेसे), इस पौधों का सभी भाग फफूंद नाशक का काम करता है। इसे पानी में घोल कर पत्तियों पर पतले पदार्थ के रूप में प्रयोग किया जाता है।

जैव-गतिशील पदार्थ का कम्पोस्ट खाद के साथ उपयोग

एक चम्मच बायोडायनामिक पदार्थ का प्रयोग सात से दस टन कम्पोस्ट खाद में किया जाता है। जिससे कि कम्पोस्ट खाद का गुणवत्ता में परिवर्तन कर देता है।

काऊ पैट पिट (सी.पी.पी.)

भूमि की जैव सक्रियता (biological activity) में वृद्धि हेतु यह एक प्रभावी उत्प्रेरक है। साठ कि.ग्रा. गोबर में 250 ग्राम अंडे के छिलके का महीन चूरा तथा 250 ग्राम बेसाल्ट/बेन्टोनाइट चूर्ण मिलाकर पानी के साथ अच्छी प्रकार एक घंटे तक गुथाई कर गड्ढे (100 × 60 × 45 सेमी.) में भर दिया जाता है। भरे गये गोबर में दो बी.डी. सेट (बी.डी. 502-506) को अलग-अलग स्थान में सुराख बनाकर डाल देते हैं। बी.डी. 507 तरल उत्प्रेरक को 15 मिनट तक 3-4 लीटर पानी में भँवर बनाते हुए मिलाकर गोबर में डालकर गीले टाट/बोरा से ढ़क देते हैं। 75-90 दिन में सी.पी.पी. उपयोग हेतु तैयार हो जाती है। इस अवधि में पानी का छिड़काव करते हुये नमी बनाये रखना अनिवार्य होता है।

बी.डी. कम्पोस्ट

खेतों पर उपलब्ध सूखी तथा हरी घासों इत्यादि का प्रयोग कम्पोस्ट बनाने हेतु किया जाता है। पाँच मी. लम्बी लकड़ी को समतल एवं ऊँचे स्थान पर वायु आवागमन हेतु रख देते हैं। लकड़ी के ऊपर 20 सेमी. सूखी घास 2.5 मी. की चौड़ाई में बिछा देते हैं। तत्पश्चात प्रचुर मात्रा में पानी का छिड़काव कर, गोबर का गाढ़ा घोल छिड़क दिया जाता है। इसके बाद 20 सेमी. हरी घास की मोटी परत बिछाकर, प्रचुर मात्रा में पानी का छिड़काव कर गोबर का गाढ़ा घोल छिड़क देते हैं। उपरोक्त क्रम (20 सेमी. सूखी घास, पानी का छिड़काव, गोबर के गाढ़े घोल का छिड़काव और 20 सेमी. मोटी हरी घास की परत) को 1.5 मीटर ऊँचाई तक दोहराया जाता है। कम्पोस्ट में आवश्यकतानुसार पोषक तत्त्वों की मात्रा में वृद्धि के लिए बुझा हुआ चूना (कैल्शियम के लिए), लकड़ी की राख, बोनमील एवं राक फास्फेट (फास्फोरस एवं पोटाश के लिए), सूखी एवं हरी घास की विभिन्न पत्तों के बीच में छिड़का जा सकता है। आकार तैयार होने के बाद ढेर को गोबर एवं मिट्टी के मिश्रण से लीपकर 1 बी.डी. सेट डाल देते हैं। 75-90 दिनों में बी.डी. कम्पोस्ट तैयार हो जाती है।

बायोडायनामिक तरल खाद एवं कीटनाशी (Biodynamic liquid manure and pesticides): यह दलहनी पौधों एवं नीम की पत्तियों, मछली के कचरे, अण्डी, करंज,

मदार एवं सदाबहार की पत्तियों द्वारा बनाया जाता है। करंज, नीम, मदार, सदाबहार, अण्डी एवं लैण्टाना की पत्तियों द्वारा बनाये गये तरल खादों में कीट एवं रोग निवारक गुण होते हैं।

बायोडायनामिक वृक्ष लेप (B.D. Tree Paste): बायोडायनामिक खेती में फल वृक्षों के पोषण एवं कीट/व्याधियों से सुरक्षा में बायोडायनामिक वृक्ष लेप का अधिक महत्व है। वृक्ष लेप वृक्षों को बीमारियों से सुरक्षा एवं स्वस्थ्यता प्रदान करता है। तने एवं शाखाओं पर घाव को बंद एवं बीमारियों से मुक्त करता है। कटाई-छटाई के बाद प्रयोग करने पर नये शाखाओं की वृद्धि में सहायक होता है। आजकल मात्र गाय के गोबर का मोटा लेप भी प्रभावी देखा गया है जिसके उपयोग को प्रोत्साहित किया जा रहा है।

जैव-गतिशील खेती से लाभ

जैव-गतिशील खेती के लाभ एवं महत्व के विषय में बिहार के वैज्ञानिकों ने पद्य के रूप में बडे ही सुन्दर ढ़ंग से चित्रण किया है जो निम्न प्रकार से है:-

जैव-गतिशील खेती करें, स्वावलंबन भरपूर
स्वावलंबित खेती बने, धन-धान्य भरपूर
जैव-गतिशील पदार्थ है, औषधि से भरपूर
09 जैव-गतिशील पदार्थ है, चमत्कार भरपूर
जैव-गतिशील 500 से 508 तक, रामबाण भरपूर
विन्द्रो कम्पोस्ट खाद का, करें प्रयोग भरपूर
किण्वित वानस्पतिक अर्को का, करें उपयोग भरपूर
फसल सुरक्षित जानिए, गुणवत्ता भरपूर
हाथ फैलाना न पड़े, अन्न हो भरपूर
खेतो से हीरा मिले, मिले दूध भरपूर
जैविक अंश मिलाइए धरती में भरपूर
रसायनो से छुटकारा मिले, मिले उपज भरपूर
विचार नक्षत्र खेती करें, उत्पादन भरपूर
सींग-सिलिका खाद का, करे प्रयोग भरपूर
उत्तम उत्पादकता सहित, फसल हो भरपूर

जैव-गतिशील खेती का महत्त्व

फिराक ऐ खुराक में, जहर ही खुराक है,
जहर पैदा हो रहा है, जहर ऐ खुराक से

धरती की जहरशानी, खुदगर्जी की है ये निशानी
जेहनी दिवालियापन है, हताशा की है ये निशानी
बंजर बना रहा है रत्न गर्भा जमीन का
बेतहाशा कर रहा है उपयोग जहर का
केंचुए पलायन कर रहे, मर रहे हैं सूक्ष्म जीव
अन्नदात्री को है बचाना, बनाना है, इसे सजीव
हक 'उन्हें' भी है, जीने का इस धरा पर
ज्यादा न हो सही, अस्तित्त्व हो धरा पर
इंसान गिर चुका है, खुद के जमीर से
इतनी भी क्या है जरूरी, मुहब्बत ये जहर से
इतिहास बन ना जाए, मानव की ये मजबूरी
संकट की इस घड़ी में, प्रयास है जरूरी
जब एक ही धरा है, इंसान एक है
सह अस्तित्त्व से रहना, उद्देश्य एक है
कही मिट न जाय नामो निशा जमीन से
बचना हमें भी होगा, प्रकृति के प्रकोप से
आना ही होगा हमको, शरण में प्रकृति के
सम्मान देना होगा पृथ्वी 'माँ' के सामान के
रत्न गर्भा है धरती माता, सदियों से हमको पाला
ये सलूक है हमारा, बंजर बना है डाला
बचना हमें तो होगा, कुदरत के इस कहर से
समझौता, है समझदारी, बचने को इस कहर से
घरती को है बचना, जैव-गतिशील खेती को है अपनाना,
लालच को है भगाना, ईमानदारी को है जगाना

जैव गतिशील कृषि कई मायने में जैविक कृषि से भिन्न है, कृषि उत्पादन में प्रयुक्त जैविक पदार्थों का समुचित उपयोग के साथ कृषि क्रियाओं को प्रभावित करने वाले खगोलीय पिंडों में अभिरूचि के साथ नवीन करने की सोच रखने वालों के लिए आवश्यक सामग्री प्रदान करता है। जैव गतिशील कृषि में चन्द्रमा के गुरुत्त्वाकर्षण को भरपूर तरीके से उपयोग किया जाता है। जैव गतिशील कृषि जैविक खेती के आगे की विधा है, सभी प्राकृतिक एवं पर्यावरण प्रेमी को सरल एवं समगतिशील टिकाऊ कृषि हेतु अवश्य ही प्रयास करना चाहिए।

जैविक खेती एवं बायोडायनामिक खेती में अन्तर

जैविक खेती में प्रकृति के सभी तत्त्वों के मध्य सामंजस्य स्थापित करता है। चूंकि बायोडायनामिक खेती एक प्रकार की जैविक खेती है, इसलिए यह सामान्यतः भ्रमित होती है इसके साथ जैविक खेती के कई बिंदु हैं। दोनों का उददेश्य मिट्टी और उनके संदूषण के गहन दोहन से बचना है। इसलिए संश्लेषित उर्वरको या कीटनाशकों के उपयोग की अनुमति नहीं है। इसके अतिरिक्त कृत्रिम खाद बनाने, फसल को घुमाने अथवा यांत्रिक खरपतवार नियंत्रण की भी अनुमति नहीं है। बायोडायनामिक खेती में जैविक खेती के लिए अधिकृत कई उत्पादों की भी अनुमति नहीं है। बायोडायनामिक खेती के अन्तर्गत पौधे और जैव विविधता दोनों का खेतों में सह-अस्तित्त्व होना चाहिए।

जैविक खेती की तुलना में बायोडायनामिक कृषि और भी अधिक प्रतिबंधात्मक है। बायोडायनामिक कृषि जैविक खेती के कुछ छदम वैज्ञानिक पहलुओं का पालन करने की कोशिश करता है।

(द) पंचगव्य खेती

गोमूत्र, गोबर, दूध, दही, और घी के मिश्रण से बनाये जाने वाले पदार्थ को पंचगव्य कहते हैं। प्राचीन समय में इसका उपयोग खेती की उर्वरा शक्ति को बढ़ाने के साथ-साथ पौधों में रोग प्रतिरोधक क्षमता को बढ़ाने के लिए किया जाता था।

पंचगव्य के घटक

पंचगव्य गाय से प्राप्त दूध, मूत्र, गोबर, घी और दही का प्रतिनिधित्व करता है और आयुर्वेद और पारंपरिक भारतीय नैदानिक प्रथाओं में अपूरणीय औषधीय महत्व रखता है। यह कभी-कभी कॉस्मेटिक उत्पादों में एक आधार के रूप में उपयोग किया जाता है। पंचगव्य का निर्माण गाय के दूध, दही, घी, मूत्र, गोबर के द्वारा किया जाता है। पंचगव्य द्वारा शरीर की रोगनिरोधक क्षमता को बढ़ाकर रोगों को दूर किया जाता है। गोमूत्र में प्रति ऑक्सीकरण की क्षमता के कारण डीएनए को नष्ट होने से बचाया जा सकता है। गाय के दूध, दही, घी, गोमूत्र और गोबर के पानी को सामूहिक रूप से पंचगव्य कहा जाता है। आयुर्वेद में इसकी औषधि के रूप में मान्यता है।

गोमूत्र चिकित्सा कुछ प्रकार के कैंसर सहित कई बीमारियों का इलाज करने में सक्षम है। हालांकि इन दावों का कोई वैज्ञानिक समर्थन नहीं है। वास्तव में, पंचगव्य के व्यक्तिगत घटकों, जैसे कि गोमूत्र को अंतर्ग्रहण करने से संबंधित अध्ययनों से कोई सकारात्मक लाभ नहीं मिला है और आक्षेप, दबे हुए श्वसन और मृत्यु सहित कई दुष्प्रभाव हैं। गाय का मूत्र लेप्टोस्पायरोसिस सहित हानिकारक बैक्टीरिया और संक्रामक रोगों का भी स्रोत हो सकता है।

पंचगव्य का उपयोग कृषि कार्यों में उर्वरक और कीटनाशक के रूप में भी किया जाता है। यह पोल्ट्री आहार में एक विकास को बढ़ावा देने वाला है, यह मछली फीड के लिए प्लवक की वृद्धि को बढ़ाने में सक्षम है। यह गायों में दूध का उत्पादन बढ़ाता है, सुअरों का वजन बढ़ाता है और मुर्गियों में अंडे देने की क्षमता को बढ़ाता है। यह कभी-कभी कॉस्मेटिक उत्पादों में एक आधार के रूप में प्रयोग किया जाता है।

पंचगव्य का निर्माण गाय के दूध, दही, घी, मूत्र, गोबर के द्वारा किया जाता है। गाय के गोबर का चर्म रोगों में उपचारीय महत्व सर्वविदित है। गाय के दही एवं घी के पोषण मान की अधिकता से सभी परिचित हैं। दूध का प्रयोग विभिन्न प्रकार से भारतीय संस्कृति में पुरातन काल से होता आ रहा है। घी का प्रयोग शारीरिक की क्षमता को बढ़ाने एवं मानसिक विकास के लिए किया जाता है। दही में सुपाच्य प्रोटीन एवं लाभकारी जीवाणु होते हैं जो क्षुधा को बढ़ाने में सहायक हैं। पंचगव्य का निर्माण देसी मुक्त वन विचरण करने वाली गायों से प्राप्त उत्पादों द्वारा ही करना चाहिए। आयुर्वेद में पंचगव्य से 'कैंसर' जैसे भयानक रोग तक का निदान किया जाता है। दिल्ली के पश्चिमी पंजाबी बाग स्थित एक चैरिटेबल अस्पताल में पंचगव्य आधारित आयुर्वेदिक कैंसर चिकित्सा के माध्यम से सैंकड़ों मरीजों को ठीक करने का दावा किया है।

सूर्य नाड़ी वाली गायें ही पंचगव्य के निर्माण के लिए विशेष उपयुक्त होती हैं। देसी गायें इसी श्रेणी में आती हैं। इनके उत्पादों में मानव के लिए जरूरी सभी तत्त्व पाये जाते हैं। महर्षि चरक के अनुसार गोमूत्र कटु तीक्ष्ण एवं कषाय होता है। इसके गुणों में उष्णता, राष्युकता, अग्निदीपक प्रमुख हैं। गोमूत्र में नाइट्रोजन, सल्फर, अमोनिया, कॉपर, लौह तत्त्व, यूरिक एसिड, यूरिया, फास्फेट, सोडियम, पोटैशियम, मैंगनीज, कार्बोलिक एसिड, कैल्शियम, नमक, विटामिन बी, ऐ, डी, ई एंजाइम, लैक्टोज, हिप्पुरिक अम्ल, क्रिएटिनिन और हाइड्राक्साइड के मुख्य रूप से पाये जाते हैं। यूरिया मूत्र कीटाणु नाशक है। पोटैशियम क्षुधावर्धक, रक्तचाप नियामक है। सोडियम द्रव मात्रा एवं तंत्रिका शक्ति का निर्माण करता है। मैग्नीसियम एवं कैल्शियम हृदयगति का निर्माण करता हैं।

तीन भाग देसी गाय का शकृत (गोबर), तीन भाग देसी गाय का कच्चा दूध, दो भाग देसी गाय के दही, एक भाग देसी गाय का घृत इन्हें मिश्रित कर लें विष्णु धर्म में कहा गया है जितना पंचगव्य बनाना हो उसका आधा अंश गौमूत्र का होना चाहिए। अर्थात् उक्त मिश्रण जितनी मात्रा में हो उतने ही मात्रा में गोमूत्र होना चाहिए, शेष कुशाजल होना चाहिए।

पंचगव्य का धार्मिक महत्व

पंचगव्य का प्रयोग विविध रूपों में किया जाता है। हिन्दुओं के कोई भी मांगलिक कार्य इनके बिना पूर्ण नहीं होते। भारत के गाँव-गाँव और शहर-शहर में आज भी मांगलिक उत्सवों, पूजा-पाठ में प्रसाद के रूप में पंचगव्य के वितरण को ही प्रधानता दी जाती है। गृह शुद्धि और शरीर शुद्धि के लिए पंचगव्य का प्रयोग किया जाता है।

पंच तत्त्व और पंचगव्य में क्या अंतर है?

पंच तत्त्व/पंचभूत का अर्थ है– पाँच तत्त्व जिनसे यह संसार बना है, जैसे– पृथ्वी, जल, वायु, आकाश और अग्नि। इसके विपरीत पंचगव्य का अर्थ है– गाय से प्राप्त होने वाले पाँच पदार्थ, जैसे– दूध, दही, घी, मूत्र और गोबर।

देश में किसानों द्वारा अपनी फसलों का उत्पादन बढ़ाने अर्थात् अधिक लाभ प्राप्त करने के उद्देश्य से अपने खेतों में रासायनिक खादों और कीटनाशक रसायनों का इस्तेमाल बेतहाशा किया जा रहा है। आज कई राज्यों में हालात इतने खराब हो चुके हैं, कि खेतों में बिना रासायनिक उर्वरकों का प्रयोग किये गेहूँ, बाजरा जैसी फसलों का उत्पादन करना सम्भव नहीं है।

कृषक पैसे कमाने की होड़ में फसलों में आवश्यकता से अधिक यूरिया, डीएपी जैसी रासायनिक खादों का इस्तेमाल कर भूमि की उर्वरा शक्ति को बहुत ही कम कर दिया है। इसका परिणाम यह है, कि मिट्टी अम्लीय होती जा रही है और उत्पादन निरंतर घटता जा रहा है। जबकि प्राचीन काल में फसलों के उत्पादन में जैविक खाद का ही इस्तेमाल किया जाता था, जो मुख्यत: गाय के गोबर और गोमूत्र पर आधारित थे, जो आज भी तरल जैविक उर्वरकों जो परम्परागत रूप से उपलब्ध हैं का प्रयोग आज भी किया जाता है।

हरित क्रांति के समय देश में कृषि के क्षेत्र में प्रगति काफी तेजी से हुई। हालाँकि इस समय कृषि कार्यों में रासायनिक खादों के इस्तेमाल से खाद्यान्नों के उत्पादन में भारी मात्रा में वृद्धि हुई। यहाँ तक कि रासायनिक खादों के इस्तेमाल से फसलों को आवश्यकता के अनुसार उपयोगी तत्त्वों को पूर्ति होने लगी, परन्तु भूमि की उर्वरा शक्ति नष्ट होने लगी, जो हमारे भविष्य के लिए बड़ा खतरा बनता जा रहा है। आज से कई दशक पूर्व फसलों के उत्पादन में किसानों द्वारा सिर्फ जैविक खाद का ही इस्तेमाल किया जाता था। जिससे उत्पादन

के साथ-साथ भूमि की उर्वरा शक्ति में वृद्धि हो जाती है।

प्राचीन काल में सभी किसान अपने खेतों और फसलों से बेहतर उत्पादन प्राप्त करने के लिए जैविक खाद का उपयोग करते थे। वह फसलों की गुणवत्ता और पौधों को कीट, पतंगों आदि से बचाने के लिए आयुर्वेदिक विधियों का प्रयोग करते थे, इन्हीं में एक पंचगव्य है। प्राचीन समय में पंचगव्य का उपयोग खेत की उर्वराशक्ति बढ़ाने तथा पौधों में रोग प्रतिरोधक क्षमता बढ़ाने के लिए किया जाता था। पंचगव्य एक बहुत ही प्रभावकारी जैविक खाद है, जो पौधों की वृद्धि एवं विकास में सहायता करने के साथ ही प्रतिरोधक क्षमता को बढ़ाने का कार्य करता है। दरअसल गाय को 'माता' का नाम ऐसे ही नहीं दे दिया गया है, गाय से उत्पन्न होने वाली प्रत्येक चीज एक औषधि है। सबसे खास बात यह है, कि गाय के उत्पादों में पौधों के लिए जरुरत के अनुसार सभी पोषक तत्त्व उपलब्ध होते है। पंचगव्य प्रकृति द्वारा प्रदान की गयी वस्तुओं से बनायी गयी एक ऐसी औषधि है, जो खेत में उगने वाले पौधों के अतिरिक्त भूमि की उर्वरा शक्ति बढ़ाने का कार्य करती है।

पंचगव्य से लाभ

कृषि योग्य भूमि में पंचगव्य का उपयोग करने से होने वाले लाभ निम्नलिखित हैं-

- खेत में पंचगव्य का इस्तेमाल करने से खेत की उर्वरता अर्थात उपजाऊ शक्ति में सुधार होता है।
- फसलों में विभिन्न प्रकार के होने वाले रोग और कीट का प्रभाव काफी कम हो जाता है।
- रासायनिक खादों की अपेक्षा यह काफी सरल और आसानी से प्राप्त किया जा सकता है।
- पंचगव्य खेत में जल की आवश्यकता को 25 से 30 प्रतिशत तक कम कर देता है, जिसके कारण सूखे की स्थिति में पौधा जीवित अवस्था में बना रहता है।
- पंचगव्य के इस्तेमाल से फसलों के उत्पादन में वृद्धि के साथ ही यह पशुओं और मानव जीवन के स्वास्थ्य पर सकारात्मक प्रभाव डालता है।
- भूमि में पंचगव्य का इस्तेमाल करने से खेत में सूक्ष्म जीवाणुओं की संख्या में बढ़ोत्तरी हो जाने कार्बनिक पदार्थों के सड़ाव की प्रक्रिया शीघ्रता से एवं अधिक मात्रा में होती है।
- भूमि में कार्बनिक पदार्थ का प्रतिशत बढ़ जाने से मृदा की उर्वरा शक्ति में काफी अधिक वृद्धि हो जाती है।
- फसल उत्पादन एवं उसकी गुणवत्ता में वृद्धि हो जाती है।
- मृदा कणों में वायु तथा नमी के संतुलन को बनाये रखने में सहायक है।
- सरल एवं सस्ती तकनीक पर आधारित विधा है।

पंचगव्य बनाने हेतु आवश्यक सामग्री

फसलों का अधिक उत्पादन और मानव जीवन के लिए पंचगव्य अमृत के समान है और सबसे मुख्य बात यह है, कि आप इसे अपने घर पर ही तैयार कर सकते हैं। यदि आप इसे बनाना चाहते हैं, तो इसके लिए कुछ सामग्री की आवश्यकता होगी जो इस प्रकार है–

- किलोग्राम देशी गाय का ताजा गोबर।
- 3 लीटर देशी गाय का ताजा गोमूत्र।
- 2 लीटर देशी गाय का ताजा कच्चा दूध।
- 2 लीटर देशी गाय का दही।
- 500 ग्राम देशी गाय का घी।
- 500 ग्राम गुड़।
- 12 पके हुए केले।

पंचगव्य बनाने की विधि

- प्रथम दिन 5 कि.ग्रा. गोबर तथा 1.5 लीटर गोमूत्र में 250 ग्राम देशी घी अच्छी तरह मिलाकर मटके या प्लास्टिक की टंकी में डाल दें।
- अगले तीन दिन तक इसे रोज हाथ से हिलाये। अब चौथे दिन सारी सामग्री को आपस में मिलाकर मटके में डाल दें तथा फिर से ढक्कन बंद कर दें।
- इस मिश्रण को 15 दिनों के लिए छाँव में रखना है और प्रतिदिन सुबह और शाम के समय अच्छी तरह लकड़ी से घोलना है।
- इस प्रकार 18 दिनों के बाद पंचगव्य उपयोग के लिए बनकर तैयार हो जायेगा।
- इसके बाद जब इसका खमीर बन जाय और खुशबू आने लगे तो समझ लें कि पंचगव्य तैयार है। इसके विपरीत अगर खटास भरी बदबू आए तो हिलाने की प्रक्रिया को एक सप्ताह और बढ़ा दें। इस तरह पंचगव्य तैयार होता है अब इसे 10 ली. पानी में 250 ग्रा. पंचगव्य मिलाकर किसी भी फसल में किसी भी समय उपयोग कर सकते हैं।
- अब इसे खाद, बीमारियों से रोकथाम, कीटनाशक के रूप में तथा वृद्धिकारक उत्प्रेरक के रूप में प्रयोग कर सकते हैं। पंचगव्य एक बार बना कर 6 माह तक उपयोग कर सकते हैं। इसको बनाने की लागत लगभग 70 रु. प्रति लीटर आती है।

पंचगव्य की उपयोग विधि

पंचगव्य का प्रयोग विभिन्न प्रकार की फसलों जैसे गेहूँ (Wheat), मक्का (Maize), बाजरा (Bajra), धान (Paddy), मूंग (Moong), उर्द (Urd), कपास (Cotton), सरसों

(Mustard), मिर्च (Chilli), टमाटर (Tomato), बैंगन (Brinjal), प्याज (Onion), मूली (Radish), गाजर (Carrot), आलू (Potato), हल्दी (Turmeric), अदरक (Ginger), लहसुन (Garlic), हरी सब्जियाँ (Green vegetables), फूल पौधे (Flower plants) आदि में प्रत्येक 15 दिनों के अंतराल में कर सकते हैं। यहाँ तक कि आप इसे दस लीटर जल में 250 ग्राम पंचगव्य मिलाकर किसी भी फसल में इस्तेमाल कर सकते हैं। यदि फसल के कटाई का समय नजदीक है, तो आप इसे फसल कटाई से 20 दिन पहले तक इसका उपयोग कर सकते हैं।

विगत दो-तीन दशकों से निरंतर रासायनिक खादों के प्रयोग से मृदा की उर्वरा शक्ति में कमी आई है। इसी तरह आने वाले समय में मृदा एक रसायनों का ढेर बन जायेगी और हम सिर्फ पुरानी बातों को दोहरा कर चीजों को बढ़ावा देते रहेंगे। आज आवश्यकता है कि हमारी कृषि कार्य प्रणाली में बदलाव लाने की फिर से हमें हमारे पुरखो के बताए पथ पर अग्रेसित होना ही होगा। उनकी कृषि कार्य प्रणाली को अपनाना होगा और कम लागत में अधिक मुनाफे का मूल मंत्र अपनाना होगा। जैसा कि हमारे माननीय प्रधानमंत्री जी भी बोलते हैं कि 2022 तक किसानों की आमदनी दोगुनी हो जाएगी, लेकिन इसकी पूरी सफलता कम लागत तथा अधिक उत्पादन एवं अधिक आय पर निर्भर करती है।

आज की आवश्यकता के अनुरूप किसान भाइयों को परम्परागत कृषि को अपनाना होगा तभी आने वाली पीढ़ी को एक सुखद और खुशहाल जीवन मिल पाएगा। प्राचीन काल से ही भारत जैविक आधारित कृषि प्रधान देश रहा है। सदियों से विभिन्न प्रकार के उर्वरक उपयोग होते आए हैं जो पूर्णत: गाय के गोबर और गोमूत्र पर आधारित थे। उसी प्रकार विभिन्न प्रकार के तरल जैविक उर्वरक आज परम्परागत रूप से उपलब्ध हैं।

इसे 10 ली. पानी में 250 ग्रा. पंचगव्य मिलाकर किसी भी फसल में किसी भी समय उपयोग कर सकते हैं। बीज उपचार से लेकर फसल कटाई के 25 दिन पहले तक 25 से 30 दिन के अन्तराल में इसका उपयोग किया जा सकता है।

पंचगव्य को निम्नलिखित प्रकार से प्रयोग किया जा सकता है-

1. बीज तथा जड़ उपचार द्वारा: पंचगव्य के 3 प्रतिशत घोल में बीज या जड़ को 10-15 मिनट तक डुबोने के बाद 30 मिनट तक छाया में सुखाकर बुवाई करें। 300 मि.ली. पंचगव्य 60 किलो बीज या जड़ का उपचार करने के लिए पर्याप्त होता है।

2. फल पेड़, पौधों और फसल पर छिड़काव करके: पंचगव्य के 3 प्रतिशत के घोल को फल पेड़-पौधों और फसल पर छिड़काव करके प्रयोग किया जा सकता है। 3 लीटर पंचगव्य एक एकड़ फसल के लिए पर्याप्त होता है।

3. सिंचाई के पानी के साथ प्रवाहित करके: पंचगव्य के 3 प्रतिशत घोल को सिंचाई के पानी के साथ प्रवाहित करके प्रयोग किया जा सकता है। 3 लीटर पंचगव्य एक एकड़ खेत के लिए पर्याप्त होता है।

4. बीज भंडारण के लिए: बीज को भंडारण करने से पहले पंचगव्य के 3 प्रतिशत घोल में 10–15 मिनट के लिए डुबो कर रखें उसके बाद सुखाकर भंडारण करें। ऐसा करने से बीज को लगभग 360 दिनों तक सुरक्षित रखा जा सकता है।

पंचगव्य के प्रयोग में सावधानियाँ

1. पंचगव्य का प्रयोग करते समय खेत में नमी का होना आवश्यक है।
2. एक खेत का पानी दूसरे खेतों में नहीं जाना चाहिए।
3. इसका छिड़काव सुबह 10 बजे से पहले तथा शाम 3 बजे के बाद करना चाहिए।
4. पंचगव्य मिश्रण को हमेशा छायादार तथा ठंडे स्थान पर रखना चाहिए।
5. इसको बनाने के 6 माह तक इसका प्रयोग अधिक प्रभावशाली रहता है।
6. टीन, स्टील व तांबे के बर्तन में इस मिश्रण को नहीं रखना चाहिए।
7. इसके साथ रासायनिक कीटनाशक तथा खाद का उपयोग नहीं करना चाहिए।
8. पंचगव्य के उचित लाभ के लिए 15 दिन में एक बार प्रयोग करना चाहिए।

पंचगव्य का प्रभाव

- पंचगव्य का छिड़काव करने से पौधों के पत्ते आकार में हमेशा बड़े एवं अधिक विकसित होते हैं तथा यह प्रकाश संश्लेषण की प्रक्रिया को तेज करता है जिससे पौधे की जैविक क्षमता बढ़ जाती है एवं उपापचय क्रियाएँ तेज हो जाती हैं।
- तना अधिक विकसित और मजबूत होता है जिससे परिपक्वता के समय पौधे पर जब फल लगते हैं तब पौधा फलों का वजन सहने में अधिकतम एवं पूर्णरूप से सक्षम होता है तथा शाखाएँ भी अधिक विकसित तथा मजबूत होती हैं।
- जड़ें अधिक विकसित तथा घनी होती हैं तथा इसके अलावा वहे एक लंबे समय के लिए ताजा एवं स्वस्थ रहती हैं। जड़ें मृदा में गहरी परतों में फैलकर वृद्धि करती हैं तथा आवश्यक पोषक तत्त्वों एवं पानी को अधिकतम मात्रा में अवशोषित कर लेती हैं जिससे पौधा स्वस्थ बना रहता है तथा पौधों में तेज हवा, अधिक वर्षा तथा सूखे की स्थिति को सहने की एवं रोगों के प्रति लड़ने की क्षमता बढ़ जाती है।
- पंचगव्य के प्रयोग से फसल की अच्छी उपज मिलती है। यह वातावरण की प्रतिकूल परिस्थितियों में भी एक समान फसल की पैदावार देने में सहायता करता है। यह न केवल फसल की उपज को बढ़ाता है बल्कि अनाज, फल, फूल तथा सब्जियों का उत्पादन एक बेहतर रंग, स्वाद, पौष्टिकता तथा विषाक्त अवशेषों के बिना करता है जिससे फसल की बाजार में अधिक कीमत मिलती है। यह बहुत सस्ता एवं अधिक प्रभावकारी है जिससे कृषि में कम लागत पर अधिक लाभ मिलता है।

(य) जैविक खेती

देश स्वतन्त्रता के पूर्व जो खाद्यान्न उत्पादन होता था वह सम्पूर्ण जनसंख्या के भरण पोषण के लिए पर्याप्त नहीं था जिसके परिणामस्वरूप देश की काफी जनसंख्या को एक वक्त का खाना अथवा किसी-किसी को दोनो वक्त का भी खाना उपलब्ध नहीं हो पाता था। सन 1950-51 में लगभग 35 करोड़ जनसंख्या के लिए कुल 50.8 मिलियन टन खाद्यान्न उत्पादन था। जो सम्पूर्ण जनसंख्या के भरण पोषण के लिए काफी कम था। देश में भुखमरी की इस समस्या का ध्यान कृषि वैज्ञानिकों को आकर्षित किया जिसके परिणामस्वरूप सन् 1964-65 में देश में हरितक्रांति का सूत्रपात हुआ। इस समय तक कृषक अपने खेतों में लम्बी अवधि एवं, लम्बी ऊँचाई वाली प्रजातियों का प्रयोग, खाद, उर्वरक तथा सिंचाई पानी का प्रयोग न करना तथा कीट एवं बीमारियों के नियंत्रण के लिए रसायनों का प्रयोग न करना आदि के कारण फसलों की उत्पादन तथा उत्पादकता बहुत कम थी अथवा कभी-कभी किसान जितना बीज बोता था उतना भी उपज के रूप में उसे प्राप्त नहीं हो पाता था। कृषक कीट एवं बीमारियों के प्रकोप को दैवीय आपदा मानकर केवल जादू-टोना के द्वारा नियंत्रण करने की कोशिश करता था। जिसके परिणामस्वरूप उस क्षेत्र की सम्पूर्ण फसल नष्ट हो जाती थी। जिसके कारण अक्सर अकाल पड़ने की स्थिति उत्पन्न हो जाती थी अथवा अकाल ही पड़ जाता था।

भारत वर्ष में हरितक्रांति जिसके जनक अमेरिकी मूल के प्रसिद्ध कृषि वैज्ञानिक नॉरमन बोरलाग एवं भारतीय मूल के डॉ. एम. एस. स्वामीनाथन ने धान एवं गेहूँ फसलों में बौनी उन्नतिशील प्रजातियों का प्रचलन किया। गेहूँ की लरमा रोजो, सोनोरा 64 आदि प्रजातियों को अमेरिका से मँगाया तथा उनको उगाया जो बौनी किस्में थी जिनको उगाने के लिए यहाँ की गेहूँ की फसलों को उर्वरक एवं सिंचाई नहीं दी जाती थी, परन्तु इन बौनी किस्मों को अतिरिक्त खादों/उर्वरकों तथा सिंचाई की आवश्यकता पड़ती थी परन्तु उस समय कृषक उर्वरकों के प्रयोग को राजी नहीं था, परन्तु वैज्ञानिकों एवं प्रसार कार्यकर्ताओं के प्रयास से प्रति बीघा 8 किलो (40 किलो प्रति है) यूरिया के प्रयोग की कृषकों को सलाह दी गई जिसके परिणामस्वरूप वर्तमान में प्रति बीघा 80-90 किलो से भी अधिक यूरिया का प्रयोग करने लगे जिसके परिणाम आज परिलक्षित हो रहे हैं। आज देश में एक तरफ समस्याग्रस्त मृदाओं के क्षेत्रफल में वृद्धि हो रही है तो दूसरी तरफ मृदा की उर्वराशक्ति में कमी हो रही है। मृदा में संजीवनी के नाम से जाने वाला पदार्थ जैव पदार्थ (कार्बनिक पदार्थ) की मात्रा में दिनोंदिन कमी होती जा रही है जिसके कारण फसलों की उत्पदकता में वृद्धि होने के बजाय एक ठहराव आ गया है। उर्वरकों/रसायनों के अन्धाधुन्ध प्रयोग से मृदा में कई प्रकार के विकार उत्पन्न हो रहे हैं जिससे हमारी मृदा बीमार हो गयी है जहाँ एक तरफ मृदा में लाभदायक सूक्ष्म जीवाणुओं की संख्या में कमी हो रही है तो दूसरी तरफ हानि कारक सूक्ष्म जीवाणुओं की संख्या में वृद्धि होने से फसलों में कई प्रकार की बीमारियाँ/कीट उत्पन्न हो रहे हैं।

फसलों के अधिक उत्पादन करने के उद्देश्य से रासायनिक उर्वरकों के अधिक मात्रा में प्रयोग करने से मृदा में हानिकारक लवण एकत्रित होने से मृदा ऊसर के रूप में विकसित हो रही है जैविक खेती कृषि की वह विधि जो संश्लेषित उर्वरकों एवं संश्लेषित कीटनाशको के अप्रयोग अथवा न्यूनतम प्रयोग पर आधारित है एवं जो भूमि की उर्वराशक्ति को बनाये रखने के लिए फसल चक्र, हरी खाद, कम्पोस्ट आदि का प्रयोग करती है। सन 1990 के पश्चात से विश्व में जैविक उत्पादों का बाजार आज काफी बढ़ा है।

विश्व खाद्य संगठन के अनुसार जैविक खेती एक ऐसी अनूठी कृषि प्रबन्धन प्रक्रिया है जो कृषि वातावरण का स्वास्थ्य, जैव विविधिता, जैविक चक्र तथा मिट्टी की जैविक प्रणालियों का संरक्षण तथा पोषण करते हुए उत्पादन सुनिश्चित करती है। इस प्रक्रिया में किसी भी प्रकार के संश्लेषित तथा रासायनिक आदानों के उपयोग के लिए कोई स्थान नहीं हैं।

दार्शनिक परिभाषा के अनुसार जैविक खेती का अर्थ प्रकृति के साथ जुड़कर खेती करना है। इस प्रक्रिया में सभी अवयव एवं प्रणालियाँ एक दूसरे से जुडी हैं क्योंकि जैविक खेती का अर्थ है सभी अंगों के मध्य आदर्श समन्वित सम्बन्ध स्थापित करना अतः हमें मिट्टी, जल, जीव, पौधे, जैविक चक्र, पशु तथा मानव एवं उनके आपसी सम्बन्धों की गहन जानकारी होनी चाहिए। इन समस्त सम्बन्धों तथा सबका सम्मिलित सहयोग जैविक खेती का मूल आधार है।

सम्पूर्ण विश्व में बढ़ती जनसंख्या एक गम्भीर समस्या है, बढ़ती हुई जनसंख्या के साथ भोजन की आपूर्ति के लिए मानव द्वारा खाद्यान्न उत्पादन की होड़ में अधिक से अधिक उत्पादन प्राप्त करने के लिए तरह-तरह की रासायनिक खादों, जहरीले कीटनाशकों का उपयोग, प्रकृति के जैविक और अजैविक पदार्थों के बीच आदान-प्रदान के चक्र को पारिस्थितिकीय प्रणाली (इकोलॉजी सिस्टम) प्रभावित करता है, जिससे भूमि की उर्वरा शक्ति खराब हो जाती है, साथ ही साथ वातावरण भी प्रदूषित होता है तथा मनुष्य के स्वास्थ्य में गिरावट आती है।

प्राचीन काल में मानव के अनुकूल तथा प्राकृतिक वातावरण के अनुरूप खेती की जाती है, जिससे जैविक और अजैविक पदार्थों के बीच आदान-प्रदान का चक्र निरन्तर चलता रहा था, जिसके फलस्वरूप जल, भूमि, वायु तथा वातावरण प्रदूषित नही होता था। भारत वर्ष में प्राचीन काल से कृषि के साथ-साथ गौ पालन किया जाता था, जिसके प्रमाण हमारे ग्रंथों में प्रभु कृष्ण और बलराम हैं जिन्हे हम गोपाल एवं हलधर के नाम से सम्बोधित करते हैं अर्थात कृषि एवं गोपालन संयुक्त रूप से अत्याधिक लाभदायी था, जो कि प्राणी मात्र तथा वातावरण के लिए अत्यन्त उपयोगी था। परन्तु बदलते परिवेश में गोपालन धीरे-धीरे कम हो गया तथा कृषि में तरह-तरह की रासायनिक खादों तथा कीटनाशकों का प्रयोग हो रहा है जिसके फलस्वरूप जैविक और अजैविक पदार्थों के चक्र का संन्तुलन बिगड़ता जा रहा है और वातावरण प्रदूषित होकर मानव जाति के स्वास्थ्य को प्रभावित कर रहा है। अब हम रासायनिक खादों, जहरीले कीटनाशकों के उपयोग के स्थान पर जैविक खादों एवं जैव

रासायनों का प्रयोग कर अधिक से अधिक उत्पादन प्राप्त कर सकते हैं जिससे भूमि, जल एवं वातावरण शुद्ध रहेगा और मनुष्य एवं प्रत्येक जीवधारी स्वस्थ रहेंगे।

भारत वर्ष में ग्रामीण अर्थव्यवस्था का मुख्य आधार कृषि है और कृषकों की आय का मुख्य साधन खेती है। हरित क्रांति के समय से बढ़ती हुई जनसंख्या को देखते हुए एवं आय की दृष्टि से उत्पादन बढ़ाना आवश्यक था इसलिए अधिक उत्पादन के लिए खेती में अधिक मात्रा में रासायनिक उर्वरकों एवं कीटनाशक का उपयोग करना पड़ा। जिससे सीमांत तथा छोटे कृषक के पास कम जोत होने के कारण अत्यधिक लागत आ रही है और जल, भूमि, वायु और वातावरण भी प्रदूषित हो रहा है, साथ ही खाद्य पदार्थ भी जहरीले हो रहे हैं। इसलिए इस प्रकार की उपरोक्त सभी समस्याओं से निपटने के लिए गत वर्षो से निरन्तर टिकाऊ खेती करने की सिफारिश की गई, जिसे प्रदेश के कृषि विभाग ने इस विशेष प्रकार की खेती को अपनाने के लिए बढ़ावा दिया जिसे हम जैविक खेती के नाम से जानते हैं। भारत सरकार भी इस खेती को अपनाने के लिए प्रचार-प्रसार कर रही है।

मध्य प्रदेश में सर्वप्रथम 2001-02 में जैविक खेती का आन्दोलन चलाकर प्रत्येक जिले के प्रत्येक विकास खण्ड के एक गाँव में जैविक खेती प्रारम्भ कि गई और इन गाँवों को जैविक गाँव का नाम दिया गया। इस प्रकार प्रथम वर्ष में कुल 313 ग्रामों में जैविक खेती की शुरुआत हुई। इसके बाद 2002-03 में द्वितीय वर्ष में प्रत्येक जिले के प्रत्येक विकास खण्ड के दो-दो गाँव, वर्ष 2003-04 में 2-2 गाँव अर्थात् 1565 ग्रामों में जैविक खेती की गई। वर्ष 2006-07 में पुनः प्रत्येक विकास खण्ड में 5-5 गाँव चयन किये गये। इस प्रकार प्रदेश के 3130 ग्रामों में जैविक खेती का कार्यक्रम लिया गया है। मई 2002 में राष्ट्रीय स्तर का कृषि विभाग के तत्त्वाधान में भोपाल में जैविक खेती पर सेमीनार आयोजित किया गया जिसमें राष्ट्रीय विशेषज्ञों एवं जैविक खेती करने वाले अनुभवी कृषकों द्वारा प्रतिभाग किया गया जिसमें जैविक खेती अपनाने हेतु प्रोत्साहित किया गया। प्रदेश के प्रत्येक जिले में जैविक खेती के प्रचार-प्रसार हेतु चलित झांकी, पोस्टर्स, बेनर्स, साहित्य, एकल नाटक, कठपुतली प्रदर्शन, जैविक हाट एवं विशेषज्ञों द्वारा जैविक खेती पर उद्‌बोधन आदि के माध्यम से प्रचार-प्रसार कर कृषकों में जन जाग्रति फैलाई जा रही है।

भारत में सिक्किम देश का पहला ऐसा राज्य है, जिसे 100 फीसदी जैविक खेती करने के लिए ग्लोबल फ्यूचर पॉलिसी अवार्ड दिया गया है। सिक्किम का कुल क्षेत्रफल 7 लाख 29 हजार 900 हैक्टेयर है, जिसमें से मात्र 10.20 प्रतिशत क्षेत्र कृषि योग्य है। जबकि शेष क्षेत्र वन, बेमौसम भूमि के, शीत मरूस्थल और एल्पाइन क्षेत्र आदि के अन्तर्गत आते हैं।

सिक्किम भारत का ही नहीं बल्कि विश्व का पहला ऐसा जैविक राज्य है, जहाँ किसी भी प्रकार की रासायनिक उर्वरक और कीटनाशकों का उपयोग नहीं किया जाता है। आर्गेनिक खेती से सिक्किम में लगभग 66 हजार से अधिक कृषक लाभान्वित हुए है और उनकी संख्या निरन्तर बढ़ती जा रही है। सिक्किम के पूर्ण मुख्यमन्त्री पवन कुमार चामलिंग ने वर्ष 2016 में किसी भी तरह के रासायनिक खाद और कीटनाशकों के इस्तेमाल पर प्रतिबन्ध लगा

दिया गया था इसके साथ ही फसलों के उत्पादन में रासायनिक उर्वरक का इस्तेमाल करने पर एक लाख (100000) रुपये का जुर्माना लगा दिया था। इस प्रकार सिक्किम भारत का पहला जैविक राज्य बन गया। वर्तमान समय में यहाँ के लोग जैविक खाद से फसल और सब्जियों का उत्पादन करते हैं।

भारत में जैविक खेती की सम्भावनाएँ: भारत में अर्थशास्त्रियों की अग्रणी संस्था इंडियन इकोनामिक एसोसिएशन का 96वाँ वार्षिक सम्मेलन 27 से 29 दिसम्बर को तमिलनाडु में मीनाक्षी विश्वविद्यालय में सम्पन्न हुआ। वैसे तो सम्मेलन में 12वीं पंचवर्षीय योजना एवं उसके बाद विकास सम्भावनाएँ, भारतीय अर्थव्यवस्था में असंगठित गैर कृषि क्षेत्र क्षेत्रीय कृषि विकास तथा डॉ. भीमराव आंबेडकर के आर्थिक विचारधाराओं पर चर्चा की गई, किन्तु सम्मेलन के अध्यक्ष डॉ. एल.के. मोहनराव ने अपना अध्यक्षीय उद्‌बोधन में जैविक खेती पर दिया। चूंकि जैविक कृषि विज्ञान का विषय है, इसलिए परम्परागत आर्थिक सम्मेलनों एवं सेमीनारों में जैविक खेती सरीखे विषय पर चर्चा नहीं की जाती है। इस प्रकार डॉ. एल.के. मोहन राव का अध्यक्षीय उद्‌बोधन इससे हटकर था उन्होंने बताया कि भारत सहित विश्व के अन्य देशों में प्रयोगों एवं खेती करने वाले किसानों के अनुभव से सिद्ध हो चुका है कि जैविक खाद के उपयोग से भूमि की जल धारण क्षमता बढ़ती है तथा मिट्टी की उर्वरता भी बढ़ती है। इससे फसलों की उत्पादकता में वृद्धि होती है तथा किसानों की उत्पादन लागत कम होने से आमदनी अधिक प्राप्त होती है। पर्यावरण की दृष्टि से भी जैविक खेती बहुत उपयोगी है। डॉ मोहनराव ने समय की माँग को देखते हुए राष्ट्र के व्यापक हित में जैविक खेती को बढ़ावा देने का सुझाव दिया।

डॉ. एल. के. मोहनराव ने अपनी अध्यक्षीय उदबोधन में जैविक खेती से सम्बन्धित अनेक पहलुओं को विस्तार से छूने का प्रयास किया, किन्तु उनके उद्‌बोधन में अनेक बातों का खुलासा नहीं हो सका। क्योंकि अध्यक्षीय उद्‌बोधन सम्मेलन के उदघाटन सत्र में होता है इसलिए उस पर चर्चा एवं सवाल-जवाब नहीं हो पाता इस कारण जैविक खेती से सम्बन्धित अनेक सवाल अनुत्तरित ही रहे तथा जिज्ञासाओं का समाधान नहीं हो पाया। लाख टके का एक सवाल यही है कि सरकार की वर्तमान जैविक खेती को बढ़ावा देने वाली नीति तथा इसके फायदों के प्रचार-प्रसार के बावजूद भारत में कुल फसली क्षेत्रफल के मात्र 8 प्रतिशत क्षेत्रफल पर ही जैविक खेती क्यो सिमटी हुई है। भारत में जैविक खेती का क्षेत्रफल न केवल आस्ट्रेलिया तथा अर्जेटीना बल्कि संयुक्त राज्य अमेरिका से भी पीछे है। यहाँ पर भारत में जैविक खेती लोकप्रिय न हो पाने के प्रमुख कारणों एवं आगे की सम्भावनाओं पर चर्चा करेंगे।

सामान्यता जैविक खाद के प्रयोग से की जाने वाली खेती को जैविक खेती कहा जाता है। वृहद अर्थों में जैविक खेती, खेती की वह विधि है जो जैविक खाद, फसल चक्र परिवर्तन तथा उन गैर रासायनिक उपायो पर आधारित है। जो भूमि की उर्वराशक्ति को बनाये रखने के साथ-साथ पर्यावरण को भी प्रदूषित नहीं करती है। इस प्रकार जैविक खेती के अन्तर्गत एग्रो

इको सिस्टम का प्रबन्धन शामिल होती है। भारत में पुरातनकाल से जैविक खेती की जाती रही है, किन्तु विश्व के अन्य देशों में पिछले 20 सालों से इसका प्रचलन बढ़ा है। पश्चिमी देशों में किसानों से अधिक वहाँ के उपभोगताओं का जैविक खेती की उपज से लगाव है। वहाँ के लोग जैविक खेती द्वारा पैदा किये गये खाद्यान्न, सब्जी एवं फल को इतना अधिक पसन्द करते है कि वे अधिक कीमत देकर उसको खरीदना तथा उपभोग करना चाहते है।

भारत में जैविक खेती अपनाने वालों में व्यापार तथा उद्योग में सफलता प्राप्त करके खेती करने वाले व्यवसायी अग्रणी है। इनके अलावा जैविक खेती अपनाने वालों में आदिवासी किसानों की तादात भी बहुत अधिक है, किन्तु 1960 के दशक से संश्लेषित उर्वरकों का उच्च मात्रा में उपयोग करके उच्च पैदावार लेने वाले किसान जैविक खेती अपनाने में फिसड्डी साबित हुए हैं। दरअसल यह उनकी गलती नही है भारत में 1960 के दशक में हुई हरित क्रांति में उच्च पैदावार वाले बीजों के साथ रासायनिक उर्वरकों का उच्च मात्रा में उपयोग का बहुत बड़ा योगदान माना जाता है। उन दिनों रासायनिक उर्वरकों का इतना अधिक प्रचार हुआ कि भारत के परम्परागत किसान भी रासायनिक उर्वरकों का एन60:पी30: के10 की मानक मात्रा में उपयोग करके प्रगतिशील किसान कहलाने लगे। पिछले 20 साल में सरकार की भी नीतियों में बदलाव आया है।

अब जैविक खेती करने वाले किसानों को प्रगतिशील किसान माना जाता है, किन्तु रासायनिक खेती पर निर्भर हो चुके किसानों के लिए उसको छोड़कर जैविक खेती अपनाना कठिन हो रहा है। यह बात लगभग वैसी ही है जैसे कि मांसाहारी भोजन के फायदों का प्रचार-प्रसार करके लोगों को मांसाहारी भोजन का आदी बनाया जाये तथा 30 साल उनसे कहाँ जाये कि शाकाहारी भोजन सेहत एवं पर्यावरण के लिए फायदेमंद है। मांसाहारी भोजन का स्वाद चख लेने के लिए उसका छोड़ना कठिन होता है, यही बात रासायनिक खेती से जैविक खेती के सम्बन्ध में लागू होती है।

भारत एवं विश्व के अन्य देशों के किसानों के अनुभव रहे हैं कि रासायनिक खेती को तत्काल छोड़कर जैविक खेती अपनाने वाले किसानों को पहले 3 साल तक आर्थिक रूप से घाटा हुआ था, चौथे साल ब्रेक-ईवन बिंदु आता है तथा पाँचवें साल से लाभ मिलना प्रारम्भ होता है। व्यवहार में बहुत से किसान पहले साल ही घाटा झेलने के बाद पुनः रासायनिक खेती प्रारम्भ कर देते हैं। भारत में 70 प्रतिशत छोटी जोत वाले सीमित साधन वाले किसान है। अब तो इन किसानों के पास पशुओं की संख्या भी तेजी से कम होती जा रही है जैविक खेती के लिए उन्हें जैविक खाद खरीदना होता है। वैसे तो जैविक खाद निर्माताओं की संख्या की दृष्टि से देखें तो भारत में 5.5 लाख जैविक खाद निर्माता हैं, जो विश्व के जैविक खाद निर्माताओं के एक तिहाई हैं, किन्तु भारत के 99 प्रतिशत खाद उत्पादक असंगठित लघु क्षेत्र के है तथा इनमें से अधिकाँश बिना प्रमाणीकरण करवाये जैविक खाद की आपूर्ति करते हैं। जैविक खाद अपनाने वाले किसानों की शिकायत रहती है कि उन्हें उक्त खाद से दावा किया गया कि इसके प्रयोग से आधी उपज प्राप्त भी नहीं होती जिससे भारी नुकसान होता

है। रासायनिक खेती छोड़कर बाजार से जैविक खाद खरीदकर जैविक खेती अपनाने वाले इन छोटे किसानों के कटुअनुभव को देखकर आस-पास के ग्रामों के अन्य किसान जैविक खेती करने का इरादा त्याग देते हैं। जैविक खेती न अपनाये जाने का यह एक बड़ा कारण है।

भारत में जैविक खेती की सम्भावनाएँ तभी उज्जवल हो सकती हैं जब सरकार जैविक खेती करने वालो को प्रमाणीकृत खाद स्वंय के संसाधनों से सब्सिडी पर उपलब्ध कराए तथा चार साल के लिए आमदनी की गारंटी का बीमा की व्यवस्था करें प्रारम्भिक सालों में होने वाले घाटे की क्षतिपूर्ति करें। सरकार को पशुपालन को बढ़ावा देना चाहिए जिससे किसान जैविक खाद के लिए पूरी तरह बाजार पर आश्रित न रहें।

जैविक खेती की आवश्यकताः भारत एक कृषि प्रधान देश है। भारतीय अर्थव्यवस्था मूलतः कृषि पर आधारित है। यहाँ की कुल जनसंख्या का लगभग दो तिहाई भाग प्रत्यक्ष अथवा परोक्ष रूप से कृषि पर निर्भर है। आज कृषि केवल जीवनयापन का साधन न रहकर विभिन्न उद्योगों के साथ प्रत्यक्ष अथवा अप्रत्यक्ष रूप से संबंध स्थापित कर चुकी है। देश की जनसंख्या के लिए भरण पोषण के लिए खाद्य सामग्री के साथ ही उद्योगों के लिए कच्चा माल भी कृषि से प्राप्त होता है। अतः कृषि का महत्व औद्योगिक कच्चे माल की आपूर्ति, विदेशी मृद्राकोष में वृद्धि, औद्योगिक विकास के लिए बाजार तथा कृषकों के उन्नत जीवन स्तर के रूप में स्पष्ट होता है। इस प्रकार देश की वर्तमान आर्थिक प्रगति में कृषि क्षेत्र का महत्वपूर्ण स्थान है तथा देश का आर्थिक विकास, कृषि विकास पर निर्भर है।

नवीन कृषि प्रौद्योगिकी जैसे अधिक उपज देने वाली उन्नतशील प्रजातियों, रासायनिक उर्वरकों का प्रयोग, सिंचाई, रोगनाशी एवं कीटनाशी रसायनों के प्रयोग एवं उन्नत सस्य क्रियाओं के अनुकूलन के कारण उत्पादन में वृद्धि हुई है, परन्तु विगत वर्षों से कृषि उत्पादन एवं उत्पादकता में ठहराव आ गया है। साथ ही देश की बढ़ती हुई जनसंख्या को देखते हुए सन् 2050 तक 400 से 450 मिलियन टन खाद्यान्न की आवश्यकता होगी जिसकी आपूर्ति के लिए हमें उपरोक्त उच्च नवीन कृषि प्रौद्योगिकी के अतिरिक्त कुछ वैकल्पिक उपाय भी तलाशने होंगे। विगत वर्षो में अधिक उत्पादन प्राप्त करने के उददेश्य से रासायनिक उर्वरकों तथा कीटनाशकों के अन्धा-धुन्ध एवं असंतुलित प्रयोग का प्रभाव मनुष्यों तथा पशुओं के स्वास्थ्य पर ही नहीं हुआ बल्कि इसका कुप्रभाव भूमिगत जल, मृदा का पर्यावरण पर भी स्पष्ट दिखाई देने लगा है।

रासायनिक उर्वरकों तथा कीटनाशकों का भूमि में प्रयोग, भूमि को मृत माध्यम मानकर किया गया है। अतः भूमि के स्वास्थ्य की रक्षा करके खेती की ऐसी प्रणाली जिसमें भूमि को एक जीवित माध्यम माना जाए, क्योंकि मृदा में असंख्य जीव रहते हैं जो कि एक दूसरे के पूरक तो होते ही हैं साथ में पौधों की बढ़वार हेतु पोषक तत्त्व भी उपलब्ध करवाते हैं। अतः जैविक खेती में उपलब्ध अन्य कृषक हितैषी जीवों के मध्य सामंजस्य रखकर खेती करना है। मिट्टी पौधों कें वृद्धि एवं विकास का माध्यम है। पौधों के समुचित विकास एवं फसलोत्पादन के लिए उच्च गुणवत्तायुक्त बीज, खाद एवं मृदा का उर्वर होना नितांत आवश्यक है।

रासायनिक उर्वरको के अंधा धुन्ध प्रयोग करने से वातावरण प्रदूषित होने के साथ-साथ भूमिगत जल प्रदूषित हो रहा है। नत्रजनीय उर्वरको विशेष रूप से यूरिया के संस्तुति मात्रा से काफी अधिक प्रयोग के कारण भूमिगत जल में नाइट्रेट की मात्रा में वृद्धि (10 पीपीएम. से अधिक) हो जाने से मनुष्यों द्वारा इस जल का सेवन करने पर कैंसर जनित बीमारियों मुख्यतः बच्चों में मीथो हीमोग्लोबीमिया (नीला शिशु) नामक बीमारी का प्रकोप हो जाता है जो कि बहुत ही घातक है। इसी प्रकार यदि फास्फोरस एवं पोटाशयुक्त रासायनिक उर्वरकों का प्रयोग करने पर भी वातावरण एवं मृदा प्रदूषित होती है, परन्तु नत्रजनीय रासायनिक उर्वरको की तरह हानिकारक नहीं हैं, परन्तु इसके भी प्रतिकूल प्रभाव अवश्य ही पड़ते हैं।

विश्व को जैविक खेती भारत की देन है। जब भी जैविक खेती का इतिहास देखा जाए तो भारत व चीन इसके उत्पत्ति स्थान होंगे। इन दोनों देशों की कृषि परम्परा 4000 वर्ष पुरानी है तथा यहाँ के किसान चार सहस्त्राब्दि के कृषि ज्ञान से परिपूर्ण हैं और जैविक खेती ही उन्हें इतने वर्षों तक पालती पोसती रही है। जैविक खेती प्रमुखतया निम्न सिद्धान्तों पर आधारित है।

- जैविक खेती चूंकि अधिक बाह्य आदान उपयोग पर आश्रित नहीं है और इसके पोषण के लिए जल की अनावश्यक मात्रा भी वांछित नहीं है इस कारण यह प्रकृति के सबसे नजदीक है और प्रकृति ही इसका आदर्श है।
- पूरी विधा प्राकृतिक प्रक्रियाओं के सामंजस्य व उनके एक-दूसरे पर आधारित होने के कारण इससे न तो मृदा जनित तत्त्वों का दोहन होता है और न ही मृदा की उर्वरता का ह्रास होता है।
- पूरी प्रक्रिया में मिट्टी एक जीवंत अंश है।
- मृदा में रहने वाले सभी जीव रूप मृदा उर्वरता के प्रमुख अंग हैं और सभी उर्वरता संरक्षण में योगदान करते हैं। अतः इनकी सुरक्षा एवं पोषण किसी भी स्थिति पर आवश्यक है।
- पूरी प्रक्रिया में मृदा पर्यावरण संरक्षण सबसे महत्त्वपूर्ण है।

आज की परिभाषा में जैविक खेती कृषि की वह विधा है जिसमें मृदा को स्वस्थ एवं जीवंत रखते हुए केवल जैव अवशिष्ट, जैविक तथा जीवाणु खाद के प्रयोग से प्रकृति के साथ समन्वय रख कर टिकाऊ फसल उत्पादन किया जाता है।

संयुक्त राज्य अमेरिका के कृषि विभाग के अनुसार जैविक खेती एक ऐसी प्रणाली है, जिसमें सभी संश्लेषित कृषि निवेशों (जैसे रासायनिक खाद, कीटनाशी, हार्मोस इत्यादि) के प्रयोग को नकारते हुए केवल फसल चक्र, जैव अवशिष्ट, अन्य जैविक आदान, खनिज आदान तथा जीवाणु खादों के प्रयोग से फसल उत्पादन किया जाता है।

विश्व खाद्य संगठन की एक अन्य परिभाषा के अनुसार जैविक खेती एक ऐसी अनूठी कृषि प्रबन्धन प्रक्रिया है जो कृषि वातावरण का स्वास्थ्य, जैव विविधता, जैविक चक्र तथा

मिट्टी की जैविक प्रणालियों का संरक्षण तथा पोषण करते हुए उत्पादन सुनिश्चित करती है। इस प्रक्रिया में किसी भी प्रकार के संश्लेषित तथा रसायनिक आदानों के उपयोग के लिए स्थान नहीं है।

दार्शनिक परिभाषा के अनुसार जैविक खेती का अर्थ प्रकृति के साथ जुड़कर खेती करना है। इस प्रक्रिया में सभी अवयव व प्रणालियाँ एक दूसरे से जुड़ी है। चूंकि जैविक खेती का अर्थ है सभी अंगों के बीच आदर्श समन्वित सम्बन्ध स्थानित करना अतः हमें मिट्टी, जल, जीव, पौधे, जैविक चक्र, पशु एवं मानव तथा उनके आपसी सम्बन्धों की गहन जानकारी होनी चाहिए। इन समस्त सम्बन्धों तथा सबका सम्मिलित सहयोग जैविक खेती का मूल आधार है।

जैविक खेती अपनाने के उद्देश्य

जैविक खेती अपनाने के कई उद्देश्य हैं जिसका विवरण निम्नवत् हैं-

- कृषि रसायनों का उपयोग न करना।
- प्राकृतिक संतुलन को बरकरार रखना।
- पौष्टिक एवं गुणवत्तायुक्त आहार का उत्पादन।
- ग्रामीण आजीविका को लाभप्रद जैविक खेती के माध्यम से बढ़ावा देना।
- मृदा और पानी जैसे संसाधनों का संरक्षण।
- फसल उत्पादन के साथ-साथ पशुधन की व्यवस्थिति विकास जैविक खेती द्वारा ही सम्भव है।
- जैव विविधता और पारिस्थितिकीय प्रणाली सम्बन्धी सेवाओं का संरक्षण एवं संवर्धन।
- मृदा, वायु एवं जल प्रदूषण की रोकथाम।
- खेती में जीवाश्म ईंधन से प्राप्त ऊर्जा का उपयोग कम करना।
- अधिक टिकाऊ और अधिक उत्पादन वाली कृषि प्रणाली का विकास करना।
- जैविक खेती को अपनाकर कृषि उत्पादन को स्थायित्व प्रदान करते हुए, पर्यावरण संरक्षण, पर्यावरण संतुलन बनाये रखते हुए कृषि को लाभकारी बनाना एवं कृषकों के आर्थिक स्तर में सुधार कर खेती को सम्मानजनक बनाना।
- वर्षा आधारित, कम उत्पादकता वाले क्षेत्रों में, कम उर्वरक प्रयोग किये जाने वाले क्षेत्र में, गैर सिंचित क्षेत्रों में जैविक खेती प्रारम्भ करने के लिए एवं भविष्य में सामान्य खेती को जैविक खेती में परिवर्तित करना।
- जैविक विविधता को समृद्ध करना एवं पर्यावरण संरक्षण करना।
- मृदा एवं जल का संरक्षण कर कृषि उत्पादन में वृद्धि करना।
- रसायन मुक्त पानी, मिट्टी, हवा और भोजन उपलब्ध कराना।

- जैव विविधता के आधार पर पारिस्थितिकी, कृषि को बढ़ावा देने, जैविक कृषि निवेश एवं कृषि उपज में गुणवत्ता नियन्त्रण सुनिश्चित करना।
- मानव स्वास्थ्य को बढ़ावा देने के लिए सुरक्षित कृषि उत्पादों का उत्पादन करना।
- सुरक्षित कृषि से पारम्परिक ज्ञान का विकास करना।
- जैविक खेती को अपनाने के लिए प्रोत्साहित करना।
- नियन्त्रित जैविक उत्पादों के लिए घरेलू बाजार सुनिश्चित करना।
- जैविक खेती के सम्बन्ध में जागरूकता और प्रशिक्षण कार्यक्रम, मार्केट लिंकेज (संयोजन) विकास एवं जैविक उत्पादों को चिन्हित करना (ब्रैंडिंग)।
- पर्यावरण संतुलन के साथ कम लागत वाली कृषि उत्पादन तकनीकी अपनाकर खेती करना।
- रसायन एवं कीटाणुनाशक मुक्त कृषि उत्पादों का उत्पादन करना।
- कृषि को लाभकारी बनाकर कृषकों के आर्थिक स्तर में सुधार लाना।
- कृषि उत्पादन को स्थायित्व प्रदान करते हुए, पर्यावरण संरक्षण एवं पर्यावरण संतुलन बनाये रखते हुए कृषि को लाभकारी बनाना।
- भूमि की उर्वरता जैविक खाद से बढ़ाना तथा फसलचक्र एवं बहु-फसली प्रणालियों को प्रभावी रूप से अपनाना।
- उच्च गुणवत्ता के बीज का उत्पादन, वर्मीकम्पोस्ट, वर्मीवाश, तरल खाद में आत्म-निर्भरता लाना।
- प्राकृतिक अक्षय ऊर्जा जैसे सौर ऊर्जा, बायोगैस आदि का उपयोग करना।

जैविक खेती के सिद्धान्तः जैविक खेती में हानिकारक रसायनों का प्रयोग प्रतिबन्धित है अथवा आवश्यकतानुसार बहुत कम मात्रा में जो कम विषैले हैं अथवा जल्दी नष्ट हो जाते हैं उनका प्रयोग विशेष परिस्थिति में किया जा सकता है। पूर्व में हमारी परम्परागत कृषि थी उनमें बहुत सी कमियां थी, परंन्तु आज की कृषि को पूर्व समय में की जाने वाली कृषि को आज के परिप्रेक्ष में कहें तो निश्चित रूप से गुणवत्तायुक्त कृषि उत्पाद प्राप्त होगा जो मानव स्वास्थ्य के लिए अनुकूल होगा।

जैविक खेती को अपनाने से पूर्व कृषकों को जैविक खेती के सिद्धांतों के अनुरूप खेती की जानी चाहिए। जैविक खेती के निम्नलिखित सिद्धान्त हैं:

- जैविक खेती को पूर्णरूप से अपनाना संभव है तथा उसकी तत्कालिक संदर्भ में आवश्यकता निर्विवाद है।
- जैविक खेती कृषि उत्पादन की वह कार्यमाला है जिसमें कई उपायों/विधियों के मध्य समन्वय स्थापित किया जाता है।

- जैविक खेती को सभी कृषक बड़ी आसानी एवं सरलता से अपना सकते हैं।
- जैविक खेती अपनाने हेतु समुचित व्यवस्था तथा प्रबन्धन के लिए रोका नहीं जाए।
- जैविक खेती की दी गई विधि/विधियों का अपनी सुविधानुसार कहीं से भी अनुसरण आरम्भ कर सकते हैं।
- उपाय छोटे अवश्य प्रतीत होते हैं पर उनकी सम्मिलित शक्ति विशाल है।
- जैविक खेती मात्र कम्पोस्ट आधारित खेती नहीं है यह सुनिश्चित है। अतः कम्पोस्ट खाद की उपलब्धता भी बाधक नहीं होना चाहिए।
- आज ही जैविक खेती अपनाने की शुरूआत करें, जो सदा निभने वाली एवं कम लागत खर्च के साथ पर्यावरण मित्र भी है।

जैविक कृषि आंदोलन के अंतर्राष्ट्रीय संघ (IFOAM) की परिभाषा में जैविक कृषि के मूलभूत सिद्धान्त निम्न प्रकार हैं-

1. स्वस्थता का सिद्धान्त
2. पर्यावरणीय सिद्धान्त
3. समता का सिद्धान्त
4. परिचर्या का सिद्धान्त

स्वस्थता का सिद्धान्तः जैविक खेती मिट्टी, पौधों, पशुओं, मानव तथा धरती के स्वास्थ्य को टिकाऊ एवं अक्षुण रखते हुए सबको एक अविभाज्य इकाई के रूप में मान्यता देती है। मानव समुदाय के उत्कृष्ट स्वास्थ्य की परिकल्पना बिना स्वस्थ वातावरण के नहीं हो सकती है। स्वस्थ मृदा ही स्वस्थ फसलों को जन्म देती है और स्वस्थ फसलों से पशुओं तथा मानव का स्वास्थ्य सुनिश्चित होता है। सभी जीव स्वरूपों के बीच संपूर्ण समन्वय ही संपूर्ण स्वास्थ्य की कुंजी है। व्याधियों से मुक्ति के साथ-साथ सभी की भौतिक, शारीरिक, मानसिक, सामाजिक तथा पर्यावरणीय स्वस्थता सबसे महत्वपूर्ण है। जैविक खेती के सभी स्वरूप जैसे फसल उत्पादन, खाद्य प्रसंस्करण, वितरण तथा उपयोग सभी छोटे से छोटे जीवों से लेकर मानव तक पर्यावरणीय स्वस्थता को सुदृढ़ता प्रदान करते हैं। चूँकि जैविक खेती का उद्देश्य उच्च गुणवत्तायुक्त स्वस्थ भोज्य को सुनिश्चित करना है, अतः इस प्रक्रिया में किसी भी प्रकार के रसायन उपयोग के लिए कोई जगह नहीं है।

पर्यावरणीय सिद्धान्तः जैविक खेती जीवंत पर्यावरण, प्राकृतिक जीव चक्र एवं उनके बीच अक्षुण समन्वय तथा सबके संधारण के सिद्धान्त पर आधारित है। इस नियम के अनुसार सम्पूर्ण उत्पादन प्राकृतिक प्रक्रियाओं तथा प्राकृतिक स्रोतों के पुनः प्रयोग पर निर्भर है। प्रत्येक जीव स्वरूप का पालन पोषण उत्पादन प्रक्रिया के पर्यावरण के साथ सामंजस्य स्थापित कर सुनिश्चित किया जा सकता है। उदाहरण के तौर पर अच्छे फसल उत्पादन के लिए जीवंत मृदा, अच्छे पशुओं के लिए स्थानीय वातावरण, मछली तथा जलीय जीवों के लिये स्वस्थ

जलीय पर्यावरण तथा मानव के लिये संपूर्ण स्वस्थ वातावरण तथा उसके सभी अंगों के बीच समन्वय अति आवश्यक है। जैविक खेत, चरागाह तथा जंगल क्षेत्र भी इस चक्र से जुड़कर प्रकृति के संतुलन में सहायक हो सकते हैं। सभी प्राकृतिक चक्र स्थान विशेष के साथ अलग-अलग होकर भी मूल रूप में समान होते हैं। जैविक प्रबंधन में स्थानीय परिस्थितियों तथा पर्यावरण का विशेष ध्यान रखते हुए प्रक्रियाएं तय की जाती हैं। पर्यावरण की गुणवत्ता को कायम रखते हुए प्राकृतिक स्रोतों का संरक्षण किया जाता है तथा स्थानीय स्रोतों के पुनः प्रयोग के बाह्य आदानों की आवश्यकता को घटाया जा सकता है और प्राकृतिक ऊर्जा स्रोतों के अधिकाधिक दोहन से उर्जा क्षरण से बचा जा सकता है। इन सभी उद्देश्यों की प्राप्ति के लिये फार्म का आवास निर्माण, जैव विविधिता का समावेश एवं संधारण तथा प्राकृतिक संसाधनों का उचित प्रयोग प्रमुख कार्यशील बिन्दु हैं जिन्हें सही रूप में अपनाया जाना आवश्यक है। जैविक आंदोलन से जुड़े उत्पादकों, प्रसंस्कर्ताओं, व्यापारियों तथा उपभोक्ताओं से अपेक्षा है कि सबके सद्भाव हेतु पर्यावरण तथा उससे जुड़े अवयव जैसे आवास, भू-दृश्य, ऋतु, जैव विविधता, हवा तथा जल का संरक्षण करें।

समता का सिद्धान्तः जैविक खेती साझा पर्यावरण तथा समान जीवन अवसर को सुनिश्चित करते हुए सभी सम्बन्धों में समभाव प्रतिष्ठित करती है। समान अवसर, सम्मान, न्याय तथा विश्व के प्रति आदर का भाव रखते हुए मानव तथा अन्य जीव स्वरूपों के बीच उचित सम्बन्ध समता के सिद्धान्त की मूल कड़ी है। इस सिद्धान्त के अंतर्गत वे सभी लोग जो जैविक खेती से जुड़े हैं मानवीय मूल्यों को सर्वोपरि रखते हुए सभी लोगों जैसे किसान, प्रसंस्करणकर्ता, वितरक तथा उपभोक्ता इत्यादि के साथ न्यायपूर्ण समान सम्बन्ध तथा सम्मान सुनिश्चित करें। जैविक खेती मूल्य सभी के लिये अच्छे जीवनयापन अवसर तथा खाद्यान्न सुरक्षा की गारंटी के साथ गरीबी उन्मूलन की दिशा में प्रयासरत रहने की प्रेरणा देती है। इस सिद्धान्त के अंतर्गत यह भी सुनिश्चित किया जाता है कि पशुओं को भी अच्छा आवास तथा पर्यावरण मिले जिससे वह एक अच्छे वातावरण में अपनी सभी प्राकृतिक आवश्यकताओं को भली-भाँति पूरी कर सकें। सभी प्रकृति प्रदत्त संसाधनों का उत्पादन एवं उपयोग इस प्रकार किया जाये जो पर्यावरणीय, सामाजिक तथा आर्थिक रूप से न्याय संगत एवं स्वीकार्य हो तथा आने वाली पीढ़ियों के संसाधनों को भविष्य के लिये संजो कर रख सकें।

परिचर्या का सिद्धान्तः जैविक खेती प्रबन्धन प्रक्रिया में सावधानीपूर्वक पूरी निष्ठा एवं उत्तरदायित्व के साथ यह सुनिश्चित किया जाना चाहिये कि पूरी प्रक्रिया आज की आवश्यकतापूर्ति के साथ-साथ पर्यावरण मित्र हो और वर्तमान की तथा आने वाली पीढ़ियों के स्वास्थ्य की देखभाल करें। जैविक खेती एक ऐसी जीवंत तथा लचीली प्रक्रिया है जो सभी आंतरिक तथा बाह्य कारकों के साथ शीघ्र ही सामंजस्य बना लेती है। जैविक प्रबंधन में विभिन्न अवयवों की कार्य क्षमता बढ़ाकर उत्पादन बढ़ाया जा सकता है, परन्तु यह हमेशा सुनिश्चित किया जाना चाहिये कि यह संसाधनों के दोहन तथा किसी के भी स्वास्थ्य की कीमत पर न हो। इसके लिये समय-समय पर नई तकनीकों का समावेश तथा पुरानी तकनीकों

का मूल्यांकन आवश्यक है। इस सिद्धान्त के अंतर्गत प्रबंधन, विकास तथा तकनीकों के चयन में सावधानी तथा उत्तरदायित्वता का बोध सर्वोपरि रखा जाता है। सभी के लिये उत्तम स्वास्थ्य तथा पर्यावरण सुदृढ़ता के लिये जैविक प्रबंधन में विज्ञान की भूमिका भी अहम् है, परन्तु केवल वैज्ञानिक ज्ञान ही पर्याप्त नहीं है। कार्य अनुभव, विद्वता तथा समय की कसौटी पर खरे उतरे स्थानीय तथा पारंपरिक ज्ञान भी इसके महत्वपूर्ण अंग हैं। नई तथा जोखिम भरी तकनीकों जैसे परिवर्तित अनुवांशिकी विज्ञान इत्यादि को जैविक खेती से अलग रखा गया है। किसी भी नई तकनीक को अपनाने से पहले सर्वमान्य रूप से यह सुनिश्चित किया जाना आवश्यक है कि इसके प्रयोग से पर्यावरण तथा जीवन के किसी भी अंग पर कोई प्रतिकूल प्रभाव तो नहीं पड़ेगा।

जैविक खेती स्वरूप

अनेक विकल्पों से भरपूर विश्व में बहुत से किसानों एवं उपभोक्ताओं के लिए जैविक खेती एक गम्भीर विकल्प है। उत्पादन तथा पर्यावरण में सुधार के लिए आवश्यक है कि जैविक खेती में विज्ञान का समावेश हो तथा इसके सभी पहलुओं का वैज्ञानिक एवं तार्किक आधार पर मूल्यांकन किया जायें। जैविक खेती जिन चुनौतियों के साथ आगे बढ़ रही है उसके कुछ तो कारण स्थान तथा देश विशेष है, परन्तु इसके कुछ आयाम पूरे विश्व में जैविक किसान व जैविक आंदोलन दोनों को प्रभावित कर नई दिशा दे रहे हैं।

जैविक अवधारणा का उदगमः अंग्रेजी भाषा में ऑरगेनिक शब्द का प्रयोग खेती के लिए सबसे पहले नार्थबोर्न (1940) ने अपनी पुस्तिका Look To The Land में किया था। उनके अनुसार ऑरगेनिक खेती में पूरा फार्म जीवंत मृदा तथा संतुलित जैविक प्रक्रियाओं सहित स्वपोषित तथा जैविक रूप से सम्पूर्ण होना चाहिये। इस पुस्तक में जैविक शब्द स्पष्ट रूप से जैविक खाद या उसके उपयोग से नहीं जुड़ा था बल्कि पूरे फार्म प्रबन्धन की सम्पूर्ण एकीकृत प्रक्रिया को इंगित करता था। आज अनेक देशों में आरगेनिक या जैविक शब्द कृषि की उस विधा से जुड़ा है जिसमें रसायनों के प्रयोग को नकारते हुए प्राकृतिक संसाधनों एवं उचित प्रबन्धन द्वारा फसल उत्पादन किया जाता है। अनेक देशों में ऑरगेनिक शब्द का प्रयोग कानूनी प्रक्रियाओं के अन्तर्गत नियंत्रित है। कम विकसित देशों में जहाँ रासायनिक उपादानों का प्रयोग नहीं होता है। वहाँ जैविक विधा एक प्राचीन परम्परा के रूप में आज भी विद्यमान है। भारत के भी अनेक पहाड़ी क्षेत्रों में जैविक विधा से ही फसल उत्पादन किया जा रहा है। क्षेत्र विशेष परिस्थितियों तथा अलग-अलग देशों में इसके अनेक रूप है ऐसी स्थिति में जैविक को निश्चित परिभाषा में बाँधना बहुत मुश्किल है, परन्तु फिर भी उपयोग की दृष्टि से एक परिभाषा निश्चित की जानी आवश्यक है। अन्तर्राष्ट्रीय खाद्य मानक कोडेक्स एलिमेन्टेरियस आइफोम तथा विश्व खाद्य संगठन के अनुसार जैविक खेती की परिभाषा निम्नानुसार है।

जैविक खेती एक ऐसी आदर्श उत्पादन प्रबन्धन प्रक्रिया है जो उत्पादन के साथ-साथ कृषि पारिस्थिकी, पर्यावरण स्वास्थ्य, जैव-विविधता, प्राकृतिक जैव चक्र तथा मिट्टी की

जैविक प्रक्रियाओं का संधारण कर उन्हें उत्तरोत्तर समृद्ध करती है। इस प्रक्रिया में बाहर से लाये गये उपादानों के स्थान पर ऐसी प्रबन्धन प्रक्रिया को अपनाया जाता है जो उस स्थान विशेष के लिए सर्वाधिक उपयुक्त हो। इन प्रक्रियाओं में रासायनिक उपादानों के उपयोग को नकारते हुए पूरा उत्पादन सस्य, जैविक व यांत्रिक प्रबन्धन तकनीक को अपनाकर किया जाता है। प्राचीन काल में जैविक खेती फसल उत्पादन विधा के अलग-अलग रूप में न होकर एक सम्पूर्ण स्वपोषित व स्वप्रबन्धित जीवंत प्रक्रिया थी जिसमें सम्पूर्ण फार्म एक जीवंत जीव था। जैविक शब्द की उत्पत्ति संभवतया खेती के इसी जीवंत स्वरूप से उत्पन्न हुई है।

आज के परिप्रेक्ष्य में कोडेक्स की परिभाषा से बंधी जैविक खेती की पूरी उत्पादन प्रक्रिया जैविक अथवा बायोडायनेमिक आदान से शुरू होकर उत्पाद निर्माण तक ही सीमित नहीं है वरन इसका फैलाव पूर्ण प्रक्रिया के सांस्कृतिक, सामाजिक तथा आर्थिक पहलुओं को भी समेटे है। आधुनिक जैविक कृषि का राजनीतिक तथा सामाजिक जुड़ाव इसे और भी महत्ता प्रदान करता है।

औद्योगिक उपादान आधारित आधुनिक कृषि जिसमें रासायनिक खादों, कीटनाशकों, कृषि यन्त्रों तथा जीवाश्म ईंधन का प्रयोग प्रक्रिया के प्रमुख अंग हैं के आगमन से पूर्व जैविक विधायें ही कृषि का प्रमुख आधार थी। आधुनिक तकनीकों तथा उत्पादनों के अभाव में किसानों के लिए भी जैविक तथा पर्यावरणीय उपायों के अतिरिक्त कोई अन्य विकल्प नहीं था। आधुनिक कृषि के आगमन से प्राचीन प्राकृतिक संसाधन आधारित प्रक्रियाएँ जैसे सह फसल एवं अन्तःफसल, फसल परिवर्तन, जैविक खादों का बराबर प्रयोग इत्यादि नेपथ्य में चली गई जिसके परिणामस्वरूप मिट्टी की उर्वरा शक्ति घटने लगी, कीटों तथा बीमारियों का प्रकोप बढ़ने लगा तथा खाद्य पदार्थों में रसायनों का अंश बढ़ने लगा। इन सबने मिलकर आधुनिक कृषि पद्धति के टिकाऊ एवं सतत् उत्पादनशील होने पर अनेक प्रश्न खड़े कर दिये। इन सबके मद्देनजर यदि मंथन किया जाये तो पाएंगे कि जैविक खेती ही पारम्परिक टिकाऊ खेती है जबकि औद्योगिक उपादान आधारित कृषि हमें कृषि के मूलभूत सिद्धान्तों से दूर ले जाती है।

आज के परिप्रेक्ष्य में पारंपरिक कृषि का अर्थ औद्योगिक उपादान आधारित उस कृषि से है जिसे पिछले 70 से 100 साल के बीच वैज्ञानिक ज्ञान के आधार पर विकसित किया गया है और दुनिया के अधिकाँश किसान उसी पद्धति को अपना रहे हैं। इस विधा में मानव निर्मित संश्लेषित उपादानों का भरपूर प्रयोग किया जाता है इसके प्रबन्धन में किसी भी वस्तु या प्रक्रिया के उपयोग पर कोई प्रतिबंध (कानूनी रूप से प्रतिबन्ध रसायनों को छोड़कर) नहीं है।

जैविक अवधारणा के बदलते स्वरूपः लगभग एक शताब्दी की विकास यात्रा के बाद जैविक खेती अब कृषि की मुख्यधारा से जुड़ रही है तथा सामाजिक, आर्थिक, वाणिज्यिक तथा पर्यावरणीय दृष्टि से बहु-उपयोगी साबित हो रही है। हालांकि प्रारम्भ से लेकर अब तक इसके अनेक रूप विकसित हुए है परन्तु आधुनिक जैविक खेती आंदोलन जैविक खेती के पूर्व

स्वरूप से बिल्कुल भिन्न है और स्वस्थ मृदा, स्वस्थ खाद्य तथा स्वस्थ समाज के अतिरिक्त पर्यावरणीय टिकाऊपन तथा उत्तरोत्तर बढ़ता उत्पादन आज के प्रमुख विकास के पहलू हैं।

वर्ष 1970 के दशक में इसके पुर्नजन्म से लेकर आज इस आंदोलन ने कई आयाम तय किये हैं जिसमें विविधता, पर्यावरण से जुड़ी प्रक्रिया तथा संस्थागत क्षमता का विकास प्रमुख है। वर्ष 1972 में आइफोम की स्थापना से आंदोलन को बहुत बल मिला तथा इसके विकास के लिए अंतर्राष्ट्रीय संस्थागत तन्त्र की शुरुआत हुई। 1990 के दशक में जैविक खेती विकास अपने उच्चतम स्तर पर था।

जैविक खेती-प्रमुख बिन्दु

अपने पूर्ण रूप में जैविक खेती एक टिकाऊ उत्पादन प्रक्रिया है जो प्राकृतिक प्रक्रियाओं तथा संसाधनों पर आधारित है। जैविक खेती के प्रमुख बिन्दु निम्नानुसार हैं:

- स्थानीय प्राकृतिक संसाधनों का उपयुक्त प्रयोग।
- सूर्य प्रकाश तथा विभिन्न जैव रूपों की जैविक क्षमता का प्रभावी उपयोग।
- मिट्टी की उर्वरता का संरक्षण।
- जैव अंश तथा पौध पोषणों का पुनः चक्रीय रूप में प्रयोग।
- प्रकृति के विरुद्ध किसी भी प्रकार के आदान जैसे रसायन तथा परिवर्तित जैव स्वरूपों के उपयोग पर पूर्ण प्रतिबंध।
- जैव विविधता का संरक्षण तथा उसका उत्तरोत्तर विकास।
- सभी जीवों तथा पशुओं के साथ आदर तथा समता का भाव।

जैविक खेती टिकाऊ तथा उत्पादन क्षम होने के साथ-साथ छोटे किसानों के लिए बहुत लाभकारी है। अनेक परीक्षणों से यह सिद्ध हो चुका है कि भारत जैसे छोटे खेतिहर किसानों के लिए जैविक खेती सबसे उत्तम तथा लाभकारी प्रक्रिया है। जैविक खेती खाद्यान्न सुरक्षा के साथ निम्न विशेषताओं सहित गरीबी उन्मूलन में भी सहायक है।

- कम उत्पादकता तथा निम्न आदान प्रयोग क्षेत्रों में अधिक उत्पादन सुनिश्चित करती है।
- खेतों एवं उनके आस-पास जैव-विविधता तथा प्राकृतिक संसाधनों का संरक्षण।
- उत्पादन लागत में कमी कर लाभ बढ़ाना।
- अनेक प्रकार के स्वस्थ भोजन पदार्थों की उपलब्धता बढ़ाना।
- पूरी कृषि प्रक्रिया को दीर्घकालीन टिकाऊ रूप देना।

अंतर्राष्ट्रीय कृषि विकास कोष (IFAD) द्वारा भारत और चीन में किये गये अध्ययनों से भी इस बात की पुष्टि हुई है कि जैविक खेती अपनाने से किसानों की आय में काफी बढ़ोत्तरी होती है। पूरी प्रक्रिया का प्रमाणीकरण जैविक उत्पाद का स्तर बढ़ा सकता है जिससे

बाजार में अच्छे दाम प्राप्त किये जा सकते हैं।

जैविक एवं पारम्परिक खेती- तुलनात्मक परिप्रेक्ष्य

चूंकि जैविक खेती का प्रमुख उद्देश्य उस विधा के विकास से है जो प्राकृतिक परिवेश में टिकाऊ तथा उत्पादन क्षम हो, परन्तु यह अभी अपनी उस मंजिल से दूर है। रास्ते की कई बाधाओं को अभी पार किया जाना बाकी है। ऐसी ही एक बाधा जिसका सबसे ज्यादा जिक्र किया जाता है वह है कि क्या जैविक खेती विश्व का पोषण कर रही है। पारम्परिक कृषि उत्पादनशील होने के बावजूद भी अपने उददेश्य में सफल नहीं हो पायी है। इसका प्रमुख कारण उत्पादन न होकर खाद्यान्न का ठीक से वितरण न हो पाना, सामाजिक ढाँचा, गरीबी, नस्लवाद तथा लिंग असमानता प्रमुख हैं।

पिछले कई वर्षों से वैज्ञानिक इन दो विधाओं के तुलनात्मक अध्ययन में लगे हैं। इन अध्ययनों में उत्पादन क्षमता, आर्थिक लाभ, संसाधन प्रयोग क्षमता, पर्यावरणीय प्रभाव तथा सामाजिक एवं सांस्कृतिक पहलुओं पर जोर दिया गया है। अनेक परीक्षणों द्वारा अब यह स्थापित हो चुका है कि जैविक खेती टिकाऊ होने के साथ-साथ उत्पादन श्रम भी है। ऐसे अनेक परीक्षणों के कुछ प्रमुख परिणाम निम्नानुसार हैं:

(i) जैविक प्रणाली द्वारा भी पारंपरिक के समकक्ष उत्पादन प्राप्त किया जा सकता है, परन्तु इसके लिए लम्बी अवधि की योजना तथा नीति की आवश्यकता होगी।

(ii) रूपान्तरण अवधि में उत्पादन में जो कमी आती है वह धीरे-धीरे कम होकर 3-4 वर्ष में समाप्त हो जाती है।

(iii) जैविक फार्मों की मृदा जैविक क्रियाओं से भरपूर तथा विविधता से परिपूर्ण होती है।

(iv) खरपतवार प्रबन्धन तथा नाशीजीव प्रबन्धन की कुछ फसलों में अभी भी समस्यायें हैं और उनका हल निकाला जाना शेष है।

(v) जैविक कृषि से मृदा, पर्यावरण तथा खाद्य किसी में भी रसायनिक प्रदूषण की संभावना नहीं है।

(vi) जैविक खाद्य के अधिक स्वस्थ व पोषणीय होने के प्रमाण मिले हैं, परन्तु इस सत्यता का प्रमाणित होना बाकी है।

जैविक कृषि का उद्देश्य एक ऐसी टिकाऊ उत्पादन प्रक्रिया का निर्माण करना है जो प्राकृतिक संसाधनों तथा प्रक्रियाओं पर आधारित हो। इस प्रक्रिया विकास के कुछ प्रमुख उददेश्य निम्न प्रकार हैं:

(i) स्थानीय तथा पुनर्जननीय संसाधनों पर आधारित

(ii) उपलब्ध जैविक तन्त्र तथा सूर्य प्रकाश का भरपूर प्रयोग

(iii) मृदा की उर्वरता को बनाये रखना।

(iv) जैव अवशेषों के पुनः प्रयोग से पोषण प्रबन्धन तथा मृदा उर्वरा नियंत्रण।

(v) मानव निर्मित कृत्रिम उपादान, जीव, रसायन इत्यादि के प्रयोग पर प्रतिबन्ध।

(vi) उत्पादन प्रक्रिया और आस-पास के वातावरण में जैव विविधता का संरक्षण तथा सभी जीवों व पशुओं को उनके प्राकृतिक वातावरण में पलने देना।

जैविक खेती पर्यावरण मित्र तथा टिकाऊ होने के साथ-साथ गरीबी उन्मूलन में भी सहायक है। निम्न संकेत जैविक कृषि की क्षमता के सूचक हैं।

(i) कम आदान प्रयोग क्षेत्रों में उत्पादन बढ़ाने में सहायक।

(ii) जैव विविधता तथा प्राकृतिक संसाधनों को संरक्षण इसके प्रमुख अंग।

(iii) घटती लागत तथा बढ़ता लाभ।

(iv) विविधता से भरपूर स्वस्थ खाद्यान्न।

(v) दीर्घ अवधि में अधिक टिकाऊ।

जैविक खेती वैश्विक परिदृश्यः न्यूरेमबर्ग में बायोफास 2010 में प्रकाशित हुई जानकारी के आधार पर जैविक खेती द्रुत गति से बढ़ रही है तथा विश्व के 154 देशों की सांख्यिकी जानकारी उपलब्ध है। अनेक देशों में जैविक खेती के अन्तर्गत भूमि का लगातार विस्तार हो रहा है प्रमाणीकृत जैविक खेती को आधार बनाकर किये गये वर्तमान वैश्विक सर्वेक्षण का संक्षिप्त विवरण निम्नानुसार है:

प्राकृतिक खेती वाले क्षेत्र:

- 1.4 करोड़ जैविक उत्पादकों द्वारा लगभग 3.5 करोड़ हैक्टेयर क्षेत्र में जैविक प्रबन्धन द्वारा खेती की जा रही है।
- विश्व में सर्वाधिक जैविक प्रबन्धन वाले कृषि क्षेत्र ओसेनिया (1.21 करोड़ हैक्टेयर) यूरोप (0.82 करोड़ हेक्टेयर) एवं लैटिन अमेरिका (0.82 करोड़ हेक्टेयर) महाद्वीपों में है। आस्ट्रेलिया, अर्जेन्टीना एवं चीन विश्व में सर्वाधिक जैविक खेती वाले देश हैं।
- कुल कृषि क्षेत्र के सापेक्ष जैविक प्रबन्धन के अन्तर्गत सर्वाधिक भूमि फॉक्लैण्ड द्वीप, (36.9 प्रतिशत), लिचटैक्स्टीन (29.8 प्रतिशत) एवं ऑस्ट्रिया (15.9) देशों में है।
- सर्वाधिक जैविक उत्पादकों के मामले में प्रमुख है भारत (597000 उत्पादक), यूगाण्डा (180000 उत्पादक) तथा मैक्सिको (130000 उत्पादक)। पूरे विश्व के कुल जैविक उत्पादकों में से एक तिहाई से ज्यादा जैविक किसान अफ्रीका महाद्वीप में हैं।
- वर्ष 2007 के मुकाबले इस वर्ष लगभग 30 लाख हैक्टेयर अतिरिक्त भूमि जैविक प्रबन्धन के अधीन लाई गई है। पूर्व वर्ष के मुकाबले यह वृद्धि 9 प्रतिशत रही।
- अर्जेन्टीना में सुदृढ़ विकास से अकेले लैटिन अमेरिका महाद्वीप में जैविक खेती क्षेत्र में

26 प्रतिशत की दर से विकास आँका गया है। यूरोप में लगभग 5 लाख हैक्टेयर तथा एशिया में लगभग 4 लाख हैक्टेयर क्षेत्र को जैविक कृषि के अन्तर्गत लाया गया है।

- विश्व के एक तिहाई (12 मिलियन हैक्टेयर) भाग विकसित देशों में है, तथा लैटिन अमेरिका सर्वाधिक क्षेत्र के साथ प्रथम स्थान पर है, एशिया एवं अफ्रीका क्रमशः दूसरे एवं तीसरे स्थान पर हैं। अर्जेंटीना, ब्राजील तथा चीन सर्वाधिक जैविक कृषि क्षेत्र वाले देश हैं।

3.1 करोड़ हैक्टेयर जैविक भूमि क्षेत्र वनीय उत्पाद संग्रहण एवं प्राकृतिक मधुमक्खी पालन हेतु प्रयोग किया जा रहा है जिसका अधिकांश भाग विकसित देशों में है। कृषि योग्य जैविक खेती क्षेत्र का दो तिहाई हिस्सा विकसित देशों में है। अन्य जैविक क्षेत्रों में एक्वाकल्चर (मछलीपालन आदि) क्षेत्र (4.3 लाख हैक्टेयर), जंगल (10 हजार हैक्टेयर) तथा गैर कृषि चरागाह क्षेत्र (3.2 लाख हैक्टेयर) प्रमुख है। लगभग दो तिहाई जैविक कृषि भूमि (2.2 करोड़ हैक्टेयर) में घास (चारे हेतु) उगाई जा रही है। 82 लाख हैक्टेयर क्षेत्र में विभिन्न फसलें तथा बागवानी के पौधे लगाये जा रहे हैं। फसलोत्पादन क्षेत्र कुल जैविक प्रबन्धन क्षेत्र का लगभग एक चौथाई है।

मानक एवं नियंत्रणः सन् 2009 के दौरान मानक एवं नियंत्रण के क्षेत्र में प्रमुख उपलब्धियों प्राप्त हुई। नवीनतम यूरोपियन संघ नियंत्रण एवं कैनेडियन जैविक मानक भी इसी समय तैयार हुये। इसके पश्चात् आस्ट्रेलियन आंतरिक जैविक मानकों को लागू किया गया। विश्व में पहली बार कनाडा एवं संयुक्त राष्ट्र अमेरिका द्वारा इसी अन्तराल में जैविक नियंत्रण प्रणाली के तहत पारस्परिक अनुबंध किया गया एवं यूरोपियन संघ ने अपने संघ से बाहर प्रमाणीकरण संस्थाओं को अनुमोदित करने की प्रक्रिया निर्धारित की। इन उपलब्धियों से आशा की जाती है कि जैविक उत्पादों का सहजता से व्यापार हो सकेगा एवं जैविक कृषि आंदोलन को बल मिलेगा। जैविक मानकों को अपनाने एवं लागू करने वाले देशों की संख्या बढ़कर 73 हो गई है। 16 देशों द्वारा मानकों व प्रमाणीकरण प्रक्रिया का मसौदा तैयार किया जा रहा है तथा पूरी प्रक्रिया को विधि अन्तर्गत लाने के प्रयास किये जा रहे हैं। सन् 2009 में आइफोम, विश्व खाद्य संगठन तथा अंकटाड द्वारा वैश्विक जैविक बाजार परियोजना (जी.ओ.एम.ए.) प्रारम्भ की गई। इस योजना का मुख्य उद्देश्य है विभिन्न जैविक प्रमाणीकरण प्रणालियों में समरूपता कर जैविक उत्पादों के विपणन में समानता एवं समन्वय करना। इसी समय में प्रमाणीकरण संस्थाओं की संख्या में भी वृद्धि हुई। 2008 में यह संख्या 481 से बढ़कर 488 हो गई, इनमें से अधिकाँश संस्थायें यूरोपियन संघ संयुक्त राष्ट्र अमेरिका, जापान, दक्षिण कोरिया, चीन, कनाडा एवं ब्राजील में है। पूरे विश्व में सहभागिता प्रतिभूति प्रणाली (पी.जी.एस.) का भी विकास हो रहा है तथा जैविक उत्पाद लेने वाले उत्पादकों को पी.जी.एस. प्रमाणीकृत किया जा रहा है, पी.जी.एस. स्थानीय रूप से विश्वसनीय नियंत्रण प्रणाली के नाम से प्रचलित है। पी.जी.एस. के अन्तर्गत पूरे विश्व में लगभग 10000 लघु किसान इससे जुड़े हैं। पी.जी.एस. वाले प्रमुख देश पृथ्वी के दक्षिणी गोलार्ध में स्थित हैं।

भारत में जैविक खेती विकास के तीन आयाम हैं और विभिन्न वर्ग के किसानों ने अलग-अलग कारणों से जैविक खेती को अपनाया है। इसमें पहला वर्ग वह है जो ऐसे क्षेत्रों में बसा है जहाँ परम्परागत तरीके से बिना किसी निवेश या बहुत कम निवेश के खेती की जाती है, (हो सकता है कि स्त्रोतों और उत्तम तकनीक की कमी के कारण ऐसी खेती करने के लिए बाध्य या विवश हो) दूसरा वर्ग वह है जिन्होंने पारम्परिक रसायन आधारित कृषि के प्रतिकूल प्रभावों के कारण (चाहे वह मृदा की घटती उर्वरा शक्ति हो, खेती में आने वाली अधिकतम लागत हो या लागत के बाद अनुमान के अनुसार प्रतिफल न मिल पाना हो) हाल ही में जैविक खेती को अपनाया। तीसरा वर्ग वह है जिन्होंने इसके व्यवसायिक पहलू को समझा तथा बढ़ती बाजार माँग तथा सम्भावित अधिक कीमत के कारण इसे अपनाया। अतः पहला वर्ग परम्परागत तरीके से खेती करने वाला है और अप्रमाणित है, दूसरे वर्ग में प्रमाणित एवं अप्रमाणित दोनों प्रकार के कृषक है एवं तीसरा वर्ग अधिकांशतः प्रमाणित है। यह तीसरा वर्ग जो व्यापारिक दृष्टिकोण रखते हुए संगठित रूप से जैविक खेती कर रहा है प्रमुख रूप से आकर्षण का केन्द्र है तथा प्रमाणीकृत जैविक खेती के जो भी आँकड़े उपलब्ध हैं वे इसी वर्ग के किसानों से सम्बन्धित है।

बढ़ता प्रमाणीकृत क्षेत्रः एक अनुमान के अनुसार वर्ष 2003-04 में पूरे भारत में प्रमाणीकृत जैविक खेती के अन्तर्गत कुल फसलीय क्षेत्र लगभग 42000 हजार हैक्टेयर था जो कि पिछले 6 वर्षों में 25 गुना बढ़कर मार्च 2010 में 10.85 लाख हैक्टेयर से अधिक हो चुका है। इसके अलावा लगभग 34 लाख हैक्टेयर वनीय क्षेत्र भी प्रमाणीकरण के अधीन है। कुल मिलाकर लगभग 44 लाख हैक्टेयर क्षेत्र जैविक प्रमाणीकरण के अधीन है। जैविक प्रबन्धन के तहत वर्षवार बढ़ोत्तरी को निम्नतालिका में दर्शाया गया है।

तालिकाः विभिन्न वर्षो में जैविक प्रबन्धन के अन्तर्गत उत्पादन क्षेत्र

वर्ष	जैविक प्रबन्धन के अन्तर्गत क्षेत्र (हैक्टेयर)
2003-04	42000
2004-05	76000
2005-06	173000
2006-07	538000
2007-08	865000
2008-09	1207000
2009-10	1085648

जैविक खेती व रासायनिक खेती में अन्तर

	जैविक खेती		रासायनिक खेती
1.	जैविक खेती करने से मनुष्य पशु-पक्षी, कीड़े-मकौड़े, भूमि, जल, वायु, आकाश एवं सूक्ष्म जीवाणुओं के बीच सन्तुलन बना रहता है। फसलों में रोग तथा बीमारियाँ कम लगती हैं। यह किसान को आत्म निर्भर बनाती है।	1.	रासायनिक खेती से सम्पूर्ण जैव-विविधता, मनुष्य पशु- पक्षी, कीड़े- मकौड़े, भूमि, जल, वायु, आकाश एवं अन्य सूक्ष्म जीवाणुओं में सन्तुलन बिगड़ जाता है। इस कारण इसमें रोग व बीमारियाँ अधिक लगती हैं।
2.	जैविक खेती अपेक्षाकृत सस्ती-सरल एवं किसान के अपने संसाधनों पर आधारित होती है। यह पर्यावरण के अनुकूल होने के कारण हमारे स्वास्थ्य तथा फसलों पर इसका अच्छा प्रभाव होता है।	2.	रासायनिक खाद तथा दवाइयों के लगातार इस्तेमाल होने के कारण यह खेती महंगी है। यह पर्यावरण के प्रतिकूल होती है, इस कारण हमारी फसलों पर इसके दुष्प्रभाव पड़ते हैं।
3.	जैविक खेती में किसान की बाजार पर निर्भरता कम होने के कारण स्थानीय स्तर पर रोजगार को बढ़ावा मिलता है। जिससे कि गाँव से शहरों की ओर पलायन भी कम होता है।	3.	रासायनिक खेती करने से हमारी बाजार पर निर्भरता अधिक होती है। इससे रोजगार के अवसर कम होने के कारण गाँव से शहरों की ओर पलायन अधिक होता है।
4.	इसमें किसान द्वारा प्रयोग किये जाने वाले सभी प्रकार के खाद, रोग एवं कीटनाशी की बचत हो जाती है। इस कारण खेती की लागत कम हो जाती है।	4.	किसान की बाजार पर निर्भरता होने के कारण कृषि लागत बढ़ जाती है और आमदनी घटती रहती है।
5.	कूड़े कचरे और खरपतवारों का उचित उपयोग होने से स्वच्छता को बढ़ावा मिलता है।	5.	कूड़े कचरे और खरपतवारों का उचित उपयोग न होने के कारण गंदगी बढ़ती है इस कारण अनेक रोग एवं बीमारियॉ फैलती हैं।
6.	भूमि की जल धारण क्षमता, उसकी उर्वरा शक्ति एवं भू-क्षरण आदि क्रियाओं में सुधार होता है।	6.	मृदा की संरचना, उर्वरता, भू-क्षरण, एवं जल धारण क्षमता में कमी होती है।
7.	जैविक खेती से प्राप्त फसल उत्पाद में पौष्टिकता, स्वाद, चमक, रंग, खुशबू, ठोसपन एवं इसकी भण्डारण क्षमता भी अधिक होती है।	7.	रासायनिक खेती से प्राप्त फसल उत्पाद में जैविक खेती से प्राप्त फसल उत्पाद के मुकाबले पौष्टिकता, स्वाद, चमक, रंग, खुशबू, ठोसपन एवं इसकी भण्डारण क्षमता भी कम होती है।
8.	जैविक खेती करने से फसलों को सिंचाई की कम आवश्यकता होती है यही कारण है कि एक ओर जहॉ खेती की लागत कम आती है वही जल संरक्षण का कार्य भी स्वतः ही हो जाता है।	8.	रासायनिक खेती में सिंचाई के पानी की भी अधिक आवश्यकता होती है। इस कारण खेती की लागत बढ़ जाती है। जिससे कि भू-जल के स्तर में भी कमी आती है।

पारम्परिक कृषि प्रणाली में खाद्य और पर्यावरण सम्बन्धी मुद्दों को लेकर बढ़ती चिन्ता ने पर्यावरण की हानि के अनुकूल तौर-तरीकों वाली कृषि प्रणाली के विकास को बढ़ावा दिया है जिसे आमतौर पर आर्गेनिक फार्मिंग यानी जैविक खेती कहा जाता है। जैविक खेती को जैव खेती, प्राकृतिक खेती, पुरोत्पादक खेती, क्रमिक खेती, परमाकल्चर, कम आधान वाली एवं सत्त खेती भी कहते हैं।

जैविक खेती के घटक

(क) फसल और मृदा प्रबन्धनः इस प्रणाली का उद्देश्य मिट्टी की उर्वराशक्ति को दीर्घकालीन आधार पर बनाए रखने के लिये उसमें जैविक पदार्थों के स्तर में वृद्धि करना है। इस घटक के तहत फसल की विभिन्न किस्मों में से चयन, समय पर बुआई करने, फसलों की अदला-बदली करके बुआई करने हरी खाद के उपयोग और दलहनी कुल की फसलों को साथ बोने पर जोर दिया जाता है।

(ख) पोषक तत्त्वों का प्रबन्धनः इसमें जैविक पदार्थों जैसे पशुओं के गोबर की खाद के उपयोग, कम्पोस्ट, वर्मी कम्पोस्ट, फसल अपशिष्ट के उपयोग, हरी खाद और जमीन की उत्पादकता बढ़ाने के लिये आच्छादित फसलों को उगाया जाता है। पोषक तत्त्वों के पुनर्चक्रण के महत्त्व को ध्यान में रखते हुए फसलों की अदला-बदली करके बुआई और जैव उर्वरकों को भी शामिल किया जाता है।

(ग) पादप संरक्षणः कीड़े-मकौड़ों, बीमारी फैलाने वाले परिजीवी और अन्य महामारियों को नियंत्रित करने के लिये मुख्य रूप से फसलों की अदला-बदली करके बुआई, प्राकृतिक कीट नियंत्रकों, स्थानीय किस्मों, विविधता और जमीन की जोत का सहारा लिया जाता है। इसके बाद वानस्पतिक, तापीय और रासायनिक विकल्पों का इस्तेमाल सीमित स्थितियों में अन्तिम उपाय के तौर पर किया जाता है।

(घ) पशुधन प्रबन्धनः पशुओं को पालने के लिये उनके विकास सम्बन्धी अनुकूलन, व्यवहार सम्बन्धी आवश्यकताओं और उनके कल्याण सम्बन्धी मुद्दों (जैसे पोषाहार, आश्रय, प्रजनन आदि) पर पूरा ध्यान दिया जाता है।

(ङ) मृदा और जल-संरक्षणः वर्षा के फालतू पानी से जमीन का कटाव होता है। इसे कंटूर खेती, कंटूर बाँधों के निर्माण, सीढ़ीदार खेती, पानी के बहाव के मार्ग में घास उगाने जैसे उपायों से रोका जा सकता है। शुष्क क्षेत्रों में क्यारियों के बीच वर्षा के पानी को जमा करके, ब्राड बेड और फरो प्रणाली, जल कुण्ड, भूखण्डों के बीच वर्षा जलसंचय और स्कूपिंग जैसे उपाय अपनाकर पानी का संरक्षण किया जा सकता है।

(च) बहु-फसल प्रणाली तथा फसल चक्रः मिश्रित/अन्तः फसलोत्पादन जैविक खेती का मूल आधार है, जिसमें कई प्रकार की फसलों को एक साथ मिश्रित अथवा अन्तः फसल के रूप में या अलग-अलग समय पर एक ही भूमि पर उगाया जाता है। फसल चक्र जैविक खेती की रीढ़ है। मृदा को शक्तिशाली एवं समृद्ध बनाने तथा प्राकृतिक जीवाणुओं की

कार्यक्षमता बढ़ाने के लिए फसल चक्र अति आवश्यक है। एक ही भूमि पर विभिन्न फसलें लेना ही फसल चक्र कहलाता है। जैविक प्रबन्धन हेतु 3 से 4 वर्षीय फसल चक्र अपनाएँ। उच्च पोषण वाली फसलों की बुआई से पूर्व तथा कटाई के पश्चात् दलहनी फसलों की बुआई अवश्य करनी चाहिए। नाशीजीव कीट मुख्य तथा मित्रकीट मुख्य फसलों को फसल चक्र में शामिल करने से मृदा जनित रोग एवं नाशीजीव कीटों की रोकथाम में सहायता मिलती है। इससे खरपतवारों की बढ़वार भी नियंत्रित रहती है। यह मृदा की उर्वरता एवं उत्पादकता बढ़ाने में भी सहायक है। फसल चक्र में पौधों की वृद्धि भी नियंत्रण में रहती है। फसल चक्र मृदा की उर्वरता एवं उत्पादकता बढ़ाने में भी सहायक है। फसल चक्र में पौधों की विभिन्न प्रकार की जड़ें होने के कारण मृदा की संरचना में सुधार होता है। दलहनी फसलों को फसल चक्र में महत्वपूर्ण स्थान देना चाहिए। अन्न वाली फसलों और सब्जियों के साथ दलहनी फसलों को सहफसल के रूप में भी बोना चाहिए। उच्च पोषण वाली फसलों के पूर्व और पश्चात् दलहनी फसलें लेनी चाहिए और बचे अवशेषों को पुनः मृदा में काटकर दबा देना चाहिए।

जैविक खेती से लाभः इस प्रकार जैविक खेती से निम्न लाभ हैं:

- मृदा में सूक्ष्म जीवाणुओं की संख्या बढ़ती है।
- रासायनिक खादों और कीटनाशकों का प्रयोग आवश्यकतानुसार कम-से-कम होता है अथवा होता ही नहीं।
- मिट्टी के लिये पोषक तत्त्वों का ज्यादा से ज्यादा भाग वापस मृदा में मिल जाता है।
- जैव विविधता बढ़ती है।
- भूमि पूरे वर्ष भर सदैव आच्छादित रहती है जिससे क्षरण से मृदा का कोई नुकसान नहीं होता है।
- खेत में प्रति एकड़ कम-से-कम 5-7 भिन्न-भिन्न प्रकार के पेड़ होने से घरेलू ईंधन आदि को आवश्यकता की पूर्ति होती है।
- बरसात का पानी खेत में ही इकट्ठा होकर सोख लेने से भूमि की जलधारण क्षमता बढ़ जाती है।
- फसलों को पानी से नहीं बल्कि केवल नमी पर उगाया जा सकता है।
- अपना बीज बनाना जैविक खेती का आधार है इसलिए अच्छे बीज उत्पादन हेतु गोबर की खादों, कम्पोस्ट, वर्मी कम्पोस्ट अथवा हरी खाद का प्रयोग करना चाहिए।
- पौधों के बीच की परस्पर दूरी जैविक खेती में ज्यादा होती है इससे बीज की मात्रा कम आवश्यकता होती है तथा उत्पादन भी अधिक प्राप्त होता है।
- बीजों और पशुओं की देसी, लेकिन अच्छी नस्ल का प्रयोग करने का प्रोत्साहन मिलता है।
- फसल में ख़रपतवारों का प्रकोप कम होने से नुकसान कम होता है जिसके फलस्वरूप फसलों की अधिक उपज प्राप्त होती है।

- लाभदायक कीटों का जैविक खेती में बढ़ावा मिलता है जिससे फसल अवशेषों का शीघ्रता से सड़ाव होता है तथा पौधों को पोषक तत्त्वों की उपलब्धता बढ़ जाती है।
- जैविक खेती में अपनी खेती, अपनी खाद, अपना बीज एवं अपना रसायन के कारण बाहरी संसाधनों के प्रयोग में कमी आती है।
- नव युवकों को रोजगार के पर्याप्त साधन उपलब्ध होने से जैविक खेती जीने का एक नया रास्ता सृजित करता है।

जैविक खेती की सीमाएँ

1. यह अधिक समय लेने वाली प्रक्रिया पर आधारित है।
2. जैविक खेती में प्रारम्भ में पैदावार कम होती है।
3. कृषि रसायनों की उपलब्धता आसान है।
4. जैविक खेती अपनाने से बड़े पैमाने पर जैविक आधानों की आवश्यकता होती है।
5. उच्च गुणवत्ता वाली आधानों की कम उपलब्धता है।
6. देश में जैविक उत्पाद बेचने में विपणन सुविधाओं की कमी है।
7. प्रमाणन प्रक्रिया जटिल है।
8. देश में जैविक खेती के लिए अनुसंधान सुविधाओं की कमी है।
9. जैविक खेती करने के लिए किसानों के लिये प्रशिक्षण सुविधाओं की कमी।

अपने पूर्ण रूप में जैविक खेती एक टिकाऊ उत्पादन प्रक्रिया है जो प्राकृतिक प्रक्रियाओं तथा संसाधनों पर आधारित है। जैविक खेती के प्रमुख बिंदु निम्नानुसार हैं–

- स्थानीय प्राकृतिक संसाधनों का उपयुक्त प्रयोग।
- सूर्य प्रकाश तथा विभिन्न जैव रूपों की जैविक क्षमता का प्रभावी उपयोग।
- मिट्टी की उर्वरता का संरक्षण।
- जैव अंश तथा पौध पोषणों का पुनः चक्रीय रूप में प्रयोग।
- प्रकृति के विरुद्ध किसी भी प्रकार के आदान जैसे रसायन तथा परिवर्तित जैव स्वरूपों के उपयोग पर पूर्ण प्रतिबंध।
- जैव विविधता का संरक्षण तथा उसका उत्तरोत्तर विकास।
- सभी जीवों तथा पहलुओं के साथ आदर एवं समता का भाव।

जैविक खेती टिकाऊ तथा उत्पादन कम होने के साथ-साथ छोटे किसानों के लिये बहुत लाभकारी है। अनेक परीक्षणों से यह सिद्ध हो चुका है कि भारत जैसे छोटे खेतिहर किसानों के लिये जैविक खेती सबसे उत्तम तथा लाभकारी प्रक्रिया है। जैविक खेती खाद्यान्न सुरक्षा के साथ-साथ निम्न विशेषताओं सहित गरीबी उन्मूलन में भी सहायक है।

- कम उत्पादकता तथा निम्न आदान प्रयोग वाले क्षेत्रों में अधिक उत्पादन सुनिश्चित करती है।
- खेती तथा उनके आस-पास जैव विविधता तथा प्राकृतिक संसाधनों का संरक्षण।
- उत्पादन लागत में कमी कर, लाभ बढ़ाना।
- अनेक प्रकार के स्वस्थ भोज्य पदार्थों की उपलब्धता बढ़ाना।
- पूरी कृषि प्रक्रिया को दीर्घकालीन टिकाऊ रूप देना।

अंतर्राष्ट्रीय कृषि विकास कोष (IFAD) द्वारा भारत और चीन में किये गये अध्ययनों से भी इस बात की पुष्टि हुई कि जैविक खेती अपनाने से किसानों की आय में काफी बढ़ोत्तरी होती है। पूरी प्रक्रिया का प्रमाणीकरण जैविक उत्पाद का स्तर बढ़ा सकता है जिससे बाजार में अच्छे मूल्य प्राप्त किये जा सकते हैं।

(र) कृषि पंचांग प्राकृतिक खेती

खेती में आकाशीय एवं नक्षत्रीय ऊर्जा का प्रभाव पेड़-पौधों के भाग जैसे पत्ती, फल, बीज तथा जड़ों पर पड़ता है जिससे गुणवत्ता वाली उपज प्राप्त की जाती है। प्रत्येक वर्ष इन नक्षत्रो की गति के आधार पर कृषि पंचांग तैयार किया जाता है और इसके अनुसार खेती करने से लाभ प्राप्त होता है।

कृषि पंचांग का कृषि कार्य में महत्व एवं उपयोगिता

1. शास्त्र और पुराण में भारत में प्राचीनकाल से ही मुहूर्त देखकर खेती करने का प्रचलन रहा है। किसान ग्रह-नक्षत्रों एवं चांद को देखकर फसल का चुनाव, फसल की बुवाई, कटाई आदि खेती के कार्य करते थे। मगर धीरे-धीरे इसका प्रचलन खत्म हो गया। एक विद्वान दार्शनिक डॉ. रुडोल्फ स्टेनर ने बायोडायनामिक खेती का विचार दिया जिसे कई देशों ने व्यवसायिक रूप से अपनाया।
2. बायोडायनामिक खेती को जैव खेती कहा जाता है, जिसमें नक्षत्रों की गति के आधार पर कृषि क्रियाओं के क्रम को वैज्ञानिक विधि से अपनाया जाता है। इस खेती में आकाशीय या नक्षत्रीय ऊर्जा का प्रभाव पेड़-पौधों के भाग जैसे पत्ती, फल, बीज तथा जड़ों पर पड़ता है और गुणवत्तायुक्त उपज प्राप्त की जाती है। हर साल इन नक्षत्रों की गति के आधार पर कृषि पंचांग तैयार किया जाता है और इसके अनुसार खेती करने से लाभ होता है।
3. यह वैज्ञानिक तथ्य है कि पृथ्वी पर मौजूद पानी को चंद्रमा अपनी ओर खींचता है। पेड़-पौधों की कोशिकाओं में जल की मात्रा रहती ही है, इसलिए चन्द्रमा की गति का प्रभाव पौधों पर पड़ना स्वाभाविक है। कृषि पंचांग खासकर चन्द्रमा की गति पर निर्भर करता है।

4. चंद्रमा की विभिन्न अवस्थाएँ प्रथम पक्ष (कृष्ण पक्ष)-चंद्रमा की गति अंधकार से प्रकाश की ओर होती है शुरू में सूर्य और पृथ्वी के बीच एवं स्थित चंद्रमा पृथ्वी के फलक की ओर होता है। लगभग 7 दिनों में चन्द्रमा मध्य बिंदु तक पहुँचकर आधा भाग प्रकाशित होता है तथा अगले 7 दिनों में चंद्रमा बाहरी बिंदु तक पहुँचकर पूरी तरह प्रकाशित होता है जिसे पूर्णिमा कहते हैं।
5. द्वितीय पक्ष (शुक्ल पक्ष)-इसमें चंद्रमा अपनी पहली की स्थिति में पहुँचने के लिए गतिमान होता है तथा अगले 7 दिनों में चंद्रमा का आधा भाग सूर्य की तरफ होता है एवं आधा भाग अंधकार में होता है। अंतिम 7 दिनों में चंद्रमा सूर्य और पृथ्वी के बीच पहुँच जाता है जिससे पृथ्वी पर अंधकार हो जाता है इसे अमावस्या कहते हैं।
6. इन अवस्थाओं के पीछे व्यापक वैज्ञानिक दृष्टिकोण है। भारत में विभिन्न कार्यों को करने के लिए पंचांग का उपयोग किया जाता है। भारतीय पंचांग तिथिवार श्रेष्ठ, शुभ, प्रिय, अशुभ आदि संभावित परिणामों पर नजर डालता है। उसी अनुसार भारत में कृषि के विभिन्न कार्यों को संपन्न करने के लिए नक्षत्र एवं वायुमंडलीय प्रभावों के शुभ तथा अशुभ तिथिवार, घड़ी एवं अनुभव से प्राप्त प्रथाओं का उपयोग किया जाता है। इस कलैंडर या पंचांग का उपयोग प्रकृति को लेकर सूक्ष्म से भी सूक्ष्म प्रभावों का कृषि में लाभ लिया जा सकता है। आधुनिक समय में कृषि वैज्ञानिकों ने भी कृषि पंचांग का महत्व बताया है।

कृषि कार्य में कृषि पंचांग का महत्व

1. पूर्णिमा के समय चंद्र का सर्वाधिक खिंचाव जल तत्त्व पर होता है। पृथ्वी और पौधों के अंदर का जल चंद्रमा की इस अवस्था में ऊपर की ओर गतिमान होता है और उच्चतम स्तर पर होता है। चंद्रमा के इस प्रभाव से वातावरण में नमी होती है अतः यदि पूर्णिमा के 48 घंटे पहले बीजों की बुवाई की जाए तो अंकुरण में वृद्धि होती है तथा पौधे निरोगी रहते हैं। पूर्णिमा के समय अधिक नमी होने के कारण फफूंद तथा अन्य सूक्ष्म जीवाणुओं का प्रकोप अधिक होता है अतः फसल की कटाई इस समय नहीं करनी चाहिए। अमावस्या के समय नमी कम होती है इसलिए ऐसे समय कटाई की जाए तो फसल उत्पादन में होने वाली हानि कम होती है। बीज तथा दाने स्वस्थ एवं स्वादिष्ट होते हैं।
2. चंद्र उत्तरायण एवं दक्षिणायन पक्ष-चंद्रमा 27.3 दिन में एक बार उत्तरायण एवं दक्षिणायन की गति पूर्ण करता है। यह अवस्था चंद्रमा के शुक्ल पक्ष और कृष्ण पक्ष से भिन्न होती है।

चंद्र उत्तरायण पक्ष का कृषि कार्य में महत्व

1. उत्तरायण की अवस्था में पृथ्वी की ऊपरी सतह पर क्रियाशीलता में बढ़ोत्तरी होती है। जल तत्त्व पौधों में ऊपर की ओर गति करता है जिससे फसल की पत्तियाँ, तना,

फल एवं फूलों में वृद्धि होती है।

2. इस अवस्था में पत्तीदार फसलों की कटाई, फलों की तुड़ाई, कलम लगाना तथा चारे की कटाई करना उत्तम रहता है।
3. बीजों की बुवाई इस अवस्था में करने से अंकुरण अच्छा होता है तथा फसल में बीमारियों के प्रकोप की संभावना कम रहती है।

चंद्र दक्षिणायन पक्ष का कृषि कार्य में महत्व

1. चंद्र दक्षिणायन की अवस्था में आकाशीय शक्तियों का प्रभाव मृदा के नीचे होता है, जिससे भूमि की क्रियाशीलता में वृद्धि होती है। अतः इस अवस्था में कंद वाली फसलों जैसे अश्वगंधा, सफेद मूसली आदि की गुणवत्ता एवं उत्पादन में वृद्धि होती है।
2. सींग की खाद बनाना, इसे निकालना, खेत में डालना, कम्पोस्ट बनाना, खेत में मिलाना, जुताई करना, निराई गुड़ाई करना आदि कार्यों के लिए यह समय श्रेष्ठ होता है। हरी खाद बनाना, पलटना तथा सिंचाई के लिए भी यह समय उपयुक्त होता है।

पृथ्वी से चंद्रमा की अति निकटता या अति दूरी-चंद्रमा अपनी कक्षा में पृथ्वी के चारों ओर अंडाकार कक्ष में घूमता है, अतः चन्द्रमा लगभग 7 दिन के अंतराल से पृथ्वी के अधिक नजदीक अथवा अधिक दूर होता है। इन दोनों ही अवस्थाओं में बीजों से कमजोर पौधे बनते हैं। इसलिए दोनों ही स्थितियों में कोई भी कृषि कार्य नहीं करना चाहिए।

चंद्रमा की दिशा और दशा को देखते हुए जो खेती की जाती है, उसे बायोडायनामिक खेती कहते हैं। जिस तारीख को शनि और चंद्र आमने सामने रहते हैं वाह तारीख किसी भी कृषि कार्य के लिए उत्तम होती है। पूर्णिमा से दो दिन पहले किसी भी फसल की बुवाई करना सही रहता है। क्योंकि इस समय नमी सबसे अधिक रहती है। ''चंद्रमा की चाल के अनुसार कलैंडर का निर्माण किया जाता है, जिसके अनुसार खेती की जाती है। इस कलैंडर में ये लिखा होता है कि किस फसल में कब क्या करना चाहिए।''

उत्तर प्रदेश में कृषि विभाग भी बायोडायनामिक खेती को बढ़ावा दे रहा है। कृषि विभाग के अनुसार, किसानों को गृह नक्षत्रों और राहु-केतु को देखकर खेती करनी चाहिए।

बायोडायनामिक खेती प्राकृतिक खेती की तरह है बायोडायनामिक खेती का अर्थ है कि बृहांडीय शक्तियों के समावेश के आधार पर खेती करना, परन्तु यह जैविक खेती से उन्नत विधा है, इससे उपज की गुणवत्ता एवं मृदा के स्वास्थ्य में वृद्धि होती है। बायोडायनामिक कृषि का जन्म तब हुआ जब 1924 में डा. रुडोल्फ स्टीनर ने जर्मनी में किसानों के एक बड़े समूह को कृषि की एक नई पद्धति के बारे में आठ व्याख्यान दिये। रुडोल्फ स्टीनर एवं आस्ट्रियाई दार्शनिक एवं वैज्ञानिक थे, जिनका विचार प्राच्य दर्शन, खासकर बौद्ध धर्म, हिन्दू धर्म और वैदिक शास्त्र से बहुत प्रभावित था। बायोडायनामिक दो शब्दों से मिलकर बना है।

बायोस + डायनामिक = जीवन + ऊर्जा

कृषि कार्यों में समय तथा मौसम की जानकारी होना आवश्यक है। प्राचीन समय में कृषक कृषि के किसी भी कार्य करने से पहले समय का बहुत ध्यान रखते थे। किसान यहाँ तक ध्यान रखते थे कि जैविक खाद, बीज की बुआई, कटाई के लिए सूर्य, चन्द्रमा, मौसम, अग्नि तथा वायु की क्या स्थिति है का भी विशेष ध्यान रखते थे। यह बिल्कुल सत्य है कि इन सभी का हमारी कृषि में विशेष योगदान है।

रासायनिक उर्वरकों तथा अन्य रसायनों की आवश्यकता से अधिक प्रयोग के कारण भूमि की उर्वरता में निरन्तर गिरावट के साथ ही साथ अनेक प्रकार की बीमारियों का प्रकोप भी बढ़ गया है। विगत चार दशकों में रसायनों के अन्धाधुन्ध प्रयोग के कारण कीट, व्याधियों तथा खरपतवारों के प्रकोप में निरन्तर वृद्धि हुई है। अब आवश्यकता इस बात की है कि रसायनों के आवश्यकता से अधिक प्रयोग को कैसे कम किया जाय। इसका एकमात्र उपाय 'बायोडायनामिक खेती' आधुनिक खेती के सशक्त विकल्प के रूप में उभरी है। बायोडायनामिक खेती का तात्पर्य यह है कि ब्रह्माण्डीय शक्तियों के समावेश के आधार पर खेती करना। जानकारों का मानना है कि इस प्रकार खेती करने से लागत कम तथा उत्पादन कई गुना ज्यादा होता है। बायोडायनामिक खेती को बढ़ावा देने के लिए सर्ग संस्था इस पर कार्य कर रही है।

उद्देश्य

- उच्च गुणवत्ता युक्त उत्पादन प्राप्त करना।
- खेती में जैविक क्रियाओं को प्रोत्साहन देना।
- भूमि की उर्वरता में निरन्तर वृद्धि करना।
- गाँवों में सुगमता एवं सस्ते में उपलब्ध संसाधनों का समन्वित उपयोग करना।
- पर्यावरण प्रदूषण को कम करना।

कृषि में ब्रह्माण्डीय शक्तियों का समाकलन

बायोडायनामिक सिद्धान्त के अनुसार चन्द्रमा माह में लगभग 29.5 दिनों में पृथ्वी का पूरा चक्कर लगाता है तथा इस अवस्था में यह बारह राशियों से होकर गुजरता है। प्रत्येक राशि पर 2.50-3.25 दिन तक रहते हुये दूसरे राशि पर पहुँच जाता है। इन 12 राशियों को यूनानी भाषा में प्रतीक के रूप में अलग-अलग जीव/वस्तुओं के आकार से चित्रित किया गया है। ये 12 राशियाँ चार मुख्य तत्त्व जैसे भूमि, जल, वायु तथा अग्नि को प्रभावित करता हैं। इनका सम्बन्ध चार पौध भागों (जड़, पत्ती, फूल और फल/बीज) से होता है। जिसे निम्न प्रकार से दर्शाया गया है।

राशियों का विभिन्न मुख्य तत्त्वों से सम्बन्ध

प्रधान तत्त्व	प्रभावित पौध भाग	राशियाँ
पृथ्वी	जड़	कन्या, मकर, वृष
जल	पत्ती	कर्क, वृश्चिक, मीन
वायु	फूल	मिथुन, तुला, कुंभ
अग्नि	फल/बीज	मेष, धनु, सिंह

चन्द्र:शनि विपरीत अवस्था: प्रत्येक माह चन्द्र: शनि एक अथवा किसी माह में दो दिन विपरीत दिशा में आते हैं ये दिन सभी प्रकार की कृषि क्रियाओं हेतु उपयुक्त होते हैं।

चन्द्रग्रन्थि (Node): यह एक काल्पनिक बिन्दु है। प्रत्येक माह में दो बार चन्द्रमा पृथ्वी के पथ से गुजरते हुए सूर्य के पथ को काटता है। सामान्य भाषा में इसे 'राहु' और 'केतु' के नामों से जाना जाता है। ये दिन किसी भी कृषि कार्य हेतु उपयुक्त नहीं होते हैं।

बायोडायनामिक

भारतीय ज्योतिषशास्त्र में ग्रहों को अपने अनुकूल बनाने के लिए वनस्पति अग्रणी है। ज्योतिष महत्त्व के पौधे रोपे जाएँ तो तमाम समस्याओं से निजात मिल सकती है। कानपुर में जाज़मऊ में गंगा किनारे पौधों की 'आकाश गंगा' बनाई गई है, जहाँ नक्षत्र एवं ग्रहों के अनुसार ही पौधे लगाये गये हैं। यह पौधे यहाँ आने वाले पर्यटकों और छात्रों के लिए ज्ञान एवं विज्ञान का संगम है। इसे 'नक्षत्र वाटिका' का नाम दिया गया है।

नवग्रह के अनुसार पौधों का रोपड

नवग्रह	पौधे
सूर्य	अर्क (आक)
चन्द्र	पलाश (ढ़ाक)
मंगल	खादिर (खैर)
बुद्ध	अपामार्ग (लटजीरा)
बृहस्पति	पिप्पल (पीपल)
शुक्र	शमी (छयोकर)
राहु	दुर्वा (दूब)
केतु	कुश (कुश)

ये दिशा जरूरी है: उत्तर दिशा में पीपल, ईशान कोण में लटजीरा, पूर्व में गूलर, आग्नेय कोण में ढ़ाक तथा दक्षिण में खैर का पौधे लगाये जाते हैं।

नक्षत्र वाटिका में सौर मंडल के नौ ग्रहों तथा 27 नक्षत्रों पर आधारित विशेष प्रभाव वाले पौधे लगाए गये हैं ये पौधे ऊर्जा और शक्ति का विशेष श्रोत हैं। पौधों के माध्यम से ही व्यक्ति धनी, स्वस्थ तथा रोगमुक्त (निरोगी) बनता है।

नक्षत्र के अनुसार पौध रोपड

नक्षत्र	पौधे
अश्विनी	कोचिला
भरनी	आँवला
कृतिका	गुल्लड (गूलर)
रोहिणी	जामुन
मृगशिरा	खैर
आद्रा	शीशम
पुनर्वसु	बाँस
पुष्य	पीपल
अश्लेषा	नागकेसर
मधा	बट
पूर्वा फाल्गुनी	पलास
उत्तरा फाल्गुनी	पाकड
हस्त	रीठा
चित्रा	बेल
स्वाती	अजरून

विशाखा	कटैया
अनुराधा	भालसरी
ज्येष्ठा	चीड
मूल	शाल
पूर्वा आषाढ़ा	अशोक
उत्तराषाढ़ा	कटहल
श्रवण	अकौम
घनिष्ठा	शमी
शत मिषा	कदम्ब
पूर्व भाद्रपद	आम
उत्तर भाद्रपद	नीम

बायोडायनॅमिक कृषि पंचांग २०१८

महिना	बुवाई के लिए सर्वोत्तम दिन: शनि-चंद्र आमने सामने	बुवाई के लिए सर्वोत्तम दिन: पूर्णिमा से ४८ घंटे पहले	चन्द्र राशि के अनुसार बुवाई की तिथियां: बीज/फल/अनाज	कन्द-मूल	फूल	पत्तियां	बोवाई टाले: [illegible]	पृथ्वी से चन्द्र: अति दूर	पृथ्वी से चन्द्र: अति पास	अमावस्या	चन्द्र स्थिति: उत्तरायण	चन्द्र स्थिति: दक्षिणायन
जनवरी	१,२९	१९	५,६,१६,२४,२५	७,८,२७	१,१०,११,२०,२१,२९	३,१२,१३,२२,२३,३१	[illegible]	[illegible]	[illegible]	[illegible]	१,२, १७-२९	[illegible]
फरवरी	२५	--	२, ३, १२, २१, २२	४, ५, १३, १४, २३, २४	६, ७, १६, १७, २५, २६	८, ९, १०, १८, १९	१५, २८	११	[illegible]	१५	१३-२६	[illegible]
मार्च	२५	२९	१, २, १०, २०, २१, २८, २९	३, ४, १२, २२, २३, ३१	५, ६, १५, १६ २४, २५	८, ९, १८, १९	१४, २७	११	[illegible]	१७	१३-२५	१-१२, २६-३१
अप्रैल	३१	२८	७, १७, २५, २६	१, ९, १८, १९, २७, २८	२, ३, १२, १३, २१, २९, ३०	४, ५, १४, १५	१०, २३	[illegible]	[illegible]	१६	९-२१	[illegible]
मई	--	२७	४, ५, १४, २२, २३, ३१	८, १६, १७, २४, २५	९, १०, १९, २६, २७, २८	१, २, ३, ११, १२, २१, २९, ३०	७, २०	६	[illegible]	१५	६-१९	१-५, २०-३१
जून	१४	२६	१, १०, ११, १८, १९, २७, २८, २९	४, १२, २०, २१	५, ६, १४, २३, २४	८, ९, १७, २५, २६	३, १६, ३०	२	[illegible]	१३	३-१५, ३०	१-२, १६-२९
जुलाई	१२	२५	७, ८, १६, २५, २६	१, १०, १८, १९, २९	३, ४, १२, २०, २१, ३०, ३१	५, ६, २२, २३	[illegible]	[illegible]	[illegible]	[illegible]	१-१२, २७-३१	[illegible]
अगस्त	८	--	४, ५, १२, १३, २१, २२, ३१	६, ७, १४, १५, २९	८, ९, १६, १७, २६, २७	१, २, १९, २०, २९, ३०	१०, २४	२३	१०	११	१-९, २३-३१	१०-२२
सितम्बर	४	२३	१, १७, १८, १९, २७, २८	२, ३, ११, २१, २९, ३०	४, ५, १३, १४, २२, २३, २४	६, ११, १५, २५, २६	७, २०	२०	[illegible]	[illegible]	१-५, २०-३०	६-१९
अक्टूबर	२,२९	२२	७, १५, १६, २४, २५	८, १७, १८	२, १०, ११, २०, २१, २९, ३०	५, १२, १३, २२, २३	४,१७, ३१	[illegible]	[illegible]	[illegible]	१-३, १७-३०	४-१६, ३१
नवम्बर	--	२१	२, ३, ११, १२, २१, २२, २९, ३०	४, ५, १४, २३, २४	६, १६, १७, २५	९, १०, १८, १९, २७, २८	[illegible]	[illegible]	[illegible]	[illegible]	१३-२६	[illegible]
दिसम्बर	२३	२०	८, ९, १८, १९, २७	१, २, ११, २०, २९, ३०	४, ५, १३, १४, १५, २३, ३१	६, १६, १७, २५	[illegible]	[illegible]	[illegible]	[illegible]	११-२३	[illegible]

BIODYNAMIC FARMING AND GARDENING CALENDAR
ICAR- Central Institute for Subtropical Horticulture, Rehmankhera, Lucknow-226 101
January - December, 2018

Details / Month	Moon Opposite to Saturn	48 hrs before full Moon	New Moon	Ascending Period	Descending Period	Node	Moon		Sun Position	Sowing, planting and other agricultural activities dates			
							Pg	Ag		Root	Leaf	Flower	Seed/Fruit
January	1,29	29	17	9,2	3-16,31	4,8	15	2,30	15 Jan. to 10 Feb. in Capricorn	7,8,27	3,12,13,22,23,31	1,10,11,20,21,29,	4,6,16,24,25
February	24	-	15	13-26	1-12,27,28	15,28	11	27	11 Feb. – 11 March in Aquarius	4,5,13,14,23,24	8,9,10,18,19	6,7,16,17,24,26	2,3,12,21,22
March	24	29	17	13-24	1-11	15,27	11	26	12 March – 10 April in Pisces	3,4,13,22,23,31	8,9,18,19	5,6,15,16,24,24	1,2,10,20,21,28,29
April	21	28	16	9-21	1-8	10,23	8	20	11 April – 11 May in Aries	1,9,18,19,27,28	4,5,14,15	2,3,12,13,21,29,30	7,17,25,26
May	-	27	15	6-19	1-5 20-31	7,20	6	18	12 May – 11 June in Taurus	8,16,17,24,25	1,2,3,11,12,21,29,30	9,10,19,26,27,28	4,5,14,22,23,31
June	14	26	13	3-15,30	1,2 16-29	3,16,30	2	15	12 June – 13 July in Gemini	4,12,20,21	8,9,17,24,26	4,6,14,23,24	1,10,11,18,19,27,28,29
July	12	24	13	1-12	14-26	15,18	27	13	14 July – 13 August in Cancer	1,10,18,19,29	4,6,22,23	3,4,12,20,21,30,31	7,8,16,25,26
August	8	-	11	1-9	10-22	10,24	23	10	14 August – 13 September in Leo	6,7,14,15,24	1,2,19,20,29,30	8,9,16,17,26,27	4,5,12,13,29,22,31
September	4	23	9	1-5,	6-19	7,20	20	8	14 September – 14 October in Virgo	2,3,11,21,29,30,	6,15,16,24,26	4,5,13,14,22,23,24	1,17,18,19,27,28
October	2,29	22	9	1-3	4-16,31	5,17,31	18	6	15 October – 13 November in Libra	8,27,28	4,12,13,22,23	2,10,11,20,21,29,30	7,15,16,24,25
November	-	29	7	13-26	1-12 27-30	13,27	14	1,26	14 November – 12 December in Scorpion	4,5,14,23,24	9,10,18,1920,28	6,16,17,25	2,3,11,12,21,22,29,30
December	23	20	7	11-23	1-10	10,24	12	24	13 December – 14 Jan. in Sagittarius	1,2,11,20,21,29,30	6,16,17,24	4,5,13,14,15,23,31	8,9,18,19,27

Perigee (Pg)- The point where the Moon is closet to2 28-30the Earth. **Apogee (Ag)**- The point where Moon is farthest from the Earth. Moon again returns to perigee and apogee in 29.5 days. Node- The point where Moon crosses path of the Sun is ca1-11lled as Node. Node days are not suitable for doing any agricultural activity. **Ascending**- Increasing arc of the Moon. **Descending** - Decreasing arc of the Moon. **Moon opposite to Saturn**- Suita26-31ble for doing all agricultural activities. **Zodiac signs corresponding to elements- Virgo, Capricorn and Taurus** – Root or Earth days. **Cancer, Scorpion and Pisces** – Leaf or water days. **Gemini, Libra and Aquarius**- Flower or Air days. **Sagittarius, Aries and Leo** – Fruit\seed\ Fire days, **Sowing**- 48 hours before the full Moon is most suitable.

Prepared with help of All India Biodynamic and Organic Farming Association, Indore

Calendar Offered By Krishak Bandhu emagazine

कृषि पंचांग 2018

अध्याय

4 रसायनमुक्त प्राकृतिक फल एवं सब्जी उत्पादन तकनीक

वर्तमान में देश में फल और सब्जियों में बहुत अधिक मात्रा में कीटनाशक प्रयोग किये जाते हैं और बहुत बार हम सब्जियो को कच्चा ही खाते हैं इसलिये कच्ची रसायनयुक्त सब्जियां खाने से और ज्यादा नुकसान होता है शहरों में भी अपने खाने लायक कुछ सब्जियाँ तो उगाई जा सकती हैं। यदि घरों के आस-पास खाली जमीन न हो तो गमलों या बोरों का प्रयोग किया जा सकता है। छत पर भी बोरों का प्रयोग किया जा सकता है। छत पर बोरों में गन्ने अथवा सम्पूर्ण छत पर मक्का एवं गोभी, पत्तागोभी आदि फसलें उगाई जा चुकी हैं सीमेंट या अन्य किसी भी प्लास्टिक के बोरे को नीचे से थोड़ा-सा काट लें ताकि नीचे से फालतू पानी बाहर निकल जाये। बड़े पॉलीथीन का प्रयोग भी किया जा सकता है बोरे की माप इस बात पर निर्भर करती है कि उसमें कौन सी सब्जी उगाना है। सीमेंट के गमले या आधे बोरे में टमाटर-भिंडी आदि सब्जियाँ उगायी जा सकती हैं। उसमें खाद और मिट्टी मिलाकर भर ले शेष पद्धति तो सामान्य खेती जैसी ही है। जीवामृत के लिये गोबर एवं मूत्र सीधे अथवा गौशाला से प्राप्त किया जा सकता है। रसोई घर के कूड़े-कचरे एवं सब्जियों के छिलके आदि से भी कम्पोस्टिंग विधि से अच्छी खाद बनाई जा सकती है। शहरों में खेती के बारे में इंटरनेट से भी बहुत जानकारी तथा वीडियो मिल सकते हैं।

1. घर की छत पर सब्जियाँ उगाना

साग सब्जियों का हमारे दैनिक भोजन में महत्वपूर्ण स्थान है क्योंकि ये विटामिन, खनिज लवण, कार्बोहाइड्रेट, वसा तथा प्रोटीन के अच्छे स्रोत होते हैं। बड़े-बड़े शहरों में बाजार में आजकल सभी तरह की सब्जियाँ उपलब्ध हैं, पर यह जरूरी नहीं है कि वह ताजी हों।

विशेषतौर पर शाकाहारी व्यक्तियों के लिए वर्तमान समय में शुद्ध सब्जी मिलना बहुत ही मुश्किल हो गया है इसलिए आप अपने घर के आँगन में, घर की छत पर या आपके पास कोई खाली जमीन है वहाँ पर आसानी से सब्जी बगीचा (किचन गार्डन) बना सकते हैं। जिससे आपको शुद्ध सब्जियां भी मिलेंगी और साथ ही साथ आप उन सब्जियों को बेच कर कुछ पैसे कमा कर अपने आर्थिक स्तर को भी मजबूत कर सकते हैं। भोजन शास्त्रियों एवं वैज्ञानिकों के अनुसार संतुलित भोजन के लिए एक वयस्क व्यक्ति को प्रतिदिन 85 ग्राम फल एवं 300 ग्राम सब्जियों का सेवन करना चाहिए जिसमें लगभग 125 ग्राम हरी पत्तेदार सब्जियां 100 ग्राम जड वाली सब्जियां और 75 ग्राम अन्य प्रकार की सब्जियों का सेवन करना चाहिए, परन्तु भारतवर्ष में वर्तमान में सब्जियों की प्रति व्यक्ति उपलब्धता मात्र 120 ग्राम है।

सब्जी बगीचे में जगह का चुनाव किस्मों का चयन स्थिति के आधार पर ही सुनिश्चित किया जाता है। सब्जी बगीचों का आकार भूमि की उपलब्धता एवं व्यक्तियों की संख्या पर निर्भर करता है। सामान्यतः चार से पाँच व्यक्तियों वाले परिवार के लिए 200-300 वर्ग मीटर भूमि पर्याप्त होती है और कम पड़े तो भी निराश होने की जरूरत नहीं है इसके भी कई विकल्प हैं।

घर पर सब्जियां कहाँ-कहाँ लगा सकते हैं

घर के आस-पास खाली पड़ी जमीन में–घरों के आस-पास कई ऐसी जगह नजर आती हैं जिसका उपयोग हम सब्जियाँ उगाने के लिए कर सकते हैं यदि वहाँ की मिट्टी ठोस हो तो पहले उसे खुदाई करके खेत जैसी जगह बना ले और संभव हो तो उसमें किसी तालाब की उपजाऊ मिट्टी और गोबर की खाद डालकर अच्छी तरह से जुताई अथवा गुड़ाई कर दें। उसके बाद उसमें छोटी-छोटी क्यारियाँ बना कर अपनी मनपसंद की सब्जियों को उगा सकते हैं। यदि आपके पास सिंचाई के पानी की कमी हो तो किचन से निकलने वाले व्यर्थ पानी को पाइप के द्वारा सब्जियों की सिंचाई कर सकते हैं।

गमले और प्लास्टिक ट्रे में– गमले में सब्जी उगाने के लिए आपको ज्यादा जगह की आवश्यकता नहीं पड़ती है। बालकनी या ऐसी थोड़ी-सी भी खाली जगह जहां गमला रख सकते हैं वहाँ बहुत आसानी से गमले में सब्जियों को उगा सकते हैं। गमला मिट्टी का हो तो यह काफी अच्छा रहेगा।

इसके अतिरिक्त आप अपने घर पर पड़ी खराब बाल्टियाँ, तेल के पीपे, लकड़ी की पटिट्याँ, कूलर की टंकियाँ आदि का भी उपयोग कर सकते हैं बस उनके नीचे तली में 2 या 4 छेद करके पानी की निकासी जरूर कर दें। गमलों में टमाटर, बैंगन, गोभी जैसी सब्जियाँ आसानी से उगाईं जा सकती हैं। टिन या प्लास्टिक ट्रे जिसमें 3 या 5 इंच मिट्टी आती हो उसमें हरा धनिया, मेंथी, पुदीना आदि सब्जियाँ उगा सकते हैं।

घर की छत पर–सब्जियाँ लगाने से पहले छत पर एक मोटी प्लास्टिक की चादर बिछा दें फिर ईंटों या लकड़ी की पट्टियों से चारदीवारी बना लें उसमें सामान्य रूप से मिट्टी बिछा दें और पानी की निकासी भी रखें। छत पर सब्जी उगाने से गर्मी के दिनों में आपका घर भी ठंडा रहता है जिससे आपको काफी राहत मिलेगी।

घर पर कौन-कौन सी सब्जी उगा सकते हैं

खरीफ के मौसम की सब्जियाँ–खरीफ में सब्जी लगाने का उपयुक्त समय जून-जुलाई है। इस समय भिंडी, मिर्च, लोबिया, अरबी, टमाटर, करेला, लौकी, तोरई, शकरकंद आदि सब्जियों को उगा सकते हैं।

रबी के मौसम की सब्जियाँ–रबी में सब्जियाँ सितम्बर-अक्टूबर में लगाने का उपयुक्त समय हैं। रबी ऋतु में मुख्यतः फूल गोभी, पत्ता गोभी, शलजम, बैंगन, मूली, गाजर, टमाटर, मटर, सरसों, प्याज, लहसुन, पालक, मेंथी आदि सब्जियों को उगाया जाता है।

छत पर मक्का की फसल

जायद के मौसम की सब्जियाँ–जायद में सब्जियाँ फरवरी–मार्च और अप्रैल में लगाईं जाती हैं इस मौसम में मुख्यत: टिंडा, खरबूजा, खीरा, ककड़ी, करेला, लौकी, तोरई, भिंडी, सेम आदि सब्जी लगा सकते हैं।

सब्जी बगीचे के लाभ–

1. घर के चारों ओर खाली भूमि और रसोई का पानी, खराब सब्जियाँ एवं उनके छिलके तथा कूड़ा करकट का सदुपयोग हो जाता है।
2. मनपसंद सब्जियों की उपलब्धता सुनिश्चित हो जाती है।
3. वर्ष भर स्वास्थ्यवर्धक, गुणवत्तायुक्त एवं सस्ती सब्जी, फल तथा फूल प्राप्त होते रहते हैं।
4. परिवार के सदस्यों का मनोरंजन तथा व्यायाम का अच्छा साधन है जिससे शरीर स्वस्थ रहता है।
5. पारिवारिक व्यय में बचत होती है जिससे परिवार की आर्थिक स्थिति मजबूत होती है।
6. सब्जी खरीदने के लिए अन्यत्र नहीं जाना पड़ता जिससे समय की बचत होती है।
7. सब्जी बगीचे से प्राप्त सब्जी में उर्वरकों एवं कीटनाशी रसायनों का प्रयोग न किये जाने के कारण कोई भी रासायनिक पदार्थो के अवशेष न होने के कारण मनुष्यों

में किसी भी प्रकार की बीमारियों का प्रकोप नहीं होता है तथा मृदा एवं जल प्रदूषण नहीं होता है।

8. सब्जियों में पोषक तत्वों की अधिक मात्रा होने के कारण इनका स्वाद बहुत अच्छा होता है।
9. सब्जी बगीचे से प्राप्त सब्जी जल्दी खराब नहीं होती है जिससे सब्जी को कई दिनों तक रखा जा सकता है।

सब्जी बगीचा लगाने हेतु ध्यान देने योग्य बातें–

1. घर के पिछले हिस्से में ऐसी जगह का चुनाव करें जहाँ सूर्य का प्रकाश आसानी एवं पूर्णरूप से पहुँचता हो क्योंकि सूरज की रोशनी से ही पौधे की वृद्धि एवं विकास संभव है। पौधों को रोज 5-6 घंटे सूरज की रोशनी मिलना बहुत आवश्यक होता है इसलिए बगीचा छाँव वाली जगह पर न बनाएँ।
2. सब्जी बगीचे के एक किनारे पर खाद का गड्ढ़ा बनाये जिससे घर का कचरा, पौधे का अवशेष डाला जा सके जो बाद में सड़कर खाद के रूप में प्रयोग किया जा सके।
3. बगीचे की सुरक्षा के लिए कंटीली झाड़ी तथा तार से बाड़ लगाएँ जिसमें लता वाली सब्जियाँ लगाएँ।
4. सब्जियों एवं पौधों की देखभाल एवं आने-जाने के लिये छोटे-छोटे रास्ते बनाये।
5. रोपाई की जाने वाली सब्जियों के लिए किसी किनारे पर पौधशाला बनायें जहां पौध तैयार की जा सके।
6. आवश्यकतानुसार सब्जियों के लिये छोटी-छोटी क्यारियाँ और क्यारियों की सिंचाई हेतु नालियाँ बनाये।
7. फलदार वृक्षों को पश्चिम दिशा में किनारों पर लगाये जिससे छाया का प्रभाव अन्य पर न पड़े।
8. मनोरंजन के लिए उपलब्ध भूमि के हिसाब से मुख्य मार्ग पर लॉन हरियाली लगाये।
9. फूलों को गमलों में लगाये एवं रास्तों के किनारों पर रखे।
10. जड़ वाली सब्जियों को मेड़ों पर उगाये।
11. समय-समय पर निराई-गुड़ाई एवं सब्जियों फलों तथा फूलों के तैयार होने पर तुड़ाई करते रहे।
12. सब्जियों का चयन इस प्रकार करें कि इनकी साल भर उपलब्धता बनी रहे।
13. कीटनाशकों तथा रोगनाशक रसायनों का प्रयोग कम से कम करें यदि फिर भी उपयोग जरूरी हो तो तुड़ाई के पश्चात् एवं हरे निशान वाले रसायनों का प्रयोग करें। प्राकृतिक जैव रसायनों का प्रयोग सदैव स्वास्थ्य एवं आर्थिक दृष्टि से लाभदायक रहता है।

2. पोषण वाटिका (गृह वाटिका)

विशेषकर शाकाहारी व्यक्तियों के लिए शाक-सब्जियों का हमारे दैनिक जीवन में महत्त्वपूर्ण स्थान है। शाक-सब्जी भोजन के एक ऐसे स्रोत हैं जो हमारे पोषक मूल्य को ही नहीं बढ़ाते बल्कि उसके स्वाद को भी बढ़ाते हैं। पोषाहार विशेषज्ञों के अनुसार संतुलित भोजन के लिए एक वयस्क व्यक्ति को प्रतिदिन 85 ग्राम फल और 300 ग्राम साग-सब्जियों का सेवन करना चाहिए, परन्तु हमारे देश में शाक-सब्जियों का वर्तमान उत्पादन स्तर प्रतिदिन प्रति व्यक्ति की उपलब्धता मात्र 120 ग्राम है।

उपरोक्त स्थितियों को ध्यान में रखते हुए उपलब्ध स्वच्छ जल के साथ रसोई घर एवं स्नानघर से निकले पानी का उपयोग कर घर के पिछवाड़े में उपयोगी शाक-सब्जी उगाने की योजना बना सकते हैं। इससे एक तो एकत्रित अनुपयोगी जल का निष्पादन हो सकेगा और दूसरे उससे होने वाले प्रदूषण से भी मुक्ति मिल जायेगी। साथ ही, सीमित क्षेत्र में शाक-सब्जी उगाने से घरेलू आवश्यकता की पूर्ति भी हो सकेगी। सबसे मुख्य बात यह है कि सब्जी उत्पादन में रासायनिक पदार्थों का उपयोग करने की आवश्यकता भी नहीं होगी। अतः यह एक सुरक्षित पद्धति है तथा पोषण वाटिका (गृह वाटिका) से उत्पादित शाक-सब्जी कीटनाशक रसायनों से भी मुक्त रहती है।

स्थल का चयन–गृह वाटिका के लिए स्थल चयन में सीमित विकल्प है। हमेशा अंतिम चयन घर का पिछवाड़ा होता है जिसे लोग बाड़ी भी कहते हैं। यह सुविधाजनक स्थान होता है क्योंकि परिवार के सदस्य खाली समय में शाक-सब्जियों पर ध्यान दे सकते हैं तथा रसोई घर एवं स्नानघर से निकले पानी को आसानी से सब्जी की क्यारी की ओर मोड़ा जा सकता है गृह वाटिका का आकार भूमि की उपलब्धता और व्यक्तियों की संख्या पर निर्भर करता है। गृह वाटिका के आकार की कोई सीमा नहीं हैं, परन्तु सामान्य रूप से वर्गाकार की अपेक्षा समकोण बगीचे को पसंद किया जाता है। चार या पाँच व्यक्ति वाले औसत परिवार के लिए 20×10 मीटर जमीन पर की गई सब्जी की खेती पर्याप्त हो सकती है।

खेत/स्थान की तैयारी–सर्वप्रथम 9-10 इंच की गहराई तक कुदाल या हल की सहायता से जुताई करें। खेत से पत्थर, झाड़ियों एवं बेकार के खरपतवारों को हटा दें। खेत में अच्छी ढंग से निर्मित 100 किग्रा. केंचुआ खाद चारों ओर फैला दें। आवश्यकता के अनुसार 45 सेमी. या 60 सेमी. की दूरी पर मेड़ या क्यारी बनायें।

सब्जी बीज की बुआई और पौध रोपण–

- सीधी बोई की जाने वाली सब्जी जैसे-भिंडी, सेम एवं लोबिया आदि की बुआई मेड़ या क्यारी बनाकर ही की जा सकती है। दो पौधों के बीच की दूरी 30 सेमी. होनी चाहिए। प्याज, पुदीना एवं धनिया को क्यारी की मेड़ पर उगाया जा सकता है।
- रोपड़ फसलें जैसे-टमाटर, बैंगन और मिर्च आदि को एक महीना पूर्व में नर्सरी बेड

या मटके में उगाया जा सकता है। बुआई के बाद मिट्टी से ढककर उसके ऊपर 250 ग्रा. नीम की खली का पाउडर बनाकर छिड़काव किया जाता है ताकि इसे चीटियों से बचाया जा सके। टमाटर के लिए 30 दिनों की बुआई के बाद तथा बैंगन, मिर्च तथा बड़ी ब्याज के लिए 40-45 दिनों के बाद पौधे को नर्सरी से निकाल दिया जाता है। टमाटर, बैंगन और मिर्च को 30-40 सेमी. की दूरी पर मेड़ या उससे सटाकर रोपाई की जाती है। बड़ी प्याज के लिए मेड के दोनों ओर 10 सेमी. की जगह छोड़ी जाती है। रोपण के तीसरे दिन पौधों की सिंचाई की जाती है। प्रारंम्भिक अवस्था में प्रतिरोपित पौधों को दो दिनों में एक दिन बाद पानी दिया जाता है तथा बाद में चार दिनों के बाद पानी दिया जाता है।

- उद्देश्य–वर्ष भर घरेलू शाक-सब्जी की आवश्यकता की पूर्ति करना है। कुछ प्रचलित पद्धतियों को अपनाते हुए इस लक्ष्य को हासिल किया जा सकता है।
- पोषण वाटिका के एक छोर पर बारहमासी पौधों को उगाया जाना चाहिए जिससे इनकी छाया अन्य फसलों पर न पड़े तथा अन्य साग-सब्जी फसलों को पोषण भी दे सके।
- पोषण वाटिका के चारों ओर तथा आने-जाने के रास्ते का उपयोग; विभिन्न प्रकार अल्पावधि वाली हरी साग-सब्जी जैसे-धनिया, पालक, मेंथी, पुदीना आदि को उगाने के लिए किया जा सकता हैं।

बारहमासी पौधे–

- सहजन, केला, पपीता, नींबू, अमरूद एवं करी पत्ता।
- उपरोक्त फसल व्यवस्था से यह पता चलता है कि वर्ष भर बिना अन्तराल के प्रत्येक खेत में कोई-न-कोई फसल अवश्य उगाई जा सकती है। साथ ही कुछ खेत में एक साथ दो फसलें (एक लम्बी अवधि वाली और दूसरी कम अवधि वाली) भी उगाई जा सकती है।

पोषण वाटिका निर्माण के आर्थिक लाभ–व्यक्ति पहले अपने परिवार का पोषण करता है उसके बाद बेचता है। आवश्यकता से अधिक होने पर उत्पाद को बाजार में बेच देता है अथवा उसके बदले दूसरी सामग्री प्राप्त कर सकता है। कुछ मामले में पोषण वाटिका आय सृजन का प्राथमिक उद्देश्य बन सकता है। अन्य मामले में यह आय के सृजन उद्देश्य के बजाय पारिवारिक सदस्यों के पोषण लक्ष्य को पूरी करने में मदद करता है। इस तरह पोषण वाटिका आय सृजन और पोषाहार का दोहरा लाभ प्रदान करता है।

पोषण वाटिका में फसल पद्धति–भारतीय स्थितियों के अनुसार पोषण वाटिका हेतु फसल पद्धतियों को निम्न रूप में दर्शाया गया है (पहाड़ी स्थानों को छोड़कर)।

प्लॉट संख्या	सब्जी का नाम	बुआई/रोपाई का महीना
1.	टमाटर एवं प्याज/फूलगोभी	जून–सितम्बर
	मूली	अक्टूबर–फरवरी
	बींस	दिसम्बर–फरवरी
	भिंडी	मार्च–मई
2.	बैगन	जून–सितम्बर
	बींस	अक्टूबर–नवम्बर
	टमाटर	जून–सितम्बर
	चौलाई	मई
3.	मिर्च और मूली	जून–सितम्बर
	लोबिया	दिसम्बर–फरवरी
	प्याज/टमाटर	मार्च–मई
4.	भिंडी और मूली	जून–अगस्त
	पत्तागोभी	सितम्बर–दिसम्बर
	बीन्स	जनवरी–मार्च
5.	ग्वार	जून–अगस्त
	शकरकंद/फूलगोभी	सितम्बर–नवम्बर
	टमाटर	दिसम्बर–मार्च
	प्याज	अप्रैल–मई
6.	सेम	जून–सितम्बर
	बैंगन और	अक्टूबर–जनवरी
	शकरकंद/आलू	
7.	ग्वार/लोबिया/भिंडी	जुलाई–अगस्त
	गाजर	सितम्बर–दिसम्बर
	कद्दू (छोटा)	जनवरी–मई
8.	प्याज	सितम्बर–दिसम्बर
	भिंडी	जनवरी–मार्च
	धनिया	अप्रैल–मई

3. पेरी-अर्बन कृषि

हम सभी को ज्ञात है कि देश में संसाधन सीमित हैं यदि हमने उन संसाधनों का प्रयोग सही तरीके से नहीं किया तो वह धीरे-धीरे समाप्त हो जायेगे। उसी प्रकार तेजी से बढ़ते शहरी क्षेत्रों और कम होती कृषि योग्य भूमि से हमारे सामने भोजन का संकट जल्दी खड़ा हो सकता है। आँकड़ों के अनुसार चार वर्ष की आयु के बच्चों में लगभग आधे बच्चे कुपोषण का शिकार हैं और लगभग 30 प्रतिशत नवजात शिशु औसत से कम वजन के पैदा हो रहे हैं और 60 प्रतिशत महिलायें रक्ताल्पता की समस्या से पीड़ित हैं। यह जानते हुए भी कि संसाधन की मात्रा सीमित है हमें कुछ तकनीकियाँ ऐसी विकसित करनी होगी जो कि हमारी बढ़ती जनसंख्या को कुपोषित होने से बचा सकें। भारत में आज भी हम सभी को सन्तुलित भोजन नहीं दे पा रहे हैं। हम आज भी झुग्गी-झोंपड़ी में एक रोटी के लिए आपस में बच्चों को लड़ते हुए देख सकते हैं। इन सब समस्याओं को ध्यान में रखते हुए विश्व स्तर पर पेरी-अर्बन कृषि एक समाधान है। जिससे आगे आने वाले समय में हम खाद्य सुरक्षा प्रदान कर सकते हैं। यदि हम घरेलू स्तर पर देखें तो पेरी-अर्बन कृषि पोषक तत्वों से भरपूर भोजन के साथ-साथ आय अर्जन का साधन भी हो सकता है। पेरी-अर्बन कृषि को संक्षेप में कहें तो यह पौधों को उगाने से लेकर जानवरों का पालन अपने घर या अपने शहर में करने से है। पेरी-अर्बन कृषि का मुख्य आकर्षण उसे ग्रामीण कृषि से अलग करना है। पेरी-अर्बन कृषि से हम शहरी क्षेत्रों में रह रहे मजदूरों को रोजगार दे सकते हैं। हम अपने घरों से निकले कूड़े से खाद बनाकर तथा घरों से निकले बेकार पानी का भी प्रयोग कर सकते हैं। इस प्रकार हम कह सकते हैं कि पेरी-अर्बन कृषि के द्वारा हम केवल अपने घर या शहर को खाद्य सुरक्षा तथा आर्थिक के साथ-साथ ग्रामीण युवाओं को रोजगार का साधन उपलब्ध करा सकते हैं।

पेरी-अर्बन कृषि के घटक/कारक–

1. **मनुष्य–**बड़े शहरों में पेरी-अर्बन कृषि मुख्य रूप से कम वेतन पाने वाले व्यक्ति ही करते हैं। ज्यादा पैसे वाले व्यक्ति जिनकी दैनिक आवश्यकतायें आसानी से पूरी हो जाती हैं तो लोग पेरी अर्बन कृषि में कम रूचि रखते हैं।
2. **स्थान–**बड़े शहरों में जिन घरों के आस-पास खाली जमीन अथवा बड़े-बड़े प्लाट होते हैं पेरी अर्बन कृषि करते हैं। इसके अतिरिक्त विद्यालयों के मैदानों तथा अस्पताल आदि के मैदानों में भी पेरी अर्बन कृषि की जा सकती है।
3. **खाद्य उत्पाद–**पेरी अर्बन कृषि में विभिन्न फसलों जैसे अनाज, कंद वाली सब्जियाँ, मशरूम तथा फल आते हैं। इसके साथ-साथ खरगोश, बकरी, भेड़, गाय, भैंस, सूअर तथा मछली पालन, शोभाकारी वृक्ष, फूल, औषधीय पेड़-पौधे भी पेरी-अर्बन कृषि का अंग हैं। पेरी-अर्बन कृषि ग्रामीण कृषि की तुलना में ज्यादा विशिष्ट होती है।
4. **बाजार उत्पाद–**पेरी-अर्बन कृषि में हम सिर्फ कृषि ही नहीं बल्कि प्रसंस्कृत उत्पाद जैसे आचार, जैम, जैली, बाजारीकरण, कृषि निवेश जैसे कम्पोस्ट खाद,

वर्मीकम्पोस्ट, जानवरों के स्वास्थ्य सम्बन्धी सेवा आदि भी शामिल करते हैं। बहुत सारे देशों में पेरी-अर्बन कृषि में अपने कृषि उत्पादों को स्वयं ग्रहण करता है तथा बचे हुए को बेचना है। जबकि बाजार आधारित पेरी-अर्बन कृषि में उत्पाद की आर्थिकी को कम नहीं आँकना चाहिये। ज्यादा ताजी चीजें बेची जाती हैं तथा प्रसंस्कृत वस्तुएँ स्वयं प्रयोग कर ली जाती हैं। गलियों में खाने पीने की वस्तु बेचना भी पेरी-अर्बन कृषि की माँग है।

5. **उच्च तकनीकी का पेरी-अर्बन कृषि में प्रयोग**–आज के परिवेश में यदि देखा जाये तो विकासशील देश में आज भी उच्च तकनीक की पेरी-अर्बन कृषि का अभाव है।

पेरी-अर्बन कृषि के लाभ–

1. बेरोजगार, अनपढ़ तथा ग्रामीण क्षेत्रों से आये हुए लोगों के लिए पेरी-अर्बन कृषि रोजगार प्रदान करती है।
2. घर से निकले अपशिष्ट पदार्थों का सही प्रयोग किया जा सकता है।
3. सस्ते में पोषक तत्त्वों से भरपूर खाद्य पदार्थ मिलते हैं जिससे घरेलू दैनिक खर्च में कमी हो जाती है।
4. अन्तर्राष्ट्रीय तथा राष्ट्रीय संसाधनों द्वारा भी सम्मान दिया जाता है कि आप लोगों को अच्छा जीवन दे रहे हैं।
5. कम क्षेत्रफल में कम अवधि की फसल लेकर वर्ष भर में कई फसलें उगा सकते हैं।
6. घातक रसायनों से मुक्त घर पर ही ताजी फसल/सब्जियाँ मिल जाती हैं।

4. सौर खेती

तेजी से बढ़ते मरुस्थलीकरण की चुनौती से जूझ रहे दुनिया के ज्यादातर देशों की नजर इन दिनों भारत पर टिकी है। हालांकि भारत खुद भी इससे प्रभावित है, जिसकी करीब 29 फीसद जमीन बंजर या बेकार पड़ी है। इसके बावजूद भारत ने पिछले वर्षों में जो ठोस कदम उठाए हैं, उसके परिणामों से दुनिया का रुझान बढ़ा है। यदि वजह है कि मरुस्थलीकरण से प्रभावित दुनिया के पचास से ज्यादा देश अब तक भारतीय कदमों की जानकारी जुटा चुके हैं। इनमें ज्यादातर अफ्रीकी देश हैं।

मरुस्थलीकरण को लेकर संयुक्त राष्ट्र की अगुवाई में ग्रेटर नोएडा में छह सितम्बर से चली कॉप (कॉन्फ्रेंस ऑफ पार्टीज)-14 में यह नाजारा देखने को मिला। भारत ने दुनिया के सामने अपने प्रयासों और उसके परिणामों को रखा। साथ ही बताया कि हमारी पुरातन व्यवस्था भी कुछ ऐसी थी, जिसमें हम भूमि को पूजते हैं और उसकी गुणवत्ता को बेहतर बनाए रखने के उपाय करते हैं।

सम्मेलन में भारत ने पिछले वर्षों में मरुस्थलीकरण को लेकर उठाए गए कदमों के परिणाम को भी रखा है। जिसमें बताया कि कैसे लगातार घट रहे वन क्षेत्र को पिछले कुछ वर्षों में ही बढ़ते क्रम में ला दिया है। चार वर्षों में वन क्षेत्र में करीब दो फीसदी का इजाफा हुआ है। अब तक करीब 820 लाख हैक्टेयर भूमि को सुधारने का दावा किया गया है। हालांकि इनमें से बड़ा क्षेत्रफल ऐसा था, जो सिंचाई की व्यवस्था न होने के चलते बेकार पड़ा था। भारत में अभी करीब 970 लाख हैक्टेयर भूमि बेकार और बंजर है।

भारत में अक्षय ऊर्जा को लेकर अपार संभावनाएँ हैं। बंजर जमीन पर सौर खेती कर किसान बिजली पैदा कर अच्छा मुनाफा कमा सकते हैं। इंडिया एक्सपो मार्ट में कॉन्फ्रेंस ऑफ पार्टीज (कॉप)-14 में यह बातें केन्द्रीय नवीन और नवीकरणीय ऊर्जा मंत्रालय ने इंडिया पवेलियन में कही। यहाँ भारत में नवीकरणीय ऊर्जा तथा सत्त ऊर्जा की गति एवं मरुस्थलीकरण से संघर्ष विषय पर सत्र आयोजित किया गया था। ऊर्जा मंत्रालय ने कहा कि हमारा लक्ष्य 2030 तक कुल ऊर्जा का 40 फीसद अक्षय ऊर्जा उत्पादित करने का है। मंत्रालय ने 2022 तक 175 गीगावाट ऊर्जा पैदा करने का लक्ष्य रखा गया था, लेकिन इससे कहीं अधिक हासिल कर लेंगे।

उच्च स्तरीय सत्र में भारत व हिमालय क्षेत्र में जैविक कृषि किस तरह जमीन को उपजाऊ बनाती है। जैव विविधता के जरिए स्थानीय लोगों के जीवन स्तर को किस तरह से सुधारा जा सकता है। इस पर चर्चा की गई। संयुक्त राष्ट्र के उच्चाधिकारियों व विभिन्न देशों के मंत्रियों ने 100 फीसद जैविक खेती के जरिए भू-क्षरण को कम करने पर भी बात की। यूएनसीसीडी के कार्यकारी सचिव ने कहा कि भोजन और कृषि प्रणालियों के लिए परिवर्तन भविष्य के लिए काफी महत्त्वपूर्ण है। सिक्किम और भूटान दोनों ने दिखा दिया है कि यह मुमकिन है कि 100 फीसद जैविक लक्ष्यों को पाया जा सकता है। वर्ल्ड फ्यूचर काउंसिल के कार्यकारी निदेशक ने कहा कि जैविक कृषि और कृषि विज्ञान को बढ़ाकर कुपोषण, सामाजिक अन्याय, जलवायु परिवर्तन और जैव विविधता के नुकसान से निपटना संभव है। आइएफओएएम के कार्यकारी निदेशक लुइस लुटिकहोल्ट ने कहा कि भारत के सिक्किम को फ्यूचर पॉलिसी गोल्ड अवॉर्ड-2018 के लिए चुना गया था। यह पूरी तरह से जैविक बनने वाला दुनिया का पहला राज्य है।

अगले दस वर्षों में यानि 2030 तक पचास लाख हैक्टेयर भूमि को सुधारने का लक्ष्य रखा गया है। इसकी घोषणा हाल ही में वन एवं पर्यावरण मंत्री ने कही है।

अध्याय 5

प्राकृतिक खेती की आवश्यकता

देश की बढ़ती जनसंख्या, प्राकृतिक संसाधनों का अन्धाधुन्ध दोहन, अनियमित शहरीकरण, औद्योगिकीकरण, अत्यधिक कृषि रसायनों एवं उर्वरकों का प्रयोग एवं वायु, जल, मृदा प्रदूषण के फलस्वरूप विविध प्रकार की समस्याएँ प्रकाश में आ रही हैं। उच्च उत्पादन लागत, खाद्य प्रसंस्करण एवं विपणन सुविधाओं की कमी के कारण कृषि अलाभकारी हो रही है। कृषि योग्य भूमि में विस्तार की सीमित संभावनाओं के कारण जैविक कृषि के माध्यम से कृषि उत्पादन को स्थायित्व प्रदान किया जा सकता है। परम्परागत स्रोतों के उपयोग से कृषि उत्पादों की गुणवत्ता एवं उत्पादकता में वृद्धि होगी साथ ही साथ कृषकों की आय में भी वृद्धि होगी।

प्राकृतिक खेती को परम्परागत कृषि भी कहा जाता है क्योंकि पूर्व में जो भी खेती की जाती थी उसमें उन्नतशील प्रजातियाँ थीं ही नहीं। किसान पूर्व फसलों का बीज संरक्षित कर लेता था और आगामी फसल की बुआई हेतु घर में रखे हुए संरक्षित बीज को ही बोता था। इस बीज को बोने के पश्चात् इनमें खाद, पानी, रसायनों आदि की बहुत कम आवश्यकता पड़ती थी जिसके कारण उत्पादन बहुत कम प्राप्त होता था अर्थात् हम कह सकते हैं कि कृषक को जो भी उत्पादन प्राप्त होता था वह सम्पूर्ण जैविक उत्पाद ही होता था। जब देश स्वतंत्र हुआ था उस समय देश में कुल खाद्यान्न का उत्पादन लगभग 51 मिलियन टन था जिससे देश की सम्पूर्ण जनसंख्या को भोजन उपलब्ध नहीं हो पा रहा था। इस समय रासायनिक उर्वरकों का प्रयोग भी नहीं किया जाता था। कृषक वर्ष में अथवा दो वर्षों में केवल एक ही फसल उगाता था। फसल में कीटों/बीमारियों का प्रकोप होने पर वह दैवीय आपदा समझता था जिसके कारण पूजा/अर्चना/जादू/टोना आदि द्वारा ही फसलों की रक्षा करता था। खरपतवारों का प्रकोप होने पर वह केवल निराई–गुड़ाई करके ही उनका नियंत्रण करता था। इसी कारण पहले अकाल पड़ने की घटनाएँ ज्यादा होती थीं। खेती की यह दशा अत्यन्त गंभीर थी। देश में खेती की इस दशा ने कृषि वैज्ञानिकों का ध्यान खींचा तब देश में हरित क्रांति का सूर्यपात हुआ। यह हरित क्रांति मुख्यत: धान एवं गेहूँ की फसलों पर आई। हरित क्रांति में अमेरिका से गेहूँ की लरमारोजो, सोनोरा 64 आदि बौनी किस्में आईं। इन बौनी प्रजातियों की उच्च उत्पादन पैदा करने की क्षमता थी, परन्तु देश में जिस प्रकार से गेहूँ का उत्पादन लिया जा रहा था उससे इन बौनी प्रजातियों का काम चलने वाला नहीं था। अत: कृषि वैज्ञानिकों ने इन प्रजातियों की पोषक तत्त्वों की आवश्यकता की पूर्ति हेतु लगभग 40 किग्रा. यूरिया प्रति हैक्टेयर प्रयोग की संस्तुति की जिससे इन प्रजातियों को पोषक तत्त्वों की

पूर्ति होकर वांछित उत्पादन प्राप्त किया जा सके साथ ही साथ देश में उगाई जाने वाली गेहूँ की प्रजातियाँ बारानी दशाओं मे ही उगाई जाती थी, परंतु इन बौनी प्रजातियों को कई सिंचाइयों की आवश्यकता पड़ती थी। आज देश में गेहूँ एवं धान की अधिक उपज देने वाली प्रजातियाँ बहुत अधिक संख्या में विकसित की जा चुकी हैं। धान, मक्का, बाजरा, ज्वार आदि फसलों की संकर प्रजातियाँ भी विकसित की जा चुकी हैं, जिनकी उत्पादन क्षमता बहुत अधिक है तथा इनको खाद/उर्वरकों की अधिक मात्रा में आवश्यकता होती है, परन्तु आज की आधुनिक खेती मात्र उर्वरकों, कृषि रक्षा रसायनों के अधिक प्रयोग पर की जा रही है जिसके घातक परिणाम आपके समक्ष हैं। रसायनों के अधिक प्रयोग से हमारी मृदा विषैली हो गई है, फसलों का उत्पाद भी विषैला है, इनकी गुणवत्ता भी खराब है साथ ही साथ हमारा पर्यावरण भी बहुत अधिक प्रदूषित हो गया है। उपरोक्त सभी कारणों को दृष्टिगत रखते हुए हमें पुनः उसी तरह से खेती करनी होगी तथा वैसी ही प्रजातियाँ विकसित करनी होगी जैसे पूर्व समय में की जाती थी। इन घातक रसायनों का प्रयोग कम-से-कम करना होगा जो प्राकृतिक कृषि की तरफ इशारा करती है। उर्वरकों के स्थान पर कार्बनिक खादों के प्रयोग को बढ़ावा देना होगा। फसल की सुरक्षा हेतु प्राकृतिक कृषि रक्षा रसायनों के प्रयोग को बढ़ाने पर जोर दिये जाने की आवश्यकता है जिससे पशु एवं मानव के स्वास्थ्य की रक्षा हो सके।

इस तरह की रासायनिक खेती अपनाने के पीछे निम्नलिखित मुख्य कारण हैं:

1. रसायन एवं कीटनाशक आधारित खेती टिकाऊ नहीं है। पहले से अधिक पैदावार लेने के लिए आधुनिक खेती में लगातार ज्यादा से ज्यादा रासायनिक खाद और कीटनाशकों का प्रयोग करना पड़ रहा है।
2. इससे किसान का खर्चा और कर्जा बढ़ रहा है इसके बावजूद इससे आमदनी का कोई भरोसा नहीं है।
3. रासायनिक खाद और कीटनाशकों के बढ़ते प्रयोग से मिट्टी और पानी प्रदूषित हो रहा है। यहाँ तक कि माँ के दूध में भी कीटनाशकों के अवशेष पाये गये हैं, इसके कारण हमारी माताओं एवं नवजात शिशुओं का स्वास्थ्य बिगड़ रहा है। मनुष्य और पशुओं में बाँझपन बढ़ रहा है, बढ़ती बीमारियाँ, खासतौर पर कैंसर इत्यादि में, हमारे खान-पान की महत्वपूर्ण भूमिका को वैज्ञानिक और आमजन सब मानते हैं। (हालांकि इन बीमारियों के होने में अकेले खान-पान की ही भूमिका नहीं है, खराब होते स्वास्थ्य में हमारी जीवनशैली का भी बहुत बड़ा योगदान है)। कई पशु-पक्षी और जीव-जन्तु समाप्त हो रहे हैं, यानी जीवन नष्ट हो रहा है। स्मरण कीजिए कि भोपाल गैस कांड जिस फैक्टरी में हुआ था, उसमें कीटनाशक ही बनते थे।
4. रासायनिक खादों का निर्माण पेट्रोलियम-पदार्थों पर आधारित है और वह आने वाले समय में समाप्त होने वाले हैं। इसलिए आज नहीं तो कल, हमें रासायनिक उर्वरकों के बिना खेती करनी ही पड़ेगी।

प्राकृतिक खेती अपनाने में अग्रणी भूमिका निभाने वाले बहुत से किसान ऐसे हैं जिन्होंने पहले रासायनिक खेती भी जोर-शोर से अपनाई थी, अनेक पुरुस्कार प्राप्त किये, परन्तु जब कुछ समय बाद इससे बहुत नुकसान होने लगे तब उन्होने नये रास्ते तलाशने शुरू कर दिये और अंततः प्राकृतिक खेती तथा कृषि की पुरानी पद्धति की तरफ आकृष्ट हुए, इससे रासायनिक खेती की विनाशकारी सीमाएँ स्पष्ट होती नजर आई हैं।

इस समस्या के हल की तलाश का एक रास्ता अनुवांशिक रूप से संशोधित फसलों (जी.एम. फसलों), जैसे बी.टी. कपास या बी.टी. बैंगन इत्यादि का भी है। जीएम फसलों का रास्ता ऐसी तकनीकों पर आधारित है जो न केवल किसानों की बड़ी और विदेशी कम्पनियों पर निर्भरता को और भी बढ़ावा देगा, अपितु प्रकृति के साथ पहले से भी बड़ा खिलवाड़ है, ऐसा खिलवाड़ जो घातक सिद्ध हो चुका है। टमाटर उत्पादन में मछली खाद डालने से मछली के अंश मिलाने से पहले बहुत सोच-विचार और लम्बी अवधि के अध्ययनों की जरूरत है। यह अध्ययन उन कम्पनियों से स्वतंत्र होने चाहिये जो यह तकनीक ला रही हैं। दुर्भाग्य से ऐसा हो नहीं रहा, इसलिये ऐसी तकनीकों पर आधारित खेती को जैविक या वैकल्पिक खेती में नहीं गिना जाता। देश में जीएम फसलों को बढ़ावा देने से पहले बी.टी. कपास के अनुभव की पूरी समीक्षा होनी चाहिये। कई जगह इसके दुष्परिणाम भी सामने आये हैं।

संपूर्ण विश्व में बढ़ती हुई जनसंख्या एक गंभीर समस्या है, बढ़ती हुई जनसंख्या के साथ भोजन की आपूर्ति के लिए मानव द्वारा खाद्य उत्पादन की होड़ में अधिक से अधिक उत्पादन प्राप्त करने के लिए तरह-तरह की रासायनिक खादों, जहरीले कीटनाशकों का उपयोग पारिस्थितिकी तंत्र (Ecological System-प्रकृति के जैविक और अजैविक पदार्थों के बीच आदान-प्रदान के चक्र) को प्रभावित करता है, जिससे भूमि की उर्वरा शक्ति खराब हो जाती है, साथ ही वातावरण प्रदूषित होता है तथा मनुष्य के स्वास्थ्य में गिरावट आती है। प्राचीन काल में मानव स्वास्थ्य के अनुकूल तथा प्राकृतिक वातावरण के अनुरूप खेती की जाती थी, जिससे जैविक और अजैविक पदार्थों के बीच आदान-प्रदान का चक्र (पारिस्थितिकी तंत्र) निरंतर चलता रहा था। जिसके फलस्वरूप जल, भूमि, वायु तथा वातावरण प्रदूषित नहीं होता था। भारत वर्ष में प्राचीन काल से कृषि के साथ-साथ गौ पालन किया जाता था, जिसके प्रमाण हमारे ग्रंथों में प्रभु कृष्ण और बलराम हैं जिन्हें हम गोपाल एवं हलधर के नाम से संबोधित करते हैं अर्थात् कृषि एवं गोपालन संयुक्त रूप से अत्याधिक लाभदायी था, जो कि प्राणी मात्र तथा वातावरण के लिए अत्यन्त उपयोगी था, परन्तु बदलते परिवेश में गोपालन धीरे-धीरे कम हो गया तथा कृषि तथा कृषि में तरह-तरह की रासायनिक खादों तथा कीटनाशकों का प्रयोग हो रहा है जिसके फलस्वरूप जैविक और अजैविक पदार्थों के चक्र का संतुलन बिगड़ता जा रहा है और वातावरण प्रदूषित होकर, मानव जाति के स्वास्थ्य को प्रभावित कर रही है। अब हम रासायनिक खादों, जहरीले कीटनाशकों के उपयोग के स्थान पर, जैविक खादों एवं दवाईयों का उपयोग कर, अधिक से अधिक उत्पादन प्राप्त कर सकते हैं जिससे भूमि, जल तथा वातावरण शुद्ध रहेगा और मनुष्य एवं प्रत्येक जीवधारी स्वस्थ्य रहेंगे।

भारतवर्ष में ग्रामीण अर्थव्यवस्था का मुख्य आधार कृषि है और कृषकों की मुख्य आय का साधन खेती है। हरित क्रांति के समय से बढ़ती हुई जनसंख्या को देखते हुए एवं आय की दृष्टि से उत्पादन बढ़ाना आवश्यक है अधिक उत्पादन के लिए खेती में अधिक मात्रा में रायायनिक उर्वरकों एवं कीटनाशकों का उपयोग करना पड़ता है जिससे सीमांत तथा छोटे कृषक के पास कम जोत में अत्यधिक लागत लग रही है और जल, भूमि, वायु तथा वातावरण भी प्रदूषित हो रहा है साथ ही खाद्य पदार्थ भी जहरीले हो रहे हैं। इसलिए इस प्रकार की उपरोक्त सभी समस्याओं से निपटने के लिए गत वर्षों से निरंतर टिकाऊ खेती के सिद्धांत पर खेती करने की सिफारिश की गई है, जिसे प्रदेश के कृषि विभाग ने इस विशेष प्रकार की खेती को अपनाने के लिए, बढ़ावा दिया जिसे हम प्राकृतिक खेती के नाम से जानते हैं। भारत सरकार भी इस प्रकार की खेती को अपनाने के लिए प्रचार-प्रसार कर रही है।

म.प्र. में सर्वप्रथम 2001-02 में प्राकृतिक खेती का आंदोलन चलाकर प्रत्येक जिले के प्रत्येक विकास खण्ड के एक गाँव में प्राकृतिक खेती प्रारम्भ की गई है और इन गाँवो को जैविक गाँव नाम दिया गया। इस प्रकार प्रथम वर्ष में कुल 313 ग्रामों में जैविक खेती की शुरुआत हुई। इसके बाद 2002-03 में द्वितीय वर्ष में प्रत्येक जिले के प्रत्येक विकास खण्ड के दो-दो गाँव, वर्ष 2003-04 में 2-2 गाँव अर्थात् 1565 ग्रामों में प्राकृतिक खेती की गई। वर्ष 2006-07 में पुनः प्रत्येक विकासखण्ड में 5-5 गाँव चयन किये गये। इस प्रकार देश के 3130 ग्रामों में जैविक खेती का कार्यक्रम लिया गया। मई 2002 में राष्ट्रीय स्तर का कृषि विभाग के तत्वाधान में भोपाल में जैविक खेती पर सेमीनार आयोजित किया गया जिसमें राष्ट्रीय विशेषज्ञों एवं जैविक खेती करने वाले अनुभवी कृषकों द्वारा भाग लिया गया जिसमें जैविक खेती अपनाने हेतु प्रोत्साहित किया गया। प्रदेश के प्रत्येक जिले में जैविक खेती के प्रचार-प्रसार हेतु चलचित्र, झाँकी, पोस्टर्स, बेनर्स, साहित्य, एकल नाटक, कठपुतली प्रदर्शन, जैविक हाट एवं विशेषज्ञों द्वारा जैविक खेती पर उदबोधन आदि के माध्यम से प्रचार-प्रसार किया तथा कृषकों में जैविक खेती के लिए जन जाग्रति फैलाई जा रही है। जैविक खेती से मानव स्वास्थ्य का बहुत गहरा सम्बन्ध है। इस पद्धति से खेती करने में शरीर तुलनात्मक अधिक स्वस्थ्य रहता है। औसत आयु भी बढ़ती है। हमारी आने वाले पीढ़ी भी अधिक स्वास्थ्य रहेगी। कीटनाशक और रासायनिक खाद का प्रयोग खेती में करने से फसल जहरीली होती है। प्राकृतिक खेती से फसल और स्वास्थ्य जल्दी खराब नहीं होता है।

प्राकृतिक खेती की विधि रासायनिक खेती की विधि की तुलना में बराबर या अधिक उत्पादन देती है अर्थात् प्राकृतिक खेती मृदा की उर्वरता एवं कृषकों की उत्पादकता बढ़ाने में पूर्णतः सहायक है। वर्षा आधारित अथवा बारानी क्षेत्रों में प्राकृतिक खेती की विधि और भी अधिक लाभदायक है। प्राकृतिक विधि द्वारा खेती करने से उत्पादन की लागत तो कम होती ही है इसके साथ ही कृषक भाइयों को आय अधिक प्राप्त होती है तथा अंतर्राष्ट्रीय बाजार की स्पर्धा में प्राकृतिक उत्पाद अधिक खरे उतरते हैं। जिसके फलस्वरूप सामान्य उत्पादन की अपेक्षा कृषक भाई अधिक लाभ प्राप्त कर सकते हैं। आधुनिक समय में निरंतर बढ़ती

हुई जनसंख्या, पर्यावरण प्रदूषण, भूमि की उर्वरा शक्ति का संरक्षण एवं मानव स्वास्थ्य के लिए जैविक खेती की राह अत्यन्त लाभदायक है। मानव जीवन के सर्वांगीण विकास के लिए नितांत आवश्यक है कि प्राकृतिक संसाधन प्रदूषित न हो, शुद्ध वातावरण रहे एवं पौष्टिक आहार मिलता रहे, इसके लिए हमें जैविक खेती की कृषि पद्धतियों को अपनाया होगा जोकि हमारे नैसर्गिक संसाधनों एवं मानवीय पर्यावरण को प्रदूषित किये बगैर समस्त जनमानस को जैविक खाद्य सामग्री उपलब्ध करा सकेगी तथा हमें खुशहाल जीने की राह दिखा सकेगी।

धरती की सेहत में सुधार

देश की राजधानी दिल्ली से सटे ग्रेटर नोएडा में कॉप-14 (कॉन्फ्रेंस ऑफ पार्टीज) सम्मेलन को सम्बोधित करते हुए प्रधानमंत्री ने जब यह कहा कि भारतीय परंपरा में पृथ्वी को माता का दर्जा दिया गया है और उसकी सेहत की चिंता की जानी चाहिए तो लोगों का ध्यान इस पर गया कि धरती के समक्ष कैसे-कैसे खतरे उत्पन्न हो चुके हैं? अच्छी बात यह है कि भारत सरकार इन खतरों से निपटने के लिए मरुस्थलीकरण रोकने, वन क्षेत्र बढ़ाने, सिंगल यूज प्लास्टिक पर प्रतिबंध लगाने जैसे उपाय कर रही है। इसके अतिरिक्त सरकार जीरो बजट प्राकृतिक खेती पर ध्यान देने के साथ-साथ जल संरक्षण को भी जनांदोलन बना रही है। साथ ही स्वच्छ भारत मिशन की तरह अब पर्यावरण संरक्षण की मुहिम शुरू की गई हैं। देखा जाए तो धरती की सेहत बिगाड़ने में बहुत बड़ा योगदान इन रासायनिक उर्वरकों एवं कीटनाशकों का रहा है। इसी को देखते हुए विगत वर्ष में स्वतंत्रता दिवस पर राष्ट्र के नाम संबोधन में प्रधानमंत्री ने पर्यावरण अनुकूल खेती पर जोर देते हुए रासायानिक उर्वरकों एवं कीटनाशकों के उपयोग को धीरे-धीरे कम करने और अंततः इनका इस्तेमाल बंद करने का आहवान किया था। उन्होंने यह भी कहा था कि एक किसान के रूप में हमें धरती को बीमार बनाने का हक नहीं है। इस साल के बजट में भी जीरो बजट खेती का एलान किया गया है। इसमें खेती के लिए जरूरी बीज, खाद, पानी आदि का इंतजाम कुदरती रूप से किया जाता है।

केंद्र सरकार ने प्राकृतिक खेती को बढ़ावा देने के लिए परंपरागत कृषि विकास योजना बनाई है। इसके तहत तीन साल के लिए प्रति हैक्टेयर 50,000 रुपये की सहायता दी जा रही है। केन्द्र सरकार की धरती बचाने की यह पहल अकारण नहीं है। देश में रासायनिक उर्वरकों, कीटनाशकों के अंधाधुंध इस्तेमाल से एक ओर धरती की उर्वरा शक्ति नष्ट हो रही है तो दूसरी ओर अनाज-सब्जियों के माध्यम से यह जहर लोगों के शरीर में भी पहुँच रहा है और वे तरह-तरह की बीमारियों का शिकार हो रहे हैं। अभी तक यह भ्रामक धारणा थी कि रासायनिक उर्वरकों का इस्तेमाल बंद करने से उत्पादन घट न जाए, लेकिन कई अध्ययनों से यह साबित हो गया है कि रासायनिक उर्वरक-कीटनाशक मुक्त खेती से न केवल लागत में कमी आती है, बल्कि उत्पादन में भी बहुत फर्क नहीं पड़ता। अंतर्राष्ट्रीय कृषि विकास कोष (आइएफएडी) द्वारा भारत और चीन में किए गए अध्ययनों के आधार पर इस बात की पुष्टि की गई है कि प्राकृतिक खेती अपनाने से किसानों की आमदनी में काफी बढ़ोत्तरी होती है।

सेंटर फॉर साइंस एंड एंवायरनमेंट की रिपोर्ट के मुताबिक देश की 30 फीसदी जमीन बंजर होने के कगार पर है। इसका कारण यूरिया का अंधाधुंध इस्तेमाल किया गया जिसे हरित क्रांति के दौर में उत्पादन बढ़ाने का अचूक मंत्र मान लिया गया था। यूरिया इस्तेमाल के दुष्प्रभाव के अध्ययन के लिए वर्ष 2004 में सरकार ने सोसायटी फॉर कंजरवेशन ऑफ नेचर की स्थापना की थी। उसने भी यूरिया को धरती की सेहत के लिए घातक बताया था। रासायानिक उर्वरक-कीटनाशक आधारित खेती की शुरुआत यूरोप में औद्योगिक क्रांति के साथ हुई थी, ताकि कम भूमि में अधिक पैदावार हासिल की जा सके। आगे चलकर विकासशील देश भी औद्योगिकीकरण और आधुनिक खेती को विकास का पर्याय मानने लगे। भारत ने भी इसी नीति का अनुसरण किया। परिणामस्वरूप देश भर में उर्वरक कारखाने लगे और गेहूँ एवं धान के संकरित बीजों को रासायनिक उर्वरकों, कीटनाशकों के साथ उगाया जाने लगा। इससे शुरू में तो उत्पादकता बढ़ी, लेकिन आगे चलकर मिट्टी की नमी और उसके भुरभुरेपन में कमी आई और कृषि मित्र जीव-जंतुओं का बड़े पैमाने पर विनाश हुआ। जैसे-जैसे मिट्टी की प्राकृतिक शक्तियाँ घटी वैसे-वैसे रासायनिक उर्वरकों की जरूरत भी बढ़ी। इसके साथ ही उत्पादकता में भी गिरावट आनी शुरू हुई। उदाहरण के लिए 1960 में एक किलोग्राम रासायनिक खाद डालने पर उत्पादन में 25 किलोग्राम की बढ़ोतरी होती थी, जो 1975 में 15 किलोग्राम तथा 2009 में मात्र 6 किलोग्राम रह गई। इस प्रकार रासायनिक उर्वरकों की खपत बढ़ने से जहां एक ओर लागत बढ़ी वहीं दूसरी ओर उत्पादकता में गिरावट आने से किसानों के लाभ में भी कमी आई। रासायनिक उर्वरकों की बढ़ती खपत का सीधा प्रभाव सब्सिडी पर पड़ा। 1976-77 में 60 करोड़ रूपये की उर्वरक सब्सिडी दी गई थी, जो वर्ष 2007-08 में 40,338 करोड़ रूपये हो गई। वर्ष 2019-20 में इसके 80,000 करोड़ रुपये तक पहुँचने का अनुमान है।

पिछली सरकारों ने रासायनिक उर्वरकों के संतुलित इस्तेमाल की ओर ध्यान नहीं दिया जिससे उर्वरक सब्सिडी यूरिया केंद्रित बनकर रह गई। इसका नतीजा यह हुआ कि यूरिया नमक से भी सस्ती बिकने लगी। इससे उर्वरकों के असंतुलित इस्तेमाल को बढ़ावा मिला। उदाहरण के लिए 83 फीसद रासायनिक उर्वरकों का इस्तेमाल देश के महज 292 जिले करते हैं, जबकि शेष 433 जिलों के हिस्से में 17 फीसद यूरिया आती है। नाइट्रोजन, फास्फोरस और पोटाश का आदर्श अनुपात 4:2:1 है, लेकिन पंजाब में यह अनुपात 31:8:1 और हरियाणा में 28:6:1 तक बिगड़ चुका है। कमोवेश यही स्थिति दूसरे राज्यों की भी है। यूरिया के अत्यधिक इस्तेमाल ने नाइट्रोजन चक्र को बुरी तरह प्रभावित किया है। नाइट्रोजन चक्र बिगड़ने का दुष्परिणाम केवल मिट्टी-पानी तक सीमित नहीं रहा है। नाइट्रस ऑक्साइड के रूप में यह एक ग्रीनहाउस गैस भी है और वैश्विक जलवायु परिवर्तन में इसका बहुत बड़ा योगदान है। गौरतलब है कि ग्रीनहाउस गैस के रूप में कार्बन डाईऑक्साइड के मुकाबले नाइट्रस ऑक्साइड 300 गुना अधिक प्रभावशाली है।

सस्ती यूरिया से न सिर्फ जमीन बंजर बनी, बल्कि तस्करी के जरिये यह बड़े पैमाने पर नेपाल और बांग्लादेश पहुँचने लगी। इतना ही नहीं यूरिया का इस्तेमाल नकली दूध, विस्फोटक बनाने आदि में भी होने लगा। इसी को देखते हुए साल 2015 में केन्द्र सरकार ने नीम कोटेड यूरिया का उत्पादन करना अनिवार्य कर दिया जिससे यूरिया का दुरूपयोग रुक गया। प्रधानमंत्री ने धरती की सेहत सुधाने की जो बहु-आयामी मुहिम छेड़ी वह पर्यावरण संरक्षण की दिशा में मील का पत्थर साबित हो, इसकी कोशिश सभी को करनी चाहिए।

प्राकृतिक खेती का महत्व

खेती सम्बन्धी गतिविधियों की चुनौतियाँ दिन-प्रतिदिन बढ़ती जा रही हैं। उदाहरण के लिये खेती की लागत बढ़ गई है, पानी की कमी होती जा रही है और खेती के लिये श्रमिक मिलना मुश्किल होने लगा है। ऐसे में यदि हम खेती की वर्तमान प्रणाली का उपयोग करते रहे तो इससे सामाजिक-आर्थिक समस्याओं के और गम्भीर होने के साथ-साथ पारिस्थितिकीय तंत्र के नष्ट होने का खतरा बढ़ सकता है। इसलिये हमें समग्र दृष्टिकोण अपनाना होगा और सघन खेती की तुलना में पारम्परिक खेती के फायदों को ध्यान में रखते हुए अधिक फायदेमन्द तरीके अपनाने होंगे। देश की विकास प्रक्रिया में कृषि प्रणाली की ज्यादा अहम भूमिका है चाहे यह भूमिका रोजगार के सृजन में हो, जलवायु परिवर्तन की चुनौती से निपटने की हो या पौष्टिक आहार एवं स्वास्थ्य में सुधार को लेकर हो। यानी आज खेती के स्मार्ट तौर-तरीकों के चयन और उन्हें अपनाने पर बहुत कुछ निर्भर है।

प्राकृतिक खेती में जैव-विविधता का संरक्षण होता है वहीं इससे प्राकृतिक संसाधनों के संरक्षण में भी मदद मिलती है। प्राकृतिक खेती प्रणाली में नाइट्रेट लीचिंग बहुत कम होती है जिससे भूजल के प्रदूषण की रोकथाम होती है। जैविक सामग्री के उपयोग से मिट्टी में जैव क्रियाएँ बढ़ जाती हैं जिससे भूमि को लम्बे समय तक उपजाऊ बनाए रखने में भी मदद मिलती है।

खेती में कीमती बाहरी सामग्री के उपयोग में कमी करके उत्पादन लागत घटाई जा सकती है। इससे मुख्य फसल के नष्ट होने की आशंका को कम-से-कम किया जा सकता है और कृषि वानिकी, अदला-बदली से फसल उगाने और एक फसल के साथ दूसरी फसल उगाकर खेती में विविधता लाई जा सकती है। किसानों को जैविक उत्पादों के अधिक मूल्य मिलते हैं और वे जैविक विधि से उगाए गए कृषि पदार्थों के विशेष बाजार में भी पहुँच हासिल करते हैं। इससे उनकी क्रय क्षमता बढ़ जाती है।

किसानों को ऋण आसानी से उपलब्ध हो जाता है और तकनीकी तथा बाजार तक पहुँच की सुविधा मिल जाती है तो उनकी आर्थिक स्थिति में सुधार होने लगता है। इसके अतिरिक्त उन्हें गैर-सरकारी संगठनों, किसान क्लबों, स्वयं सहायता समूहों आदि का सहयोग भी मिलने लगता है। जिससे वह पूरे साल ऋण प्राप्त कर सकते हैं।

महिलाएँ कृषि सम्बन्धी गतिविधियों में महत्त्वपूर्ण भूमिका निभाती हैं। उनके योगदान पर विशेष रूप से ध्यान आकृष्ट करने के लिये प्रति वर्ष 15 अक्टूबर को महिला किसान दिवस का आयोजन किया जाता है। महिलाओं को खेती-बाड़ी सम्बन्धी गतिविधियों में महत्त्वपूर्ण स्थान दिलाने के लिये भारत सरकार ने उन्हें केन्द्र में रखकर नई नीतियाँ और कार्यक्रम तैयार किये हैं। जैविक खेती में विविधता लाकर (फसल, पशुधन आदि) रोजगार के नए अवसर पैदा किये जा सकते हैं जिससे ग्रामीण महिलाओं का सशक्तीकरण होता है।

प्राकृतिक खेती में किसान रसायनों के सम्पर्क में कम आते हैं। जैविक खाद्य पदार्थ पौष्टिक, स्वादिष्ट और ताजे होते हैं। ज्यादातर मामलों में इन उत्पादों में विटामिन सी, एंटी ऑक्सीडेंट्स आदि पर्याप्त मात्रा में मौजूद रहते हैं। इन्हें अपनी गुणवत्ता और स्वास्थ्य की दृष्टि से सुरक्षा के लिये जाना जाता है। प्राकृतिक खेती की तरह जैविक खेती अपनाने से किसानों का जीवन-स्तर उठाने में मदद मिलती है।

अध्याय 6

प्राकृतिक खेती के लिए आवश्यक कम उत्पादन लागत पद्धतियाँ

कम उत्पादन लागत पद्धतियाँ लागत के वह कारक हैं जिनका किसी फसलोत्पादन में प्रयोग करने पर लागत तथा व्यय का निर्धारण होता है तथा यह बिना किसी परेशानी के आसानी से अपनायी जा सकती हैं तथा फसलों में की जाने वाली कृष्य क्रियाओं में बदलाव करके अथवा सुनियोजित तरीके से करने से सम्बन्धित होती हैं। देश में कुल कृषक परिवारों में से 70-75 प्रतिशत तक सीमान्त तथा लघु कृषक हैं जो आर्थिक रूप से इतने गरीब तथा दयनीय हैं कि वे अपनी खेती में आधुनिक कृषि यंत्रों, कृषि रसायनों, खाद-पानी, उन्नतशील प्रजाति के बीज आदि का प्रयोग करने में सक्षम नहीं हैं जिसके कारण उन्हें अपनी उपज का सही मूल्य नहीं प्राप्त हो पाता है। अत: ऐसे कृषकों को कम लागत तकनीकी को अपनाने के लिए विशेष बल देने की आवश्यकता है। कम लागत वाली कृषि तकनीक का तात्पर्य यह है कि वह तकनीक जिसमें फसल उत्पादन के लिए सभी आवश्यक घटकों को इस प्रकार से समायोजित किया जाए जिससे फसल से अधिक से अधिक उत्पादन प्राप्त किया जा सके। कम लागत वाली कृषि तकनीकों को सही ढ़ंग से समायोजित करके फसलों के उत्पादन में डेढ़ से दो गुना तक की वृद्धि की जा सकती है। कई प्रकार की सस्य क्रियाओं को अपनाने से लागत में कोई अतिरिक्त व्यय भी नहीं करना पड़ता है और उत्पादन में वृद्धि हो जाती है। प्रक्षेत्र पर उचित फसल चक्र तथा उनमें अपनाई जाने वाली कृष्य क्रियाओं के कारण मृदा की उर्वरा शक्ति में वृद्धि, भौतिक, रासायनिक तथा जैविक दशा में सुधार तथा कीटों एवं बीमारियों का कम प्रकोप होने से अधिक प्रक्षेत्र पर कुल लाभ में वृद्धि हो जाती है। दलहनी फसलों में उत्पादन लागतों का सबसे कम प्रयोग किया जाता है साथ ही साथ सीमान्त तथा कम उपजाऊ वाली भूमियों में इनको उगाया जाता है जिससे दलहनों की कम उपज प्राप्त होती है। दलहनी फसलों में कम उत्पादन के कारकों का प्रयोग करने से पौध सुरक्षा रसायनों, उपकरणों तथा मजदूरी पर होने वाले खर्च की बचत होने से कुल लाभ में वृद्धि हो जाती है।

कम उत्पादन लागत वाली पद्धतियाँ निम्न हैं-

1. फसल एवं प्रजातियों का चुनाव
2. उचित फसल पद्धतियाँ
3. प्रमाणित तथा स्वस्थ बीज

4. बीजोपचार
5. बीज शोधन
6. समय से बुआई
7. उपयुक्त बुआई की विधि
8. उचित पौध विन्यास
9. समन्वित उर्वरक प्रबन्ध
10. सामयिक सुरक्षा प्रबन्धन

1. फसल एवं प्रजातियों का चुनाव: भिन्न-भिन्न प्रकार के जलवायु क्षेत्रों में भिन्न-भिन्न प्रकार की फसलों तथा उनकी प्रजातियाँ उगायी जाती हैं। फसलों की अधिक उपज देने वाली, कीट एवं रोगरोधी, कम समय में पकने आदि गुणों वाली प्रजातियाँ भिन्न-भिन्न क्षेत्रों के अनुसार विकसित की गई हैं। इन प्रजातियों की संस्तुत क्षेत्रों के अनुसार बुआई करने पर फसलों की उपज में 15-20 प्रतिशत की वृद्धि हो जाती है। शीघ्र पकने वाली तथा देर से बुआई के लिये उपयुक्त प्रजातियों का समावेश करके फसल चक्र की उत्पादकता बढ़ाने के साथ-साथ मृदा की उर्वरा शक्ति को काफी समय तक बनाये रखा जा सकता है। उड़द एवं मूंग की फसल कम समय में पककर तैयार (60-65 दिन) हो जाती हैं तथा इनका उत्पादन 8-10 कुन्टल प्रति हैक्टेयर तक प्राप्त हो जाता है। अरहर, मूंग, उड़द तथा लोबिया की उन्नतशील प्रजातियाँ विकसित करने के कारण इनको रबी ऋतु में उगाया जाना सम्भव हो सका है। दलहनी फसलों की नई प्रजातियों को विकसित करने से परम्परागत क्षेत्रों के अतिरिक्त गैर परम्परागत क्षेत्रों में भी उगाना सम्भव हो सका है जैसे उत्तर-पश्चिमी मैदानी क्षेत्रों में कम अवधि में तैयार होने वाली अरहर की प्रजातियों के विकास से अरहर-गेहूँ फसल चक्र काफी प्रचलित हो गया है। इसी प्रकार राजमा की खेती पहाड़ी क्षेत्रों में खरीफ ऋतु में की जाती थी। परन्तु आजकल उत्तर प्रदेश, बिहार, उड़ीसा आदि राज्यों के मैदानी क्षेत्रों में रबी ऋतु में भी उगाया जाना सम्भव हो सका है। बारानी/असिंचित क्षेत्रों में जहाँ पर केवल एक ही फसल उगाना सम्भव था वहाँ पर कम समय में पककर तैयार होने वाली दलहनी फसलों की प्रजातियों को विकसित करके वर्ष में दो फसलों को उगाना सम्भव हो सका है।

सघन फसलोत्पादन पद्धति के लिए उपयुक्त शीघ्र पकने वाली दलहनों की उन्नतशील प्रजातियाँ

फसल	प्रजातियाँ	पकने का समय (दिन)
अरहर	पूसा 3	160
	पूसा 74	160
	पूसा 84	160
	पूसा 85	150
	पूसा 885	150
	यू पी ए एस 120	140
	मानक	140
	टी टी 5	150
	आई सी पी एल 151	140
	आई सी पी एच 8 (हाइब्रिड)	140
	एच 82-1	150
	पूसा-16	144
मूंग	आई पी एम0 2-14	65
	आई पी एम. 25 (विराट)	55
	पी डी एम 84-139	65
	के 851	60
	पंत मूंग-2	60
	एम यू एम 2	60
उड़द	आई पी यू 2-43	70
	आजाद उर्द-1	65
	पी डी यू 1	70
	पंत यू 19	75
	पंत यू 30	70
	आई पी यू 94-1	80
चना	उदय (के पी जी 59)	95
	आई सी सी वी 96029	75
	आई सी सी वी 96030	80

गेहूँ	एच डी 2985	95
	एच डी 3117	95
	पी बी डब्लू 187	120
	एच डी 2864 (उर्जा)	95
	पूसा गोल्ड (डब्लू आर 544)	90
सोयाबीन	जे एस 335	90
	जे एस 93-05	90
	जे एस 95-60	95

उड़द एवं मूंग की फसल कम समय में पककर तैयार (60-65 दिन) हो जाती है तथा इनका उत्पादन 8-10 कुन्टल प्रति हैक्टेयर तक प्राप्त हो जाता है। बसन्त/ग्रीष्म कालीन समय में उगाये जाने के लिए उड़द की प्रमुखता उपयुक्त प्रजातियाँ जैसे पी यू 31, आई पी यू 2-43, बल्लभ उड़द-1 तथा यू जी 288 और मूंग की प्रजातियाँ जैसे पंत मूंग-2, आई पी एम 2-14, आई पी एम 25, विराट, शिखा तथा के 851 प्रमुख हैं।

अरहर, मूंग, उड़द तथा लोबिया की उन्नतशील प्रजातियाँ विकसित करने के कारण इनको रबी ऋतु में उगाया जाना सम्भव हो सका है। दलहनी फसलों की नई प्रजातियों को विकसित करने से परम्परागत क्षेत्रों के अतिरिक्त गैर-परम्परागत क्षेत्रों में भी उगाना सम्भव हो सका है जैसे उत्तर-पश्चिमी मैदानी क्षेत्रों में कम अवधि में तैयार होने वाली अरहर की प्रजातियों के विकास से अरहर-गेहूँ फसल चक्र काफी प्रचलित हो गया है। इसी प्रकार राजमा की खेती पहाड़ी क्षेत्रों में खरीफ ऋतु में की जाती थी, परन्तु आजकल उत्तर प्रदेश, बिहार, उड़ीसा आदि राज्यों के मैदानी क्षेत्रों में रबी ऋतु में भी उगाया जाना सम्भव हो सका है। बारानी/असिंचित क्षेत्रों में जहाँ पर केवल एक ही फसल उगाना सम्भव था वहाँ पर कम समय में पककर तैयार होने वाली दलहनी फसलों की प्रजातियों को विकसित करके वर्ष में दो फसलों को उगाना सम्भव हो सका है।

दलहनी फसलों की विभिन्न प्रजातियाँ जो गैर परम्परागत क्षेत्रों के लिये उपयुक्त हैं, का वर्णन निम्न तालिका में किया गया है।

गैर परम्परागत क्षेत्रों में रबी ऋतु में उगायी जाने वाली दलहनी फसलों की प्रजातियाँ

फसल	प्रजातियाँ	राज्य
मूंग	टाईप 2	पश्चिम बंगाल
	पी एस 16, सी ओ 4	आंध्र प्रदेश, तमिलनाडु, केरल तथा कर्नाटक
उड़द	यू जी 218	आंध्र प्रदेश, तमिलनाडु तथा केरल
	सी ओ 5	तमिलनाडू तथा केरल
	एल बी जी 17, एल बी जी 402	आंध्र प्रदेश, उड़ीसा
	पंत यू 30	आंध्र प्रदेश, केरल
लोबिया	सी 152	आंध्र प्रदेश, केरल
	सी ओ 4	कर्नाटक, तमिलनाडु
रबी अरहर	बहार, डी ए 11 (शरद), पूसा 9	बिहार
	डब्लू बी 20, ए 71-37	पश्चिम बंगाल
	बी डी एन 1, सी 11	महाराष्ट्र
अरहर	एल आर जी 30, सी 11	आंध्र प्रदेश
	सी ओ 2	तमिलनाडु
राजमा	पी डी आर 14, एच यू आर 15, वी एल 63, एच यू आर 137	उत्तर प्रदेश, बिहार तथा उड़ीसा के मैदानी भाग

2. उपयुक्त फसल पद्धतियाँ: उपयुक्त फसल चक्र अपनाने से केवल प्रक्षेत्र की कुल उत्पादन में वृद्धि ही नहीं होती है, परन्तु मृदा की उर्वरा शक्ति को काफी समय तक टिकाऊ रखा जा सकता है। यदि कई वर्षों तक केवल धान-गेहूँ फसल चक्र को ही अपनाया जाए तो मृदा में कुछ ऐसे हानिकारक रासायनिक तत्व एकत्रित हो जाते हैं जिससे उत्पादन के कारकों का अधिकतम प्रयोग करने से भी उत्पादन में वृद्धि नहीं होती है। धान-दलहनी फसल चक्र में नत्रजन की माँग की प्रतियोगिता होने से जैविक नत्रजन स्थिरीकरण अधिक होता है जिससे उत्पादन भी अधिक प्राप्त होता है। फसल चक्र में दलहनी फसलों का समावेश करने से कोई अतिरिक्त व्यय भी नहीं आता और उत्पादन भी अधिक प्राप्त होता है। फसल चक्र में दलहनी फसलें उगाने से मृदा में कार्बनिक पदार्थ की वृद्धि हो जाती है। इन कार्बनिक पदार्थों के विघटन से मृदा में कार्बनिक अम्ल का निर्माण होता है जिससे मृदा में अप्राप्य पोषक तत्व प्राप्य अवस्था में परिवर्तित होकर फसल को अधिक से अधिक मात्रा में उपलब्ध हो जाते हैं।

फसल चक्र में दलहनी फसलों का समायोजित करने से आगामी फसल में नत्रजन उर्वरक की बचत हो जाती है। एक अध्ययन के अनुसार चना की फसल के पश्चात मक्का

की फसल उगाई जाए तो लगभग 70 किग्रा. नत्रजन प्रति हेक्टेयर की बचत हो जाती है। दलहनी फसलें मृदा सतह को पूर्ण रूप से ढ़क लेने के कारण फसल में खरपतवारों का प्रकोप कम हो जाता है। फसल चक्र में उगाई जाने वाली आगामी फसल में भी खरपतवारों का कम प्रकोप होने से अधिक उत्पादन प्राप्त होता है। इसी प्रकार फसल पद्धति में अन्तः फसल द्वारा भूमि को ढ़कने से खरपतवार नियन्त्रण एक सशक्त विधि है। अरहर की अन्तः फसल पद्धति में लोबिया को उगाने से खरपतवारों का सबसे कम तथा खरपतवार नियन्त्रण क्षमता भी 33 प्रतिशत अधिक पाई गई है। इसके अतिरिक्त अन्तः फसल पद्धतियाँ अपनाने से फसल में कीटों से भी बचाव हो जाता है। इस प्रकार अन्तः/मिश्रित फसल पद्धति फसल की बीमा का कार्य करती है। फसल चक्र में एक ही फसल को लगातार उगाने से एक ही प्रकार के कीटों की संख्या बढ़ जाने से कीटों द्वारा फसल को हानि अधिक होती है। इसी प्रकार फसल में मृदा जनित बीमारी का प्रकोप हो जाने से यदि पुनः उसी कुल की फसल उगायी जाती है तो आगामी फसल में भी बीमारी का प्रकोप होने की सम्भावना रहती है।

3. प्रमाणित तथा स्वस्थ बीजः अच्छी गुणवत्ता का बीज किसी भी फसलोत्पादन के लिए बहुत ही महत्वपूर्ण है। खराब गुणवत्ता के बीजों का प्रयोग करने से उत्पादन के कारकों जैसे खाद, पानी, शाकनाशी, कीटनाशी, कवकनाशी रसायनों, कृष्य क्रियाएँ आदि का कितना भी प्रयोग क्यों न किया जाये, परन्तु उत्पादन कम ही प्राप्त होता है, परन्तु दलहनी फसलों में बीज की गुणवत्ता युक्त न होने से उत्पादन के कारकों का कितना भी प्रयोग क्यों न किया जाये, परन्तु उत्पादन कम ही प्राप्त होता है, परन्तु दलहनी फसलों में बीज की गुणवत्ता का अन्य खाद्यान्न तथा तिलहनी फसलों की अपेक्षा अधिक महत्व है क्योंकि इन फसलों में कीटों तथा बीमारियों का प्रकोप बहुत सरलता से तथा अधिक होता है। अरहर की फसल को छोड़कर अन्य सभी दलहनी फसलों की वृद्धि कम होती है। अतः कम अंकुरण क्षमता वाले बीज का प्रयोग करने पर खेत में प्रति इकाई क्षेत्रफल पर पौध संख्या कम हो जाने से उपज पर प्रतिकूल प्रभाव पड़ता है। दलहनी फसलों के बीजों को कीट भ्रूण वाले भाग को सर्वप्रथम खाकर उनकी अंकुरण क्षमता को नष्ट कर देते हैं। रोग ग्रस्त बीजों का प्रयोग करने पर फसल की वृद्धि की प्रारम्भिक अवस्था में ही बीमारियों का प्रकोप हो जाने से उपज में सबसे अधिक हानि हो जाती हैं। दलहनी फसलों का बीज सरकारी संस्था से ही प्रमाणित तथा रोग अवरोधी प्रयोग करना चाहिए।

4. बीजोपचारः फसलों में बीजोपचार का बहुत अधिक महत्व है। बीजों को बुआई के पूर्व उपचारित करने से लागत भी बहुत कम आती है तथा उपज में 15-20 प्रतिशत तक की वृद्धि हो जाने से शुद्ध लाभ में बहुत अधिक बढ़ोत्तरी हो जाती है। दलहनी फसलों में बीजोपचार निम्न कारणों से किया जाता है-

- नत्रजन स्थिरीकरण के लिए।
- फास्फोरस की उपलब्धता बढ़ाने के लिए।

- बीमारियों के नियन्त्रण के लिए।
- कीटों के प्रकोप से बचाव के लिए।
- बीजों के जमाव की वृद्धि के लिए (बीज कठोरीकृत उपचार)।

(अ) नत्रजन स्थिरीकरण के लिए

दलहनी फसलों में नत्रजन स्थिरीकरण का एक विशेष गुण होता है जबकि यह गुण अन्य फसलों में नहीं पाया जाता है। इन फसलों के पौधों की जड़ों में जड़ ग्रन्थियाँ काफी अधिक मात्रा में पाई जाती हैं और इन जड़ ग्रन्थियों में राइजोबियम नामक जीवाणु उपस्थित रहते हैं जो वायुमण्डल की स्वतन्त्र नत्रजन का मृदा में स्थिरीकरण करते हैं। इस स्थिरीकृत की गई नत्रजन का बहुत अधिक भाग पौधे द्वारा स्वयं ही उपयोग कर लिया जाता है तथा शेष भाग मृदा में छोड़ दिया जाता है जो आगामी फसलों के लिए उपयोग कर लिया जाता है। इन ग्रन्थियों द्वारा नत्रजन का स्थिरीकरण मृदा में उपस्थित राइजोबियम जीवाणुओं की संख्या पर निर्भर करता है। जिस खेत में पूर्व में दलहनी फसल नहीं उगाई गई है तो उस खेत में राइजोबियम जीवाणुओं की संख्या बहुत कम होती है। अतः ऐसी मृदा में दलहनों के बीजों को फसल विशेष के अनुसार राइजोबियम संवर्धन से बीजों को उपचारित करने से पौधों की जड़ों में राइजोबियम जीवाणुओं की संख्या में वृद्धि हो जाने से वायुमण्डल की नत्रजन का स्थिरीकरण सबसे अधिक होता है। जिन खेतों में पूर्व में दलहनी फसलों में राइजोबियम कल्चर का प्रयोग नहीं किया गया है उनमें राइजोबियम कल्चर का प्रयोग संस्तुत दर से अधिक किया जाता है। राइजोबियम कल्चर से बीजों को उपचारित करने पर पौधों की वृद्धि एवं विकास शीघ्रता से होती है तथा राइजोबियम जीवाणु पौधों में वायुमण्डल की नत्रजन का स्थिरीकरण करने में अधिक सामर्थ्य होते हैं। दलहनी फसलों द्वारा अधिक मात्रा में नत्रजन का स्थिरीकरण करने के कारण आगामी फसल में उगाई जाने वाली फसल में नत्रजन उर्वरक के प्रयोग पर होने वाला व्यय कम हो जाता है।

फसल विशेष के अनुसार राइजोबियम कल्चर का एक पैकेट (250 ग्राम) 10 किलोग्राम बीजों के लिए पर्याप्त होता है। राइजोबियम कल्चर का मिश्रण बनाने के लिए 100 ग्राम गुड़ अथवा चीनी तथा 2-3 ग्राम बबूल की गोंद को आधा लीटर पानी में डालकर गर्म करते हैं। इस मिश्रण को ठंडा होने के पश्चात् एक पैकेट राइजोबियम कल्चर का डालकर अच्छे प्रकार से मिलाकर मिश्रण तैयार कर लेते हैं। राइजोबियम कल्चर के इस मिश्रण को 10 किलोग्राम बीजों में डालकर अच्छे प्रकार से हाथों से मिलाया जाता है। जब बीजों के ऊपर राइजोबियम कल्चर की पतली परत चढ़ जाती है तब बीजों को छाया में अच्छी प्रकार से सुखाते हैं। इस प्रकार से उपचारित किये गये बीजों को 10-12 घण्टे तक बुआई कर देनी चाहिए। राइजोबियम कल्चर से उपचारित किये गये बीजों को अधिक समय तक रखने तथा धूप में सुखाने पर राइजोबियम जीवाणुओं की संख्या में कमी होने लगती है। जहाँ तक सम्भव

हो राइजोबियम कल्चर से बीजों को शाम के समय उपचारित करके रात में सुखाना चाहिए तथा सुबह होते ही बीजों की बुआई कर देनी चाहिए।

(ब) फास्फोरस की उपलब्धता बढ़ाने के लिए

पौधों की वृद्धि एवं विकास के लिए फास्फोरस की आवश्यकता होती है। दलहनी फसलों में जड़ों की वृद्धि एवं विकास के लिए फास्फोरस पोषक तत्व बहुत ही महत्त्वपूर्ण हैं। फास्फोरस पौधों की जड़ों में जड़ ग्रन्थियों की संख्या को बढ़ाता है तथा राइजोबियम जीवाणुओं की क्रियाशीलता में वृद्धि करता है जिसके फलस्वरूप दलहनी पौधे अधिक मात्रा में वायुमण्डलीय की स्वतन्त्र नत्रजन का स्थिरीकरण करते हैं। फास्फोरस उर्वरकों को फसल में प्रयोग करने पर केवल एक चौथाई भाग ही ग्रहण हो पाता है शेष तीन-चौथाई भाग मृदा में विभिन्न क्रियाओं के द्वारा अघुलनशील यौगिक तथा अप्राप्य अवस्था में मृदा कणों से चिपक जाता है जिसका पौधे तब तक उपयोग नहीं कर सकते जब तक कि वह घुलनशील अवस्था में परिवर्तित नहीं हो जाता है। फास्फोरस घोलक जीवाणु मृदा में उपस्थित अघुलनशील फास्फोरस को घुलनशील अवस्था में परिवर्तित करके पौधों को उपलब्ध कराते हैं। मृदा में पाये जाने वाले फास्फोरस घोलक जीवाणु जैसे बैसीलस तथा स्यूडोमोनास, फफूँदी जैसे पेनीसिलियम तथा एस्पर्जीलस आदि अपनी जैविक क्रियाओं के द्वारा अकार्बनिक तथा कार्बनिक अम्लों जैसे मैलिक, फ्यूमेरिक, साइट्रिक, टारटरिक, फार्मिक, एसीटिक, लैक्टिक, प्रोपायनिक आदि के विसर्जन से फास्फोरस को अघुलनशील अवस्था से घुलनशील अवस्था में परिवर्तित कर देते हैं। मृदा के इन सूक्ष्म जीवों की पर्याप्त संख्या उपस्थित होने पर अघुलनशील फास्फोरस को घुलनशील अवस्था में शीघ्रता से परिवर्तित कर देते हैं जो पौधों द्वारा आसानी से ग्रहण कर लिया जाता है। अखिल भारतीय चना अनुसंधान परियोजना द्वारा विभिन्न क्षेत्रों में फास्फेट घुलनशील जीवाणुओं का चने की फसल में विभिन्न क्षेत्रों में प्रयोग करने पर पाया कि समस्त क्षेत्रों में पी.एस.बी. का फास्फोरस के साथ प्रयोग करने पर फास्फोरस की उपलब्धता बढ़ जाने से चने की उपज में काफी वृद्धि हो जाती है जिसे निम्न प्रकार से दर्शाया गया है।

फास्फोरस घोलक जीवाणु (पी.एस.बी.) तथा फफूँदी (पी.एस.एफ.) का विभिन्न क्षेत्रों में चने की उपज पर प्रभाव

उपचार	उत्तर-पश्चिमी मैदानी क्षेत्र	उत्तर-पूर्वी मैदानी क्षेत्र	मध्य क्षेत्र	दक्षिणी क्षेत्र	औसत
नियन्त्रण	1901	1325	1078	894	1300
40 किग्रा. फास्फोरस (डी.ए.पी.)	2418	1455	1244	1220	1584
40 किग्रा. फास्फोरस (रॉक फास्फेट)	2409	1314	1135	832	1423
40 किग्रा. फास्फोरस डी.ए.पी. द्वारा पी.एस.बी.	2694	1720	1314	1251	1745
40 किग्रा. फास्फोरस डी.ए.पी. द्वारा पी.एस.एफ.	2646	1531	1361	1305	1708
40 किग्रा. फास्फोरस रॉक फास्फेट द्वारा पी.एस.बी.	2547	1510	1210	1007	1570
40 किग्रा. फास्फोरस रॉक फास्फेट द्वारा पी.एस.एफ.	2543	1263	1268	997	1511

(स) बीमारियों के नियन्त्रण के लिये

फसलों में मृदा जनित बीमारियों की रोकथाम के लिये जैव नियन्त्रक जैसे ट्राइकोडर्मा, बैसीलस, ग्लायकोलैडियम, स्यूडोमोनास का प्रयोग बहुत ही प्रभावशाली है साथ ही साथ इनके प्रयोग से पर्यावरण पर किसी भी प्रकार का कोई विपरीत या हानिकारक प्रभाव भी नहीं पड़ता है। इनके प्रयोग से न केवल फसल में बीमारियों का प्रकोप ही कम होता है परन्तु पौधों के कार्यिकी भार, ऊँचाई, पत्तियों की संख्या, शाखाओं की संख्या, फलियों आदि में भी वृद्धि हो जाती है। मसूर में उकठा रोग के नियन्त्रण के लिये बीज को ट्राइकोडमा हारजियानम से उपचारित करने के पश्चात् बुआई करने पर इस बीमारी का 60 प्रतिशत तक नियन्त्रण हो जाता है। जैव नियन्त्रण के साथ फफूँदीनाशक रसायनों से बीजों को उपचारित करने पर उकठा रोग का प्रकोप और भी कम हो जाता है।

जैव नियन्त्रक कारकों एवं कवकनाशी द्वारा बीजोपचार करने पर मसूर में उकठा रोग नियंत्रण एवं उपज पर प्रभाव

उपचार	मात्रा (ग्राम/ किग्रा. बीज)	उकठा नियन्त्रण (प्रतिशत)	उपज (किग्रा./ हैक्टेयर)	अनुपचारित बीज के सापेक्ष में उपज वृद्धि (प्रतिशत)
ट्राइकोडर्मा बिरिडी	4.0	26.9	1679	170
ट्रा. हरजियानम	4.0	60.7	1862	200
बैसीलस सबटिलीस	6.0	23.8	1746	181
स्यूडोमोनास फ्लोरेसेन्स	6.0	39.5	1508	143
ट्रा. बीरिडी/विटावेक्स	4.0–2.0	60.1	1684	171
ट्रा. हारजियानम/विटावेक्स	4.0–2.0	63.1	1583	155
बै. सबटिलीस/विटावेक्स	6.0–2.0	60.9	1525	145
विटावेक्स	2.0	42.1	1508	143
बिना उपचारित बीज	–	0.0	621	.

(द) कीट नियन्त्रण के लिये

दलहनी फसलों में लगने वाले कुछ कीटों तथा सूत्रकृमियों के नियन्त्रण के लिये प्राकृतिक कीटनाशी एवं सूत्रकृमिनाशी जिन पर बहुत कम लागत आती है के द्वारा बीजोपचार किया जाता है। इन प्राकृतिक कीटनाशी का प्रयोग करने पर मृदा तथा बातावरण पर किसी भी प्रकार का हानिकारक प्रभाव भी नहीं पड़ता तथा फसल में इनके हानिकारक तत्व भी एकत्रित नहीं हो पाते हैं। नीम उत्पाद जैसे अचूक, निम्बीसीडीन, निर्माक तथा निबौली 10 ग्राम से बीजों को उपचारित करने पर चने की फसल में सूत्रकृमि (जड गांठ गाल्स) में 60–70 प्रतिशत तक की कमी हो जाती है इसके अतिरिक्त मृदा में सूत्रकृमियों की संख्या में भी बहुत अधिक कमी हो जाती है। बीजों के जमाव के समय हानि पहुँचाने वाले कीटों के प्रभावी नियन्त्रण के लिये बीजों को बुआई के पूर्व किसी कीटनाशी रसायन से उपचारित करना चाहिए। कीटनाशी से बीजों का उपचार करने से लागत में कमी हो जाती है तथा फसल की कीटों द्वारा हानि होने से बच जाती है।

(य) बीज कठोरीकृत उपचार

बीजों के शीघ्र तथा अधिक अंकुरण होने से प्रति इकाई क्षेत्रफल पर उपयुक्त पौध घनत्व सुनिश्चित होने पर फसल की अधिक उपज प्राप्त की जा सकती है। पानी तथा रसायन जैसे

पोटैशियम क्लोराइड, सक्सीनिक अम्ल तथा सोडियम फास्फेट के एक निश्चित सान्द्रता पर 10–12 घन्टे तक बीजों को उपचारित करने के पश्चात् बुआई करने पर बीजों का शीघ्र तथा एक समान मात्रा में अंकुरण होता है जिससे प्रति इकाई क्षेत्रफल पर उपयुक्त पौध संख्या होने से फसल की उपज अधिक प्राप्त होती है इसके अतिरिक्त इनसे बीजों को उपचारित करने पर फसल में सूखा सहने की शक्ति भी बढ़ जाती है। इन रसायनों से बीजों को उपचारित करने पर पौधों की वृद्धि तथा विकास भी अधिक एवं शीघ्रता से होती है। मूँग की फसल में बीज कठोरीकृत उपचार का बीजों के जमाव तथा उपज पर प्रभाव निम्न तालिका में दर्शाया गया है।

बीज कठोरीकृत उपचार का मूँग में जमाव तथा उपज पर प्रभाव

उपचार	जमाव (प्रतिशत)	उपज (किग्रा./हैक्टेयर)
बिना उपचार के	60.7	259
पानी से उपचार	64.4	282
सोडियम फास्फेट 50 पी पी एम	69.9	303
पोटैशियम क्लोराइड 100 पी पी एम	65.4	313
सक्सीनिक अम्ल 20 पी पी एम	72.9	389

यदि दलहनी फसलों को बीमारी एवं कीट नियंत्रण तथा राइजोबियम कल्चर से एक साथ उपचारित करना है तब ऐसी स्थिति में एफ आई आर विधि यानी सर्वप्रथम बीजों को फंगीसाइड/फफूंदनाशी जैसे ट्राइकोडर्मा से उपचारित कर बीजो को सूचाने के पश्चात इन्सेक्टीसाइड/कीटनाशी जैसे व्यूवेरिया ब्रेसियाना से उपचारित कर सूखने के पश्चात तब राइजोबियम कल्चर से बीजो को उपचारित कर बोया जाता है।

5. बीज शोधनः दलहनी फसल में मृदा तथा बीज जनित रोगों का प्रकोप बीजों के जमाव से ही शुरू हो जाता है। उकठा, जड़ गलन, जड़ मूल सन्धि विगलन, शुष्क जड़ गलन, लाल सड़न आदि रोगों का फसल की प्रारम्भिक अवस्था में प्रकोप होने से उपज में बहुत अधिक हानि हो जाती है कभी-कभी इन बीमारियों के अत्यधिक प्रकोप होने से सम्पूर्ण फसल नष्ट हो जाती है। यदि फसल की प्रारम्भिक अवस्था में इन रोगों का प्रकोप एक बार शुरू हो जाये तो इनका नियन्त्रण करना बहुत ही कठिन होता है। अतः फसल की प्रारभिक अवस्था में रोगों के नियन्त्रण के लिये बीज शोधन एक सस्ता तथा प्रभावी निदान है। कवकनाशी रसायनों जैसे कैप्टान, थीरम, बेविस्टीन, ब्रेसीकोल अथवा कार्बेन्डाजिम 2–3 ग्राम अथवा जैव फफूदीनाशी ट्राइकोडरमा 4–5 ग्राम प्रति किलोग्राम बीज दर से बीजों को उपचारित करके बुआई करने से मृदा तथा बीज जनित दोनों प्रकार की बीमारियों से नियन्त्रण हो जाता है। इन कवकनाशियों से बीजों को उपचारित करने पर मात्र 20–30 रूपये प्रति हेक्टेयर का व्यय आता है। इन बीमारियों के नियन्त्रण के लिये रसायनों का छिड़काव करने की अपेक्षा बीज शोधन एक सस्ता तथा सरल उपाय है। बीज शोधन करने से मृदा तथा पर्यावरण पर इन रसायनों का कई दुष्प्रभाव भी नहीं पड़ता है। ब्यूवेरिया बेसीयाना 4 ग्राम प्रति किलो बीज दर से बीजों को उपचारित करने से दीमक का नियंत्रण किया जा सकता है।

6. समय से बुआई: कम लागत तथा व्यय वाली कृष्य क्रियाओं में फसल की समय से बुआई करना सबसे अधिक महत्वपूर्ण है। समय से पूर्व (अगेती) अथवा समय के पश्चात् (पछेती) बुआई करने पर कई प्रकार के कीटों तथा बीमारियों का प्रकोप फसल में हो जाने से उपज पर प्रतिकूल प्रभाव पड़ता है। उपयुक्त समय पर बुआई न करने से फसल पर स्थानीय वातावरण, तापमान, प्रकाश अवधि, मृदा नमी, पोषक तत्वों की उपलब्धता, खरपतवार, कीटों एवं बीमारियों का प्रकोप आदि में परिवर्तन आ जाने से उत्पादन पर प्रतिकूल प्रभाव पड़ता है। फसल की अगेती अथवा पछेती बुआई करने पर पौधों की वृद्धि तथा विकास पर प्रतिकूल प्रभाव पड़ता है जिसके कारण फसल में कीटों एवं बीमारियों का प्रकोप भी बढ़ जाता है। शीघ्र पकने वाली अरहर की प्रजातियों का समय से बुआई करने का विशेष महत्व है क्योंकि उत्तर भारत में अरहर-गेहूँ फसल चक्र काफी प्रचलित है। यदि अरहर की बुआई समय से न की जाये तो फसल में कीटों एवं बीमारियों का प्रकोप अधिक होने से उपज पर प्रतिकूल प्रभाव पड़ता है साथ ही साथ फसल की कटाई में विलम्ब होने से गेहूँ की बुआई में भी विलम्ब हो जाता है जिससे गेहूँ की उपज में भी कमी आती है। कानपुर में किये गये शोध परिणामों से यह निष्कर्ष निकला कि अरहर की बुआई जून के प्रथम सप्ताह में करने की अपेक्षा विलम्ब से बुआई (जून के तीसरे सप्ताह) करने पर उपज में 50-60 प्रतिशत तक की कमी हो जाती है। बारानी/असिंचित क्षेत्रों में दलहनी फसलों की बुआई मानसून शुरू होने के पश्चात् की जाती है। मध्यम तथा देर से पकने वाली अरहर, उड़द, मूँग, लोबिया आदि की बुआई जुलाई के प्रथम पखवाड़ा में करने का उपयुक्त समय है। मध्यम तथा देर से पकने वाली अरहर की बुआई में विलम्ब से करने पर मूंग, उर्द तथा लोबिया की फसल की अपेक्षा उपज पर अधिक हानिकारक प्रभाव पड़ता है। रबी अरहर की बुआई की उपयुक्त समय सितम्बर का प्रथम पखवाड़ा है।

प्रमुख दलहनी फसलों का बुआई का उपयुक्त समय निम्न है-

अरहर	शीघ्र पकने वाली	जून का प्रथम सप्ताह
	मध्यम समय में पकने वाली	जून का द्वितीय से तृतीय सप्ताह
	देर से पकने वाली	जुलाई का प्रथम पखवाड़ा
उड़द तथा मूँग	खरीफ ऋतु	जुलाई का द्वितीय सप्ताह
	बसन्तकालीन/ग्रीष्म ऋतु	मार्च का अन्तिम सप्ताह
चना	असिंचित	अक्टूबर का प्रथम सप्ताह
	सिंचित	नवम्बर का द्वितीय सप्ताह
मसूर		अक्टूबर का द्वितीय सप्ताह
मटर		नवम्बर का तृतीय सप्ताह

रबी में दलहनी फसलों की बुआई मुख्यत: असिंचित दशाओं में संरक्षित नमी में की जाती है। वर्षा ऋतु समाप्त होने के पश्चात् खेत की अच्छी प्रकार से जुताई कर पाटा लगाकर

नमी को संरक्षित कर दिया जाता है। असिंचित दशाओं में रबी दलहनी फसलों की बुआई उत्तर मैदानी क्षेत्रों में अक्टूबर के दूसरे पखवाड़े में जबकि दक्षिणी क्षेत्रों में अक्टूबर के प्रथम पखवाड़े में की जाती है। सिंचित क्षेत्रों में इन फसलों की नवम्बर के द्वितीय पखवाड़े में बुआई करना उपयुक्त होता है। उत्तर भारत में चने की बुआई में विलम्ब करने पर 30-40 किग्रा./हैक्टेयर प्रतिदिन की दर से उपज में नुकसान हो जाता है। उत्तर भारत में चना तथा मटर की फसल की बुआई विलम्ब से करने पर फली भेदक कीट का प्रकोप अधिक हो जाता है। मूँग एवं मटर की फसल की बुआई अगेती करने पर चूर्णील कवक तथा मूँग में पीत चितेरी विषाणु रोग का प्रकोप हो जाता है।

7. बुआई की विधिः फसलों की बुआई की विधि का उपज पर प्रत्यक्ष प्रभाव पड़ता है। देश में सामान्यतः दलहनी फसलों की बुआई छिड़कवाँ विधि द्वारा ही की जाती है जिसके कारण उपज में कमी आती है। फसल की बुआई छिड़कवाँ विधि द्वारा करने पर फसल के साथ प्रयोग की गई उर्वरकों की बहुत कम मात्रा उपलब्ध हो पाती है क्योंकि यह पौधों की जड़ों के पास उपलब्ध नहीं हो पाती हैं और मृदा सतह पर ऐसे ही पड़ी रहती है। इसके अतिरिक्त इस विधि द्वारा बुआई करने पर पौधों की जड़ें उथली रहती हैं जिससे वर्षा हो जाने अथवा सिंचाई करने के पश्चात् हल्की हवा चलने पर सम्पूर्ण फसल गिर जाती है। इसके अतिरिक्त छिड़कवाँ बोयी गई फसल में खरपतवारों का प्रकोप भी अधिक होता है क्योंकि फसल में खरपतवारों के नियन्त्रण के लिये केवल हाथ द्वारा निराई-गुड़ाई ही की जा सकती है ऐसी स्थिति में उत्पादन लागत में काफी वृद्धि हो जाती है। इसके विपरीत पंक्तियों में बोयी गई फसल की जड़ें गहराई में चले जाने के कारण पोषक तत्वों तथा मृदा नमी का ग्रहण अधिक मात्रा में मृदा की अधोसतह से होता है, फसल गिरने से बच जाती है तथा यान्त्रिक विधि द्वारा कम खर्च में खरपतवार नियन्त्रण करना सम्भव हो जाता है। पंक्तियों में बोई गई फसल में सूखा सहने की क्षमता भी बढ़ जाती है तथा फसल में कीटों एवं बीमारियों का प्रकोप भी कम होता है। देर से पकने वाली अरहर की खेती मुख्यतः उत्तर-पूर्वी भारत के मैदानी क्षेत्र जैसे पूर्वी उत्तर प्रदेश, बिहार तथा पश्चिम बंगाल में की जाती है। इन क्षेत्रों में अधिक वर्षा होने के कारण अरहर के पौधे मर जाते हैं जिससे प्रति इकाई क्षेत्रफल में पौध संख्या बहुत कम हो जाने से उपज कम प्राप्त होती है। अधिक वर्षा तथा जल भराव वाले क्षेत्रों में प्रति इकाई उपयुक्त पौध संख्या निर्धारण करने के लिये अरहर की बुआई सदैव मेड़ों पर की जानी चाहिए। अरहर की बुआई मेंडों पर करने से उत्पादन में वृद्धि हो जाती है तथा फसल में बीमारियों का प्रकोप भी कम होता है।

उत्तर भारत में शीत ऋतु में सूर्य का प्रकाश दक्षिण दिशा में सबसे अधिक रहता है अतः सूर्य के प्रकाश का अधिकतम उपयोग करने के लिये दलहनी फसलों की बुआई सदैव उत्तर-दक्षिण दिशा में ही करनी चाहिए। दलहनी फसलों की बुआई इस दिशा में करने पर बिना लागत-व्यय के अधिक से अधिक उत्पादन प्राप्त किया जा सकता है।

8. उचित पौध विन्यासः किसी भी फसल की अधिकतम उपज प्राप्त करने के लिये प्रति इकाई क्षेत्रफल पर उपयुक्त पौध घनत्व का होना बहुत आवश्यक है। यदि खेत में पौध घनत्व 50 प्रतिशत है तो उपज भी 50 प्रतिशत प्राप्त होगी। अगेती अरहर में वांछित पौध संख्या के लिये पंक्ति से पंक्ति की दूरी 45-50 सेमी. तथा पौधे की दूरी 10-12 सेमी. रखकर प्राप्त की जा सकती है। पछेती अरहर में पंक्ति से पंक्ति की दूरी 60 सेमी. तथा पौधे से पौधे की दूरी 20 सेमी. उपयुक्त है। चना, उड़द, मूँग, राजमा तथा रबी अरहर की पंक्ति से पंक्ति की दूरी 30 सेमी. तथा पौधे से पौधे की दूरी 10 सेमी., मसूर के लिये पंक्ति से पंक्ति की दूरी 25 सेमी. तथा पौधे से पौधे की दूरी 5 सेमी. और मटर के लिये पंक्ति से पंक्ति की दूरी 45 सेमी. तथा पौधे से पौधे की दूरी 10 सेमी. रखना उपयुक्त है। ग्रीष्मकालीन मूँग तथा उड़द के लिए पंक्ति से पंक्ति की दूरी 25 सेमी. तथा पौधे से पौधे की दूरी 5 सेमी. रखने से प्रति इकाई क्षेत्रफल पर वाँछित पौध संख्या प्राप्त की जा सकती है। विलम्ब (पछेती) से बुआई करने पर सभी दलहनी फसलों की अधिक उपज प्राप्त करने के लिये पौध घनत्व में 25 प्रतिशत तक की वृद्धि कर देना उपयुक्त होता है।

दलहनी फसलों की वाँछित पौध संख्या का निर्धारण बीज दर पर निर्भर करता है। संस्तुत मात्रा में अधिक अंकुरण क्षमता वाले बीज की बुआई करने पर प्रति इकाई क्षेत्रफल पर उपयुक्त पौध संख्या प्राप्त हो जाती है जिससे फसल की उपज में वृद्धि हो जाती है।

विभिन्न दलहनी फसलों की उपयुक्त बीज दर तथा अन्तरण निम्न तालिका में दर्शाया गया है।

विभिन्न दलहनी फसलों का बीज दर तथा अन्तरण

फसल		बीज दर (किग्रा./हैक्टेयर)	अन्तरण (सेमी.)
अरहर	अगेती	15-20	60 × 15
	पछेती	20-25	45 × 10
चना		70-80	30 × 10
उड़द		25-30	30 × 10
मूँग		20-25	30 × 10
मसूर		40-45	25 × 5
मटर		80-100	45 × 10
ग्रीष्मकालीन मूँग तथा उड़द		30-35	25 × 5
रबी अरहर		30-35	30 × 10

9. समन्वित उर्वरक प्रबन्धः सघन फसलोत्पादन पद्धति में फसल गहनता बढ़ने से मृदाओं में गौण तथा सूक्ष्म पोषक तत्वों की कमी महसूस हो रही है जिसके कारण फसल की वाँछित उपज प्राप्त नहीं हो रही है। मृदाओं में मुख्यतः सूक्ष्म पोषक तत्व जैसे जिंक, बोरोन, आयरन, मॉलिब्डेनम आदि की कमी दिन प्रतिदिन हो रही है। सामान्यतः दलहनी

फसलों में कृषक उर्वरकों का प्रयोग बहुत कम करते हैं। दलहनी फसलों में संतुलित मात्रा में नत्रजन, फास्फोरस तथा पोटाश उर्वरकों के अतिरिक्त सल्फर, जिंक सल्फेट, बोरेक्स का भी प्रयोग करना चाहिये। नत्रजन उर्वरक दलहनी फसलों के पौधों की प्रारम्भिक वृद्धि करके अधिक मात्रा में नत्रजन का स्थिरीकरण करने में सहायता करता है। इसके अतिरिक्त वर्षा आधारित क्षेत्रों में उर्वरकों का पर्णीय छिड़काव भी प्रभावशाली पाया गया है जिससे फसल की उपज में 20-25 प्रतिशत तक की वृद्धि हो जाती है। इसके अतिरिक्त पर्णीय छिड़काव करने से उर्वरकों की कम मात्रा प्रयोग होने से उर्वरकों की बचत भी हो जाने से लागत-व्यय में काफी कमी हो जाती है। उर्वरकों के प्रयोग की विधि भी उर्वरक उपयोग दक्षता को भी प्रत्यक्ष रूप से प्रभावित करती है। दलहनी फसलों में उर्वरकों को सदैव फसल की बुआई के समय कुंडों में बीजों से 3-4 सेमी. की गहराई पर प्रयोग करने से पौधों द्वारा अधिक से अधिक मात्रा में ग्रहण कर लेने से उपज में 15-20 प्रतिशत तक की वृद्धि हो जाती है।

अखिल भारतीय समन्वित दलहन परियोजना के अन्तर्गत विभिन्न क्षेत्रों में उर्वरकों के पर्णीय छिड़काव का चने की फसल पर प्रभाव निम्न तालिका में दर्शाया गया है।

असिंचित क्षेत्रों में चने की उपज पर पर्णीय छिड़काव का प्रभाव

उपचार	उपज (किग्रा./हैक्टेयर)			
	राहुरी	सिहौर	बदनापुर	औसत
नियन्त्रण	729	354	936	873
पानी का छिड़काव	737	1005	958	900
यूरिया का 2 प्रतिशत छिड़काव	1215	1153	1146	1171
यूरिया का 3 प्रतिशत छिड़काव	1189	1093	1261	1181
डी ए पी का 2 प्रतिशत छिड़काव	1170	1157	1244	1190
पोटैशियम क्लोराइड का 3 प्रतिशत छिड़काव	995	1000	1000	998
उर्वरकों का आधी मात्रा के साथ	1211	1252	1356	1273
बिना उर्वरकों	801	869	826	832

कानपुर में चने की विभिन्न प्रजातियों पर बोरोन तथा मॉलिब्डेनम के पर्णीय छिड़काव का उपज पर प्रभाव निम्न तालिका में दर्शाया गया है।

बोरोन तथा मॉलिब्डेनम के पर्णीय छिड़काव का चने की उपज पर प्रभाव

उपचार	चना की विभिन्न प्रजातियों की उपज (किग्रा./हैक्टेयर)			
	बी जी 267	बी जी 1003	एच के 89-96	एल 550
जल का छिड़काव	1258	1058	1042	1368

0.1 प्रतिशत अमोनियम मॉलिब्डेनम	1658	1592	1475	1517
0.2 बोरेक्स	1758	1642	1733	1942

10. सामयिक फसल सुरक्षा: दलहनी फसलों में खाद्यान्न तथा तिलहनी फसलों की अपेक्षा कीटों एवं बीमारियों का अधिक प्रकोप होता है जिससे उपज में काफी अधिक हानि हो जाती है। दलहनी फसलों में कीटों एवं बीमारियों का सही विधि द्वारा सही समय पर नियन्त्रण करने से उपज में होने वाली हानि को कम किया जा सकता है। दलहनी फसलों में कीटों एवं बीमारियों का प्रकोप बीजों के जमाव से ही प्रारम्भ हो जाता है, परन्तु आर्थिक क्षतिस्तर फसल की पुष्पावस्था तथा उसके बाद लगने वाले कीटों एवं बीमारियों से होती है। अतः इनके नियन्त्रण के लिये आवश्यक है कि उपयुक्त कीट तथा रोगरोधी प्रजातियों का प्रयोग किया जाये, उपयुक्त सस्य विधियाँ अपनाई जाये, बीजोपचार, जैव कीटनाशी तथा कवकनाशी रसायनों का समय पर प्रयोग किया जाये तथा जैविक विधियाँ प्रयोग की जाये।

विभिन्न दलहनी फसलों की रोगरोधी प्रजातियाँ निम्न तालिका में दर्शायी गई हैं।

विभिन्न दलहनी फसलों की रोग रोधक प्रजातियाँ

फसल	बीमारी	रोगरोधी प्रजातियाँ
चना	उकठा	अवरोधी, जे जी 315, विश्वास, विजय, विशाल, के डब्लू आर 108, पूसा 372, जे जी 74, आई सी सी वी 10, जे जी 12, मीरा, जी एन जी 1581
	एस्कोचाइटा ब्लाइट	गौरव, जी एन जी 469, पी बी जी 1
अरहर	उकठा	मारूति, आशा, बी डी एम 2, सी 11, बी एस एम आर 175, बी एस एम आर 736, राजीव लोचन, पूसा अरहर-291, पन्त अरहर 291, पी.ए.-6, पी.ए.-16
	स्टेरिलिटी मोजेक	बहार, बी एस एम आर 736, आशा, शरद, पूसा 9
मूँग	पीत चितेरी विषाणु	एम यू एम 2, पन्त मूँग 3, पन्त मूँग 4, पी डी एम 54, एम एल 337, नरेन्द्र मूँग 1, आई पी एम 2-13, विराट, स्वाती, शिखा
	चूर्णील कवक	टी ए आर एम 1, टी ए आर एम 18, जे एम 21
उड़द	पीत चितेरी विषाणु	डी पी यू 28-31, आई पी यू 94-1, आई पी यू 2-43, बल्लभ उड़द-1
	चूर्णील कवक	एल बी यू 17, इन्दिरा उड़द-1

मटर	चूर्णील कवक	रचना, पन्त मटर 5, अपर्णा, उत्तरा, शिखा, सपना, स्वाति, पूसा प्रभात, अम्बिका, अलंकार, एच यू पी 2, जे पी 885, के एफ पी 103, अमन, गोमती
	रतुआ	मालवीय मटर 15
मसूर	उकठा	पन्त एल 406, पन्त एल 638, पन्त एल 4, वैभव, एल 4076, प्रिया, शेरी, जवाहर मसूर 3, नूरी, नरेन्द्र मसूर 1, पी एल 6, पी एल 7, पी एल 8
	रतुआ	पन्त एल 406, पन्त एल 639, वैभव, एल एल 56, एल एल 147, एल 4076, सपना, प्रिया, शेरी, नूरी
	स्तम्भ मूल सन्धि	पन्त मसूर 234, पी एल 81-18, पी एल 81-74, पी एल 81-185, पन्त एल 230, पी एल 270
	जड़ गलन	पी एल 234, पूसा 3, जे एल 80
	एस्कोकाइटा झुलसा	पन्त एल 4, पी 1128

प्रमुख सुझाव

1. समय से बुआई तथा अवरोधी प्रजातियों का प्रयोग प्राय: सभी प्रमुख रोगों का प्रकोप कम कर देता है।
2. ग्रीष्म कालीन मौसम (अप्रैल-मई) में मिट्टी पलटने वाले हल से गहरी जुताई कर देने से इनके परपोषी पौधे (खरपतवार) आदि गर्मी तथा तेज धूप से नष्ट हो जाते हैं जिसके कारण आगामी फसल में इनका प्रकोप बहुत कम हो जाता है।
3. चने में शुष्क मूल विगलन रोग की रोकथाम के लिये खेत की तुरन्त सिंचाई कर देनी चाहिये जबकि चने को मूल विगलन तथा स्तम्भ मूल सन्धि विगलन रोग के प्रकोप से बचाने लिये मृदा में अधिक नमी होनी चाहिए।
4. अन्त:/मिश्रित फसल पद्धति में जौ, अलसी, सरसों आदि के साथ दलहनी फसलों की अन्त: फसल पद्धति अपनाने से इन फसलों में लगने वाले प्रमुख कीटों तथा बीमारियों का प्रकोप कम हो जाता है।
5. अरहर की फसल में लगने वाले प्रमुख रोगों की रोकथाम के लिये खेत सदैव समतल, ऊँचा, जलनिकास की उचित व्यवस्था, मेड़ों पर बुआई, समय से बुआई आदि कृष्य क्रियायें करना लाभदायक होता है।
6. वायरस जनित रोगों के नियन्त्रण के लिये रोग ग्रस्त पौधों को उखाड़कर तुरन्त नष्ट कर देना चाहिए। सामान्यत: इस रोग का प्रकोप सफेद मक्खी के नियन्त्रण के लिये ठोस कदम उठाने की आवश्यकता होती है। खेत में इस रोग के लक्षण दिखाई देते ही मेटासिस्टाक्स 0.1 प्रतिशत अथवा डाइमेथोएट 0.3 प्रतिशत घोल का छिड़काव कर

देना चाहिए। इसके पश्चात् उपरोक्त रसायनों का 15 दिन के अन्तराल पर छिड़काव कर देने चाहिए।

7. बहुत से खरपतवार कीटों तथा बीमारियों के लिए परपोषी का कार्य करते हैं क्योंकि इनकी उपस्थिति से कीटों के लारवा तथा बीमारियों के परजीवी इन पर जीवित बने रहते हैं और आगामी फसल मे बीमारी फैलाने में सहायक होते हैं। अतः खेत सदैव खरपतवार रहित होना चाहिए।

8. अरहर की फसल में उकठा रोग की रोकथाम के लिये मृदा में अकार्बनिक शोधन खनिज जैसे बोरॉन, जिंक, मैगनीज, अमोनियम सल्फेट इस रोग के कवक की संख्या में कमी करने में प्रभावी पाये गये गये हैं। कार्बनिक संशोधनों में लकड़ी का बुरादा, मूँगफली तथा सरसों की खली, धान की भूसी, ढ़ैंचा तथा सनई की हरी खाद तथा सुबबूल की पत्तियाँ इस बीमारी की रोकथाम के लिये प्रभावी हैं।

9. मृदा, बीज तथा कवक जनित बीमारियों के नियन्त्रण के लिये बीजों को बोने से पूर्व किसी एक कवकनाशी रसायन जैसे ट्राइकोडर्मा 4-5 ग्राम प्रति किलो बीज दर से उपचारित करना प्रभावी है।

10. कवकजनित रोगों के नियन्त्रण हेतु फफूँदनाशी रसायन जैसे थीरम, फरबम, वेविस्टीन (कार्बेन्डाजिम), कैप्टान, कॉपर आक्सीक्लोराइड आदि का 0.1 प्रतिशत घोल का छिड़काव रोग के शुरू होते ही कर देना चाहिए। इसके पश्चात् 18-12 दिन के अन्तराल पर दो-तीन छिड़काव कर देने से इन रोगों का प्रभावी नियन्त्रण हो जाता है। फफूँदीनाशकों के अतिरिक्त कुछ दानेदार कीटनाशी रसायन जैसे एल्डीकार्ब, कार्बोफ्यूरान अथवा फोरेट का फसल बोने के पूर्व भुरकाव कर देने से अरहर की फसल में उकठा रोग का प्रभावी नियन्त्रण हो जाता है।

11. दलहनी फसलों में कीटों के प्रभावी नियन्त्रण के लिये निबौली का सत् (एन एस के ई) 5 प्रतिशत (1 किग्रा. निबौली का चूर्ण 20 लीटर पानी में घोलकर) अथवा इनके व्यावसायिक उत्पाद जैसे नीम गार्ड, नीमार्क, निम्बीसिडीन, निमेक्टीन, नीमेजाल, नीर्मास्य, नीम गोल्ड आदि 2-3 मिली. प्रति लीटर पानी में घोलकर 600 लीटर का घोल प्रति हैक्टेयर की दर से दस दिन के अन्तराल पर 2-3 छिड़काव फसल में फूल तथा फलियाँ बनते समय करने पर फसल में कीटों द्वारा हानि से बचाया जा सकता है। यह उत्पाद अधिक प्रभावशाली तथा इनका वातावरण पर कोई हानिकारक प्रभाव भी नहीं पड़ता साथ ही साथ अन्य रसायनों की अपेक्षा बहुत ही सस्ते भी होते हैं। निबौली का सत बनने के लिए निबौली को खूब बारीक कूटकर कपड़े की पोटली में बाँधकर रात भर पानी में भिगोएँ इसके उपरान्त पोटली को खूब अच्छी तरह पानी में निचोड़ें तथा शेष बचे अवशेष को फेंक देना चाहिए। इस प्रकार घोल में 1 प्रतिशत साबुन मिलाकर फसल पर छिड़काव करने से कीटों का सफलतापूर्वक नियन्त्रण हो जाता है।

12. दलहनी फसलों में पाये जाने वाले प्रमुख कीटों पर प्राकृतिक अवस्था में कई प्राकृतिक शत्रु पाये जाते हैं। चना फली भेदक की सूंडी पर लगभग आधा दर्जन सूंडी परजीवी पाये जाते हैं। कैम्पोलोटिस क्लोरिडी सबसे महत्वपूर्ण और प्रभावशाली सूंडी परजीवी है जो खेतों में प्राकृतिक अवस्था में 20-70 प्रतिशत तक इस कीट की सूंडी को खा जाती है।

13. बहुत से कीटों पर कुछ विषाणु (न्यूक्लियर पॉलीहाइड्रोसिस विषाणु-एन पी वी), जीवाणु (बैसीलस थूरिजेनसिस) तथा कवक (बिवेरिया वैसीयाना, मैटारहिजियम, नूमेरिया आदि) पाये जाते हैं। इनमें न्यूक्लियर पॉलीहाइड्रोसिस बहुत ही प्रभावी हैं। इसके अतिरिक्त अधिकांश परभक्षी जैसे क्राइसोपा कार्नियां, क्राइसोपा स्लैमलिटिस भी चना फली भेदक के अण्डों को खा जाती हैं। अधिकांश परभक्षी जैसे परभक्षी चिड़िया भूचिंगा चना फली भेदक की सूंडी को खाती है। चना के कटुआ कीट के परजीवी-माइक्रोगैस्टर, ब्रेकान, फिलेएंटा हैं। ब्रोसकस पन्कटेटस और लियोग्राइलस बिमाकुलेटस सूंडी परभक्षी है।

14. कीटों के प्रभावी नियन्त्रण के लिये कीटनाशी रसायन जैसे इन्डोसल्फान का 00.7 प्रतिशत, डायमेथोएट का 00.3 प्रतिशत, मोनोक्रोटोफास का 0.04 प्रतिशत अथवा क्लोरपायरीफास का 0.07 प्रतिशत का छिड़काव करना प्रभावी है। कीटों का पुनः प्रकोप होने पर 10-12 दिन के अन्तराल पर 2-3 छिड़काव कर देने से दलहनी फसलों में लगने वाले प्रमुख कीटों का प्रभावी नियन्त्रण हो जाता है।

अध्याय 7

प्राकृतिक खेती के लिए कार्बनिक खादें

प्राकृतिक खेती अपनाने से मृदा समृद्धीकरण के लिए कार्बनिक खादें जैसे गोबर की खाद, कम्पोस्ट की खाद, खली की खाद, पशु-पक्षियों की खाद आदि का प्रयोग किया जाता है। प्राकृतिक खेती में रासायनिक खादों के प्रयोग को हतोत्साहित करना चाहिए। कार्बनिक खादों को किसान स्वयं बनाता है और अपने खेतों में प्रयोग करता है। विभिन्न प्रकार की कार्बनिक खादों का निर्माण एवं उनके प्रयोग की विधियों का वर्णन निम्न प्रकार है।

(अ) गोबर की खाद

गोबर शब्द का प्रयोग गाय, बैल, भैंस या भैंसा के मल के लिये प्रायः होता है। घास, भूसा, खली आदि जो कुछ पशुओं द्वारा खाया जाता है उनके पाचन में कई रासायनिक परिवर्तन होते हैं तथा जो पदार्थ अपचित रह जाते हैं वे शरीर के अन्य अपद्रव्यों के साथ गोबर के रूप में बाहर निकल जाते हैं। यह साधारणतः नम एवं अर्ध ठोस होते हैं, परन्तु पशुओं के भोजन के अनुसार इसमें परिवर्तन भी होते रहते हैं। केवल हरी घास अथवा अधिक खली पर निर्भर रहने वाले पशुओं का गोबर पतला होता है। इसका रंग कुछ पीला एवं गाढ़ा भूरा होता है। इसमें घास, भूसे, अन्न के दानों के टुकड़े आदि विद्यमान रहते हैं और सरलता से पहचाने जा सकते हैं। सूखने पर यह कड़े पिंड में बदल जाता है।

पशुओं के गोबर, पशु वाड़े के झाड़न, पशुओं के मूत्र, बिछावन तथा खराब चारे के मिश्रण द्वारा जो खाद बनाई जाती है उसे गोबर की खाद अथवा पशुशाले की खाद कहते हैं। पशुशाले से प्राप्त गोबर, मूत्र मिश्रित बिछावन तथा खराब चारे आदि को रोजाना उठाकर पहले से तैयार किये गये गढ्ढे में डालते रहते हैं जब यह गढ्ढा भर जाता है तब कुछ दिनों/माह पश्चात् यह पदार्थ पूर्ण रूप से सड़ जाते हैं, पूर्ण रूप से सड़े हुए इन पदार्थों को गोबर की खाद कहते हैं। पूर्णरूप से सड़ी हुई गोबर की खाद में सामान्यतः 0.5 प्रतिशत नत्रजन, 0.25 प्रतिशत फास्फोरस तथा 0.5 प्रतिशत पोटास की मात्रा पाई जाती है। गोबर की खाद बनाते समय पशुओं के मूत्र का भी प्रयोग किया जाना चाहिए क्योंकि पशुओं के मूत्र में नत्रजन यूरिया के रूप में पाई जाती है जिसमें 1.35 प्रतिशत नत्रजन तथा 2.10 प्रतिशत पोटेशियम पाया जाता है। गोबर की खाद को बनाते समय जब गड्ढ़ा पूर्णरूप से भर जाये तब गड्ढ़ा गोबर तथा मिट्टी अथवा अन्य पदार्थों के ऊपर की सतह पर 30-40 सेमी. डालकर अच्छी प्रकार से लेप देना चाहिए। ऐसा करने से कार्बनिक पदार्थों के विघटन से पोषक तत्त्वों की

हानि कम मात्रा में होती है। इस प्रकार से अन्य गढ्ढो को भरते रहते हैं। गढ्ढा भरने के 4-5 माह पश्चात् अच्छी एवं पूर्ण रूप से सड़ी हुई गोबर की खाद बनकर तैयार हो जाती है।

विभिन्न पशुओं के गोबर तथा मूत्र में पोषक तत्त्वों की प्रतिशत मात्रा

पशुओं की किस्म		नत्रजन	फास्फोरस	पोटाश
गाय एवं बैल	गोबर	0.40	0.20	0.10
	मूत्र	1.00	बहुत कम	1.36
भेड़ तथा बकरी	गोबर	0.75	0.50	0.45
	मूत्र	1.35	बहुत कम	2.10
घोड़े	गोबर	0.55	0.30	0.40
	मूत्र	1.35	बहुत कम	1.25
सुअर	गोबर	0.55	0.50	0.40
	मूत्र	0.40	0.10	0.45

गोबर में उपस्थित पदार्थ एवं गुण कई बातों पर निर्भर करते हैं जैसे पशु की जाति, अवस्था, चारा, दिनचर्या आदि। चरने वाले या काम करने वाले पशुओं का गोबर एक स्थान पर बँधे रहने वाले पशुओं से भिन्न रहता है। दूध पीने वाले बच्चों या बछड़ों का गोबर मनुष्यों के मल से कुछ कुछ मिलता जुलता होता है। अधिक भूसा एवं कम खली खाने वाले पशुओं के गोबर में नाइट्रोजनयुक्त पदार्थ एवं वसा की मात्रा कम तथा सैलूलोज जैसी वस्तुएँ अधिक रहती हैं, परन्तु अधिक खली खाने वाले पशुओं के गोबर में इसके विपरीत नाइट्रोजन वाले पदार्थ एवं वसा की मात्रा अधिक रहती है। गायों के गोबर में भी बच्चे के पेट में आने की अवस्था से लेकर दूध देने की अवस्था तक परिवर्तन होते रहते हैं। युवा पशु लगभग 70 प्रतिशत खाद्य शरीर में पचाता है, परंतु दूध देने वाली गाय केवल 25 प्रतिशत ही पचा पाती है। शेष गोबर एवं मूत्र में निकल जाता है। अन्न के दाने प्रायः मूल अवस्था में गोबर में विद्यमान रहते हैं। किंतु टूटे, पिसे अन्न के भाग पाचन क्रिया से प्रभावित हो जाते हैं। इसके अतिरिक्त कुछ द्रव भी गोबर में रहता है। कहा जाता है कि यह द्रव कीटाणुनाशक होता है। गाय के गोबर में 86 प्रतिशत तक द्रव पाया जाता है। गोबर में खनिजों की भी मात्रा कम नहीं होती है। इसमें फास्फोरस, नाइट्रोजन, चूना, पोटाश, मैंगनीज, लोहा, सिलिकन, ऐल्यूमिनियम, गंधक आदि अधिक मात्रा में विद्यमान रहते हैं तथा आयोडीन, कोबाल्ट, मोलिबडिनम आदि भी थोड़ी थोड़ी मात्रा में रहते हैं, परन्तु गोबर की खाद के रूप में अधिकांश खनिजों के कारण मृदा को उपजाऊ बनाता है। पौधों की मुख्य आवश्यकता नाइट्रोजन, फास्फोरस तथा पोटैसियम की होती है। वे वस्तुएँ गोबर में क्रमशः 0.3-0.4, 0.1-0.15 तथा 0.15-0.2 प्रतिशत तक उपस्थिति रहती है। मृदा के संपर्क में आने से गोबर के विभिन्न तत्त्व मृदा के कणों को आपस में बाँधते हैं, परन्तु ये कण एक दूसरे के अत्यधिक समीप या जुड़े होते हैं तो वे तत्त्व उन्हें दूर-दूर कर देते हैं, जिससे मृदा में हवा का प्रवेश

होता है और पौधों की जड़ें सरलता से उसमें श्वसन कर पाती हैं। गोबर का समुचित लाभ खाद के रूप में ही प्रयोग करके पाया जा सकता है।

गोबर का सबसे लाभप्रद उपयोग खाद के रूप में ही हो सकता है, परन्तु भारत में जलाने की लकड़ियों का अभाव होने से इसके अधिकांश भाग का उपयोग ईंधन के रूप में किया जाता है। ईंधन के लिये इसके कंडे बनाकर सुखा लिए जाते हैं। सूखे कंडे अच्छे जलते हैं और इनसे बना भोजन, मधुर आँच पर पकने के कारण स्वादिष्ट होता है। किंतु गोबर का उचित एवं लाभप्रद उपयोग, जैसा कहा जा चुका है, खाद के रूप में ही है। सभी समृद्ध देशों में, जहाँ कहीं दूध देने वाले पशु होते हैं, गोबर से खाद बना करके एवं उसके प्रयोग से मृदा को उपजाऊ बनाया जा सकता है।

गोबर से खाद बनाने की विधियाँ

देश में गोबर से खाद बनाने की दो विधियाँ प्रचलित थी, किन्तु एक तीसरी विधि भी अब प्रचलित की जा रही है। ये विधियाँ निम्नलिखित हैं:

ठंडी विधिः इसके लिये 20–25 फुट लंबे, 5-6 फुट चौड़े तथा 3 से लेकर 10 फुट गहरे गड्ढ़े खोदे जाते हैं और इनमें गोबर भर दिया जाता है। भरते समय उसे इस प्रकार दबाते हैं कि कोई जगह खाली न रह जाए। गढ्ढ़े का ऊपरी भाग गुंबद की तरह बना लेते हैं और गोबर से उसे लेप लेते हैं, जिससे वर्षा ऋतु का अनावश्यक जल उसमें घुसने न पाए। तत्पश्चात् लगभग तीन महीने तक खाद को बनने के लिये छोड़ देते हैं। इस विधि में गढ्ढ़े का ताप कभी 34 डिग्री सेंटीग्रेट से ऊपर नहीं जा पाता, क्योंकि गड्ढ़े में रासायनिक क्रियाएँ हवा के अभाव में सीमित रहती हैं। इस विधि में नाइट्रोजनयुक्त पदार्थ खाद से निकल कर नष्ट नहीं होने पाते हैं।

गरम विधिः इस विधि में गोबर की एक पतली तह बिना दबाए डाल दी जाती है। हवा की उपस्थिति में रासायनिक परिवर्तन होते हैं, जिससे ताप 60 डिग्री सेंटीग्रेट तक पहुँच जाता है। तह को फिर दबा दिया जाता है और दूसरी पतली तह उस पर डाल दी जाती है जिसके ताप बढ़ने दिया जाता है। इस प्रकार ढ़ेर दस से बीस फीट तक ऊँचा बन जाता है, जो कुछ महीनों के लिये इसी अवस्था में छोड़ दिया जाता है। इस विधि से विशेष लाभ यह होता है कि ताप बढ़ने पर घास, हानिकर पौधों के बीज, जो गोबर में उपस्थित रह जाते हैं, नष्ट हो जाते हैं। प्रत्येक पशु से इस प्रकार 5 से 6 टन खाद बन सकती है।

हवा की उपस्थिति में खाद और गैस उत्पादनः परिषद् द्वारा विकसित की गई इस विधि में एक साधारण यंत्र का उपयोग होता है, जिसमें गोबर का पाचन हवा की अनुपस्थिति में होता। इस विधि से एक प्रकार की गैस निकलती है, जो प्रकाश करने, यंत्र चलाने तथा भोजन पकाने के लिये ईंधन के रूप में काम आती है। गोबर पानी का मिश्रण कर पाचक-यंत्र में प्रतिदिन डालते जाते हैं और निकलने वाली गैस से उपरोक्त काम लेते हैं। इस विधि की

विशेषता यह है कि गोबर सड़कर गंधहीन खाद के रूप में परिवर्तित प्राप्त हो जाता है और इसके नाइट्रोजन, फास्फोरस, पोटाश आदि ऐसे उपयोगी तत्व बिना नष्ट हुए इसी में सुरक्षित रह जाते हैं। साथ साथ इससे उपयोगी गैस भी मिल जाती है। अनुमान है कि एक परिवार, जिसमें 4-5 पशु हैं, लगभग 70-75 घन फुट जलने वाली गैस प्रतिदिन तैयार कर सकता है।

भारत में गोबर की मात्रा और उसमें उपस्थित नाइट्रोजन, फास्फोरसएवं पोटाश का वार्षिक उत्पादन इस प्रकार है:

गोबर (सूखा)	1,446 लाख टन
कार्बनिक पदार्थ	1,157 लाख टन
नाइट्रोजन	18.08 लाख टन
फास्फोरस	7.23 लाख टन
पोटाश	1.085 लाख टन

गोबर का बहुत थोड़ा भाग ही खाद के रूप में प्रयुक्त हो पाता है। इसी कारण इस देश का उत्पादन दूसरे देशों के अनुपात में बहुत कम है। जलावन के रूप में गोबर का उपयोग एक बहुमूल्य खाद को नष्ट करना है। जहाँ तक हो गोबर को खाद के लिये ही काम में लाना चाहिए।

गोबर की खाद बनाने में सावधानी– गोबर की खाद बनाने में निम्नलिखित सावधानियाँ रखने की आवश्यकता है।

- गोबर की खाद किसान बनाते तो हैं, परन्तु आमतौर पर गोबर को केवल गड्ढ़े में डाल देते हैं। सावधानियाँ बरतने से बनी गोबर की खाद बहुत जल्दी और बहुत अच्छी बन सकती है।
- गड्ढ़ा बना कर या ऊँची जगह गोबर इकट्ठा करना चाहिये। गोबर ऐसी जगह इकट्ठा किया जाए जहां बारिश के समय पानी इकट्ठा न हो और न ही ढ़ेर के ऊपर से पानी बह कर जाए पेड़ के नीचे या हल्की छाया वाली जगह सबसे अच्छी रहती है।
- गोबर के ढ़ेर में काँच, लोहा या प्लास्टिक आदि न गल सकने वाले पदार्थ नहीं होने चाहिये और न ही जल रोकने वाले पदार्थ हो। रसोई का निकला अवशेष पदार्थ डाला जा सकता है। पशु और मनुष्यों का मूत्र भी इसमें डालना चाहिये।
- गोबर के ढ़ेर की ऊँचाई और चौड़ाई 2.5-3.0 फुट से ज्यादा न हो। लम्बाई कितनी भी हो सकती है।
- गोबर के ढ़ेर में नमी बनाये रखना आवश्यक है। गर्मी के मौसम में नमी का विशेष ध्यान रखना चाहिये। इसलिये ऐसी जगह यह खाद बनाई जाये जहाँ पानी की सुविधा हो।

- गोबर के ढ़ेर को ढ़क कर रखा जाय तो अच्छा रहता है। ऊपर से लिपाई करने से खाद जल्दी बनती है। लिपाई न कर पाये तो काले और मोटे पॉलीथीन से ढ़क दें।
- 10-15 दिनों में ढ़ेर को पलटने से और फिर ढ़कने से खाद ज्यादा जल्दी तैयार होती है। क्योंकि सड़ाव की क्रिया शीघ्र तथा एक समान होती है।
- अच्छी बनी गोबर की खाद दानेदार, सुनहरी और गंध रहित होती है। चाय के दाने के समान तथा इसका तापमान सामान्य होता है। जबकि खाद बनने के दौरान तापमान बढ़ता है। सही खाद तैयार होने पर मुट्ठी में बंद करने पर लड्डू जैसा बँध जाती है, परन्तु मुट्ठी खोलने पर खाद बिखर जाती है।
- खेत में खाद डालने के तुरन्त बाद मिट्टी में मिला देना चाहिये। खुली धूप में रखने से पोषक तत्त्व नष्ट हो जाते हैं। धनजीवामृत के साथ मिला कर डालने से यह और भी अधिक समृद्ध हो जाती है।
- पशु मूत्र भी एक अच्छी खाद है। पशु मूत्र और पानी को समान अनुपात में मिलाकर मिट्टी में डाला जा सकता है अगर फसल पर छिड़काव करना हो तो 10-15 लीटर मूत्र और 90 लीटर पानी का अनुपात रहना चाहिये। फिर फसल पर इसका छिड़काव करना चहिए।

गोबर की खाद बनाने की विधि

(ब) कम्पोस्ट

गोबर, सूखे और हरे जैव पदार्थ/कचरे/खरपतवार तथा मिट्टी के मिश्रण से बनी कम्पोस्ट खाद साधारण गोबर की खाद के मुकाबले अच्छी होती है और जल्दी बनती है। विगत कई दशकों से कम्पोस्ट की कई विधियाँ जैसे इन्दौर विधि, बंगलौर विधि, कोयम्बटूर विधि आदि प्रयोग की जाती है। कम्पोस्ट बनाने की विधियाँ प्रयोग किये जाने वाले पदार्थों के अनुसार ही नामकरण किया गया है जैसे वर्मी कम्पोस्ट, फास्फोरसकम्पोस्ट, इनरिच्ड कम्पोस्ट, संश्लेषित कम्पोस्ट, एनीमल वेस्ट कम्पोस्ट, विन्ड्रो कम्पोस्ट, नाडेप कम्पोस्ट, क्वायर पिथ कम्पोस्ट, फोटीर्फाइड कम्पोस्ट, ऑयल पाम वेस्ट कम्पोस्ट, बीड कम्पोस्ट, रिइफोर्स्ड कम्पोस्ट आदि प्रमुख हैं। उपरोक्त प्रकार की कम्पोस्ट बनाने के लिए सामान्यतः दो विधियाँ जैसे वायुवीय तथा अवायुवीय हैं जिनसे निम्न प्रकार से बनाया जाता है।

1. वायुवीय विधि (Aerobic Method)– इस विधि से कम्पोस्ट बनाने के लिए 2 मीटर चौड़ा, 1 मीटर गहरा तथा लम्बाई आवश्यकतानुसार गड्ढ़ा बनाकर तैयार कर लेते हैं। इस गड्ढ़े में विभिन्न प्रकार के अवशेष जैसे पशुशाले का झाड़न, पशुओं के मूत्र से सनी मिट्टी, बिछावन, चारे, खरपतवार, फसलों के अवशेष, पेड़ों की पत्तियाँ आदि को मिलाकर गड्ढ़े में 20–30 सेमी तक भर देते हैं। इसके पश्चात् गोबर के घोल का छिड़काव करते हैं यदि यह पदार्थ सूखे हो तो पानी का छिड़काव कर देते हैं। इसके अतिरिक्त हड्डी का चूरा, राख आदि की एक पतली परत बिछा देते हैं। उपरोक्त क्रिया को तब तक करते रहते हैं तब तक कि गड्ढ़ा भर न जाए। इस गड्ढ़े को जमीन से 50 सेमी की ऊँचाई तक भरने के पश्चात् गोबर से सनी हुई मिट्टी से अच्छी तरह से लेप कर देते हैं। एक महीने के अन्तराल पर गड्ढ़े में पड़े हुए पदार्थों को 2–3 बार पलटते रहते हैं और आवश्यकतानुसार पानी डालकर गीला करते रहते हैं। इस प्रकार 5–6 महीने में प्रयोग करने हेतु कम्पोस्ट बन कर तैयार हो जाती है। इस विधि द्वारा कम्पोस्ट बनाना वर्षा ॠतु में अधिक लाभदायक होता है।

2. अवायुवीय विधि (Anerobic Method)– इस विधि द्वारा कम्पोस्ट बनाने के लिए आवश्यकतानुसार 4–5 मीटर लम्बाई, 1.5–2.0 मीटर चौड़ाई तथा 1.0 मीटर की गहराई का गड्ढ़ा तैयार कर लेते हैं। वायुवीय विधि में प्रयोग किये जाने वाले पदार्थों को गड्ढ़े में 20–30 सेमी की मोटी परत बिछा देते हैं इसके पश्चात् 0.5 किलोग्राम गोबर तथा 150 से 170 ग्राम राख को आवश्यकतानुसार पानी में घोलकर छिड़काव करके इन पदार्थों को अच्छी तरह से दबा दिया जाता है। इस प्रकार से गड्ढ़े को जमीन से 50 सेमी. ऊँचाई तक भरकर मिट्टी एवं गोबर का गाढ़ा घोल बनाकर लेप दिया जाता है। इस तरह से कम्पोस्ट में अवायुवीय विघटन में अधिक तापमान विकसित नहीं हो पाता है। अवायुवीय विघटन में अप्राप्य नत्रजन के यौगिक प्राप्य रूप में तथा कार्बनिक पदार्थ, कार्बन डाई आक्साइड तथा पानी में परिवर्तित हो जाते हैं। इस विधि में कार्बन डाई ऑक्साइड की सान्द्रता बढ़ जाने से अमोनिया के रूप में होने वाली नत्रजन की क्षति समाप्त हो जाती है। इस प्रकार 4–5 माह पश्चात् प्रयोग करने हेतु कम्पोस्ट बनकर तैयार हो जाती है।

कम्पोस्ट बनाने के लिये ऐसे स्थान का चुनाव करना चाहिए जहाँ वर्षा के समय पानी इकट्ठा न हो और न ही ढ़ेर के ऊपर से पानी बहकर जाये। पेड़ के नीचे या हल्की छाया वाली जगह सबसे अच्छी रहती है।

- कम्पोस्ट के ढ़ेर की ऊँचाई और चौड़ाई 4-5 फुट से ज्यादा न हो, लम्बाई कितनी भी हो सकती है।
- कम्पोस्ट बनाने के लिये गोबर और मूत्र के अतिरिक्त फसलों का हरा और सूखा कचरा तथा मिट्टी की आवश्यकता होती है। गाजर घास का भी कम्पोस्ट बनाने के लिये प्रयोग हो सकता है। कम्पोस्ट बनाते हुए देशी कीटनाशकों में प्रयोग की जाने वाली वनस्पति का प्रयोग न किया जाए थोड़ी बहुत मात्रा में ये खाद में मिल जाये तो कोई डर नहीं।
- कचरे में विभिन्नता हो तो अच्छा रहता है एक तरह की फसलों का कचरा न लेकर मिश्रित किस्म का कचरा लेना ज्यादा अच्छा रहता है, ध्यान रहे इस कचरे की ऐसी परत न बने कि उसमें से हवा न निकल पाये इसलिये गेहूँ के भूसे के साथ जरूर कुछ अन्य जैव पदार्थ मिला लें, कचरे के छोटे-छोटे 3-4 इंच के टुकड़े करना भी फायदेमंद रहता है।
- मृदा पर जीवामृत छिड़ककर उस पर सबसे नीचे टहनियां अथवा लकड़ियां डालनी चाहिए और जैव पदार्थ की 6 इंच की परत बना लें। उस पर फिर जीवामृत छिड़ककर मिट्टी से ढ़क दें। तत्पश्चात् पुनः जैव पदार्थ की परत बिछा लें। इस तरह से परत दर परत बनाते जाये। हरे जैव पदार्थ में कम गोबर/जीवामृत मिलाएँ (1000 किलो जैव पदार्थ में 50 किलो गोबर) और सूखे जैव पदार्थ में ज्यादा गोबर/जीवामृत मिलाएँ (1000 किलो जैव पदार्थ में 100-150 किलो गोबर)।
- ढ़ेर के बीच में हवा जाने के लिये कुछ बाँस या लकड़ियाँ गाड़ दें जिन्हें बाद में निकाल लें। जैव पदार्थ को न तो बहुत ज्यादा दबायें और न ही बिल्कुल ढ़ीला रखें।
- ऊपरी परत को झोपड़ी की छत का रूप दे दें और अगर सम्भव हो तो ऊपरी परत में मिट्टी के स्थान पर पुरानी खाद अथवा पुरानी अधपकी खाद का प्रयोग करें। फिर पूरे ढ़ेर को गोबर और मिट्टी से लीपकर बंद कर दें। लिपाई हो जाने पर ढ़ेर में दबाये गये बाँस आदि निकाल दें।

- लिपाई न करके काले मोटे पॉलीथीन से भी ढ़ेर को ढ़ककर बंद किया जा सकता है।
- ढ़ेर में 7-8 दिन के बाद एक लोहे की छड़ 5-7 मिनट तक गाड़ कर निकाल कर देखें। छड़ की नोक गरम होनी चाहिये। अगर वह गरम नहीं है तो इसका अर्थ है कि ढ़ेर ठीक से नहीं बना इस स्थिति में दोबारा ठीक से ढ़ेर बनाने से खाद ज्यादा जल्दी बनेगी।
- 15-20 दिन बाद ढ़ेर बैठ जाता है उसे खोलकर उसमें फिर से 1-2 परत और बनाई जा सकती है।
- यदि खाद बनाने के दौरान एक-दो बार ढ़ेर को पलट दिया जाये तो खाद ज्यादा जल्दी बनती है।
- 2 से 4 महीने में खाद बन जायेगी, अच्छी बनी खाद दानेदार, सुनहरी और गंध रहित होती है। चाय के दाने के समान इसका तापमान सामान्य होता है। जबकि खाद बनने के दौरान तापमान बढ़ता है। तैयार खाद को छानकर, अधपकी सामग्री को अलग करके बाकी को छाया में रख लें। रखी हुई खाद में नमी बनाये रखे। इसके लिये जीवामृत या पानी का प्रयोग किया जा सकता है। अच्छी खाद को मुट्ठी में बंद करने पर लड्डू सा बंध जाता है पर मुट्ठी खोलने पर बिखर जाती है। खाद में सदैव नमी बनाये रखें।

(स) नाडेप कम्पोस्ट

कम्पोस्ट बनाने का एक नया विकसित तरीका नाडेप विधि है जिसे महाराष्ट्र के कृषक नारायण देव राव पन्धारी पांडे (नाडेप काका) ने विकसित किया है। नाडेप विधि में कम्पोस्ट खाद जमीन की सतह पर टाँका बनाकर उसमें प्रक्षेत्र अवशेष तथा बराबर मात्रा में खेत की मिट्टी तथा गोबर को मिलाकर बनायी जाती है। इस विधि से 1 किलो गोबर से 30 किलो खाद चार माह में बनकर तैयार हो जाती है। नाडेप कम्पोस्ट निम्न प्रक्रिया द्वारा तैयार किया जाता है।

टाँका बनाना

नाडेप कम्पोस्ट का टाँका उस स्थान पर बनाया जाये जहाँ भूमि समतल हो तथा जल भराव की समस्या न हो। टाँका के निर्माण हेतु आन्तरिक माप 10 फीट लम्बी, 6 फीट चौड़ी और 3 फीट ऊँचाई अथवा 12 × 5 × 3 फीट रखनी चाहिए। इस प्रकार टाँका का आयतन 180 घन फीट हो जाता है। टाँका की दीवार 9 इंच चौड़ी रखनी चाहिए। दीवार को बनाने में विशेष बात यह है कि बीच-बीच में यथा स्थान छेद छोड़े जायें जिससे कि टाँका में वायु

का आवागमन बना रहे और खाद के लिए प्रयुक्त सामग्री आसानी से सड़ सके। प्रत्येक दो ईंटों के बाद तीसरी ईंट की जुड़ाई करते समय 4.5 इंच का छेद छोड़ देना चाहिए। 3 फीट ऊँची दीवार में पहले तीसरे, छठे और नवें रद्दे में छेद बनाने चाहिए। दीवार के भीतरी तथा बाहरी हिस्से को गाय या भैंस के गोबर से लीप दिया जाता है। फिर तैयार टाँका को सूखने देना चाहिए। इस प्रकार बने टाँका में नाडेप खाद बनाने के लिए मुख्य रूप से 4 चीजों की आवश्यकता होती है।

कूड़ा-करकट : व्यर्थ पदार्थ या कचरा जैसे सूखे हरे पत्ते, छिलके, डंठल, जड़ें बारीक टहनियाँ तथा व्यर्थ एवं सड़े-गले खाद्य पदार्थ आदि। इस बात का विशेष ध्यान रखना चाहिए कि इन पदार्थों के साथ प्लास्टिक/पॉलीथीन, पत्थर तथा काँच के टुकड़े आदि शामिल न हों। इस तरह के कचरे की 1500 किलोग्राम मात्रा की आवश्यकता होती है।

गोबर : 100 किलोग्राम गाय या भैंस का गोबर या गैस संयंत्र से निकले गोबर का घोल।

मिट्टी : सूखी महीन छनी हुई तालाब या नाले की 1750 किलोग्राम या एक ट्राली मिट्टी। गाय या बैल को बाँधने के स्थान की मिट्टी अति उत्तम रहेगी। मिट्टी का पॉलीथीन/प्लास्टिक रहित होना आवश्यक है।

पानी : पानी की आवश्यकता काफी हद तक मौसम पर निर्भर करती है। बरसात में जहाँ कम पानी की आवश्यकता होती है। वहीं पर गर्मी के मौसम में अधिक पानी की आवश्यकता होगी। कुल मिलाकर करीब 1500 से 2000 लीटर पानी की आवश्यकता होती है। गोमूत्र या अन्य पशु मूत्र मिला देने से नाडेप खाद की गुणवत्ता में बढ़ोतरी हो जाती है।

टाँका का भरना

टाँका भरते समय विशेष ध्यान देना चाहिए कि इसके भरने की प्रक्रिया एक अथवा दो दिन में समाप्त हो जाये। इसके लिए आवश्यक है कि कम से कम दो टैंकों का निर्माण किया जाये जिससे कि सभी सामग्री इकट्ठा होने पर एक ही दिन में टैंक भरने की प्रक्रिया पूरी हो सके। टैंक भरने का क्रम निम्न प्रकार है:

पहली पर्त : व्यर्थ पदार्थों की 6 इंच की ऊँचाई तक भरते हैं। इस प्रकार व्यर्थ पदार्थों की 30 घन फुट में लगभग एक कुन्टल पदार्थ की आवश्यकता होती है।

दूसरी पर्त : गोबर के घोल की होती है इसके लिए 100 लीटर पानी में 5 किलोग्राम गोबर अथवा बायोगैस संयंत्र से प्राप्त गोबर के घोल की ढ़ाई गुना ज्यादा मात्रा प्रयोग में लाते हैं। इस घोल को व्यर्थ पदार्थों द्वारा निर्मित पहली परत पर अच्छी तरह से भीगने देते हैं।

तीसरी पर्त : छनी हुई सूखी मिट्टी की प्रति परत आधा इंच मोटी दूसरी परत के ऊपर बिछा कर समतल कर लेते हैं।

चौथी पर्त : इस परत को वास्तव में परत न कहकर पानी के छींटे कह सकते हैं। इसलिए आवश्यक है कि टैंक में लगायी गयी परतें ठीक से बैठ जाये।

इस क्रम को क्रमशः टांका के पूरा भरने तक दोहराते हैं। टैंक भर जाने के बाद अन्त में 2.5 फुट ऊँचा झोपड़ीनुमा आकार में भराई करते हैं। इस प्रकार टैंक भर जाने के बाद गोबर एवं गीली मिट्टी के मिश्रण से लिपाई कर देते हैं। प्रायः यह देखा गया है कि 10 या 12 परतों में गड्ढ़ा भर जाता है। यदि नाडेप कम्पोस्ट की गुणवत्ता में अधिक वृद्धि करनी है तो आधा इंच मिट्टी की परतों के ऊपर 1.5 किलोग्राम जिप्सम + 1.5 किलोग्राम सिंगल सुपर फास्फेट + एक किग्रा. यूरिया का मिश्रण बनाकर सौ ग्राम प्रति परत बिखेरते जाते हैं। टाँका भरने के 60 से 70 दिन बाद राइजोबियम + पी.एस.बी. + एजोटोबैक्टर का कल्चर बनाकर मिश्रण को छेदों के द्वारा प्रविष्ट करा देते हैं।

टाँका भरने के 15 से 20 दिनों बाद उसमें दरारे पड़ने लगती हैं तथा इस विघटन के कारण मिश्रण टैंक में नीचे की ओर बैठने लगता है। ऐसी अवस्था में इसे उपरोक्त बताई गई विधि से दुबारा भरकर मिट्टी एवं गोबर के मिश्रण से उसी प्रकार लीप दिया जाये जैसा कि प्रथम बार किया गया था। यह आवश्यक है कि टाँका में 60 प्रतिशत नमी का स्तर हमेशा बना रहे। इस तरह से नाडेप कम्पोस्ट 90 से 110 दिनों में बनकर प्रयोग हेतु तैयार हो जाती है। लगभग 3.0 से 3.25 टन प्रति टैंक नाडेप कम्पोस्ट बनकर प्राप्त होती है तथा इसका 8 टन प्रति हैक्टेयर की दर से खेतों में प्रयोग करना पर्याप्त होता है। इस कम्पोस्ट में पोषक तत्त्वों की मात्रा नत्रजन के रूप में 0.5 से 1.5, फास्फोरस के रूप में 0.5 से 0.9 तथा पोटाश के रूप में 1.2 से 1.4 प्रतिशत तक पायी जाती है। नाडेप टाँका 10 वर्ष तक अपनी पूरी क्षमता से कम्पोस्ट बनाने में सक्षम रहता है।

नाडेप कम्पोस्ट बनाने हेतु प्रति टाँका निर्माण में लगभग चार हजार रूपये की लागत आती है। यदि 6 टाँका का निर्माण कर अन्तराल स्वरूप एक-एक भरकर कम्पोस्ट बनाई जाये तो गरीबी रेखा से नीचे जीवन यापन करने वाले एवं शिक्षित बेरोजगारों को चौबीस हजार रूपये प्रति माह के हिसाब से अर्थिक लाभ हो सकता है।

नाडेप कम्पोस्ट पिट

(द) फासफो कम्पोस्ट

भारत की अधिकांश भूमियों में फास्फोरस की मात्रा कम से मध्यम तक पाई जाती है। विभिन्न प्रकार के फसल अवशेषों के साथ सस्ती रॉक फास्फेट का प्रयोग करके फासफो कम्पोस्ट तैयार की जाती है। इस तरह से कम्पोस्ट बनाने में रॉक फास्फेट में अप्राप्य फास्फोरस को प्राप्य फास्फोरस में परिवर्तित कर पौधों को उपलब्ध हो जाता है। फासफो कम्पोस्ट बनाने के लिए फसल के अवशेष, खरपतवार तथा अन्य कार्बनिक पदार्थों को इकट्ठा करके उन्हें छोटे-छोटे टुकड़ों में काट लिया जाता है। कम्पोस्ट बनाने के लिए 8 भाग कार्बनिक पदार्थ तथा फसल अवशेष, 1 भाग गोबर, 0.5 भाग छनी हुई मिट्टी तथा 0.5 भाग सड़ी हुई गोबर की खाद का मिश्रण बनाकर उपयोग किया जाता है पहले से तैयार किये गये गड्ढे (3-4 मीटर लम्बा, 2 मीटर चौड़ा तथा 1 मीटर गहरा) में 15-20 सेमी मोटी परत बिछाकर खराब किस्म की रॉक फास्फेट की पतली परत बिछाकर आवश्यकतानुसार पानी से गीला कर देते हैं। इस प्रकार सम्पूर्ण गड्ढे को 50 सेमी जमीन की ऊँचाई तक भर दिया जाता है। इसके पश्चात् 1 माह के अन्तराल पर पलटते रहते हैं। इस प्रकार इस विधि द्वारा फासफो कम्पोस्ट तैयार की जाती है। मसूरी रॉक फास्फेट (5 प्रतिशत फास्फोरस) द्वारा तैयार की गई कम्पोस्ट में साइट्रेट में घुलनशील फास्फोरस की उच्च मात्रा पाई जाती है।

(य) प्रतिवलित कम्पोस्ट

कम्पोस्ट बनाने की यह विधि सामान्य है इसमें फसल अवशेषों की 10-15 सेमी मोटी परत बिछाने के बाद परत के ऊपर 10 प्रतिशत की दर से गोबर के घोल का छिड़काव कर दिया जाता है। इसी क्रम में गड्ढ़े को पूरा भर दिया जाता है। इस विधि का प्रयोग किये जाने वाले कार्बनिक अपशिष्ट में 500 ग्राम प्रति टन की दर से शुष्क माइसीलियम (Mycelium) मिला देते हैं। इस कवक सम्बर्द्ध में *Trichorus spiralis, Coprinus ephemerus, Chactonium, Trichoderma viridi, Trichoderma resesii, Aspergillus paciliomyes, Fusisporus and Penicillium spp.* की प्रजातियों को उच्च कार्बन/नत्रजन अनुपात वाले पदार्थ जैसे गेहूँ एवं धान के भूसे, गन्ने की पत्तियाँ, केले की पत्तियाँ एवं तनों के लिए प्रभावकारी पाये गये हैं। कम्पोस्ट बनाते समय पर्याप्त मात्रा में नमी बनाये रखना चाहिए। खाद बनाते समय गड्ढ़े की 2-3 बार पलटाई करना आवश्यक है क्योंकि खाद बैठकर ठोस न हो जाए। पहली पलटाई गड्ढ़ा भरने के 15 दिन उपरान्त, दूसरी पलटाई पहली पलटाई के 1 माह बाद तथा तीसरी पलटाई दूसरी पलटाई के 2 माह के बाद करनी चाहिए। प्रत्येक पलटाई पहली पलटाई के समय पर्याप्त मात्रा में पानी डालकर नम करना आवश्यक है। इस विधि द्वारा कम्पोस्ट बनाने में लगभग 8-10 माह का समय लग जाता है।

इस कम्पोस्ट के बनाने में उच्च कार्बन/नत्रजन अनुपात वाले जीवांश पदार्थों के विघटन में सामान्य पदार्थ की तुलना में आधे समय में पूर्ण हो जाती हैं। सेल्यूलोज के परिपाचन करने वाले सम्बर्द्ध (Cellulolytic inoculum) के प्रयोग के कारण इस विधि से तैयार कम्पोस्ट में नत्रजन, फास्फोरस, पोटाश तथा ह्यूमस की मात्रा अधिक पाई जाती है। धान के पुआल का प्रयोग करके बनाई गई कम्पोस्ट में 1.3 से 1.76 प्रतिशत नत्रजन तथा कार्बन/नत्रजन का अनुपात 18.9 से 12.3:1 पाया जाता है, परन्तु सेल्यूलोज के परिपाचन के सम्बर्द्ध के प्रयोग से नत्रजन की मात्रा 1.15 से 1.52 प्रतिशत तथा कार्बन/नत्रजन अनुपात 23.9 से 15.5:1 हो जाता है।

(र) फसल अवशेषों की कम्पोस्ट

इस विधि में 5-6 मीटर लम्बाई, 1.5 से 2.0 मीटर चौड़ाई तथा 1.0 मीटर गहराई का गड्ढ़ा तैयार कर लेते हैं। इसमें गन्ने की पत्तियाँ, फसल के अवशेष, भूसा, डंठल, तने, आलू के वायवीय भाग, जलकुम्भी, गाजर घास, सदाबहार एवं अन्य खरपतवारों का प्रयोग किया जाता है। सबसे पहले इन पदार्थों को चारा काटने वाली मशीन से छोटे-छोटे टुकड़ों में काट लिया जाता है। इन फसल अवशेषों को गढ्ढ़े में 15-20 सेमी मोटी परत बिछा देते हैं। इस प्रकार से गड्ढ़े को जमीन की सतह से 50 सेमी ऊँचाई तक भर देते हैं। गड्ढ़ा भरते समय यह ध्यान रखना आवश्यक है कि पर्याप्त मात्रा में पानी डालकर फसल अवशेषों को गीला करते रहना चाहिए। इस प्रकार प्रयुक्त सामग्री में 80 प्रतिशत तक नमी रहे। प्रत्येक सतह पर यूरिया का 5 प्रतिशत का घोल, रॉक फास्फेट, राइजोबियम, एजोटोबैक्टर जीवाणु कल्चर का

प्रयोग करने से उत्तम किस्म की कम्पोस्ट बनकर तैयार हो जाती है। इस प्रकार गड्ढ़ा भर जाने के पश्चात् मिट्टी तथा गोबर का मिश्रण बनाकर ऊपर से लिपाई कर दी जाती है। इस प्रकार गड्ढ़ा बंद करने के एक माह बाद गड्ढ़े की पलटाई कर देनी चाहिए तथा पर्याप्त मात्रा में पानी डालकर इन पदार्थों को गीला कर देते हैं। इस तरह से 4-5 सप्ताह बाद और दो पलटाइयाँ कर देते हैं। इस तरह से 4-5 माह में कम्पोस्ट बनकर तैयार हो जाती है। उपरोक्त प्रकार से तैयार की गई कम्पोस्ट में 0.5 प्रतिशत नत्रजन, 0.15 प्रतिशत फास्फोरस तथा 0.50 प्रतिशत पोटाश की मात्रा पाई जाती है।

(ल) नाइट मिट्टी

ठोस अथवा द्रव्य अवस्था में मनुष्यों की विष्टा को नाइट मिट्टियाँ (Night soil) कहते हैं। चीन में नाइट मिट्टियों का प्रयोग लगभग 2000 वर्षो से किया जा रहा है जिसका कि मुख्य कारण मृदा की अधिक उर्वरा शक्ति एवं उत्पादकता का होना है। इसके अतिरिक्त जापान एवं विश्व के कई अन्य देश इसका प्रयोग कर रहे हैं। देश में इस समय लगभग 13.5 मिलियन टन शुष्क पदार्थ हैं जिसमें 0.75 मिलियन टन नत्रजन, 0.55 मिलियन टन फास्फोरस तथा 3.0 मिलियन टन पोटाश की उपलब्धता हो सकती है। नाइट मिट्टियों में फास्फोरस तथा पोटास तत्त्व की अधिकता होती है। इस प्रकार इसमें 5.5 प्रतिशत नत्रजन, 4.0 प्रतिशत फास्फोरस तथा 2.0 प्रतिशत पोटाश पाया जाता है।

भारतवर्ष में सामान्य: नाइट मिट्टियों का प्रयोग सीधे रूप में नहीं किया जाता है, परन्तु कुछ मात्रा में गड्ढ़े में कुछ दिनों तक रखने के बाद अथवा अन्य पदार्थों के साथ मिलाकर प्रयोग किया जाता है। इसके लिए गड्ढ़ों को 4-5 मीटर लम्बा, 1 मीटर चौड़ा तथा 0.5 मीटर गहरा गड्ढ़ा बनाकर मनुष्यों का विष्ठा इसमें भर दिया जाता है। इसके बाद ऊपर से मिट्टी अथवा कचरा से ढ़क दिया जाता है। इस गड्ढ़े के सूखने के पश्चात् खाद बनकर तैयार हो जाती हैं जिसे पौड रेट कहते हैं। इस नाइट मिट्टी में बराबर मात्रा में राख तथा 10 प्रतिशत चारकोल पाउडर तथा गन्ध कम करने वाले पदार्थ मिला दिये जाते हैं। इस प्रकार से तैयार खाद में 1.32 प्रतिशत नत्रजन, 2.8 प्रतिशत फास्फोरस, 4.1 प्रतिशत पोटाश तथा 24.2 प्रतिशत चूना पाया जाता है। इसमें 40 से 50 प्रतिशत लकड़ी का बुरादा मिला देने से नत्रजन की मात्रा 2-3 प्रतिशत तक हो जाती है।

(व) सीवेज एवं स्लज

शहरों से निकले हुए मनुष्यों के मलमूत्र तथा अन्य पदार्थों का प्रयोग खाद के रूप में किया जाता है, जिसे सीवेज तथा स्लज कहते हैं। सीवेज एवं स्लज में बहुत अधिक मात्रा में पोषक तत्त्व पाये जाते हैं यह मुख्यत: दो रूपों में (1) ठोस तथा (2) द्रव्य के रूप में पाया जाता है। द्रव्य रूप का प्रयोग शहरों के आस-पास तथा किनारे के क्षेत्रों में फसलों एवं सब्जियों में सिंचाई करने हेतु प्रयोग किया जाता है जबकि ठोस रूप का प्रयोग खाद बनाकर

फसलों में उत्पादकता बढ़ाने में मुख्य रूप से किया जाता है। शहरों के आस-पास तथा किनारे के क्षेत्रों में फसलों एवं सब्जियों में इस खाद का प्रयोग किया जाता है। इस ठोस पदार्थ को गड्ढ़े में एकत्रित कर लिया जाता है तथा सूखने के पश्चात् बुआई के पूर्व खेत में अच्छी तरह से मिला देते हैं। द्रव्य रूप का प्रयोग फसलों में सिंचाई के रूप में करने पर फसलों को जल की आवश्यकता के साथ पोषक तत्वों की भी आपूर्ति सुनिश्चित हो जाती है। सीवेज एवं स्लज की खाद में 1.5-3.0 प्रतिशत नत्रजन, 0.78 से 4.0 प्रतिशत फास्फोरस तथा 0.3 से 3.0 प्रतिशत पोटाश की मात्रा पाई जाती है। इस खाद एवं पानी का प्रयोग अधिक मात्रा में तथा अधिक समय तक करने से भूमि की भौतिक दशा खराब हो जाती है क्योंकि इसमें उपस्थित बहुत छोटे-छोटे कण मृदा की संरचना खराब करने में सहायक होते हैं जिससे भूमि में जलशोषण क्षमता, पारगम्यता, रन्ध्रावकास, वायु संचार आदि कम हो जाती है।

(स) बायोगैस स्लरी

बायोगैस संयंत्र में गोबर गैस की पाचन क्रिया के बाद 25 प्रतिशत ठोस पदार्थ रूपान्तरण गैस के रूप में होता है और 75 प्रतिशत ठोस पदार्थ का रूपान्तरण खाद के रूप में होता हैं। जिसे बायोगैस स्लरी कहा जाता हैं दो घनमीटर के बायोगैस संयंत्र में 50 किलोग्राम प्रतिदिन या 18.25 टन गोबर एक वर्ष में डाला जाता है। उस गोबर में 80 प्रतिशत नमी युक्त करीब 10 टन बायोगैस स्लेरी की खाद प्राप्त होती हैं। ये खेती के लिये अति उत्तम खाद होता है। इसमें 1.5 से 2 प्रतिशत नत्रजन, 1 प्रतिशत फास्फोरस एवं 1 प्रतिशत पोटाश होता हैं।

बायोगैस संयंत्र में गोबर गैस की पाचन क्रिया के बाद 20 प्रतिशत नाइट्रोजन अमोनियम नाइट्रेट के रूप में प्राप्त होता है। यदि इसका तुरंत उपयोग खेत में सिंचाई नाली के माध्यम से किया जाये तो इसका लाभ रासायनिक खाद की तरह फसल पर तुरंत होता है और उत्पादन में 10-20 प्रतिशत की वृद्धि हो जाती है। स्लरी की खाद में नत्रजन, फास्फोरस एवं पोटाश के अतिरिक्त सूक्ष्म पोषण तत्व एवं ह्यूमस भी होता हैं जिससे मिट्टी की संरचना में सुधार होता है तथा जल धारण क्षमता बढ़ती है। सूखी खाद असिंचित खेती में 5 टन एवं सिंचित खेती में 10 टन प्रति हैक्टर की आवश्यकता होगी। ताजी गोबर गैस स्लरी सिंचित खेती में 3-4 टन प्रति हैक्टर में लगेगी। सूखी खाद का उपयोग खेत बोने के पहले अन्तिम जुताई के समय एवं ताजी स्लरी का उपयोग सिंचाई के दौरान करें। स्लरी के उपयोग से फसलों को तीन वर्ष तक पोषक तत्त्व धीरे-धीरे उपलब्ध होते रहते हैं।

(श) सांद्रित कार्बनिक खादें

सांद्रित कार्बनिक खादें वह होती हैं जिसमें आवश्यक पोषक तत्व जैसे नत्रजन, फास्फोरस, पोटाश आदि की गोबर की खाद अथवा कम्पोस्ट की अपेक्षा अधिक पाई जाती है। सांद्रित कार्बनिक खादें पशुओं एवं फसलों के अवशेष अथवा सह उत्पाद होते हैं जैसे खली का खाद, मछली की खाद, रक्त की खाद, हड्डी का चूरा आदि।

(1) खली की खाद–तिलहनी फसलों के दोनों से तेल निकालने के पश्चात् खली प्राप्त होती है। सामान्यतः खली को दो भागों में विभक्त किया जाता है (1) खाने वाली खली-इसका प्रयोग पशुओं को खिलाने के रूप में किया जाता है। (2) बिना खाने वाली खली-जिसका प्रयोग पशुओं को खिलाने के रूप में नहीं किया जाता है। सामान्यतः खाने वाली खली जैसे सरसों, कपास, तिल, मूँगफली की खली को पशुओं को दाने अथवा रातव के रूप में प्रयोग करते हैं, परन्तु कुछ मात्रा में खाने वाली खली तथा बिना खाने वाली खली की सम्पूर्ण मात्रा का प्रयोग खाद के रूप में किया जाता है।

भारत वर्ष में प्रतिवर्ष लगभग 2-5 मिलियन टन खली का उत्पादन होता है। खली में नत्रजन की अधिक मात्रा के अतिरिक्त पर्याप्त मात्रा में फास्फोरस तथा पोटाश के साथ-साथ कार्बनिक पदार्थ पाया जाता है। महुआ की खली में 2.5 प्रतिशत नत्रजन तथा कुसुम के छिलके उतारे हुए बीजों की खली में 7.9 प्रतिशत नत्रजन पाया जाता है। इसके अतिरिक्त 0.8 से 2.9 प्रतिशत फास्फोरस तथा 1.2 से 2.2 प्रतिशत पोटाश पाया जाता है। खली की खादों में नत्रजन की अधिक मात्रा पाये जाने के कारण इन्हें नत्रजनीय कार्बनिक खाद भी कहते हैं।

विभिन्न प्रकार की खली में पोषक तत्वों की मात्रा निम्नवत् हैं–

खली का नाम	पोषक तत्वों की मात्रा (प्रतिशत)		
	नत्रजन	फास्फोरस	पोटाश
अंडी की खली	4.3	1.8	1.3
करंज की खली	3.9	0.9	1.2
महुआ की खली	2.5	0.8	1.8
नीम की खली	5.2	1.0	1.4
नारियल की खली	3.0	1.9	1.8
कपास के बीज की खली	6.4	2.9	2.2
मूँगफली की खली	7.3	1.5	1.3
अलसी की खली	4.9	1.4	1.3
सरसों की खली	5.2	1.8	1.2
कुसुम की खली (छिलका रहित)	7.9	2.2	1.9
तिल की खली	6.2	2.0	1.2

खली की खाद प्रयोग करने के तुरन्त पश्चात् ही पोषक तत्व प्रदान करती है यद्यपि वह खली जो जल में विलेय नहीं है, परन्तु इसमें नत्रजन पौधों को 7-10 दिन में उपलब्ध हो जाती है। महुआ की खली का प्रयोग फसल की बुआई के 2 माह पूर्व से ही किया जाता है। महुआ की खली का प्रयोग लम्बी अवधि में पकने वाली फसलों एवं बागानों में किया जाता है।

खली का प्रयोग करने के पूर्व अच्छी तरह से पीस कर पाउडर बना लिया जाता है। इसके पश्चात् खेत में एक समान मात्रा में बुआई के समय अथवा बुआई के कुछ दिन पूर्व

फैला देते हैं। मूँगफली की खली का प्रयोग गन्ने के खेत में खड़ी फसल पर छिड़क कर किया जाता है। फसल की किस्म के अनुसार खली की खाद का प्रयोग छिड़कवाँ विधि द्वारा जमीन के अन्दर तथा पौधों पर मिट्टी चढ़ाते समय किया जाता है।

(2) रक्त की खाद– रक्त की खाद फसलों को बहुत जल्दी पोषक तत्व प्रदान करती है तथा इनका प्रयोग खली की खाद के साथ भी किया जाता है। रक्त की खाद का प्रयोग सभी प्रकार की फसलों पर एवं सभी प्रकार की मृदाओं में किया जा सकता है। रक्त की खाद में 10-12 प्रतिशत नत्रजन तथा 1-2 प्रतिशत फास्फोरस पाया जाता है। एक व्यस्क पशु से लगभग 15 किलो रक्त जबकि भेड़ तथा बकरी से 1.5-2.0 किलो रक्त निकलता है। बूचड़खाने में रक्त को कंक्रीट के बने हुए गड्ढ़े में इकट्ठा कर लेते हैं। 100 पौंड रक्त में 2 ओंस क्यूप्रिक सल्फेट मिलाकर धूप में सूखने के लिए रख देते हैं। इसके पश्चात् इसको गड्ढ़े से निकालकर फर्श पर जाली से ढ़ककर सूखने के लिए रख देते हैं जब वह पूर्ण रूप से सूख जाता है तब इसको पीसकर पाउडर बनाकर फसलों में प्रयोग करते हैं।

(3) मछली की खाद– जिन मछलियों का प्रयोग खाने के लिए नहीं किया जाता है उनका प्रयोग मछलियों की खाद बनाकर किया जाता है। इन मछलियों को सुखाकर मशीन द्वारा अच्छी तरह से बारीक पीस लिया जाता है। मछलियों की खाद में 4-10 प्रतिशत नत्रजन, 3-9 प्रतिशत फास्फोरस तथा 0.3-1.5 प्रतिशत पोटाश पाया जाता है। मछलियों की खाद (सूखी मछलियाँ अथवा पाउडर के रूप में) बाजार में उपलब्ध होती है। मछली की खाद में पोषक तत्व की मात्रा मछली की किस्म पर भी निर्भर करती है।

(4) सींगों अथवा खुरों की खाद– मरे हुए जानवरों से लगभग 3-4 किलोग्राम सींग एवं खुर प्रति जानवर प्राप्त होता है। इन खुरों एवं सींगों को पानी में उबालने के पश्चात् सूखाकर पाउडर बना लेते हैं। इस प्रकार से तैयार की गई खाद में 13 प्रतिशत नत्रजन पाया जाता है। देश में लगभग प्रति वर्ष 2000 टन सींगों एवं खुरों की खाद बनाई जाती है।

(5) जीव-जन्तु से प्राप्त खादें– जीव-जन्तुओं से प्राप्त खादों के अन्तर्गत मुख्यतः रक्त का चूरा, मछलियों का चूर्ण, सींग एवं खुरों की खाद, पंख तथा बाल की खाद, ऊन की रद्दी, ग्वानों तथा मुर्गी की खाद आदि आती हैं, जिनका विवरण निम्नवत् है।

(i) रक्त का चूरा– बूचड़खाने से प्राप्त रक्त चूर्ण में 10-12 प्रतिशत नत्रजन तथा 1-2 प्रतिशत फास्फोरस होता है यह समस्त प्रकार की मृदाओं तथा फसलों के लिए सर्वोत्तम खाद है।

(ii) मछलियों का चूरा– मछलियों से ताप एवं दाब की नियंत्रित दशाओं में तेल निकाल लेने के पश्चात् बचे हुए अवशेष पदार्थ को मछलियों का चूरा कहते हैं। मछलियों के चूरा में 4-10 प्रतिशत नत्रजन, 3-9 प्रतिशत फास्फोरस तथा 0.3-1.5 प्रतिशत पोटाश पाया जाता है। प्रयोग करने से पूर्व इन्हें बारीक पीस लेना चाहिए। यह सभी प्रकार की मृदाओं तथा फसलों के लिए सर्वोत्तम खाद है।

(iii) सींग एवं खुरों की खाद– एक पशु में 6 से 8 पौंड सींग तथा खुर होते हैं। इन्हें पानी में उबालने के पश्चात् अच्छी प्रकार सुखाकर पीस कर महीन चूर्ण बना लेते हैं जिसमें लगभग 13 प्रतिशत तक नत्रजन होती है।

(iv) पंख तथा बाल की खाद– पक्षियों के पंखों में लगभग 15 प्रतिशत नत्रजन जबकि मनुष्य के बालों में लगभग 17 प्रतिशत नत्रजन पाई जाती है। मृदा में पंखों एवं बालों का विच्छेदन धीरे-धीरे होता है।

(v) ऊन की रद्दी की खाद– ऊन के कारखानों से प्राप्त कचरा जिसे ऊन की रद्दी कहते हैं में 4-7 प्रतिशत नत्रजन तथा 1-5 प्रतिशत पोटाश होता है। यह गेहूँ, जौ, आलू तथा मक्का के लिए सर्वोत्तम खाद है।

(vi) ग्वानो– ग्वानो समुद्री मछलियों की सूखी बीट होती है इसमें 7-16 प्रतिशत नत्रजन तथा 20-25 प्रतिशत फास्फोरस होता है। इस खाद में नत्रजन अमोनिया के रूप में होने के कारण पौधों का सरलता एवं शीघ्रता से उपलब्ध हो जाती है।

(vii) मुर्गी के बीट की खाद– मुर्गी खाने से प्राप्त बीट का किण्डवन मृदा में शीघ्र होकर पोषक तत्त्व पौधों को तुरन्त उपलब्ध हो जाते हैं। इसमें 3.8 प्रतिशत नत्रजन, 3.5 प्रतिशत फास्फोरस तथा 1.7 प्रतिशत पोटाश पाया जाता है। मुर्गी के बीट की खाद का प्रयोग सभी प्रकार की मृदाओं तथा फसलों में किया जाता है।

(ह) गाय के ताजे गोबर की खाद (सी.पी.पी.)

गाय के गोबर एवं गो मूत्र का हमारी ''विभिन्नता में एकता'' की संस्कृति एवं कृषि के विकास में सर्वोच्च स्थान रहा है। समग्र विकास के विभिन्न क्षेत्रों जैसे स्वास्थ्य, शिक्षा, कृषि, ग्रामीण विकास एवं अध्यात्म आदि में इसका उच्च स्तरीय जैव संसाधन के रूप में बहुधा प्रयोग होता रहा है। आधुनिक विज्ञान एवं तकनीकी ने भी इसकी सर्वग्राही उपयोगी मान्यता सिद्ध की है। गाय के गोबर से विभिन्न प्रकार की त्वरित जैविक खाद, दवाएँ, स्वास्थ्य वर्धक सामग्री आदि निर्मित की जा रही है। दैनिक जीवन में सौन्दर्य प्रसाधन से लेकर अध्यात्मिक कार्यों में गाय के गोबर तथा मूत्र का प्रयोग किया जा रहा है। जैविक खेती के क्षेत्र में दुधारू गाय के ताजे गोबर से बनायी गयी त्वरित जैविक कम्पोस्ट कृषि के समन्वित विकास एवं कृषि उत्पादों की गुणवत्ता तथा मृदा स्वास्थ्य के लिए एक क्रांतिकारी खोज है, जिसका उपयोग कृषि आधारित अर्थव्यवस्था के विकास के लिए सरलता से किया जा सकता है।

जैविक उर्वरक रसायनिक उर्वरकों का समुचित विकल्प हो सकते हैं। दुधारू गाय के ताजे गोबर एवं गाय के सींग से तथा कुछ अन्य स्थानीय उपलब्ध पदार्थों से प्रत्येक गाँव में कृषि के लिए उपयोगी जैविक खाद बनायी जा सकती है, जो आधुनिक कृषि में विद्यमान विषैले रासायनिक उर्वरक से छुटकारा प्रदान कर आत्मनिर्भरता एवं समग्र विकास का मार्ग प्रशस्त कर सकती है। आवश्यकता है आज के तकनीकी युग में प्राकृतिक सम्पदा एवं जैव

तकनीकी तथा स्थानीय तकनीकी ज्ञान आधारित समन्वित जैविक कृषि प्रणाली की तरफ अग्रसर होने की। उल्लेखनीय है कि अनेकों विकसित देशों एवं विकासशील समुदायों में जैविक खेती एवं जैविक उत्पादों का प्रचलन तीव्र गति से बढ़ रहा है। गुणवत्तायुक्त कृषि उत्पाद राष्ट्रीय, अन्तर्राष्ट्रीय बाजार में प्रमुख स्थान तो पाते ही हैं, 25 से 40 प्रतिशत अधिक कीमती भी होते हैं जिससे कृषि आधारित ग्रामीण अर्थव्यवस्था में कम लागत एवं उच्च गुणवत्तायुक्त उत्पादों की बढ़ती माँग से भरपूर लाभ तथा अन्तर्राष्ट्रीय बाजार में उचित स्थान एवं मुद्रा प्राप्त हो सकती है।

गाय के गोबर से बनायी गयी प्रमुख त्वरित जैविक कम्पोस्ट एवं उसके उपयोग विधि का वर्णन निम्नवत् है–

''मृदा शैम्पू'' या सी.पी.पी. खाद क्या है?

1. दुधारू गाय के ताजे गोबर (अधिकतम 24 घण्टे पुराना) से 2.5 से 3 माह में तैयार की जाती है इसमें किसी भी रसायन का प्रयोग नहीं किया जाता है यह गैर-रासायनिक कम्पोस्ट है।
2. प्रत्येक गाँव में यह खाद थोड़ी तकनीकी जानकारी के साथ आसानी से बनायी जा सकती है जो कम लागत तथा किसान-मित्र खाद है।
3. सी.पी.पी. खाद 500 ग्राम/एकड़ की दर से प्रयोग की जाने वाली एक ऐसी कम्पोस्ट है जिसका प्रयोग मिट्टी में बुवाई के पहले, फसलों पर, बागानों में, बीज शोधन एवं नर्सरी विकास में किया जा सकता है जो सर्वग्राह्य है।

''मृदा शैम्पू'' या सी.पी.पी. कम्पोस्ट बनाने हेतु आवश्यक सामग्री

1. दुधारू गाय का ताजा गोबर साठ किलोग्राम (देशी गाय का 24 घंटे तक का गोबर उत्तम होता है)।
2. मुर्गी के अंडे के छिलके का पाउडर 250 ग्राम।
3. बेसाल्ट/बेन्टोनाइट या ''वोर-स्वायल'' 250 ग्राम।
4. जूट/टाट का बोरा (पुराना) एक।
5. कम्पोस्ट का गड्ढ़ा ($3 \times 2 \times 1.5 = 9.0$ घनफिट), बनाने हेतु 60–70 ईंट या लकड़ी का पटरा या उसी आकार का फ्रेम।
6. बायोडायनामिक सेट (बी.डी. 502 से 507)।

गड्ढ़ा बनाने की विधि

1. अच्छी खेतिहर (उर्वरता वाली) मिट्टी में (जहाँ पानी न भरता हो) सी.पी.पी. कम्पोस्ट बनाने हेतु एक गड्ढ़ा बनाते हैं। गड्ढ़ा मजबूत रहे इसके लिए चारों दीवारों पर ईंट या लकड़ी के पटरे जैसी व्यवस्था की जा सकती है।
2. तैयार गड्ढ़े की आदर्श लम्बाई 3 फीट, चौड़ाई 2 फीट एवं गहराई 1.5 फीट रखें।

3. गड्ढ़े के तले में मिट्टी ही रहनी चाहिये, कोई ईंट या गिट्टी नहीं लगानी चाहिए।
4. गड्ढ़े पेड़ के नीचे नहीं बनायें, अच्छी सी.पी.पी. कम्पोस्ट बनाने के लिए अच्छी उर्वरता वाली कृषि योग्य भूमि का चुनाव करें।
5. सी.पी.पी. का गड्ढ़ा इस तरह से ढ़का होना चाहिये कि उसमें ऊपर से पानी न जा सके। उचित होगा कि इसके ऊपर एक छप्पर बना दिया जाये।

गड्ढ़ा भरने की विधि

1. 60 किलोग्राम दुधारू गाय के ताजे गोबर की सफाई से एकत्र कर उसमें 250 ग्राम मुर्गी के अण्डे के छिलके का पाउडर एवं 250 ग्राम बेसाल्ट/वेंटोनाइट/ 'बोर मिट्टी' का बारीक पाउडर मिलाते हैं।
2. गोबर एवं मिश्रण को आटे की लोई की तरह 15-20 मिनट तक भली-भाँति मिलाते हैं।
3. मिश्रित गोबर को तैयार गड्ढ़े में बराबर डालकर समतल कर देते हैं।
4. बायोडायनामिक कल्चर मिलाना-गड्ढ़े या पिट में पेड़ मिश्रित गोबर में बायोडायनामिक कल्चर 502 से 507 सावधानीपूर्वक मिलायें। बी.डी. 502 एवं 506 को अलग-अलग स्थानों पर बनाये गये छिद्र में मिलायें।

तैयार की जा रही सी.पी.पी. कम्पोस्ट में कल्चर कैसे मिलाये

1. मिश्रित गोबर की सतह पर उँगुली से या लकड़ी से गोबर की तह के बीचोंबीच नीचे तक की गहराई में छिद्र बराबर दूरी पर बनायें।
2. बी.डी. 502 एवं बी.डी. 506 के कल्चर को सावधानीपूर्वक बिना मिलाए हुए हर एक छिद्र में अलग-अलग डालें, तत्काल छिद्र बन्द कर दें।
3. बी.डी. 507 को 1.5 से 2.0 ली. शुद्ध पानी में 10-15 मिनट तक उल्टी एवं सीधी दिशा में भंवर बनाते हुए घोलें। तत्पश्चात् मिश्रित गोबर की तह पर 7 से 9 छिद्र बनाकर घोल को तत्काल छिद्रों में डालें एवं छिद्र बन्द कर दें।
4. बचे घोल को गोबर की तह पर छिड़क दें।

पिट/गड्ढ़ा को ढ़क दें

1. किसी पुराने जूट या टाट के बोरे को धुलकर साफ कर लें। गोबर में बी.डी. कल्चर डालने के उपरान्त तुरन्त बोरे को गोबर के सतह पर बिछाते हुए ढ़क दें।
2. पिट/गड्ढ़े को ऊपर से ऐसे ढ़के कि हवा का आवागमन तो हो, परन्तु पानी आदि बाहर से न आ सके। एक छप्पर बनाना सस्ता एवं अच्छा उपाय है।

सी.पी.पी. कम्पोस्ट बनते समय देखभाल एवं सावधानियाँ

1. ध्यान रखें कि कम्पोस्ट में नमी बराबर बनी रहे। इसके लिए आवश्यकतानुसार पिट के चारों तरफ नमी बनाये रखें।

2. यदि धूप या अन्य कारणों से बनता हुआ कम्पोस्ट सूखे तो नमी बनाये रखने के लिए ऊपर से पानी का छिड़काव करें। सूखे कम्पोस्ट में नाइट्रोजन का ह्रास हो जाता है।
3. 35-40 दिन बाद कम्पोस्ट को लकड़ी के डण्डे से अच्छी तरह ऊपर नीचे उलट पलट देते हैं, ताकि उसमें हवा एवं नमी भली भाँति मिल जाये। पुनः बोरे से ढ़क देते हैं।

सी.पी.पी. खाद तैयार होने का समय

1. सी.पी.पी. खाद बनने में 70-90 दिन का समय लगता है।
2. जाड़े के दिनों में कम्पोस्ट लगभग 90 दिनों में, गर्मी में 80 दिनों एवं बरसात में मौसम में 70 दिनों में तैयार हो जाती है।
3. तैयार कम्पोस्ट खाद में गोबर की गंध नहीं आती बल्कि गन्ध रहित होती है।
4. अच्छी सी.पी.पी. खाद में उपयुक्त नमी होनी चाहिये अतः आवश्यकतानुसार ऊपर से उचित मात्रा में पानी का प्रयोग करें।

सी.पी.पी. खाद का प्रयोग मृदा शैम्पू के रूप में

1. पाँच सौ ग्राम (500 ग्राम) सी.पी.पी. 25 ग्राम सींग की खाद के साथ 13 लीटर पानी में घोलकर प्रति एकड़ बीज बोने के पहले छिड़काव करना लाभप्रद होता है। सी.पी.पी. की पूर्ण दीर्घकालिक क्रियाशीलता के लिए सींग की खाद को पहले 45 मिनट तक घोलते हैं। तत्पश्चात् उसमें सी.पी.पी. डालकर अगले 15 मिनट तक पूर्व की भाँति और घोलें। घोल को चन्द्रमा के दक्षिणायन पक्ष (बायोडायानामिक पंचांग के अनुसार) में छिड़कना अत्यधिक लाभदायी है। (अच्छा घोल बनाने के लिए प्लास्टिक या मिट्टी के बर्तन में घड़ी की दिशा में एवं विपरीत दिशा में भंवर बनाते हुये घोलें। प्रति मिनट 3 भंवर बनने चाहिए)।

टाप ड्रेसिंग के रूप में– सी.पी.पी. खाद का प्रयोग अत्याधिक लाभकारी होता है। 500 ग्राम खाद प्रति एकड़ 40 लीटर पानी में घोलकर छिड़काव करें। छिड़काव 2-3 बार 15-20 दिन के अन्तराल पर आवश्यकतानुसार करें। छिड़काव झाड़ू या ब्रुश या मशीन द्वारा किया जा सकता है।

बीज शोधन में– 200 ग्राम सी.पी.पी. प्रति किलोग्राम बीज के लिए अत्यधिक लाभकारी है।

1. सी.पी.पी. का प्रयोग ग्राफ्टिंग, रूट डिपिंग एवं रूटिंग के लिए तथा अन्य नर्सरी कार्यों में लाभकारी है।
2. शाक-भाजी फसलों में सी.पी.पी. का प्रयोग 3-4 बार करने से उपज एवं गुणवत्ता में वृद्धि होती है।
3. सी.पी.पी. का प्रयोग बागानों में कटाई-छटाई के बाद 'पेस्ट' के रूप में भी वृहद रूप से किया जा सकता है।

4. रोगों के नियन्त्रण एवं कीड़े-मकौड़ों की रोकथाम में भी सी.पी.पी. खाद उपयोगी है।
5. नर्सरी कार्यों में पॉलीथीन या गमलों में भी सी.पी.पी. को मिट्टी में मिलाकर प्रयोग किया जा सकता है।
6. अन्य तरह के कम्पोस्ट जैसे नाडेप, गोबर गैसस्लरी, वर्मीकम्पोस्ट आदि बनाने में भी सी.पी.पी. का प्रयोग सूक्ष्म जैवीय क्रियाशीलता को बढ़ाने में किया जा सकता है।

सी.पी.पी. के गुण– सी.पी.पी. मृदा शैम्पू के रूप में प्रयोग की जा रही है जिससे मृदा की भौतिक, रासायनिक एवं जैविक संरचना में विकास एवं क्रियाशीलता में निम्न प्रकार से बढ़ोत्तरी देखी गयी है।

1. मृदा में ह्यूमस की मात्रा में वृद्धि होती है।
2. मृदा की उर्वरता एवं जल धारण क्षमता में वृद्धि होती है।
3. मृदा में लाभकारी सूक्ष्म जीवों एवं जीवाणुओं की संख्या में वृद्धि होती है।
4. मृदा की भौतिक-रासायनिक एवं जैविक स्थिति में सुधार होता है।
5. पौधों को आवश्यक पोषक तत्त्वों की आपूर्ति होती है।
6. कीट एवं रोगों की रोकथाम होती है।

सी.पी.पी. (काऊ पैट पिट)

(क्ष) केंचुए की खाद

भारत एक कृषि प्रधान देश है यहाँ की 75 प्रतिशत आबादी कृषि पर निर्भर है। कृषि के क्षेत्र में पिछले चार दशक पहले हरित क्रान्ति आयी। जिसके परिणाम स्वरूप एक तरफ उत्पादन में वृद्धि हुई तथा दूसरी तरफ रासायनिक खादों एवं कीटनाशकों के लगातार प्रयोग होने के कारण मृदा की उर्वरा शक्ति क्षीण होती जा रही है इस उर्वरा शक्ति को बनाये रखने के लिए केंचुआ खाद (वर्मी कम्पोस्ट) द्वारा जैविक तत्त्वों की प्रतिपूर्ति करना आवश्यक है।

केंचुआ खाद द्वारा भूमि को कार्बनिक पदार्थ, नाइट्रोजन एवं पोटाश उपलब्ध होने के साथ-साथ अति सूक्ष्म तत्त्व जैसे सोडियम, कॉपर, लोहा, जिंक तथा सल्फर जो 30-40 प्रतिशत नमी के साथ उपलब्ध रहते हैं। जिससे सूक्ष्म जैविक सक्रियता लम्बी अवधि तक उपलब्ध रहती है। कार्बनिक पदार्थ (फसल अवशेष, पुआल, गोबर, पेड़ पौधों की पत्तियाँ) जो गल सकते हैं। इसे केंचुआ अपने भोज्य पदार्थ के रूप में ग्रहण कर त्यागा गया मल ही केंचुआ खाद कहलाता है। यह सभी प्रकार के बागवानी, फसलों, फूलों एवं सब्जियों के लिए सन्तुलित एवं उच्च गुणवत्तायुक्त जैविक खाद है।

केंचुआ द्वारा खाद तैयार करने के लिए सतही केंचुआ (एसीना फोटिडा) है जो इपीजीइक किस्म का होता है। जिसकी उत्पादन क्षमता सर्वाधिक है प्रयोग किया जाता है। जो यहाँ की जलवायु के लिए अति उत्तम है। देश में केंचुआ की नई देशी प्रजाति 'जय गोपाल' विकसित किया गया है।

कम समय में अच्छी गुणवत्तायुक्त वर्मी कम्पोस्ट बनाने के लिए निम्न बातों पर विशेष ध्यान देना अतिआवश्यक है:

1. वर्मी बैडों में केंचुआ छोड़ने से पूर्व कच्चे माल (गोबर व आवश्यक कचरा) का आशिंक व्रिच्छेदन जिसमें 15 से 20 दिन का समय लगता है करना अति आवश्यक है।
2. आंशिक विच्छेदन की पहचान के लिए ढ़ेर में गहराई तक हाथ डालने पर गर्मी महसूस नहीं होनी चाहिए। ऐसी स्थिति में कचरे की नमी की अवस्था में पलटाई करने से आंशिक विच्छेदन हो जाता है।
3. वर्मी बैड में भरे गये कचरे में कम्पोस्ट तैयार होने तक 30-40 प्रतिशत नमी बनाये रखें। कचरे में नमी कम या अधिक होने पर केंचुए ठीक तरह से कार्य नहीं करते।
4. वर्मी बैडो में कचरे का तापमान 20 से 27 डिग्री सेल्सियस रहना अत्यन्त आवश्यक है। वर्मी बैडो पर तेज धूप न पड़ने दें। तेज धूप पड़ने से कचरे का तापमान बढ़ जाने से केंचुए तली में चले जाते हैं अथवा अक्रियाशील होकर मर जाते हैं।
5. वर्मी बैड में ताजे गोबर का उपयोग कदापि न करें। ताजे गोबर में गर्मी अधिक होने के कारण केंचुए मर जाते हैं अत: उपयोग से पहले ताजे गोबर को 4-5 दिन तक ठण्डा अवश्य होने दें।

6. केंचुआ खाद तैयार करने हेतु कचरे में गोबर की मात्रा कम से कम 20 प्रतिशत अवश्य होनी चाहिए।
7. कांग्रेस घास को फूल आने से पूर्व गाय के गोबर में मिला कर कार्बनिक पदार्थ के रूप में आंशिक विच्छेदन कर प्रयोग करने से अच्छी केंचुआ खाद प्राप्त होती है।
8. कचरे का पी.एच. उदासीन (7.0 के आसपास) रहने पर केंचुए तेजी से कार्य करते हैं अतः वर्मी कम्पोस्टिंग के दौरान कचरे का पी.एच. उदासीन बनाये रखें। इसके लिए कचरा भरते समय उसमें राख अवश्य मिलायें।
9. केंचुआ खाद बनाने के दौरान किसी भी तरह के कीटनाशकों का उपयोग न करें।
10. खाद की पलटाई या तैयार कम्पोस्ट को एकत्र करते समय खुरपी या फावडे का प्रयोग कदापि न करें। इन यंत्रों के प्रयोग से केंचुओं के कट कर मर जाने की सम्भावना बनी रहती है।
11. कचरे में से काँच के टुकड़े, कील, पत्थर, प्लास्टिक, पॉलीथीन आदि को छाँट कर अलग कर दें।
12. केंचुओं को चिड़ियों, दीमक, चींटियों आदि के सीधे प्रकोप से बचाने के लिए क्यारियों के कचरे को बोरियों से अवश्य ढ़कें।
13. केंचुए को अंधेरा अति पसंद है अतः वर्मी बैड को हमेशा टाट बोरा/सूखी घास-फूस इत्यादि से ढ़क कर रखना चाहिए।
14. केंचुओं के अधिक उत्पादन हेतु बैड में नमी 30 से 35 प्रतिशत तथा केंचुआ खाद के अधिक उत्पाद के लिए नमी 20 से 30 प्रतिशत के बीच रखनी चाहिए।
15. वर्मीबैड में नमी की मात्रा 35 प्रतिशत से अधिक होने से वायु संचार में कमी हो जाती है जिसके कारण केंचुए बैड की ऊपरी सतह पर आ जाते हैं।
16. अच्छी वायु संचार के लिए वर्मी बैड में प्रत्येक सप्ताह कम से कम एक बार पंजा चलाना चाहिये जिससे केंचुओं को वर्मी कम्पोस्ट बनाने हेतु उपयुक्त वातावरण मिल सके।
17. केंचुओं के अधिक उत्पादन हेतु बैड पर केंचुआ छोड़ने के समय 500 मि.ली. मटठा/500 मि.ली. शीरे को 5 से 10 लीटर पानी में घोलकर प्रति बैड पर छिड़काव करने से केंचुओं का प्रजनन तथा कम्पोस्टिंग तेजी के साथ होता है।
18. बोकाशी का मिश्रण जिसमें गेहूँ की भूसी, चने का छिलका/पाउडर एवं नीम/सरसों की खली के समान मिश्रण की 500 ग्राम मात्रा 5 से 10 लीटर पानी में घोलकर प्रति बैड पर छिड़कने से केंचुओं की प्रजनन बढ़ाई जा सकती है।
19. केंचुओं की अच्छी बढ़वार एवं गुणवत्तायुक्त उत्पादन के लिए वर्मी शेडो में अंधेरा, नमी, वायु संचार, आंशिक रूप से विच्छेदित कचरा, नियमित देखभाल तथा अच्छा प्रबंधन होना अतिआवश्यक है।

20. केंचुआ खाद में प्रयुक्त कृषि अवशेषों के तीव्र विच्छेदन (डिकम्पोजीशन) के लिए गाय के गोबर की स्लरी या ट्राईकोडर्मा पाउडर 50 से 100 ग्राम मात्रा प्रति बैड में मिला देना चाहिए।
21. यदि पौधों तथा जानवरों के अवशेष के अतिरिक्त कोई प्रसंस्कृत किए हुए कार्बनिक अवशेष का प्रयोग करना है तो केंचुओं को धीरे-धीरे नयी माध्यम सामग्री पर अपने को ढ़ालने एवं स्वीकार करने के लिए गाय के गोबर के साथ भिन्न-भिन्न अनुपातों में मिलाकर देना चाहिए।
22. सब्जियों आदि के अवशेषों में यदि कीट आदि का प्रकोप होने व उसके अंडे-लार्वा होने का अंदेशा है तो नीम आधारित कीटनाशक का 100 मिली. घोल 5 से 10 किलो व्यर्थ पदार्थ में मिलाकर डिकम्पोजीशन से पूर्व छिडकाव कर सकते हैं।
23. एजोटोबैक्टर तथा पी.एस.बी. पाउडर जो कि विच्छेदन के कार्य में सहायक हैं की 50 से 100 ग्राम मात्रा प्रति बैड में ही छिड़क कर मिलाने से खाद जल्दी परिपक्व होती है।
24. अच्छे प्रजनन हेतु बैड का तापक्रम 25 से 32 डिग्री सेंटीग्रेड के मध्य में होना चाहिए।
25. वर्मीकम्पोस्ट बनाने के लिए हमेशा ऊँचे स्थान का चुनाव होना चाहिए।
26. केंचुए को लाल चींटियों से बचाने के लिए चारकोल पाउडर का छिड़काव किया जा सकता है।

खाद बनाने की विधि

केंचुआ खाद बनाने के लिए जमीन, छाया, पानी, कार्बनिक पदार्थ एवं केंचुओं की आवश्यकता होती है। जमीन पर किसी भी प्रकार के छायादार स्थान (छप्पर) पर तीन फुट चौड़ाई एवं आवश्यकतानुसार लम्बाई की बनी बैड पर चार इंच ऊँची कार्बनिक पदार्थ का ढ़ेर लगाकर एक फीट ऊँचाई तक गोबर को लगाया जाता है जो एक से दो माह पुराना होना चाहिए। उपरोक्त तरीके से बनी बैड पर तीन-चार दिन पानी डालकर उसके तापमान को नियंत्रित कर लिया जाता है। तत्पश्चात् उस पर प्रति 10 फीट की लम्बाई हेतु 10 किग्रा. केंचुआ डालकर सूखी घास या पुआल की चार इंच मोटी परत से ढ़क दिया जाता है, क्योंकि केंचुआ अंधेरे में रहना पसन्द करता है। बैड की नमी 40 प्रतिशत बनाये रखने के लिए गर्मियों में प्रतिदिन जबकि जाड़ा तथा बरसात में तीन-चार दिन के अन्तराल पर पानी का छिड़काव करते रहना चाहिए। केंचुए छोड़ने के 15 दिन बाद बैड को पोली करने के लिए गुड़ाई करते हैं जिससे हवा का आवागमन सुचारू रूप से बना रहे। केंचुआ अपने भोजन को खाकर ऊपरी सतह पर मल त्यागता है। यही मल केंचुआ खाद के रूप में जानी जाती है। हवा, तापमान, नमी एवं खाद्य पदार्थ का उपयुक्त वातावरण होने पर केंचुए प्रजनन क्रिया प्रारम्भ कर देते हैं। इस प्रकार केंचुए अपनी संख्या में गुणात्मक वृद्धि करते हैं तथा 45-60 दिन में केंचुआ खाद

तैयार हो जाती है। औसतन 150-175 टन प्रतिवर्ष क्षमता की केंचुआ खाद स्थापना हेतु 12 फीट × 10 फीट × 40 फीट (लगभग 5000 वर्ग फीट) स्थान की आवश्यकता होती है। आर्थिक रूप से सक्षम एक केंचुआ खाद इकाई हेतु लगभग 4 टन प्रतिदिन या 30 टन प्रति सप्ताह की दर से कार्बनिक अवशिष्ट की आवश्यकता होती है।

केंचुआ खाद में पाये जाने वाले पोषक तत्त्वः

तत्त्वों का नाम	मात्रा
नमी	30.0–40.00 प्रतिशत
कार्बनिक पदार्थ	9.15–17.68 प्रतिशत
नाइट्रोजन	00.5–01.50 प्रतिशत
फॉस्फोरस	00.1–00.30 प्रतिशत
पोटाश	0.15–00.56 प्रतिशत
सोडियम	00.6–00.30 प्रतिशत
कॉपर (ताँबा)	2.00–9.5 पी.पी.एम.
लोहा	2.00–9.3 पी.पी.एम.
जिंक	5.70–11.5 पी.पी.एम.
सल्फर	128–548 पी.पी.एम.

सावधानियाँः

1. बैड पर जलभराव की स्थिति न आने पाये।
2. बैड पर ताजा गोबर नहीं डालना चाहिए क्योंकि यह गरम होता है इससे केंचुए मर जाते हैं।
3. केंचुओं को मेढ़क, साँप, चूहा, चिड़िया, लाल चींटी एवं छिपकली से बचाकर रखना चाहिए।
4. बैड में नमी, छाया, 8–30 डिग्री सेंटीग्रेट तक तापमान तथा हवा का प्रवाह बनाये रखें।
5. गोबर पूरी तरह से सड़ा नहीं होना चाहिए।
6. बैड की गुड़ाई प्रत्येक सप्ताह करें ताकि केंचुओं को आवश्यकतानुसार हवा मिलती रहे।
7. तीस दिन बाद बैड के ऊपर से खाद की परत तैयार होने पर उतारते रहें।

विशेषतायें: प्रयोग दर– 3.5 से 5.0 टन/हैक्टेयर

1. इसके प्रयोग से बंजर भूमि भी उपजाऊ बन जाती है।
2. इसके प्रयोग से बेहतर अंकुरण होता है, जड़ों का विकास अच्छा होता है जिससे फसलों की पैदावार में वृद्धि हो जाती है।

3. इसके प्रयोग से भूमि की जल धारण क्षमता बढ़ती है जिससे सिंचाई में होने वाले खर्च में कमी आती है।

वर्मी बैड

4. इसके प्रयोग से सजावटी फूलों, पौधों की चमक, सुन्दरता, रंग तथा उनकी उम्र बढ़ती है।
5. इसके प्रयोग से अनाज तथा फलों की गुणवत्ता में वृद्धि होती है।
6. यह रासायनिक खादों की हानियों से मुक्त विशुद्ध जैविक खाद है।
7. इसके अधिक प्रयोग (20 टन प्रति हैक्टेयर) से भूमि को ऊसर एवं क्षारीय बनने से बचाया जा सकता है।
8. कम खर्च करके अधिक लाभ कमाया जा सकता है।

केंचुआ खाद में यदि ग्रामीण बेरोजगारों को जोड़ दिया जाये तब बड़ी मात्रा में केंचुआ खाद को तैयार किया जा सकता है। जिससे ग्रामीण रोजगार को बढ़ावा मिलेगा इस प्रकार केंचुआ खाद उत्पादन को लघु उद्योग के रूप में विकसित किया जा सकता है। जिससे आने वाले समय में लाखों व्यक्तियों को पूर्णकालिक रोजगार मिलने की सम्भावनायें हैं।

कृषि के विकास में केंचुओं की भूमिका

यद्यपि केंचुआ लम्बे समय से किसान के अभिन्न मित्र हलवाहा के रूप में जाना जाता रहा है, परन्तु जब से कृषि-रासायनिक क्षेत्र से गुजरी है, तब से कृषि वाली भूमियों में केंचुए दिखाई नहीं देते। केंचओं की उपयोगिता मिट्टी को खाकर उलट-उलट कर देने के रूप में जानी जाती है। परन्तु पिछले कुछ वर्षों में भारत तथा विदेशों में हुए अध्ययनों से केंचुओं की कुछ ऐसी प्रजातियाँ चिन्हित की गयी हैं जो केवल गोबर, कूड़ा-करकट खाकर उसे उच्च कोटि की केंचुआ खाद (वर्मी कम्पोस्ट) में परिवर्तित कर देता है। प्रतिदिन एक केंचुआ लगभग

अपने भार के बराबर जैव पदार्थ खाकर कम्पोस्ट में परिवर्तित कर देता है। एक किग्रा. केंचुआ एक वर्ग मीटर क्षेत्र में 45 किग्रा. अपघटनशील पदार्थों से 25 से 30 किग्रा. वर्मी कम्पोस्ट 60-70 दिनों में तैयार कर देते हैं, जबकि सामान्यतः किसी भी विधि से खाद बनाने में 7-8 माह का समय लगता है। केंचुओं द्वारा बनाई गई खाद की गुणवत्ता भी साधारण खाद से अधिक श्रेष्ठ होती है। अतः केंचुआ खाद कृषि में टिकाऊ आधार प्रदान करने के लिए एक सस्ता, सरल एवं त्वरित तरीका है। यह छोटे एवं मंझले कृषकों तथा भारतीय कृषि को कायाकल्प करने का क्रान्तिकारी साधन है। आवश्यकता केवल केंचुआ खाद बनाने की तकनीक को जनसाधारण तक पहुँचाने, उसके लिए समुचित प्रशिक्षण व्यवस्था करने तथा समुचित प्रजाति के केंचुओं की उपलब्धता सुनिश्चित करने की है। केंचुआ खाद के प्रयोग से भूमि में सूक्ष्म जीवों की क्रियाशीलता, नत्रजन स्थिरीकरण, मृदा संरचना में सुधार तथा भूमि की रासायनिक गुणवत्ता एवं उर्वरता में सुधार करने में सक्षम होने के कारण कृषि का सन्तुलित विकास किया जाना सम्भव है।

विश्व में केंचुओं की लगभग 4200 प्रजातियाँ पायी जाती हैं, जिनमें लगभग 3920 जल में रहने वाली तथा 280 थल पर रहने वाली हैं। भारतवर्ष में केंचुओं की 509 प्रजातियाँ पायी जाती हैं। इनमें एपीजेइक श्रेणी के केंचुआ अपने भोजन, प्रजनन एवं आवासीय विशेषताओं के कारण केंचुआ खाद (वर्मी कम्पोस्ट) के लिए उपयोगी हैं। वर्मी कम्पोस्ट बनाने के लिए मुख्यतः आईसीनिया फोटिडा, आईसीनिया एन्डेई, यूड्रिलस यूजेनी एवं पेरियोनिक्स एस्केबेट्स नामक केंचुओं का प्रयोग किया जाता है। अपनी विशेषताओं के कारण आइसीनिया फोटिडा ही सर्वाधिक उपयोगी है इसलिए उसको सुपरवर्म भी कहते हैं। केंचुआ खाद बनाने वाले केंचुआ मुख्यतया इपीजीयिक (Epigeic) प्रकार के होते हैं। केंचुआ खाद तैयार करने के लिए सतही केंचुए मृदा कम, कार्बनिक पदार्थ अधिक खाते हैं। इसका वजन 0.3 से 0.9 ग्राम एवं लम्बाई लगभग 3 इंच होती है। भारत में विकसित केंचुआ की देशी प्रजाति "जय गोपाल" केंचुआ की खाद बनाने के लिए भी उपयुक्त है।

समस्त केंचुए उभयलिंगी (हर्माफ्रोडाइट) अर्थात् एक ही शरीर में नर एवं मादा प्रजनन अंग वाले होते हैं, परन्तु निशेचन अधिकांश जातियों में दो केंचुओं के मिलन (क्रास फर्टिलाइजेशन) से ही होता है। इनमें नर शुक्राणु (स्पर्म्स) पहले विकसित होते हैं। इस प्रकार स्व-निषेचन (सेल्फ-फर्टिलाइजेशन) नहीं हो पाता है। एक अन्य कारण यह भी है कि नर एवं मादा छिद्रों का स्थान अलग-अलग होता है।

मैथुन क्रिया में दो केंचुएँ एक दूसरे के विपरीत दिशा में अधरतल से चिपक जाते हैं। इस अवस्था में एक का शीर्ष छोर यदि माना उत्तर की ओर है तो दूसरे का दक्षिण की ओर होगा। सम्भोगिक क्रिया में आकर केंचुए तब तक हिलते रहते हैं जब तक समस्त शुक्राणु एक दूसरे से छिद्रों द्वारा शुक्रवाहिका में नहीं चले जाते हैं। पूरी क्रिया इस प्रकार सम्पन्न होती है कि नर जनन छिद्र से निकलकर शुक्र द्रव (स्पर्मेटिक फ्लूड) तथा निषेचन के समय शुक्राणु का आदान-प्रदान होने के पश्चात् केंचुए की सम्भोगिक क्रिया समाप्त होती है तब केंचुए अलग हो जाते हैं। केंचुए में मैथुन लगभग एक घण्टे तक चलता है।

संभोगिक क्रिया सम्पन्न हो जाने के उपरान्त कोकून बनना प्रारम्भ होता है। यह तीन परतों से बना होता है। इस प्रकार बना कोकून सिकुड़ने लगता है तथा अण्डाशयों (ओवरी) एवं अण्डवाहिनी (ओविडक्ट्स) पर दबाव डालता है जिससे इस कोकून में अण्डाणु (ओवा) भर जाते हैं। धीरे-धीरे केंचुआ खिसक कर पीछे की ओर इस प्रकार रेंगता है कि कोकून आगे की ओर बढ़ता है तथा केंचुआ इसमें भी पीछे की ओर बाहर सरकता जाता है। कोकून बाद में केंचुए के शरीर से अलग हो जाता है तथा उसे किसी नम स्थान पर छोड़ जाता है। कोकून के सिरे लचीले होने के कारण बन्द हो जाते हैं और कोकून का रंग हल्का पीला हो जाता है। एक बार मैथुन क्रिया के बाद एक ही केंचुआ कई कोकून बना सकता है क्योंकि शुक्र द्रव (वीर्य) की इतनी मात्रा एक ही बार के मैथुन में इकट्ठी हो जाती है कि वह कई कोकून बनाने के लिए काफी होता है। कोकून का निर्माण छः घण्टे में हो जाता है।

कोकून की उत्पत्ति के लिए 20 से 30 डिग्री सेल्सियस तापमान, 25 से 40 प्रतिशत नमी के साथ छाया (मल्चिंग) भी आवश्यक है। कोकून की उत्पत्ति सम्भवतः पूरे वर्ष चलती है, परन्तु यह क्रिया गर्मी में अधिक तथा शीतकाल में कम होती है। आईसीनिया फोटिडा में वैज्ञानिकों के शोध के अनुसार एक वर्ष में औसतन 16 कोकून एक वयस्क से पैदा होते हैं। कोकून धनिये के आकार का होता है। एक कोकून से औसतन 3 केंचुए निकलते हैं। केंचुओं के लिए वांछित आवश्यकतायें (भोजन, नमी, तापमान, अन्धेरा तथा हवा के प्रवाह) को समुचित ढ़ंग से पूरा किया जाये तो एक वर्ष में 5 से 50 गुना केंचुओं में बढ़ोत्तरी हो सकती है।

केंचुओं को धातु, प्लास्टिक अथवा कार्डबोर्डो के पात्रों में हवा के प्रवाह बनाये रखने के छिद्रित पात्र में 40 प्रतिशत नमी की खाद्य सामग्री में रखकर परिवहन किया जाता है। उपयोग में आने वाले थैले अथवा पात्र स्वच्छ होने चाहिए तथा इनमें किसी प्रकार का हानिकारक रासायनिक द्रव्य का प्रभाव नहीं होना चाहिए। परिवहन के दौरान 1.5 ग्राम पोषण सामग्री प्रति केंचुआ, 24 घंटे के लिए रखा जाना चाहिए। इस प्रकार एक किलोग्राम केंचुआ के परिवहन के लिए 1.5 किलो पोषण सामग्री 24 घण्टे की दर से रखी जानी चाहिए।

वर्मी कम्पोस्ट के प्रयोग का पौधों पर प्रभाव

वर्मी कम्पोस्ट के प्रयोग से पौधों पर किसी प्रकार के उर्वरक/खाद की अपेक्षाकृत बहुत अच्छा प्रभाव होता है। वर्मी कम्पोस्ट के उपयोग से सब्जियों, फलों तथा सजावट के लिए उगाये जाने वाली फसल प्रजातियों के पौधों में बीज का जमाव अन्य की अपेक्षा बहुत तेजी से होता है। ऐसा पत्ता गोभी, शिमला मिर्च, खीरा, ककड़ी, चुकन्दर, टमाटर, मूली, गेंदा एवं मटर पर किये गये प्रयोग से पाया गया है। जल्दी जमाव के साथ-साथ पौध (सीडलिंग) की बढ़वार भी अच्छी पायी गयी। वर्मी कम्पोस्ट का प्रयोग जब पौध अभिवर्धन (प्लांट प्रोपेगेशन) में किया गया तो इसमें जड़ों के निकलने, उनकी लम्बाई, उनके बायोमास तथा जड़ प्रस्फुटन प्रतिशत में वृद्धि पायी गयी। बड़े पौधों में इसका हार्मोस जैसा प्रभाव पाया गया है कि वर्मी

कम्पोस्ट का उपयोग पौधों की नाइट्रेट रिडक्टेज क्रियाशीलता को बढ़ा देता है। वर्मी कम्पोस्ट भूमि सुधारक का भी कार्य करता है। अत: भूमि की भौतिक दशा में सुधार तथा हार्मोन के प्रभाव के कारण, जड़ों का गुच्छक के रूप में स्थापन तथा उनमें विभिन्न प्रकार के लाभकारी बैक्टीरिया, एक्टीनोमाइसीटीज, फंजाई की उपस्थिति आदि सभी घटकों का सम्मिलित प्रभाव यह होता है कि पौधों की बढ़वार स्वस्थ तथा पुष्पीकरण अच्छा होता है। इसके प्रयोग से ऑएस्टर मशरूम की उपज में भी वृद्धि पायी गयी है। वर्मी कम्पोस्ट का प्रयोग पौधों के आर्थिक दृष्टि से महत्वपूर्ण भागों में हैवी मैटल्स तथा नाइट्रेट्स के अंश को घटाने के लिए भी उपयोगी समझा जाता है। शोधों में यह भी पाया गया है कि इसके प्रयोग से पौधे में कार्बोहाइड्रेट तथा विटामिन की सांद्रता भी बढ़ जाती है।

वर्मी कम्पोस्ट के प्रयोग से पाये गये प्रभावों (प्लांट रेस्पोन्स) के अध्ययनों से इस बात की पुष्टि होती है कि वर्मी कम्पोस्ट के कुछ प्रभाव ऐसे है, जिनकी केवल उर्वरता के रासायनिक तथा भौतिक कारकों की उपस्थिति के आधार पर व्याख्या नहीं की जा सकती। यह प्रभाव जैविक कारकों से जुड़े हैं जैसे माइक्रोफ्लोरा अथवा माइक्रोवियल मैटाबोलाइट्स जो कि पौधे के चयापचय, वृद्धि एवं प्रजनन को प्रभावित करने की क्षमता रखते हैं। वर्मी कम्पोस्ट का प्रभाव पौधों को पोषक तत्त्वों को अवशोषित करने की क्षमता में अभिवृद्धि से जुड़ा है। वर्मी कम्पोस्ट के ह्यूमिक एसिड का प्रभाव हार्मोनिकल एक्टिविटी के समान होता है। इसके साथ ही सूक्ष्म जीवों द्वारा स्त्रावित पौध वृद्धि नियामक (PGRs) पोषकों के अवशोषण को उत्तेजित करते हैं। जैविक तत्त्व वर्मी कम्पोस्ट के निर्जीवीकरण से कुप्रभावित होते हैं। अत: वर्मी कम्पोस्ट का अधिकतम लाभ लेने के लिए उसे ताजी अवस्था में ही उपयोग करना चाहिए।

वर्मी कम्पोस्ट उपयोग करने की विधियाँ

जैसा कि उपरोक्त बातों से स्पष्ट है कि अभी तक वर्मी कम्पोस्ट का उपयोग मुख्यत: सब्जियों, फूलों एवं सजावटी पौधों (Ornamental Plants) में ही किया जाता है। फूलों तथा सजावटी पौधों के संवर्धन में इसका विशेष महत्व है क्योंकि इसमें वृद्धि उत्प्रेरक तत्त्व पाये जाते हैं। परीक्षणों से यह पाया गया है कि बिना कुछ मिलाये वर्मी कम्पोस्ट को अकेले पौध वृद्धि माध्यम (ग्रोथ मीडिया) के रूप में प्रयोग करना उपयुक्त नहीं है, क्योंकि इसमें पौधों की बढ़वार पर प्रतिकूल प्रभाव पड़ सकता है। अत: वर्मी कम्पोस्ट को गोबर की खाद या अन्य विधि से तैयार कम्पोस्ट अथवा अन्य किसी ग्रोथ माध्यम के साथ मिश्रित करके किया जाता है तो अधिक अच्छा ग्रोथ मीडिया तैयार होता है। अत: गमलों में छोटे पौधों के लिए 10 से 30 भाग कम्पोस्ट रहना चाहिए। यह पाया गया है कि यदि ग्रोथ मीडिया मिक्चर में केवल 5 प्रतिशत वर्मी कम्पोस्ट भी है तो भी यह पौधों की वृद्धि में प्रभावी सुधार ला देता है। उपयोग की विधियाँ तथा उपयोग करने के लिए कुछ आवश्यक जानकारियाँ निम्न प्रकार से हैं:

1. वर्मी कम्पोस्ट का प्रयोग सामान्यतः बीज बोने तथा पौध रोपण के पूर्व खेत की तैयारी, सीड बैड की तैयारी, गमला भरते समय, मिट्टी में अच्छी तरह मिलाकर किया जाता है। सब्जियों तथा सजावटी पौधों के खड़े पौधों में भी जड़ों के आस-पास खुरपी से मिट्टी में मिलाकर निराई के समय किया जा सकता है, परन्तु अधिकतम लाभ के लिए भूमि की तैयारी के समय ही प्रयोग करना अधिक उपयुक्त रहता है।
2. वर्मी कम्पोस्ट चूंकि गोबर की खाद की तरह ही विशेष विधि से तैयार कम्पोस्ट खाद है अतः इसे काफी मात्रा में (बल्क में) प्रयोग किया जाता है। उपयोग की जाने वाली मात्रा, भूमि की उर्वरता, पौधे की जाति तथा साथ में अन्य प्रयोग किये जा रहे खादों की मात्रा पर निर्भर करता है। सामान्यतः अच्छी गोबर की खाद से आधी अथवा उससे कम मात्रा में इसका उपयोग किया जाता है।
3. परीक्षणों में यह पाया गया है कि केवल वर्मी कम्पोस्ट बीजों के जमाव तथा पौधों की बढ़वार के लिए उपयुक्त माध्यम नहीं है, क्योंकि निकलती हुई नई जड़ों, फूटते हुए कल्लों तथा नर्सरी पौधों की बढ़वार पर इसका प्रतिकूल प्रभाव पड़ सकता है। यदि वर्मी कम्पोस्ट को फार्मयार्ड मेन्योर, गोबर की कम्पोस्ट अथवा अन्य किसी माध्यम के साथ मिश्रित किया जाता है तो श्रेष्ठ ग्रोथ मीडिया तैयार होता है। अतः 10 से 30 भाग वर्मी कम्पोस्ट का रहना चाहिए। यह पाया गया कि ग्रोथ मीडिया मिश्रण में यदि वर्मी कम्पोस्ट केवल 5 प्रतिशत तक भी रहता है तो उसका विकास पर अनुकूल प्रभाव दिखाई देता है।
4. पौधों तथा भूमि विज्ञान की जानकारी न रखने वाले जनसामान्य के मन में यह विचार एवं प्रश्न आ सकता है कि क्या वर्मी कम्पोस्ट यूरिया अथवा डी.ए.पी. का प्रतिस्थापक है? उन्हें समझने की बात यह है कि यूरिया केवल नत्रजन विशेष पोषक तत्त्व देने वाला स्रोत है, डी.ए.पी. फास्फोरस तथा नत्रजन दो तत्त्व देता है। इस दृष्टि से (नत्रजन तथा फास्फोरस की दृष्टि से) वर्मी कम्पोस्ट केवल इन तत्व विशेष का स्रोत नहीं है और न इन तत्वों को इतनी मात्रा में दे सकता है, परन्तु मनुष्य को दूध की तरह यह पौधों के लिए सम्पूर्ण आहार प्रदान करता है, जिसके कारण बढ़वार, फूल तथा फल के रूप में अच्छे परिणाम प्राप्त होते हैं। यह केवल मुख्य पोषक तत्व (नत्रजन, फास्फोरस, पोटास) ही नहीं, बल्कि सूक्ष्म तत्वों की बढ़वार के लिए बहुत महत्वपूर्ण है, जो इनकी आपूर्ति करता है। इसमें ह्यूमिक एसिड्स तथा पौध वृद्धि में सहायक तत्वों का बाहुल्य रहता है। इन सब कारकों का मिला-जुला प्रभाव यह होता है कि फसल उत्पाद अल्प-व्ययी, मात्रा में अधिक तथा खाने में स्वादिष्ट तथा प्रदूषण रहित होता हैं। वर्मी कम्पोस्ट के साथ यूरिया, डी.ए.पी. अथवा पोटास का प्रयोग भी आवश्यकतानुसार किया जा सकता है।

वर्मी कम्पोस्ट का उपयोग करने की विधियों का संक्षिप्त विवरण निम्नवत् है:

1. गमलों में प्रयोग: गमलों में मिट्टी तैयार करने के लिए 10 से 30 भाग वर्मी कम्पोस्ट को मिट्टी के साथ अच्छी तरह मिला लेना चाहिए और इस मिट्टी से गमले भरकर तैयार कर लेने चाहिए। वर्मी कम्पोस्ट मिली मिट्टी को अधिक समय खुली धूप में नहीं छोड़ना चाहिए। मिट्टी तथा वर्मी कम्पोस्ट मिलाने का कार्य भी पक्के फर्श अथवा प्लास्टिक सीट पर छायादार स्थान में किया जाय तो अच्छा है। गमलों में पौधे लगाकर हल्का पानी दे देना चाहिए। पौधरोपण एवं पानी देने का कार्य सदैव सायंकाल ही करना चाहिए। 30-40 दिन बाद पुनः आवश्यकतानुसार वर्मी कम्पोस्ट का प्रयोग हल्की गुड़ाई के साथ किया जा सकता है।

खड़े पौधों में प्रयोग के लिए पौधों के चारों ओर 2'' से 3'' गहरा वृत्ताकार गड्ढ़ा बनाकर इसमें वर्मी कम्पोस्ट भर दें। गड्ढ़ा बनाते समय ध्यान रखें कि पौधों की जड़ों को हानि न पहुँचे। तत्पश्चात् कम्पोस्ट को गमले की मिट्टी से ढ़क दें तथा पानी दे दें।

2. सीड बैड में प्रयोग: उपरोक्त विधि द्वारा ही वर्मी कम्पोस्ट तथा मिट्टी को अच्छी तरह मिलाकर उसमें नर्सरी तैयार की जा सकती है। मिट्टी की गहराई आवश्यकतानुसार 2'' से 4'' तक रखी जा सकती है। इसमें बीजों की बुआई फसल की प्रजाति के अनुसार की जानी चाहिए।

3. बागवानी में प्रयोग: प्रयोगों में यह पाया गया है कि केंचुआ खाद डालने से फलदार वृक्षों के उत्पादन में अत्यधिक वृद्धि होती है। इसके लिए गोबर की खाद तथा वर्मी कम्पोस्ट को बराबर मात्रा (50 : 50 अनुपात) में मिश्रित करके आवश्यकतानुसार डालना चाहिए। मिश्रण की मात्रा पौधे की आयु तथा आकार के अनुसार निश्चित करके डाली जाती है।

पौधे के चारों ओर 6'' से 12'' गहरा वृत्ताकार चक्र बनाकर उसमें केंचुआ खाद, गोबर एवं कम्पोस्ट खाद का मिश्रण भर दें। इसके ऊपर मिट्टी की सतह बनाकर कार्बनिक अपघटनशील (बायोलाजिकल डिग्रेडेबिल) पदार्थों को जैसे सूखी सड़ी-गली पत्तियाँ, भूसे आदि से ढ़क दें (मल्चिंग कर दे) तथा पानी दे दें। प्रत्येक डेढ़-दो माह में अथवा सुविधानुसार यह प्रक्रिया दोहरायें। कुछ विशेषज्ञ यह भी सिफारिश करते हैं कि एक बार ही 3 भाग मिट्टी तथा एक भाग वर्मी कम्पोस्ट मिलाकर खाद के रूप में प्रयोग कर सकते हैं।

4. शाक वाटिका में प्रयोग: घरों में शाक वाटिका में उपयुक्त विधि अनुसार (उपयुक्त उल्लिखित किसी भी विधि अनुसार) छोटे स्तर पर फूल तथा शाक-सब्जियाँ उगाने के लिए वर्मी कम्पोस्ट का उपयोग किया जा सकता है। इससे हम सस्ते में घर की आवश्यकतानुसार सब्जियाँ उगाकर बाजारी कीटनाशकों की विषाक्त सब्जियों से छुटकारा पा सकते हैं तथा घर को प्राकृतिक सौन्दर्य से सजा सकते हैं और यह सब घर के आर्गेनिक वेस्ट को वेल्थ में बदलकर–

- इसके लिए 2 भाग वर्मी कम्पोस्ट तथा 3 भाग बाग की मिट्टी (यदि बाग की मिट्टी आसानी से उपलब्ध है अन्यथा किसी भी खेत की मिट्टी) का मिश्रण फूलों के पौधों के लिए उपयोगी है।

- शाक-सब्जियों के लिए वाटिका मिट्टी का 1 भाग, 1 भाग गोबर की खाद तथा 2 भाग वर्मी कम्पोस्ट का मिश्रण बहुत उपयोगी रहता है।

5. फलदार वृक्षों में प्रयोग: परिपक्व बड़े पेड़ के चारों ओर प्रति पेड़ 25 किलो वर्मी कम्पोस्ट मिट्टी में सीधे डालें एवं इसके बाद इतना ही ताजा गोबर एवं जैविक पदार्थ डालकर सिंचाई कर दें तथा नमी बनाये रखें। समय-समय पर गोबर एवं वानस्पतिक अवशेष डालते रहें।

केंचुआ खाद

हरी खाद

भूमि में जीवांश पदार्थ तथा उर्वरता में वृद्धि करने वाली फसलों एवं उनके अवशेषों को हरी अवस्था में मृदा में दबाने को हरी खाद कहते हैं। हरे पौधों को भूमि में जुताई करके मिला देना तथा इस हरे पदार्थ के सड़ने के बाद भूमि को पोषक तत्त्व प्रदान करने को हरी खाद देना कहते हैं। इस प्रकार अविच्छेदित हरे पौधों के अवशेषों या पौधों को मिट्टी की भौतिक दशा सुधारने तथा मृदा उर्वरता बढ़ाने हेतु मृदा में जोतना तथा दबाना, हरी खाद देना कहलाता है।

वैदिक कालीन कृषक हरी खाद के प्रयोग से भली-भाँति परिचित थे। अथर्वेद में जौ की भूसी, अर्जुन की पत्ती तथा तिल के पत्तेदार भाग को हरी खाद के रूप में प्रयोग करने का वर्णन मिलता है। हमारे देश में सन् 1905 ई. में पूसा (बिहार) में इम्पीरियल एग्रीकल्चरल रिसर्च इंस्टीटयूट की स्थापना के पश्चात् सन् 1912 में कृषि वैज्ञानिक ''हावर्ड'' ने भारतीय मृदाओं में हरी खाद प्रयोग करने की संस्तुत की। इस प्रकार भारतवर्ष में हरी खाद का प्रचलन

अति प्राचीन काल से होता आ रहा है, परन्तु देश की बढ़ती हुई जनसंख्या एवं उसके लिए खाद्यान्न की आपूर्ति सुनिश्चित करने के लिए सघन फसलोत्पादन पद्धतियों ने स्थान ग्रहण कर लिया है। आज तक कृषक अकार्बनिक उर्वरकों का प्रयोग करके अधिक से अधिक उत्पादन प्राप्त कर रहे हैं। हरी खाद को उगाने से एक फसल की हानि हो जाती है तथा इसको भूमि में पलटने आदि में अधिक मात्रा में श्रम की आवश्यकता होती है जबकि अकार्बनिक उर्वरकों का प्रयोग करने पर कोई विशेष मेहनत नहीं करनी पड़ती है इसलिए कृषक हरी खाद उगाने की तरफ बिल्कुल ध्यान नहीं देते हैं। देश की गर्म जलवायु होने के कारण मृदा में उपस्थित कार्बनिक पदार्थ का अधिकांश भाग जल कर नष्ट हो जाता है जिससे मृदा में कार्बनिक पदार्थ की कम मात्रा पाई जाती है। देश की भूमियों में सामान्यत: 0.03 से 0.07 प्रतिशत नत्रजन तथा 1.6-1.79 प्रतिशत कार्बनिक पदार्थ पाया जाता है जो अन्य देशों जैसे यूरोप एवं अमेरिका में क्रमश: 0.10-0.17 तथा 3.0 प्रतिशत पाया जाता है से काफी कम है। इसका प्रमुख कारण कार्बनिक पदार्थों का मृदा में प्रयोग न करना।

हमारे देश में विश्व की कुल पशुसंख्या का 17 प्रतिशत है, परन्तु इनसे प्राप्त होने वाले गोबर का दो-तिहाई भाग ईंधन के रूप में जलाकर नष्ट कर दिया जाता है। यदि पशुओं से प्राप्त गोबर की खाद अथवा कम्पोस्ट बनाकर मृदा में प्रयोग किया जाये तो मृदाओं में किसी भी पोषक तत्त्व की कोई भी कमी प्रकट नहीं होगी साथ-साथ अकार्बनिक उर्वरकों की भी बचत होगी। ग्रीष्मकालीन मौसम में मूँग, उड़द, लोबिया की फसलों को उगाने के पश्चात् इनकी फलियों की हाथ से 2-3 बार तुड़ाई करने के पश्चात् बचे हुए पौधों को मृदा में जुताई करके मिला देने से हरी खाद के रूप में प्रयोग हो जाता है साथ ही साथ दाना भी मिल जाता है इससे कृषक को एक फसल का जो नुकसान होता है इस विकल्प से इसका भी समाधान हो जाता है।

हरी खाद के प्रयोग की विधियाँ

सामान्यत: हरी खाद का प्रयोग दो रूपों में किया जाता है:

1. **इन सीटू हरी खाद (Green manuring in-situ)**– इस विधि में खेत में हरी खाद वाली फसलों को एक फसली अथवा अन्त: फसल पद्धति में मुख्य फसल के रूप में उगाया जाता है। फसल के काफी बढ़ जाने के पश्चात् मिट्टी पलटने वाले हल से मिट्टी में पलट कर दबा दिया जाता है। इस तरह से हरी खाद के रूप में सनई *(Crotolaria juncea)*, ढैंचा *(Sesbania aculeata)*, पिलीपिसेरा *(Phaseolus trilobus)*, मूँग *(Vigna radiata)*, लोबिया *(Vigna unguiculata)*, ग्वार *(Cyamopsis tetragonoloba)* आदि फसलें उगाई जाती हैं।

   इसके अतिरिक्त अदलहनी फसलें जैसे भाँग *(Cannabis sativa)*, कोदोमीरा *(Verrnonia cinerea)*, ज्वार *(Sorghum vulgare)*, मक्का *(Zea mays)*, सूरजमुखी *(Helianthus annus)* भी हरी खाद के रूप में उगायी जाती हैं।

2. **हरी पत्ती की खाद (Green Leaf manuring)**– इस विधि में बाँधों, जंगल और बेकार पड़ी भूमियों में वृक्षों, झाड़ियों को उगाकर पत्तियों एवं मुलायम टहनियों को इकट्ठा कर लिया जाता है। इन पत्तियों एवं मुलायम टहनियों को भूमि में एक समान मात्रा में फैलाकर मृदा में मिट्टी पलटने वाले हल से पलट कर मिट्टी में दबा दिया जाता है। इसके लिए ग्लाइरिसिडियम *(Glyricidia muculata)*, करंज *(Pongamia pinnata)*, सुबबूल *(Sesbania specinosa)*, बबूल *(Acacia nilotica)* आदि वृक्षों का प्रयोग किया जाता है।

विभिन्न हरी खाद की फसलों की मृदा में नत्रजन स्थिरीकरण की मात्राः विभिन्न हरी खाद की फसलों द्वारा मृदा में नत्रजन की स्थिरीकरण की मात्रा निम्नवत् है–

फसलें	वैज्ञानिक नाम	नत्रजन की मात्रा (किग्रा. प्रति हैक्टेयर)
सनई	*Crotolaria juncea*	75.85
ढैंचा	*Sesbania aculeata*	70.78
पिलीपिसेरा	*Phaseolus trilobus*	55.65
मूँग	*Vigna radiata*	45.52
उड़द	*Vigna mungo*	42.53
लोबिया	*Vigna sinensis*	55.58
ग्वार	*Cyamopsis tetragonoloba*	60.67
सेंजी	*Melilotus alba*	120.125
बरसीम	*Tripholium alexandrinum*	62.74
खेसारी	*Lathyrus sativus*	58.64

हरी खाद के लिए फसलों की विशेषताएँः हरी खाद के रूप में प्रयोग की जाने वाली फसलों में निम्न विशेषताएं होनी चाहिए–

1. फसल की वृद्धि बहुत तेज तथा अधिक होनी चाहिए।
2. पौधों की वानस्पतिक वृद्धि अधिक तथा पत्तियों की संख्या अधिक होनी चाहिए।
3. इन फसलों के प्रयोग से भूमि पर लाभदायक प्रभाव पड़ता हो।
4. फसल के तने तथा पत्तियाँ बहुत मुलायम हो जो शीघ्र सड़ जाये।
5. फसल गहरी जड़ों वाली हो जो सड़ने के बाद भी भूमि में वायु संचार बढ़ाती रहे।
6. फसले कम उपजाऊ भूमि पर भी उगाई जा सके तथा मृदा से बहुत कम मात्रा में पोषक तत्वों का ग्रहण कर सके।
7. फसलों की जलमांग कम हो तथा सूखा अवरोधी क्षमता होनी चाहिए।
8. बीज सस्ता हो तथा आसानी से बाजार में उपलब्ध हो।

9. फसल में अधिक बीज पैदा करने की क्षमता हो।
10. भूमि को अधिक मात्रा में जीवांश पदार्थ प्रदान करने की क्षमता हो।
11. फसल पर बीमारियों एवं कीटों का प्रकोप बहुत कम मात्रा में होता है।
12. फसल में खरपतवारों को नियंत्रण करने की शक्ति अधिक हो।
13. फसल में पोषक तत्वों की मात्रा अधिक हो।
14. फसल को उगाने में उत्पादन व्यय कम होता हो।
15. फसल में वायु मण्डलीय नत्रजन को स्थिरीकरण करने की क्षमता अधिक हो।
16. फसल में कृष्य क्रियाओं की कम आवश्यकता हो।
17. फसलों को इसके अतिरिक्त अन्य उपयोग जैसे चारा, रेशा, ईंधन, दाना आदि के रूप में भी किया जा सके।
18. हरी खाद की फसलें कम समय में तैयार होने वाली हो जिससे फसल चक्र में आसानी से समायोजित की जा सके।
19. फसल में प्रतिकूल परिस्थितियों को सहने की क्षमता अधिक हो।
20. इनकी जड़ें अधिक गहरी होनी चाहिए जिससे अधोसतह की कठोर परत को भी भेद सके।
21. फसल के पौधों की जड़ों में जड़ग्रन्थियाँ पूर्ण विकसित तथा अधिक संख्या में होनी चाहिए जिससे वायुमण्डल से अधिक मात्रा में नत्रजन का स्थिरीकरण कर सके।

हरी खाद से फसलों तथा मृदा पर प्रभाव

1. हरी खाद में मृदा से पोषक तत्त्वों की निछालन द्वारा हानि कम होती है जिससे मृदा की ऊपरी सतह पर पोषक तत्वों की मात्रा अधिक पाई जाती है।
2. हरी खाद का प्रयोग करने से मृदा में जीवांश पदार्थ में वृद्धि हो जाती है तथा यह मृदा में काफी स्थाई होता है।
3. हरी खाद का प्रयोग करने से मृदा में सभी आवश्यक पोषक तत्त्वों की मात्रा में वृद्धि हो जाती है तथा प्रचुर मात्रा में सूक्ष्म तत्त्वों की भी उपलब्धता हो जाती है।
4. पोषक तत्वों की उपलब्धता में वृद्धि हो जाती है। जीवांश पदार्थों के विघटन से मृदा में उत्पन्न कार्बनिक अम्ल, फास्फोरस, पोटाश, कैल्शियम, मैग्नीशियम आदि पोषक तत्वों की घुलनशीलता बढ़ाकर प्राप्य रूप में परिवर्तित कर देता है।
5. दलहनी फसलों के रूप में हरी खाद की फसलों में जड़ ग्रन्थियों में उपस्थित राइजोबियम जीवाणुओं द्वारा वायुमण्डल की स्वतंत्र नत्रजन का शोषण कर मृदा में स्थिरीकरण कर देते हैं जिससे मृदा में नत्रजन की मात्रा बढ़ जाती है।
6. हरी खाद की फसलों की गहरी जड़ें होने के कारण मृदा के अन्दर गहराई तक चली

जाती हैं जिससे मृदा में वायुसंचार में बढ़ोत्तरी हो जाती है जिससे मृदा में उपस्थित लाभदायक जीवाणुओं की क्रियाशीलता बढ़ जाती है।

7. हरी खाद उगाने से मृदा कटाव तथा मृदा क्षरण कम होता है क्योंकि यह फसलें मृदा को पूर्ण रूप से आच्छादित कर लेती हैं जिससे वर्षा की बूंदों का सीधा प्रभाव मृदा पर नहीं पड़ता है तथा जल प्रवाह कम होने के कारण मृदा कटाव कम हो जाता है। इसके अतिरिक्त इनकी जड़ें मृदा को बाँधे रखती हैं।
8. मृदा में उपस्थित लाभदायक जीवाणुओं की क्रियाशीलता बढ़ जाती है।
9. मृदा में खरपतवारों का प्रभावी नियंत्रण हो जाता है।
10. मृदा की भौतिक, रासायनिक तथा जैविक संरचना में सुधार होता है। मृदा की जलधारण क्षमता तथा जल शोषण क्षमता में काफी वृद्धि हो जाती है।
11. मृदा में पोषक तत्वों की मात्रा तथा उपलब्धता बढ़ जाने से फसलों की उपज में वृद्धि हो जाती है।
12. हरी खाद के पौधों की सड़ाव प्रक्रिया में कार्बनिक अम्ल का निर्माण होता है जिससे मृदा में अप्राप्य पोषक तत्व प्राप्य अवस्था में परिवर्तित हो जाते हैं।
13. हरी खाद का प्रयोग करने पर मृदा जनित बीमारियों का फसल में प्रकोप बहुत कम होता है।
14. अन्य प्रकार से पोषक तत्त्वों की अपेक्षा हरी खाद द्वारा पोषक तत्व प्रदान करने की विधि सस्ती एवं अधिक टिकाऊ है जिसे कोई भी प्रयोग कर सकता है।
15. हरी खाद की फसलें क्षारीय भूमियों में प्रयोग करने पर यह मृदा सुधारक का भी कार्य करती हैं।
16. मृदा में मृदा ताप तथा वायुसंचार में वृद्धि हो जाती है।
17. हरी खाद की फसलें मृदा से जल के वाष्पीकरण को भी कम करती हैं।

विभिन्न हरी खादों में पोषक तत्वों की मात्रा: विभिन्न हरी खादों में पोषक तत्वों की मात्रा निम्न प्रकार होती है–

फसल		पोषक तत्त्वों की मात्रा (% शुष्क पदार्थ)		
हरी खाद की फसलें		नत्रजन	फास्फोरस	पोटाश
ढैंचा	*Sesbania aculeata*	3.3	0.7	1.3
सनई	*Crotolaria juncea*	2.6	0.6	2.0
	Sesbania speciosa	2.7	0.5	2.2
	Tephrosia purpurea	2.4	0.3	0.8
पिलीपिसेरा	*Phaseolus trilobus*	2.1	0.5	–

हरी पत्ती की खाद				
करंज	*Pongamia glabra*	3.2	0.3	1.3
ग्लाइरिसिडिया	*Glyricidea maculiata*	2.9	0.5	2.8
नीम	*Azadiracta indica*	2.8	0.3	0.4
	Calatropis gigantean	2.1	0.7	3.6

हरी खाद देने से प्रमुख हानियाँ: उपरोक्त कई प्रकार के लाभों के साथ-साथ हरी खाद उगाने से कुछ हानियाँ भी हैं, जो निम्न हैं–

1. हरी खाद उगाने के बाद जब भूमि में पलटाई करते हैं तब मृदा में पर्याप्त मात्रा में नमी होना आवश्यक होता है। असिंचित दशाओं में अथवा नमी की कमी होने से फसल के डंठलों का सड़ाव भली भाँति नहीं हो पाता है जिससे हरी खाद का लाभदायक प्रभाव फसल पर नहीं होने पाता है।
2. हरी खाद उगाने से एक ऋतु की फसल की हानि हो जाती है जिससे हरी खाद से आर्थिक रूप से नुकसान हो जाता है। देश में कृष्य जोतें कम होने के कारण कुल क्षेत्रफल में कमी हो जाती है।
3. यदि हरी खाद को केवल नत्रजन की आपूर्ति के लिए उगाया जाता है तो बाजार में उपलब्ध नत्रजन की कीमत कम होने के कारण कृषक को काफी हानि हो जाती है।
4. पूर्ण रूप से सड़ाव की क्रिया न होने की दशा में फसल में दीमक का प्रकोप हो जाता है।
5. हरी खाद उगाने वाले क्षेत्रों में वर्षा पर्याप्त मात्रा में होना आवश्यक है। कम वर्षा वाले क्षेत्रों में यह विधि ज्यादा उपयुक्त नहीं है।
6. हरी खाद को भूमि में पलटने के लिए उपयुक्त कृषि यन्त्रों का अभाव है।

हरी खाद की फसलों को उगाने की निम्न विधियाँ भी प्रचलित हैं

1. **ग्रीष्मकालीन फसल (Summer season crop)–** ग्रीष्मकालीन हरी खाद की फसलों को धान उगाये जाने वाले क्षेत्रों जैसें आंध्र प्रदेश, तमिलनाडु, केरल, कर्नाटक, उड़ीसा तथा पश्चिम बंगाल में उगाया जाता है। यहाँ पर जल्दी बढ़ने वाली हरी खाद की फसलें जैसे सनई, ढैंचा, पिलीपिसेरा, उड़द, मूँग आदि फसलों की अप्रैल-मई में बुआई कर दी जाती है तथा जुलाई-अगस्त माह में मिट्टी पलटने वाले हल से मिट्टी में पलट दिया जाता है इसके पश्चात् धान की रोपाई कर दी जाती है।
2. **हरी खाद की अन्त: फसल की पद्धति (Intercropping of green manuring)–** इस पद्धति में शीघ्र बढ़ने वाली हरी खाद की फसलों को मुख्य फसल के साथ पंक्तियों में बुआई कर दी जाती है। इस पद्धति में ढैंचा + धान, सनई/लोबिया/हॉर्सग्राम + कपास/मक्का, बरसीम + बागानों में उगाया जाता है। अन्त: फसल के रूप में

उगाई गई हरी खाद की फसल को 6-8 सप्ताह बाद भूमि में पलट दिया जाता है। यह विधि मुख्यतः उत्तर प्रदेश, पंजाब, कर्नाटक, गुजरात तथा मध्य प्रदेश में प्रचलित है।

3. **खरीफ ऋतु में परती के रूप में उगाना (Crop taken on fallow land)–** यह विधि पंजाब, उत्तर प्रदेश, राजस्थान, मध्य प्रदेश तथा बिहार में गेहूँ उगाये जाने वाले क्षेत्रों में खरीफ ऋतु में खेत खाली छोड़ देते हैं जिसमें हरी खाद की फसलें उगाई जाती हैं।

4. **हरी खाद को मुख्य फसल के रूप में उगाना (Green manure as a pure crop)–** वर्षा ऋतु में केवल हरी खाद की फसल को मुख्य फसल के रूप में उगाया जाता है इस विधि का प्रयोग सामान्यतः बहुत कम उपजाऊ शक्ति वाली बलुई भूमियों में अथवा अम्लीय तथा क्षारीय भूमियों को सुधारने के लिए किया जाता है।

5. **हरी पत्तियों की खाद (Green Leaf manuring)–** इस विधि से हरी खाद उगाये जाने वाले खेत में कोई भी फसल नहीं उगाई जाती है बल्कि दूसरे खेतों से पत्तियाँ, पौधों एवं जंगलों से पेड़ों की पत्तियाँ, टहनियाँ आदि को इकट्ठा करते हैं इसके पश्चात् इनको फैलाकर भूमि में दबा दिया जाता है। यह विधि मुख्यतः कम नमी वाले क्षेत्रों में प्रयोग की जाती है। आंध्र प्रदेश, कर्नाटक तथा तमिलनाडु में जहाँ पर प्राकृतिक वनस्पति बहुत अधिक है वहाँ पर पेड़ों की पत्तियाँ तथा कोमल टहनियों को एकत्रित करके हरी खाद के रूप में प्रयोग किया जाता है।

हल्की एवं अच्छे जल निकास वाली भूमियों में सनई, ढ़ैंचा, मूँग, उड़द, लोबिया आदि फसलें जबकि भारी एवं जल भराव वाली भूमियों में ढैंचा तथा जैता आदि फसलें हरी खाद के रूप में उगाई जाती हैं। खेत को अच्छी प्रकार से तैयार करके सनई का बीज 60-70 किग्रा प्रति हैक्टेयर तथा ढैंचा का बीज 40-50 किग्रा प्रति हैक्टेयर की दर से छिड़काव विधि द्वारा बुआई कर दी जाती है। फसल की बुआई के समय बीजों के जमाव के लिए पर्याप्त मात्रा में नमी रहना आवश्यक है। जब फसल में फूल आना शुरू हो जाए उस समय पाटा चलाकर फसल को गिरा देते हैं इसके पश्चात् मिट्टी पलटने वाले हल से खेत की पलटाई कर देते हैं। पलटाई इस प्रकार से करते हैं कि फसल के पौधे पूर्ण रूप से मिट्टी में दब जाएं। पलटाई के समय भूमि में पर्याप्त मात्रा में नमी रहना आवश्यक है जिससे फसल में सड़ाव की क्रिया सुचारू रूप से सम्पन्न हो जाए। सड़ाव के लिए अधिक तापमान तथा अधिक आद्रता होनी चाहिए। अच्छी तरह से सड़ाव की प्रक्रिया सम्पन्न होने के लिए पहली पलटाई के 4 सप्ताह के बाद पुनः पलटाई अथवा रोटावेटर से जुताई कर देनी चाहिए। इस तरह से लगभग डेढ़ माह में सड़ाव की प्रक्रिया पूर्ण हो जाती है।

हरी खाद के रूप में दलहनी फसल को 60 किग्रा नत्रजन प्रति हैक्टेयर की दर से प्रयोग करने पर फसल में नत्रजन तथा कार्बनिक पदार्थ की मात्रा बढ़ जाती है। यदि किसी कारण

से फसल की पलटाई के समय अथवा बाद में मृदा में नमी की कम मात्रा हो तो एक हल्की सिंचाई कर देनी चाहिए।

इस प्रकार सनई की फसल बोने के 50 दिन पश्चात्, ढैंचा 40 दिन, उड़द एवं मूँग 60 दिन, बरसीम का तीन कटाइयों के बाद तथा सेंजी 60 दिन पश्चात पलटाई योग्य हो जाती है। फसल पकते समय पत्तियाँ तथा तना कठोर हो जाता है, पौधों में कार्बन : नत्रजन अनुपात बढ़ जाता है जिससे सड़ाव की प्रक्रिया बहुत देर तक सम्पन्न होती है। इसके अतिरिक्त पौधों में पोषक तत्वों की मात्रा कम हो जाती है। फसल की परिपक्वता की स्थिति में पौधों की सड़ाव की प्रक्रिया देरी से अथवा कठिनाई की दशा में पलटाई के पश्चात् 40 किलोग्राम प्रति हैक्टेयर की दर से नत्रजन (यूरिया) का छिड़काव कर देने से सड़ाव की प्रक्रिया शीघ्र ही सम्पन्न हो जाती है।

हरी खाद के पौधों के अपघटन में होने वाले रासायनिक परिवर्तनः हरी खाद मृदा में सड़न-गलन की क्रिया द्वारा कार्बनिक पदार्थ के रूप में परिवर्तित हो जाती है। हरी खाद में पाये जाने वाले कार्बनिक पदार्थ, कार्बोहाइड्रेट, लिगनिन, प्रोटीन, रंग पदार्थ, बसा, तेल, रेजिन, खनिज पदार्थ आदि होते हैं। हरे पौधों में इन तत्वों की मात्रा भिन्न-भिन्न होती है। मृदा में हरी खाद के पौधों का अपघटन निम्न प्रकार से होता है।

(अ) **शकरा पदार्थ, स्टार्च तथा जल में घुलनशील सरल प्रोटीन का अपघटन–** मृदा में उपस्थित जीवाणु सर्वप्रथम हरे पौधों में उपस्थित शर्करा, स्टार्च आदि सरल कार्बोहाइड्रेट तथा जल में घुलनशील सरल प्रोटीन का अपघटन आरम्भ करते हैं। ये पदार्थ मिश्रित यौगिकों के रूप में परिवर्तित हो जाते हैं तथा यह मिश्रित योगिक सरल पदार्थों में परिवर्तित हो जाते हैं। इन पदार्थों के अपघटन में उत्पन्न ऊर्जा से जीवाणुओं की क्रियाशीलता में वृद्धि हो जाती है। अपघटन क्रिया में कार्बनिक पदार्थ की अधिकांश मात्रा कार्बन डाई ऑक्साइड में ऑक्सीकृत होकर मुक्त हो जाती है जिसके फलस्वरूप मृदा में कार्बन की मात्रा कम रह जाती है। इस प्रकार बने सरल पदार्थ, जल, कार्बन डाई आक्साइड, नाइट्रेट, फासफेट, सल्फेट तथा कैल्शियम के यौगिक होते हैं।

(ब) **जटिल प्रोटीन तथा हेमीसेल्यूलोज का अपघटन–** जटिल प्रोटीन तथा हेमीसेल्यूलोज का अपघटन बैक्टीरिया, फफूँदी, एक्टीनोमाइसिटीज आदि जीवाणुओं द्वारा होता है। यह पदार्थ धीरे-धीरे सरल तथा घुलनशील पदार्थों में परिवर्तित हो जाते हैं। इस प्रकार बने पदार्थ एमीनो अम्ल, एमाइडस, कार्बन डाई ऑक्साइड, कैल्शियम तथा पोटैशियम के नाइट्रेट, फास्फेट तथा सल्फेट आदि हैं। हरे पौधों में प्रोटीन कम मात्रा में होती है।

(स) **सेलुलोज का अपघटन–** सेलुलोज तथा अन्य कार्बोहाइड्रेट हरे पौधों में अत्याधिक मात्रा में उपलब्ध होते हैं। पौधे के शरीर का अधिकांश भाग सेलूलोज का बना होता है। यह हेमीसेलूलोज की अपेक्षा सड़न-गलन का अधिक प्रतिरोधी (Resistant) है। यह कठिनता से अधिक समय में अपघटित होता है। बैक्टीरिया तथा फफूँदी द्वारा यह धीरे-धीरे घुलनशील पदार्थों में परिवर्तित हो जाता है।

(द) वसा, तेल, मोम, गोंद, रेजिन तथा लिगनिन का अपघटन– हरे पौधे में लिगनिन पर्याप्त मात्रा में पाया जाता है जबकि वसा, तेल, मोम, गोंद तथा रेजिन पौधों में कम मात्रा में पाया जाता हैं। यह जल में अघुलनशील होते हैं तथा इनका अपघटन अधिक समय में कठिनता से होता है।

फफूँदी जैसे कुछ सूक्ष्म जीवाणुओं द्वारा इनका अपघटन धीरे-धीरे एवं कठिनता से होता है। इसके अपघटन से अम्ल बनते हैं। लिगनिन का जैविक अपघटन अत्यन्त विलम्ब तथा कठिनाई से होता है। सम्पूर्ण ऊर्जा का अधिकांश भाग लिगनिन के अपघटन से प्राप्त होता है। वसा, तेल तथा मोम आदि के अपघटन से उत्पन्न पदार्थ शर्करा के अपघटन से उत्पन्न पदार्थों के समान होते हैं। जीवाणुओं की क्रिया समाप्ति तथा कार्बनिक पदार्थ के लगभग सड़ चुकने के पश्चात् उत्पन्न पदार्थ तथा लिगनिन मृतक बैक्टीरियाओं के कोषों में स्थित प्रोटीन के साथ संयोग कर कोलाइडी ह्यूमस बनाते हैं।

विभिन्न फसलों में नत्रजन स्थिरीकरण की मात्रा: विभिन्न फसलों द्वारा वायुमण्डल से नत्रजन स्थिरीकरण की मात्रा निम्नवत् है–

फसल	नत्रजन का स्थिरीकरण (किग्रा/हैक्टेयर)
सनई	70-75
ढैंचा	65-70
ग्वार	55-60
लोबिया	45-50
मूँग	35-40
सैंजी	90-95
बरसीम	.95-100

ढैंचा की हरी खाद

प्राय: भूमि में जैविक पदार्थ की बहुत कमी होती है। इस कमी को पूरा करने के लिए ज्यादा यानी गर्मी के मौसम में खेतों में गेहूँ की कटाई के तुरन्त बाद हरी खाद हेतु ढैंचा की बोआई करना चाहिए।

- हरी खाद की अन्य फसलों की अपेक्षा ढैंचा में ऊसर को सहने की अधिक क्षमता होती है इस लिए ऊसर भूमियों में ढ़ैचा का प्रयोग हरी खाद के रूप में किया जाना अधिक लाभकारी है।
- हरी खाद की अन्य फसलों की अपेक्षा ढैंचा में कम अथवा अधिक पानी में उगने और बढ़ने की क्षमता होती है।
- ढ़ैचा के पौधों में कैल्शियम की अधिकता होने के कारण भूमि में मौजूद सोडियम लवणों को विस्थापित करने में सक्षम होता है।

- ढैंचा की पत्तियाँ तथा पेड़ मिट्टी में सड़कर सल्फ्यूरिक अम्ल का निर्माण करते हैं, जो ऊसर भूमियों में उपस्थित क्षारों को उदासीन कर देने से ऐसी भूमियों का ऊसरीलापन कम हो जाता है।
- इसकी जड़ें भूमि की अधिक गहराई में जाने के कारण भूमि को भुरभुरा बनाती है तथा मृदा की अधोसतह में उपस्थित कार्बोनेट की परत को तोड़ देती है।

ढैंचा से लाभ

- भूमि में जीवांश पदार्थ की मात्रा बढ़ जाती है।
- भूमि अधिक उपजाऊ बन जाती है।
- भूमि में जल सोखने की क्षमता बढ़ जाती है। भूमि में सूक्ष्मजीवी क्रियाएँ बढ़ जाती हैं।
- इसकी जड़ों की गाँठों में बैक्टीरिया होते हैं जो वायुमण्डल से नत्रजन का स्थिरीकरण कर पौधों को सुलभ कराते हैं और नत्रजन को गाँठों में इकट्ठा करते हैं।
- 60-80 किग्रा. नत्रजन आगामी फसल के लिए प्रति हैक्टेयर उपलब्ध होता है जो 174 किग्रा. यूरिया के बराबर होता है।
- भूमि का पी.एच. कम होने से पोषक तत्वों की उपलब्धता बढ़ जाती है।
- ढैंचा से 150-250 कुन्तल हरी खाद प्राप्त होती है और एक कुन्टल हरी खाद 2.80 कुंटल गोबर की खाद के बराबर होती है, जिसका मूल्य रु 50/- प्रति कुंटल की दर से मानने पर लगभग 7500 से 12500 रुपये तक होता है।

खेत की तैयारी: खेत में ओट आने पर खेत की 2-3 बार जुताई करके खेत को अच्छी प्रकार से समतल कर लेते हैं।

बीज मात्रा एवं बीजोपचार: एक हैक्टेयर क्षेत्रफल के लिए 60 किग्रा. बीज प्रयोग होता है। बुआई के पूर्व बीज को रात भर पानी में भिगों दे। जिप्सम मिलाते समय बीज के ऊपर हाथ से पानी के छींटे दें। बीज को जिप्सम के उपचार करने का तरीका यह भी है कि 2 ली. पानी में 4 किग्रा. जिप्सम घोलकर लेई की तरह पेस्ट बना लें और फिर इस पेस्ट को बीज के ऊपर छिड़क कर उसे हाथ से मिला दें और जब जिप्सम बीज के ऊपर ठीक से चिपक जाये तो उसे छाया में सुखाने के बाद बुआई कर दें। इस प्रकार उपचारित बीज बोने से बीज का जमाव अच्छा होता है और पौधों की बढ़वार के लिए अनुकूल वातावरण मिलता है, जिससे वे जल्दी बढ़ते हैं।

बुआई का समय: ढैंचा की बुआई 10-15 मई तक अवश्य कर देनी चाहिए ताकि 40 दिन की अवस्था पर अथवा जून के तृतीय सप्ताह तक खेत में मिलाकर सड़ा दें। तत्पश्चात धान की रोपाई कर दें।

बुआई की विधि: खेत को देशी हल अथवा कल्टीवेटर से उथली 4-5 सेमी. तक जोतकर उपचारित बीज को समान रूप से बिखेरने के बाद खेत में हल्का पाटा लगा दें। ध्यान

रहे कि खेत में पर्याप्त नमी रहे। बुआई सुबह अथवा शाम को करनी चाहिए जिससे धूप का प्रभाव भीगे हुए बीजों पर सीधे न पड़ सके।

दो फल वृक्षों के बीच अन्तः सस्य क्षेत्र में हरी खाद हेतु ढैंचा की बुआई जुलाई के अन्त तक कर देनी चाहिए जिससे 15 सितम्बर तक फसल को पलट कर राई-सरसों की बुआई अक्टूबर के प्रथम सप्ताह में की जा सके।

सिंचाई: पहली सिंचाई बुआई के एक सप्ताह बाद करनी चाहिए। यदि पौधों की बढ़वार कमजोर हो तो 40-50 किग्रा. यूरिया की टाप ड्रेसिंग प्रति हैक्टेयर की दर से कर देना चाहिए। ढैंचा की 45 दिन की फसल के लिए 3-4 सिंचाइयों की आवश्यकता होती है। 20 जून से मानसूनी वर्षा होने पर सिंचाई नहीं करनी पड़ती।

फसल को मिट्टी में पलटना, दबाना, सड़ाना और धान की रोपाई: जब ढैंचा की फसल 40-50 दिन की हो जाये तो पहले पाटा लगाकर जमीन पर गिरा दें मेड़ के किनारे की चार लाइने या तीन फुट क्षेत्र में ढैंचा की पलटाई न करें। यहीं ढैंचा बाद में धान की फसल को वायरस बीमारियों से बचायेगा और अगली फसल के लिए ढैंचा बीज एवं ईंधन प्राप्त होगा। इसके बाद डिस्क हैरो अथवा तवे वाले हल से अथवा मिट्टी पलटने वाले हल से जुताई करके पौधों को 15-20 सेमी. गहराई की सतह में दबा देना चाहिए। इसके बाद खेत में 10-15 सेमी. पानी भरकर फसल को 5 दिन तक सड़ाये। चूँकि ढैंचा की फसल शीघ्र ही अपघटित होना शुरू हो जाती है और पौधों को अमोनिया उपलब्ध होने लगता है। अतः 5 दिन के बाद धान की रोपाई कर दें, इसमें देर करने पर नत्रजन का ह्रास होने लगता है।

ढैंचा बीज उत्पादन की विधि: बीज उत्पादन हेतु खरीफ का मौसम उपयुक्त होता है। यदि भूमि अधिक क्षारीय है तो जिप्सम का प्रयोग और लीचिंग क्रिया सम्पन्न करने के बाद ही ढैंचा की बोआई करनी चाहिए। इसकी बोआई वर्षा के शुरू हो जाने पर और जुलाई के मध्य में भूमि की उपयुक्त नमी की दशा में कर देना चाहिए। प्रति हैक्टेयर 20-25 किग्रा. बीज की आवश्यकता होती है। बीज को हल के पीछे अथवा छिटकवां विधि से बोआई कर दें। बोआई के एक सप्ताह बाद यदि वर्षा नहीं हो रही हो तो हल्की सिंचाई कर दें। पौधों की शीघ्र बढ़वार के लिए 40-45 किग्रा. यूरिया प्रति हैक्टेयर की दर से सिंचाई के बाद खड़ी फसल में छिड़काव कर देना चाहिए। इस प्रकार फसल नवम्बर के मध्य में तैयार हो जायेगी। पौधों में जब 80-90 प्रतिशत फलियाँ पक जाये तो फसल की कटाई करके बीजों की मड़ाई कर लेनी चाहिए। सुधरी हुई ऊसरीली भूमि में एक हैक्टेयर क्षेत्र से लगभग 10-12 कुन्टल बीज उत्पादित होता है।

कृषक हरी खाद के लिए अपना कुछ बीज स्वयं तैयार कर सकते हैं। इसके लिए उन्हें धान की रोपाई के बाद खेत के चारों ओर एक किनारा छोड़ते हुए ढैंचा के बीज को बिना भिगोये हुए 3-4 लाईन में बो देना चाहिए। इस प्रकार धान की फसल के साथ ढैंचा की फसल से बीज भी मिल जायेगा। जिसका प्रयोग जायद में हरी खाद के रूप में किया जा सकता है।

अध्याय

8 प्राकृतिक खेती में जैव उर्वरकों की भूमिका

जैव उर्वरक सूक्ष्म जीवों से निर्मित कल्चर है, जिसमें जीवाणु, फंजाई तथा अन्य सूक्ष्म जीवों का मिश्रण होता है जो मुख्यतय: नत्रजन का स्थिरीकरण तथा स्थिरीकृत फास्फोरस जो कि पौधों को सम्पूर्ण रूप से प्राप्त नहीं हो पाता को घुलनशील अवस्था में परिवर्तित कर तथा साथ ही साथ अन्य आवश्यक पोषक तत्त्वों को पौधों के भोज्य पदार्थों के रूप में तैयार कर पौधों को उपलब्ध कराते हैं साथ ही साथ विभिन्न पादप हार्मोन्स, विटामिन्स तथा एन्टीबायोटिक आदि का सृजन करते हैं जोकि पौधों की वृद्धि एवं विकास के लिए लाभदायक है एवं कुछ हद तक जैव उर्वरक फसलों को प्राकृतिक आपदाओं जैसे फसल बीमारी, सूखा तथा तेज हवाओं से बचाने में सहायक है।

फसलों में नत्रजन आवश्यकता की पूर्ति के लिए पूर्णरूप से रासायनिक उर्वरकों पर निर्भर रहना तर्क संगत नहीं है। वर्तमान परिस्थितियों में नत्रजनधारी उर्वरकों के साथ-साथ नत्रजन के वैकल्पिक स्रोतों का उपयोग न केवल आर्थिक दृष्टि से महत्वपूर्ण है बल्कि भूमि की उर्वरा शक्ति को बरकरार रखने के लिए भी आवश्यक है। ऐसी स्थिति में जैविक उर्वरकों के नत्रजन उर्वरकों के रूप में प्रयोग करने की अनुशंसा की गयी है।

मृदा में क़ई प्रकार के जैव उर्वरकों का प्रयोग किया जाता है। आजकल देश में 1275 टन प्रतिवर्ष जैव उर्वरकों का प्रयोग किया जा रहा है। रासायनिक उर्वरकों के हानिकारक प्रभाव को ध्यान में रखते हुए भविष्य में जैव उर्वरकों के और अधिक बढ़ने की सम्भावना है। पौध पोषण से सम्बन्धित जैव उर्वरकों को दो वर्गों में वर्गीकृत किया गया है।

(1) नत्रजन का स्थिरीकरण करने वाले जैव उर्वरक

(2) फास्फोरस का घुलनशील करने वाले जैव उर्वरक

1. नत्रजन का स्थिरीकरण करने वाले जैव उर्वरक (Nitrogen fixing biofertilizers)– इस वर्ग में वह जैव उर्वरक आते हैं जो वायुमण्डल को स्वतन्त्र नत्रजन का स्थिरीकरण करते हैं। नत्रजन स्थिरीकरण करने वाले जैव उर्वरकों को पुन: दो भागों में विभक्त किया गया है।

(अ) सहजीवी नत्रजन स्थिरीकरण (Symbiotic nitrogen fixation)– इस वर्ग में पौधे के सामन्जस्य से वायुमण्डलीय नत्रजन को पौधे की जड़ ग्रन्थियों द्वारा अथवा मृदा में संस्थापित जीवाणुओं को सम्मिलित किया जाता है। सहजीवी जीवाणु तथा फसल एक दूसरे आपस में सामंजस्य स्थापित करके कार्य करते हैं जिसमें दोनों ही लाभान्वित होते हैं। जैसे दलहनी फसलें एवं राईजोबियम तथा धान एवं नीलहरित शैवाल।

(ब) असहजीवी नत्रजन स्थिरीकरण (Non-Symbiotic nitrogen fixation)– असहजीवी नत्रजन स्थिरीकरण जीवाणु मृदा में स्वतन्त्र रूप में रहते हुए वायुमण्डलीय स्वतंत्र नत्रजन का भूमि में स्थिरीकरण करते हैं। इस वर्ग के जीवाणुओं की क्रियाशीलता हेतु किसी भी प्रकार के सहयोग की आवश्यकता नहीं होती है और न ही फसल की उपस्थिति से जीवाणु लाभान्वित होते हैं। इस वर्ग में आने वाले असहजीवी जीवाणु जैसे एजोला (Azola), नोस्टाक (Nostac), आलोसिरा (Aulosira), एनाबीना (Anabaena) आदि हैं।

बैक्टीरिया (Bacteria)

(i) **वायुवीय बैक्टीरिया (Aerobic bacteria)–** एजोटोबैक्टर (Azotobactor), एजोस्पाईरीलम (Azospirillum), वैसीलस (Bacillus) आदि।

(ii) **अवायुवीय बैक्टीरिया (Anaerobic bacteria)–** क्लास्ट्रीडियम (Clostridium), रोडोस्पाइरीलम (Rhodospirillum), क्लोरोबियम (Clorobiam) आदि।

2. फास्फोरस को घुलनशील करने वाले जैव उर्वरक (Biofertilizers for phosphorus solubilizers)– इस वर्ग में जैव उर्वरक मृदा में उपस्थित फास्फोरस को घुलनशील बनाकर पौधों को उपलब्ध कराने में सहायता करते हैं। इस वर्ग के जीवाणु जैसे स्यूडोमोनास स्ट्रेटा (*Pseudomonas strata*), वैसीलस पॉलीमिक्सा (*Bacillus polymixa*), एस्परजिलस अवामोरी *(Aspergillus awamori),* फ्यूजेरियम *(Fusarium)* तथा माइकोराइजा *(Mycorrhiza)* आदि।

जैविक उर्वरकों से तात्पर्य ऐसे उर्वरक से है जिसका निर्माण मृदा में पाये जाने वाले लाभदायक सूक्ष्म जीवों जैसे- जीवाणु, फफूंद, शैवालों द्वारा किया गया हो जो भूमि की उर्वरता के साथ-साथ फसलोत्पादन को बढ़ाने में महत्वपूर्ण भूमिका का निर्वाहन कर सके। जैव उर्वरक निम्न प्रकार के होते हैं जिनका प्रयोग निम्न विधियों से किया जाता है:

(1) राइजोबियम: यह एक नम चारकोल एवं जीवाणु का मिश्रण है, जिसके प्रत्येक एक ग्राम में 10 (1×10^6) करोड़ से अधिक राइजोबियम जीवाणु होते हैं। यह जैव उर्वरक केवल दलहनी फसलों में ही प्रयोग किया जा सकता है तथा अलग-अलग दलहनी फसल के लिए अलग-अलग प्रकार के राइजोबियम कल्चर का प्रयोग होता है।

प्रयोग विधि: 50 ग्राम गुड़ अथवा चीनी 500 मिली. पानी में उबाल करके गाढ़ा घोल बना लेना चाहिए, जिसे 10 किग्रा. बीज पर भली-भाँति ठंडा करके छिड़काव करने के बाद उस पर एक पैकेट (200 ग्राम) राइजोबियम के संवर्धन को छिड़कना चाहिए और छाया में बीज को सुखाने के बाद उसे बोना चाहिए। उपरोक्त प्रकार से बीज पर राइजोबियम संवर्धन आसानी से चिपक जाता है। राइजोबियम से बीजों को उपचारित करने के 8-10 घण्टे में बुआई कर देनी चाहिए। शाम को बीजों को उपचारित करने के पश्चात् दूसरे दिन सुबह बुआई कर देना लाभदायक होता है। यदि पूर्व में इसी फसल में राईजोबियम का प्रयोग किया गया है तो पुनः राइजोबियम का प्रयोग नहीं करना चाहिए।

प्रयोग से लाभ

1. इसके प्रयोग से 10 से 30 किग्रा./है. रासायनिक नत्रजन की बचत होती है।
2. इसके प्रयोग से फसल की उपज में 20 से 35 प्रतिशत की वृद्धि होती है।
3. राइजोबियम जीवाणु कुछ हार्मोंस एवं विटामिन भी बनाते हैं जिससे पौधों की बढ़वार अच्छी होती है तथा जड़ों का विकास भी अच्छा होता है।
4. इन फसलों के बाद बोई जाने वाली फसलों में भी भूमि की उर्वरा शक्ति अच्छी होने से पैदावार अधिक मिलती है।

विभिन्न फसलों के लिए राइजोबियम की किस्म तथा प्रभेद

प्रतिनिवेश समूह (Group)	राइजोबियम की प्रजाति (Species of rhizobium)	फसल का नाम (Name of Crop)	राइजोबियम प्रभेद (Rhizobium strain)
मटर समूह	राइजोबियम लेग्यूमिनोसोरम (*Rhizobium leguminosorum*)	मटर, मसूर, चना, खेसारी, कुल्थी	पी-12, एच.यू.पी.आर.पी., 10-76, मा-1-4, एलसी-1, एल.सी. 4, डी.के.-3, 4, 7, टी.ए.एल 634, एल 1-77, एल 21-83, खेसारी के-1, के-3, के-5, डी.के.-5, 6, 7
सेम समूह	राइजोबियम फैजियोलाई (*Rhizobium phaseoli*)	अरहर	बी.सो.-2021, ए-11, सी-सी-11, आई.सी. 3100, आई.एच.पी.-195
		मूँग	मा-10, एम 11, एम.ओ.-5, के.एम.-1, जी.एम.जी.एम.वी. एस-1, एस-24
		उड़द	मा-11, एस 24, के.यू.-1, बी.के.एम., बी.एस-1
		लोबिया	सी.सी. 3, डी.सी 28, डी.सी. 6, का 3, पी 109, यू.ए.एस. आई.वी.एस.जी 3
		ग्वार	जी. 3
लूसर्न समूह	राइजोबियम मेलीलोटाई (*Rhizobium meliloti*)	रिजका, सेंजी, मेंथी	एस.यू. 2016

सोयाबीन समूह	राइजोबियम जेपोनिकम (*Rhizobium japonicum*)	सोयाबीन	स्टेन 1028
ल्यूपिन समूह	राइजोबियम ल्यूपिनी (*Rhizobium lupini*)	ल्यूपिन	
क्लोवर समूह	राइजोबियम ट्राइफोलाई (*Rhizobium trifoli*)	बरसीम	21-19 सी.

(2) एजोटोबैक्टर: यह जीवाणु खाद स्वतंत्रजीवी नत्रजन स्थिरीकरण, एजोटोबैक्टर या एजोस्पाइरिलम जीवाणु का एक नम चूर्ण रूप उत्पाद है। इसके एक ग्राम में लगभग 10 करोड़ जीवाणु होते हैं। यह जीवाणु खाद किसी भी फसल (दलहनी जाति की फसलों को छोड़कर) में प्रयोग किया जा सकता है जैसे- गेहूँ, मक्का, ज्वार, बाजरा इत्यादि जिसमें पानी की अधिक मात्रा का प्रयोग न करें।

प्रयोग विधि

अ. **बीज उपचार–** 1.25 लीटर पानी में 50 ग्राम गुड़ अथवा 50 ग्राम चीनी को उबालकर गाढ़ा घोल तैयार करते हैं। इस घोल को ठंडा करने के उपरान्त उसमें 500 ग्राम एजोटोबैक्टर का संवर्धन डालकर गाढ़ा घोल तैयार कर लेना चाहिए। यह गाढ़ा घोल 8-10 किलो ग्राम बीज को उपचारित करने के लिए पर्याप्त है। बीज में मिलाकर उपचारित करने के पश्चात् छाया तथा हवा में सुखाकर ही बुवाई करना चाहिए।

ब. **पौधे की जड़ का उपचार–** 500 ग्राम सूखी गोबर की खाद 2.5 लीटर पानी में डालकर स्लरी बनाने के बाद 500 ग्राम एजोटोबैक्टर कल्चर को डालकर इस गाढ़े घोल में पौधों की जड़ों को डुबोकर उपचारित करने के उपरान्त रोपाई करना चाहिए।

स. **मृदा उपचार–** एजोटोबैक्टर की 2-5 किग्रा. मात्रा विभिन्न फसलों के अनुसार 10-20 किग्रा. महीन पिसी हुई मिट्टी अथवा बालू में मिलाकर प्रति हैक्टेयर की दर से खेत में फसलों की बुवाई से पूर्व उर्वरकों की तरह छिड़काव करना चाहिए। फिर अच्छी प्रकार से खेत में मिला देना चाहिये।

प्रयोग से लाभ

1. एजोटोबैक्टर 15 से 20 किग्रा. नाइट्रोजन प्रति हैक्टेयर प्रति वर्ष की दर से मृदा में स्थिरीकरण करते है।

2. एजोटोबैक्टर पादप वृद्धि नियामक की मात्रा में वृद्धि करते हैं जैसे- विटामिन-बी., इंडोल एसिटिक एसिड, जिब्रेलिक एसिड और साइटोकाइनिन इत्यादि जिससे पौधे की बढ़वार अच्छी तरह से होती है।
3. इसके प्रयोग से फसल की पैदावार 15-20 प्रतिशत तक बढ़ जाती है।

(3) पी.एस.बी. (फास्फेट घोलक जीवाणु)/फास्फेटिका जीवाणु खादः फास्फेटिका जीवाणु खाद भी स्वतंत्र सहजीवी जीवाणु का एक नम चूर्ण रूप उत्पाद है। इसके एक ग्राम में लगभग 10 करोड़ सूक्ष्म जीवाणु होते हैं। यह जीवाणु मृदा में प्रयोग करने से मृदा में उपस्थित अघुलनशील फास्फोरस घुलनशील अवस्था में जीवाणुओं द्वारा बदल दी जाती है जिसको पौधे आसानी से ग्रहण कर लेते हैं। इस प्रकार के जैव उर्वरक को अन्य जैव उर्वरक तथा राइजोबियम या एजोटोबैक्टर के साथ 1 : 2 में मिलाकर प्रयोग कर सकते हैं।

प्रयोग विधि

(क) बीज उपचार–राइजोबियम के प्रयोग विधियों के अनुसार करते हैं।

(ख) पौधों की जड़ को उपचारित करके एजोटोबैक्टर को जिस तरह प्रयोग करते हैं वैसे ही फास्फेटिका को प्रयोग करते हैं।

(ग) मृदा उपचार में 800 ग्राम फास्फेटिका संवर्धन 10-20 किग्रा. महीन पिसी हुई मिट्टी या बालू में मिलाकर प्रति हैक्टेयर की दर से खेतों में फसलों की बुवाई से पूर्व उर्वरकों की तरह छिड़काव करना लाभप्रद होता है।

प्रयोग से लाभ

(क) इस कल्चर के प्रयोग करने से सूक्ष्म जीव अघुलनशील फास्फेट को घुलनशील फासफेट में परिवर्तित कर पौधों को उपलब्ध कराकर फसल की पैदावार में 20-25 प्रतिशत की वृद्धि करते हैं। इसके साथ-साथ फास्फोरस की 30-35 प्रतिशत की बचत की जा सकती है।

(ख) जड़ों का विकास अधिक होता है, जिससे पौधा स्वस्थ बना रहता है।

(4) नील हरित शैवालः कृषि में बढ़ती लागत तथा मृदा प्रदूषण को ध्यान में रखते हुए धान में जैव उर्वरक-नील हरित शैवाल का प्रयोग करके कम कर सकते हैं।

नाइट्रोजन स्थिर करने वाली नील हरित शैवाल प्रकृति में उपलब्ध ऐसे जैविक स्रोत हैं, जिसका उपयोग धान की खेती में जैविक उर्वरक के रूप में किया जा सकता है। इसके प्रयोग से प्रत्येक मौसम में प्रति हैक्टेयर 20-30 कि.ग्रा. रासायनिक नाइट्रोजन की बचत होती है।

इस जैव उर्वरक की मुख्य विशेषताएँ निम्नलिखित हैं–

1. इन्हें किसान स्वयं तैयार कर सकते हैं।
2. इन्हें धूप में सुखाकर कई वर्षों तक सुरक्षित रखा जा सकता है।
3. नील हरित शैवाल के इस्तेमाल से खेत की मिट्टी की संरचना में सुधार होता है तथा लवणीय एवं क्षारीय मृदा में पी.एच. मान को सामान्य करने में मदद करता है।

4. इनसे मृदा, जल तथा वायु प्रदूषण या इन पर किसी भी प्रकार का कोई प्रतिकूल प्रभाव भी नहीं होता है।
5. यह बहुत किफायती है, छोटे तथा सीमान्त कृषकों के लिए उपयुक्त है।

अपनी आवश्यकताओं को देखते हुए नील हरित शैवाल स्वयं तैयार कर सकते हैं। इसके उत्पादन हेतु तेज धूप की जरूरत होती है अतः अप्रैल-जून सबसे उपयुक्त माह है। इसे तैयार करने के लिए निम्न विधियों को अपनाया जा सकता है।

(अ) नाँद विधि या गड्ढ़ा विधि।

(ब) नर्सरियों में नील हरित शैवाल का उत्पादन।

(अ) नाँद विधि या गड्ढ़ा विधि

1. 15 मीटर लम्बी × 1 मीटर चौड़ी × 50 सेमी. गहरी पक्की स्थाई नाँद बना लें। जैव उर्वरक की आवश्यकता के अनुरूप नाँदों का आकार घटाया अथवा बढ़ाया जा सकता है। छोटे कृषकों के लिए गड्ढ़ा विधि उपयुक्त है, क्योंकि यह आसान एवं कम खर्चीली है। इसमें केवल इतना अन्तर है कि नाँद का इस्तेमाल करने के बजाय जमीन में उथले गड्ढ़े खोद लिए जाते हैं, और उनमें मोटी पॉलीथीन की चादर बिछा देते हैं। ताकि पानी जमीन में न रिसे और गड्ढो में रुका रहे। नाँद या गड्ढ़ा ऐसे जगह बनवाएँ जहाँ खुली हवा तथा तेज धूप आती हो।
2. नाँद या गड्ढ़ों में प्रति वर्ग मीटर की दर से 1.5 किग्रा. उपजाऊ मिट्टी, 100 ग्राम सिंगल सुपर फास्फेट एवं कीड़ों से बचाव के लिए 10 ग्राम कार्बोफ्यूरान (3 प्रतिशत दाने) या अन्य कोई उपयुक्त कीटनाशी प्रयोग करते हैं। उपरोक्त आकार के गड्ढ़े में 7 किग्रा. मिट्टी, 500 ग्राम सिंगल सुपर फास्फेट तथा 50 ग्राम कार्बोफ्यूरान को मिलाकर फैला दें। जहाँ तक हो सके मृदा उदासीन प्रकृति की ही होनी चाहिए।
3. स्थानीय परिस्थितियों के अनुसार 5-15 से.मी. पानी भरकर, डंडे आदि से अच्छी तरह से मिला देते हैं।
4. जब मिट्टी पानी के नीचे बैठ जाए तो स्थिर पानी की सतह पर शैवाल का संवर्धन (टीका) छिड़क दें।
5. अधिक गर्मी वाले महीनों में काई की बढ़वार बहुत तेजी से होती है और 10-15 दिन में काई की एक मोटी पर्त तैयार हो जायेगी। जब काई की पर्त काफी मोटी हो जाए तो पानी देना बन्द कर देते हैं और जब शैवाल धूप में सूखकर पपड़ियाँ बन जाए तो इन्हें इकट्ठा करके थैलों में भर लें, ताकि भविष्य में खेतों में इस्तेमाल कर सकें।

ऊपर बताई गयी प्रक्रिया के अनुसार अधिक मात्रा में नील हरित शैवाल जैव उर्वरक का उत्पादन कर सकते हैं।

(ब) नर्सरी में नील हरित शैवाल का उत्पादन: नर्सरी में पौध तैयार करने के

साथ-साथ नील हरित शैवाल भी उगा सकते हैं। जहाँ नर्सरी पड़नी हो, उसके साथ ही 40 वर्ग मी. अतिरिक्त जमीन का प्रयोग काई (नील हरित शैवाल) उत्पादन के लिए किया जा सकता है। जब तक धान की पौध रोपाई के लिए तैयार होती है, तब तक लगभग 15-20 किग्रा. काई भी तैयार हो जाती है। जो एक हैक्टेयर खेत में नील हरित शैवाल उगाने के लिए पर्याप्त होती है। इसे निम्न विधि से तैयार करते हैं-

1. नर्सरी के लिए खेत की तैयारी के साथ ही, नील हरित शैवाल के लिए भी खेत तैयार करते हैं तथा 40 वर्गमीटर के चारों ओर 15 सेमी. चौड़ी मजबूत मेड़ बना लें। (आमतौर पर 40 वर्ग मी. में काई उगाने की सलाह दी जाती है।)
2. क्षेत्र में 2.5 सेमी. की गहराई तक पानी भर दें। नाँद में पानी आरम्भ से ही भरा जाता है, लेकिन इस विधि में पानी बार-बार भरने की जरूरत पड़ती है, ताकि पानी हमेशा भरा रहे।
3. प्रति 5 वर्ग मी. क्षेत्र के लिए 750 ग्राम सुपर फास्फेट तथा घोंघा एवं अन्य परजीवी के लिए प्रति 40 वर्ग मीटर क्षेत्र में 250 ग्राम कार्बोफ्यूरान (3 प्रतिशत दाने) का प्रयोग करें। अच्छी तरह मिलाएँ तथा जब मिट्टी बैठ जाये तब प्रति 40 वर्ग मी. की दर से 5 किग्रा. शैवाल संवर्धन (टीका) का इस्तेमाल करें।
4. जब काई पूरी तरह बढ़ जाए और पानी पर उसकी मोटी परत तैरने लगे तो उसे खेत में धूप में सुखा लिया जाता है और सूखी पपड़ियों को भविष्य में उपयोग हेतु बोरे में सुरक्षित रख लेते हैं।

नील हरित शैवाल का खेत में प्रयोग विधि

1. पौधों की रोपाई के 2-3 दिन बाद धान के खेतों के खड़े पानी में प्रति हैक्टेयर 10-12 किग्रा. मिट्टी युक्त नील हरित शैवाल संवर्धन (टीका) छिड़क दें। यदि इससे ज्यादा काई डाली जाए तो भी कोई नुकसान नहीं है, बल्कि इससे काई की बढ़वार तेजी से होगी और वह पूरे खेत में जल्दी फैल जायेगी। प्रयोग के बाद खेत में पानी लगभग एक सप्ताह तक अवश्य भरा रहना चाहिए।
2. धूप में सुखाई गयी पपड़ी लम्बे समय तक सुरक्षित रखी जा सकती है। इसकी जीवनशीलता में कोई कमी नहीं आती है।
3. काई को रासायनिक उर्वरकों या अन्य रसायनों के सीधे सम्पर्क में न आने दें।

5. **एजोस्पिरीलम (Azospirillum)**- भारत में खाद्यान्न फसलों में एजोस्पिरीलम का योगदान सराहनीय है जिससे पौधों को फास्फोरस की उपलब्धता बढ़ जाती है। इसके अतिरिक्त धान, मक्का, ज्वार एवं कुछ खरपतवारों की जड़ों में एजोस्पिरीलम के बहुत से स्ट्रेन अलग किये गये हैं जिसके परिणामस्वरूप नत्रजन योगिकीकरण करने में सक्षम एजोस्पिरीलम ब्राजीलेन्स नामक स्ट्रेन की पहचान की गई है।

इस जीवाणु द्वारा नत्रजन का स्थिरीकरण 30-35 डिग्री सेन्टीग्रेड तापमान पर अधिक होता है। एजोस्पिरीलम के प्रयोग से धान, गेहूँ, जौ, ज्वार, मक्का, बाजरा आदि फसलों में 20-25 प्रतिशत तक उपज में वृद्धि हो जाती है। सूरजमुखी की फसल में एजोस्पिरीलम के प्रयोग से 20-25 प्रतिशत उपज बढ़ जाती है।

6. **माइक्रोफास (Microphos)**– माइक्रोफास को एमोफास भी कहते हैं। माइक्रोफास के जीवाणुओं को खादों में समावेश किया जाता है जो रॉक फासफेट तथा मृदा में उपस्थित अघुलनशील फास्फोरस को घुलनशील फास्फोरस में परिवर्तित करके पौधों में इसकी उपलब्धता बढ़ जाती है। इन जीवाणुओं में स्यूडोमोनास स्ट्रिएटा तथा बैसीलस पॉलीमिक्सा प्रमुख हैं। इन जीवाणुओं के अतिरिक्त माइक्रोफास खाद में एस्परजिलस अवामोरी नामक फफूँदी का भी समावेश करते हैं। अतः माइक्रोफास जैव उर्वरकों का प्रयोग करके फासफेट उर्वरकों की उपयोग क्षमता बढ़ाई जा सकती है। आजकल पी.एस.बी. (Phosphate solubilizing bacteria) तथा पी.एस.एम. (Phosphate solubilizing mycorrhiza) कल्चर का भी प्रयोग करके फास्फोरस की उपलब्धता बढ़ाई जा सकती है।

7. **एजोला (Azolla)**– एजोला ठंडे पानी में उगने वाला एक जलीय फर्न है जो प्रायः तालाबों तथा पानी में तैरती हुई उगती है। इसकी वृद्धि इतनी तीव्र होती है कि यह 20-30 दिनों के अन्दर वृद्धि करके दोगुनी हो जाती है। यह एनाबीना एजोला नामक नत्रजन यौगिकीकरण करने वाले नील हरित शैवाल के पृष्ठीय पत्तियों की खोहों में सहजीवी अणुजीव के रूप में पाया जाता है। नील हरित शैवाल एवं एजोला के पारस्परिक सहजीवन के फलस्वरूप वायुमण्डलीय नत्रजन का यौगिकीकरण होता है। एजोला में नत्रजन स्थिरीकरण की क्षमता अधिक होती है। एजोला की अच्छी वृद्धि के लिए मृदा तल पर 5 से 10 सेमी. खड़ा स्थिर पानी 20-30 डिग्री सेन्टीग्रेड तापमान, मृदा का सामान्य पी-एच मान तथा 4-8 किलोग्राम प्रति हैक्टेयर की दर से उपलब्ध फास्फोरस होना आवश्यक माना जाता है। धान की रोपाई के बाद थोड़ी सी मात्रा में फर्न का निवेशन करने से प्रतिदिन 1-2 किलोग्राम प्रति हैक्टेयर की दर से नत्रजन का स्थिरीकरण होता है। एजोला का धान के खेत में वृद्धि एवं विकास बहुत तेजी से होता है। खेत में एजोला का 0.1 से 0.4 किलोग्राम प्रति वर्ग मीटर की दर से निवेशन करने पर इसका विकास इतनी तेजी से होता है कि 8-20 दिन के अन्दर 8-15 टन प्रति हैक्टेयर हरा चारा प्राप्त हो जाता है।

8. **एसीटोबैक्टर (Acetobactor)**– यह एक अनिवार्य जैविक रूप से नत्रजन स्थिरीकरण करने वाला सूक्ष्म जीवाणु है जो अपने चयापचय गतिविधियों द्वारा अम्ल का स्राव करता है। सभी जैविक रूप से नत्रजन स्थिरीकरण करने वाले चयापचय प्रक्रिया के माध्यम से करते हैं। विभिन्न प्रकार के जैविक नत्रजन स्थिरीकरण करने

वाले सूक्ष्म जीवाणुओं में ऑक्सीजन के प्रति संवेदनशीलता अलग-अलग होती है। एसीटोबैक्टर गन्ना की फसल की उपज तथा शर्करा की मात्रा बढ़ाने के लिए बहुत ही उपयोगी है।

जैव उर्वरकों एवं जीवाणु कल्चर का उपयोग

उर्वरता के प्रबन्धन और पोषक तत्त्वों की निरन्तर उपलब्धता बनाये रखने हेतु जैव उर्वरकों जैसे राइजोबियम, एजोटोबैक्टर आदि अत्यन्त उपयोगी निवेश हैं। स्थानीय जलवायु के आधार पर कुछ ऐसे सूक्ष्म जीवों द्वारा उर्वरक तैयार किये जा रहे हैं जो अलग-अलग स्थान और जलवायु में कारगर सिद्ध हुए हैं। अनेक प्रयोगों द्वारा यह सिद्ध हो चुका है कि जहाँ रासायनिक खादों का उपयोग नहीं होता है वहाँ ये जीवाणु निवेश अधिक प्रभावी है। अत: खेती की प्रत्येक अवस्था में तथा सभी फसलों में इनका प्रयोग करना सुनिश्चित करें।

जैव उर्वरक उपयोग विधि

1. **बीजोपचार–** 200 ग्राम नत्रजन स्थिरीकरण जैव उर्वरक एवं 200 ग्रा. पी.एस.बी. जैव उर्वरक 300 से 400 मि.ली. पानी में अच्छी तरह मिला लें। इस घोल को 10 से 12 किलो बीजों पर डालकर हाथ से तब तक मिलायें जब तक कि समस्त बीजों पर घोल की समान परत न चढ़ जाए। अब इन बीजों को छायादार एवं हवादार स्थान पर सूखने के लिए रख दें। अम्लीय और क्षारीय भूमियों के लिए हमेशा यह सलाह दी जाती है कि जैव आधारित बीजों को एक किलो बुझा हुआ चूना अम्लीय मृदा में तथा जिप्सम पाउडर (क्षारीय मृदा हेतु) द्वारा उपचारित करें।
2. **जड़ोपचार–** 1 से 2 किग्रा. नत्रजन स्थिरीकरण जैव उर्वरक (एजोटोबैक्टर/एजोस्पाइरिलम) एवं पी.एस.बी जैव उर्वरक को पर्याप्त जल (5 से 10 ली. या एक एकड़ में रोपित की जाने वाली पौध की मात्रा के अनुसार) में घोल बनायें। तत्पश्चात् रोपित करने वाले पौध की जड़ों को इस घोल को 20 से 30 मिनट तक रोपाई करने से पहले डुबो कर रखें। धान की रोपाई के लिए खेत में एक क्यारी बनायें (2 मी. × 1.5 मी. × 0.15 मी.) इस क्यारी को 5 से.मी. तक पानी से भर दें और इसमें 2 किग्रा. एजोस्पाइरिलम एवं 2 किग्रा. पी.एस.बी डालकर धीरे-धीरे मिलायें, इसके पश्चात् रोपे जाने वाले पौध की जड़ों को 8 से 12 घंटों के लिए (पूरी रात) डुबोकर रख दें इसके पश्चात् रोपाई करें।
3. **मृदा उपचार–** मृदा उपचार कुल उगाये जाने वाले पौधों की संख्या पर निर्भर करता है, 2 से 4 किग्रा. एजोटोबैक्टर/एजोस्पाइरिलम एवं 2 से 4 किग्रा. पी.एस.बी एक एकड़ के लिए पर्याप्त है। इन दोनों प्रकार के जैव उर्वरकों को 2 से 4 ली. पानी में अलग-अलग मिलाकर 50 से 100 किग्रा. कम्पोस्ट के अलग-अलग ढ़ेरों पर छिड़काव करें। दोनों ढ़ेरों को अलग-अलग मिलाकर पूरी रात के लिये छोड़ दें। 12

घंटे के बाद दोनों ढ़ेरों को आपस में अच्छी तरह मिला लें। अम्लीय मृदा के लिए 25 किग्रा. चूना इस ढ़ेर के साथ मिला दें। पेड़ रूप में लगाये जाने वाली फसल के प्रत्येक पेड़ के पास खुरपी की सहायता से इस मिश्रण को अच्छी तरह छिड़क दें। गन्ना की फसल में जैव उर्वरकों को बुआई के 30-40 दिनों बाद जड़ों के पास डालकर मिट्टी से ढ़क देते हैं। आलू तथा गन्ने की फसल में दो बार जैव उर्वरक उपचार किया जा सकता है। पहली बार बुआई के समय कंदों तथा गन्ने के टुकड़ों को जैव उर्वरक घोल में डुबोकर उपचारित करें तथा दूसरी बार मिट्टी चढ़ाते समय अंकुरित पौधों की जड़ों के पास डालकर मिट्टी चढ़ा दें।

वेसीकुलर आरबसकुलर माइकोराइजा– वैम का निर्माण उपयुक्त माइकोराइजा के बालू तथा मिट्टी के मिश्रण को जीवाणु रहित करके किया जाता है। इस प्रकार इसमें कवक के स्पोर तथा इनकी जड़ों के टुकड़े काफी अधिक संख्या में उपस्थित रहते हैं। वैम सम्बर्ध समस्त पौधों, फसलों तथा पेड़ों से सम्बन्ध स्थापित कर लेते हैं।

- मृदा फास्फोरस तथा सूक्ष्म तत्त्व जैसे जिंक, कॉपर तथा आयरन की उपलब्धता में वृद्धि होने से पौधों की वृद्धि एवं विकास में सहायक हैं।
- प्रयोग की गई उर्वरक के गृहण क्षमता में वृद्धि हो जाने से फसल की उर्वरक उपयोग क्षमता में वृद्धि हो जाती है।
- दलहनी वर्ग की फसलों की जड़ ग्रन्थियों में वृद्धि होने से जीवाणुओं द्वारा नत्रजन स्थिरीकरण में वृद्धि हो जाती हैं।
- पोषक तत्त्वों का अधिक ग्रहण होने से पौधों की वानस्पतिक तथा जड़ों का फैलाव बढ़ाने में सहयोग करता है।
- मृदा जल की कमी वाले क्षेत्रों में फसल में पोषक तत्त्वों की मात्रा में सुधार हो जाता है तथा फसल में सूखा सहन करने की क्षमता में वृद्धि हो जाती है।
- फसल में रोग अवरोधिता में वृद्धि हो जाती है।
- यह सूक्ष्म जीवाणुओं जैसे एजोस्पीरिलम, एजोटोबैक्टर, राइजोबियम, पी.एस.बी. की संख्या में वृद्धि हो जाती है। वैम का प्रयोग बीज उपचार के रूप में करना चाहिए। रोपड फसलों में बीजों की बुआई के पूर्व उपचारित कर लेना चाहिए। सामान्यत: एक एकड़ क्षेत्रफल में 2-4 किग्रा. वैम का प्रयोग करना चाहिए। वैम की यह संस्तुत दर भिन्न-भिन्न फसलों के लिए भिन्न-भिन्न होती है। रोपड फसलें जैसे मिर्च, टमाटर, धान, बैंगन आदि में बीजों को उपचारित कर नर्सरी में बुआई करनी चाहिए। वृक्षों में भी इस प्रकार से वैम का प्रयोग करना चाहिए।

जैव उर्वरकों के प्रयोग में सावधानियाँ: जैव उर्वरकों के प्रयोग में निम्न सावधानियाँ रखनी चाहिए।

1. अलग-अलग फसलों के लिए अलग-अलग प्रकार के जैव उर्वरक प्रयोग किये जाते हैं।
2. जैव उर्वरक के कल्चर का प्रयोग निश्चित समय सीमा के अन्दर (8-10 घंटे) ही करना चाहिए।
3. जैव उर्वरक को अधिक गर्मी तथा सर्दी से बचाना चाहिए। अत: कल्चर को हवादार, शुष्क तथा ठंडे स्थान पर ही रखना चाहिए।
4. कल्चर का घोल बनाते समय अधिक मात्रा में पानी का प्रयोग करना चाहिए।
5. कल्चर से बीजों को उपचारित करने के तुरन्त पश्चात् बुआई कर देनी चाहिए।
6. कल्चर द्वारा उपचारित किये गये बीजों को सुबह अथवा शाम के समय बुआई करनी चाहिए। तेज धूप में जैव उर्वरकों का प्रयोग कभी भी नहीं करना चाहिए।
7. यदि बीजों का उपचार कीटनाशी अथवा कवकनाशी रसायनों से करना हो तो पहले कवकनाशी से बीजों को उपचारित करने के बाद कीटनाशी रसायन से उपचारित किये गये बीजों को जैव उर्वरक की अधिक मात्रा की आवश्यकता होती है। इस प्रकार बीजों को एफआईआर की विधि (यानी पहले कवकनाशी फिर कीटनाशी तथा अन्त में राइजोबियम जीवाणु से करना चाहिए) द्वारा उपचारित करना चाहिए।
8. कल्चर से घोल बनाते समय पानी का निर्जीवीकरण करना आवश्यक है।
9. कल्चर में उपचारित बीजों को खाने के लिए प्रयोग नहीं करना चाहिए।
10. बचे हुए कल्चर को ठन्डे तथा हवादार स्थान पर कुछ दिनों के लिए भन्डारण किया जा सकता है।
11. जिन फसलों में जैव उर्वरक का प्रयोग किया गया हो तो उसमें नत्रजन उर्वरकों को कम मात्रा में बुआई के समय रासायनिक उर्वरकों का प्रयोग ही न किया जाए तो ज्यादा अच्छा है। यदि किया भी जाता है तो उर्वरकों का बीजों के साथ सम्पर्क न होने पाये।

जैव उर्वरकों से लाभ (Advantages of biofertilizers)– जैव उर्वरकों से निम्न लाभ प्राप्त होते हैं।

1. जैव उर्वरक बहुत सस्ते होते हैं तथा इनका प्रयोग प्रत्येक किसान आसानी से कर सकता है।
2. जैव उर्वरकों के प्रयोग से फसल की उपज में 20-25 प्रतिशत तक की वृद्धि हो जाती है।
3. जैव उर्वरकों के प्रयोग से मृदा में नत्रजन तथा फास्फोरस तत्त्व की उपलब्धता बढ़ने

के साथ-साथ कुछ वृद्धि उत्तेजक हार्मोंस जैसे आक्जिन, इन्डोल एसीटिक अम्ल, जिब्रेलिन आदि एवं विटामिन्स भी पौधों को उपलब्ध हो जाते हैं।

4. जैव उर्वरकों के प्रयोग से बीजों की अंकुरण क्षमता में वृद्धि हो जाती है।
5. जैव उर्वरकों के प्रयोग से मृदा में नत्रजन की उपलब्धता 20-30 किलोग्राम प्रति हैक्टेयर की दर से हो जाती है तथा फास्फोरस की उपलब्धता भी बढ़ जाती है।
6. जैव उर्वरकों के प्रयोग से मृदा की भौतिक, रासायनिक तथा जैविक दशा में सुधार होता है।
7. जैव उर्वरकों के प्रयोग से मृदा की जल धारण क्षमता, आयन्स क्षमता तथा जल उपयोग क्षमता में वृद्धि हो जाती है।
8. जैव उर्वरकों के प्रयोग से मृदाजनित रोगों का प्रकोप फसल में कम हो जाता है।
9. मृदा में लाभदायक जीवाणुओं की संख्या में वृद्धि हो जाती है।
10. फसल उगाने में उत्पादन लागत में कमी होने पर लाभ अधिक प्राप्त होता है।
11. जैव उर्वरकों के प्रयोग से वातावरण प्रदूषित नहीं होता है।
12. जैव उर्वरकों द्वारा उगाई गई सब्जियों तथा अनाज के दानों में प्रोटीन तथा विटामिन्स अधिक होने के साथ-साथ इनका स्वाद भी अच्छा होता है।
13. तिलहनी फसलों में इनके प्रयोग से दाने सुडौल होते हैं तथा उनमें तेल की मात्रा अधिक हो जाती है।
14. शर्करा वाली फसलों में जैव उर्वरकों के प्रयोग से शर्करा की मात्रा में वृद्धि हो जाती है।
15. जैव उर्वरकों के प्रयोग से उगाई गई फसलों के उत्पाद की बाजार में माँग अधिक होने के साथ अधिक मूल्य प्राप्त होता है।

जैव उर्वरकों की सीमाएँ– जैव उर्वरकों के प्रयोग करने से लाभ के साथ-साथ इनके प्रयोग में कुछ समस्यायें भी हैं, जो निम्नवत् हैं।

1. कृषकों को जैव उर्वरकों के प्रयोग की समुचित जानकारी का अभाव है।
2. जैव उर्वरकों की सही समय पर उपलब्धता नहीं हो पाती है।
3. कल्चर की गुणवत्ता की कमी है।
4. सही ढ़ंग से विपणन तथा वितरण प्रणाली का अभाव है।

सूक्ष्म जीवाणुओं का मृदा की उर्वरा शक्ति बढ़ाने में योगदान– सूक्ष्म जीवाणुओं का मृदा के उपजाऊपन को बढ़ाने में निम्न योगदान है।

1. **कार्बनिक पदार्थ का अपघटन–** मृदा में कार्बनिक पदार्थ, कम्पोस्ट अथवा अन्य खाद मिलने में सूक्ष्म जीवाणुओं के विकास एवं सक्रियता में तीव्रता से वृद्धि होती

है। सूक्ष्म जीवाणु कार्बनिक पदार्थों का विघटन करके सरल यौगिक एवं ह्यूमस का निर्माण करते हैं। इस प्रकार के अपघटन से पोषक तत्त्व स्वतंत्र होकर पौधों को शीघ्र उपलब्ध हो जाते हैं। इसी प्रकार मृदा में स्थिरीकृत पोषक तत्त्व इन सूक्ष्म जीवाणुओं की क्रियाशीलता से प्राप्य अवस्था में परिवर्तित हो जाते हैं। सूक्ष्म जीवाणुओं से श्वसन क्रिया में कार्बन डाई आक्साइड जल में घुलकर कार्बनिक अम्ल बनाती है जिससे मृदा में अम्लीयता बढ़ जाती है। इससे आयन विनिमय में सहायता मिलती है। कैल्शियम आयन्स मृदा के विनिमय जटिल से हाइड्रोजन आयन्स द्वारा विस्थापित होकर स्वतन्त्र हो जाते हैं और पौधों को शीघ्र उपलब्ध हो जाते हैं।

2. **अकार्बनिक पदार्थों का रूपान्तरण–** सूक्ष्म जीवाणुओं की सक्रियता से बहुत से खनिजों में परिवर्तन होते हैं। प्रोटीनयुक्त कार्बनिक पदार्थ जीवाणुओं द्वारा अपघटित होकर अमोनिया तथा नाइट्रेट यौगिकों में परिवर्तित हो जाते हैं जिन्हें पौधे सुगमतापूर्वक ग्रहण कर लेते हैं। इसी तरह जैव रासायनिक क्रियाओं से कार्बनिक गन्धक, सल्फेट के रूप में परिवर्तित हो जाते हैं जिसको पौधे सुगमतापूर्वक ग्रहण कर लेते हैं। जीवाणुओं की अभिक्रिया के फलस्वरूप कभी-कभी अम्ल भी बनते हैं जो अनेक खनिजों को घोल कर इन्हें पौधों को उपलब्ध करा देते हैं।

3. **नत्रजन का स्थिरीकरण–** पौधे वायुमण्डल में उपस्थित नत्रजन को ग्रहण नहीं कर सकते हैं। अतः पौधे के लिए नत्रजन उपयुक्त रूप में ही प्राप्त होनी चाहिए। सूक्ष्म जीवाणु वायुमण्डल की नत्रजन का स्थिरीकरण करके पौधों को उपलब्ध कराते हैं। असहजीवी जीवाणुओं की अपेक्षा सहजीवी जीवाणु मृदा में वायुमण्डल की नत्रजन का अधिक मात्रा में स्थिरीकरण करते हैं। दलहनी फसलों में राइजोबियम जीवाणु पौधों को वायुमण्डल की नत्रजन का स्थिरीकरण कर फसल को तो उपलब्ध कराते ही हैं बल्कि काफी अधिक मात्रा में मृदा में छोड़ देने से मृदा की उर्वराशक्ति में वृद्धि हो जाती है।

   अतः उपरोक्त कारणों से स्पष्ट है कि मृदा उर्वरता टिकाऊ रखने में सूक्ष्म जीवाणुओं का प्रमुख योगदान है।

पौध वृद्धि नियामक सूक्ष्म जीवाणु– सूक्ष्म जीवाणुओं का एक और समूह जो हार्मोंस एवं जैव अणुओं का उत्पादन कर भूमि द्वारा फैलने वाली बीमारियों का नियंत्रण कर फसल उत्पादन की वृद्धि करने में सहायक होते हैं, उन्हें पौध वृद्धि नियामक सूक्ष्म जीवाणु कहते हैं। दलहनी फसलों में पौध वृद्धि नियामक सूक्ष्म जीवाणुओं को राइजोबियम तथा पी.एस.बी. के साथ प्रयोग किया जाता है। इस प्रकार संयुक्त रूप से इन जैव उर्वरकों के प्रयोग से 10-20 प्रतिशत तक फसल की उपज में वृद्धि हो जाती है।

पौध वृद्धि नियामक सूक्ष्म जीवाणुओं के अतिरिक्त कुछ कवक जैसे ट्राइकोडरमा तथा बैम कवक (VAM Fungi) का उत्पादन वृहद स्तर पर जैव उर्वरकों के रूप में भी किया जाता है। यह कवक मृदा द्वारा फैलने वाली बीमारियों को रोकने के साथ मृदा में पोषक तत्त्वों की आपूर्ति को भी बढ़ा देते हैं।

अध्याय 9

प्राकृतिक खेती में एकीकृत नाशीजीव प्रबन्धन (आई.पी.एम.)

फसलों में कीटों, रोगों एवं खरपतवारों आदि से प्रतिवर्ष 7 से 25 प्रतिशत की क्षति होती है जिसमें 33 प्रतिशत खरपतवारों द्वारा, 26 प्रतिशत रोगों द्वारा, 20 प्रतिशत कीटों द्वारा, 7 प्रतिशत भण्डारण के कीटो द्वारा, 6 प्रतिशत चूहों द्वारा तथा 3 प्रतिशत अन्य कारकों द्वारा होती है। इस क्षति को रोकने के लिए कृषि रक्षा रसायनों का प्रयोग किया जाता है। उत्तर प्रदेश में कीटनाशकों की (टेक्नीकल ग्रेड) औसत खपत 256 ग्राम प्रति हैक्टेयर है, जो देश की औसत खपत (टेक्नीकल ग्रेड) 380 ग्राम प्रति हैक्टेयर से कम है। इस औसत खपत में 58.7 प्रतिशत कीटनाशक, 22 प्रतिशत खरपतवारनाशक, 16 प्रतिशत फफूंदनाशक तथा 3.3 प्रतिशत चूहानाशक एवं घ्रूमक सम्मिलित हैं। रासायनिक कृषि रक्षा रसायनों के प्रयोग से जहाँ कीटों, रोगों एवं खरपतवारों में सहनशीलता उत्पन्न हो रही है और कीटों के प्राकृतिक शत्रु (मित्र कीट) प्रभावित हो रहे हैं वही कीटनाशकों के अवशेष खाद्य पदार्थों, मृदा, जल एवं वायु को प्रदूषित कर रहे हैं। रासायनिक कीटनाशकों के हानिकारक प्रभावों से बचने के लिए जैविक कीटनाशी/जैविक ऐजेन्ट एवं फैरोमोन प्रपंच का प्रयोग करना नितान्त आवश्यक है जिससे पर्यावरण प्रदूषण को कम कर मनुष्य के स्वास्थ्य पर प्रतिकूल प्रभाव को रोकने के साथ-साथ मित्र कीटों का भी संरक्षण होना तथा विषमुक्त खाद्यान्न, फल एवं सब्जियों का भी उत्पादन किया जा सकेगा।

भारत एक कृषि प्रधान देश है जहाँ 75 प्रतिशत जनसंख्या कृषि पर आधारित है। जहाँ देश में बढ़ती हुई जनसंख्या को भोजन उपलब्ध कराना है वही पर्यावरण को ध्यान में रखते हुए विष मुक्त फसल का उत्पादन भी करना है।

खेत एवं उसके आस-पास के वातावरण में बहुत बड़ी संख्या में कीड़े एवं बीमारियों के परजीवी उपस्थित रहते हैं, लेकिन उनमें से सभी हानिकारक नहीं होते हैं। फसलों के हानिकारक कीड़े एवं बीमारियों को नियंत्रित करने के लिए ज्यादातर किसान कीटनाशकों पर निर्भर रहते हैं तथा वह उसका अन्धाधुन्ध प्रयोग करते हैं जिसके कारण कीटनाशकों के प्रति प्रतिरोधक क्षमता का विकास होने लगा और खेत में पाये जाने वाले हानिकारक कीड़ों के प्राकृतिक शत्रु भी नष्ट होने लगे। यही नहीं कुछ कीटों में इन कीटनाशकों के प्रभाव से बची हुई जनसंख्या में अतिशय वृद्धि होने लगी। उन्हें नियंत्रित करने के लिए किसान अनेक नये घातक कीटनाशकों का अत्यधिक प्रयोग करने लगे हैं। इसका परिणाम यह हुआ है कि इन नये कीटनाशकों का अवशेष, खाद्य पदार्थों में पाया जाने लगा है और मिट्टी, पानी,

भोजन, हवा सभी प्रदूषित होने लगे हैं। ऐसे अनचाहे और घातक परिणामों से बचने के लिए वैज्ञानिकों ने प्राकृतिक और मिली-जुली नाशीजीव प्रबन्धन की विधियों का विकास किया जिसे एकीकृत नाशीजीव प्रबन्धन (आई.पी.एम.) के नाम से जाना जाता है। प्राकृतिक खेती अपनाने के लिए इसे और भी अधिक लोकप्रिय बनाने का प्रयास किया जा रहा है।

आई.पी.एम.

फसलों के नाशीजीवों (कीटों, बीमारियों, खरपतवार इत्यादि) की जनसंख्या को (कृषि से सम्बन्धित विभिन्न परिस्थितियों और पर्यावरण के साथ अनुकूल सामंजस्य बनाये रखते हुए) इस प्रकार कम करना कि वह हमें आर्थिक हानि न पहुँचा सके। इस विधि को एकीकृत नाशीजीव प्रबन्धन (आई.पी.एम.) कहते हैं।

आई.पी.एम. की शक्ति एवं आधारः खेतों में हानिकारक कीटों से कई गुना अधिक अनेक प्रकार के मित्र कीट पाये जाते हैं जो फसल की सुरक्षा करते हैं।

1. फसलों में हानिकारक कीटों एवं अन्य प्रतिकूल परिस्थितियों से होने वाली क्षति की पूर्ति करने की असीम क्षमता होती है।
2. आई.पी.एम. तकनीक, परिस्थितिकी तन्त्र और पर्यावरण की सुरक्षा करती है।
3. शुद्ध वातावरण के लिए आई.पी.एम. एक शक्ति है।
4. आई.पी.एम. कम खर्च पर अधिक उत्पादन लेने का एक उत्तम साधन है।

आई.पी.एम. के उद्देश्य

1. नाशीजीव का नियंत्रण-प्राकृतिक एवं मिलीजुली विधियों द्वारा जिससे कि वह आर्थिक क्षति के उच्च स्तर तक न पहुँच सके।
2. कीटनाशक रसायनों का कम से कम उपयोग पर्यावरण संतुलन को सुरक्षित बनाये रखना।
3. अवरुद्ध/स्थिर कृषि उत्पादन में वृद्धि लाना।

आई.पी.एम. विधियाँः विभिन्न सस्य क्रियाएँ सही समय पर अपनाने से नाशीजीवों की समस्याओं को काफी हद तक रोका जा सकता है।

बुआई से पूर्व क्रियाएँः फसल की बुआई से पूर्व निम्न बातों पर ध्यान देना आवश्यक है-

1. ग्रीष्मकालीन खेत की गहरी जुताई करनी चाहिए।
2. फसल अवशेषों, खरपतवारों आदि को एकत्र करके नष्ट कर दिया जाये।
3. मेड़ों आदि पर अतिरिक्त घास/खरपतवार बढ़ने न दिये जाये।
4. बुआई से पहले यदि आवश्यक हो तो बीज को ट्राइकोडर्मा 4 ग्राम/किग्रा. की दर से बीज शोधन करके ही बुवाई की जाये।

5. रोग एवं कीट अवरोधी प्रजातियों की बुवाई की जाये।
6. उपयुक्त समय पर तथा समयबद्ध तरीके से ही बुआई/रोपाई की जाये।
7. पौधों के बीच वांछित दूरी रखी जाये।
8. जैविक खादों, कम्पोस्ट तथा भूमि में बुआई के समय (बेसल) उर्वरकों के रूप में अवश्य ही प्रयोग किया जाये।

बुआई उपरान्त

1. खादों का प्रयोग संतुलित मात्रा में ही किया जाये।
2. जल का समुचित प्रबन्धन करे।
3. उपयुक्त समय से खरपतवारों का नियंत्रण करें।
4. कीटों के आंकलन हेतु प्रकाश प्रपंच, चिपचिपा पदार्थ एवं गंधपाश (फैरोमोन-ट्रैप) आदि का उपयोग करें।
5. कीटों एवं उनके प्राकृतिक शत्रुओं (मित्र कीटों) की नियमित निगरानी एवं समीक्षा करते रहें।
6. फसल के मित्रों (परभक्षी, परजीवी एवं पैथोजैंस आदि) को सुरक्षित रखने का उपाय करें।
7. कीटों के अण्डे तथा सूड़ियों (इल्लियों) के प्रयोगशाला प्रजनित परजीवी एवं परभक्षी कीड़ों को निर्धारित मात्रा में खेत में छोड़ने के कार्यक्रम को भी अपनाया जाये।
8. नाशीकीटों के अंड-समूहों तथा सूड़ियों को एकत्र कर उन्हें नष्ट कर दिया जाये।
9. कीटनाशक रसायनों का उपयोग अन्तिम अस्त्र के रूप में अपरिहार्य स्थिति में ही किया जाय।
10. रासायनिक उपचार अपनाने से पूर्व शत्रु एवं मित्र कीटों के नियन्त्रण हेतु एन.पी.वी. तथा बी.टी. (बेसीलस यूरिंजेंसिस) का उपयोग किया जाये।

जैविक नियन्त्रण: फसल के हानिकारक कीड़े एवं बीमारियों को उनके कई प्राकृतिक शत्रु स्वयं ही नष्ट करते हैं। अतः प्रकृति में पाये जाने वाले नाशीजीवों के प्राकृतिक शत्रुओं की निगरानी कर इन्हें संरक्षण देना चाहिए। जरूरत पड़ने पर बाहर से या प्रयोगशाला में पाले गये प्राकृतिक शत्रुओं जैसे कि परजीवी, परभक्षी, बी.टी., एन.पी.वी., ट्राइकोग्रामा इत्यादि का भी उपयोग फसल में लगने वाले हानिकारक कीड़े एवं बीमारियों के लिए करना चाहिए।

अवरोधक प्रजातियाँ: खेतों में उन्हीं प्रजातियों को उगायें जो उस स्थान एवं वातावरण के लिए उपयुक्त हो।

यांत्रिक नियंत्रण: यांत्रिक नियंत्रण विधियों में जैसे कि कीटों के अण्डे समूहों को नष्ट करना, प्रकाश प्रपंच (लाइट ट्रैप), गंध पाश (फैरोमोन ट्रैप), चिड़ियों का आश्रय (बर्डपरचर) इत्यादि विधियों को अपनाने से नाशीजीवों की संख्या कम होती है।

वानस्पतिक-रसायन से उपचारः कुछ वनस्पतियाँ जैसे कि नीम, लहसुन इत्यादि के घोल के उपचार से हानिकारक कीटों का नियंत्रण होता है और उनका अवशेष भी खाद्य पदार्थों में नहीं रहता। अपरिहार्य स्थिति में केवल बहुत जरूरत पड़ने पर उन्हीं कृषि रक्षा-रसायनों का प्रयोग करें जो कि पर्यावरण की दृष्टि से अनुकूल हो।

एकीकृत नाशीजीव प्रबन्धन से लाभ

1. पर्यावरण-सुरक्षा में अहम भूमिका निभाती है।
2. सामुदायिक स्वास्थ्य की दृष्टि से यह बहुत ही उपयोगी है।
3. आर्थिक दृष्टि से लाभकारी होने के कारण कृषकों के जीवन स्तर में सुधार होता है।
4. कृषि सम्बन्धी प्रतिकूल परिस्थितियों में भी फसल की सुरक्षा की जा सकती है जिससे कुल उत्पादन में बढ़ोत्तरी होती है।
5. इसके अतिरिक्त यह विधि अपनाने से कीटनाशक रसायनों से हवा, पानी और मिट्टी में होने वाला प्रदूषण कम हो जाता है और किसानों का खेत से सम्बन्धित कार्य-प्रणाली एवं उनके व्यवहार में बदलाव आ जाता है।
6. इससे नाशीजीवों में प्रतिरोधक क्षमता नहीं बनती है और न ही उनमें प्रजनन क्षमता का विकास होता है।
7. खेती में कम लागत आती है एवं उत्पादकता में वृद्धि होती है।
8. किसानों में प्राकृतिक शत्रुओं के प्रति जागरुकता उत्पन्न होती है।

पादप समाविष्ट संरक्षक (पी.आई.पी.): पादप समाविष्ट संरक्षक, वह कीटनाशक पदार्थ है जो कि पौधे में जोड़े गये अनुवांशिक पदार्थ के द्वारा पौधों में उत्पन्न होते हैं। उदाहरण के लिए, वैज्ञानिक कीटनाशक प्रोटीन के लिए जीन ले सके हैं और जीन में पड़े कि अपनी आनुवांशिक सामग्री में समाविष्ट कर सकते हैं। फिर बीटी जीवाणु के बजाय पौधा, कीटनाशक को नष्ट करने वाले पदार्थ का निर्माण करता है।

जैव कीटनाशकः जैव रासायनिक कीटनाशक, प्राकृतिक पदार्थों पर आधारित कीटनाशक होते हैं जोकि उन रासायनिक कीटनाशको, जिनमें संश्लेषित अणु होते हैं और जो कि सीधे कीटों को मारते हैं के विपरीत गैर विषैले तंत्र द्वारा कीटों को नियंत्रित करते हैं। जैव रासायनिक कीटनाशकों में विभिन्न जैविक रूप से कार्यात्मक वर्ग सम्मिलित हैं, जिनमें फैरोमोन और अन्य अर्ध रसायन, पौधे के अर्क और प्राकृतिक कीट वृद्धि नियामक शामिल हैं।

जैव कीटनाशकों के विकास को प्रभावित करने वाले कारकः

- प्रभाव में कम स्थिरता के कारण कम विश्वसनीयता।
- लक्षित विशिष्टता जो कि किसानों को विचलित करती है।
- संश्लेषित कीटनाशकों की तुलना में धीमी क्रिया।

- छोटी जीवन अवधि।
- बाजार में जैव कीटनाशकों की अस्थिर उपलब्धता।
- रासायनिक कीटनाशकों के पहले से ही स्थापित एवं मजबूत बाजार।
- रासायनिक कीटनाशक के लिए अनुकूल विनियामक प्रणाली।

जैव कीटनाशकों का उपयोग करने से लाभः कृषि एवं सार्वजनिक स्वस्थ कार्यक्रम में जैव कीटनाशकों का उपयोग करने के सम्भावित लाभ विचारणीय है। जैव कीटनाशकों में अवशिष्ट समस्या नहीं होती है जो कि उपभोक्ताओं के लिए महत्वपूर्ण चिंता का विषय है।

आई.पी.एम. के एक घटक के रूप में, जैव कीटनाशकों की प्रभावकारिता परम्परागत कीटनाशकों के बराबर हो सकती है। प्रदर्शन और पर्यावरण सुरक्षा के संयोजन से, जैव कीटनाशक न्यूनतम आवेदन प्रतिबंध के लचीलेपन और बेहतर प्रतिरोध प्रबन्धन क्षमता के साथ प्रभावी ढ़ंग से प्रदर्शन करते हैं। जैव कीटनाशकों में रुचि उत्पादों के साथ जुड़े फायदे पर आधारित है, जो इस प्रकार हैं–

- स्वाभाविक रूप से कम हानिकारक और पर्यावरण सुरक्षित।
- लक्ष्य विशेष के लिए प्रभावी।
- सामान्यतः रासायनिक कीटनाशकों की तुलना में कम प्रभावी।
- प्राकृतिक रूप से और शीघ्रता से विघटित होने में सक्षम।
- आई.पी.एम. के एक घटक के रूप में उपयोग करने योग्य।

कीटनाशक अधिनियम, 1968 के तहत पंजीकृत जैव कीटनाशकः

- वैसीलस थुरिंजेंसिस इश्राएलेंसिस
- वैसीलस थुरिंजेंसिस कुरसताकी
- वैसीलस थुरिंजेंसिस गल्लेरिए
- बैसीलस सफैरिंक्स
- ट्रायकोडर्मा विरिडी
- ट्रायकोडर्मा हरजिएनम
- स्यूडोमोनास फ्लूओरेंसिस
- ब्यूवेरिया वेसियाना
- हेलिकोवर्पा आर्मिजेरा के एन.पी.वी.

- स्पोडेप्टेरा लिटयूरा के एन.पी.बी.
- नीम आधारित कीटनाशक
- सिम्बोपोगान

जैव कीटनाशकों की व्यापकता: जैव कीटनाशकों की मुख्य विशेषता यह है कि यह पर्यावरण हितैषी और आसान जैव निम्नीकरण है। जिससे कीटनाशकों के अवशेष काफी हद तक रासायनिक कीटनाशकों के साथ जुड़े प्रदूषण समस्याओं से बचा जा सकता है। इसके अतिरिक्त, एकीकृत कीट प्रबन्ध (आई.पी.एम.) कार्यक्रम के एक घटक के रूप में जैव कीटनाशकों का उपयोग परम्परागत (रासायनिक) कीटनाशकों के उपयोग में काफी कमी कर सकता है जबकि लगभग समान स्तर की फसल की उपज प्राप्त होती है।

जैव कीटनाशकों का प्रभावी उपयोग करने के लिए, विशेष रूप से अन्तिम उपयोगकर्ता द्वारा कीटों के प्रबन्धन के बारे में बहुत कुछ समझने की आवश्यकता है। उत्पादन एवं व्यवसायीकरण के संदर्भ में जैव कीटनाशक कम शोध व्यय, उत्पाद विकास की गति और साथ ही लचीला पंजीकरण प्रक्रिया में रासायनिक कीटनाशकों से श्रेष्ठ हैं।

जैव रासायनिकों के रूप में वानस्पतिक उत्पाद:

जैव कीटनाशकों के रूप में प्रयुक्त वानस्पतिक उत्पाद	**लक्ष्य कीट**
नीम उत्पाद (बीज का तेल, पत्ती का अर्क) पायरेथ्रम/पायरेथरिंस	चूसने एवं चबाने वाले कीट, चीटियाँ, एफिड, पिस्सू, मक्खियाँ एवं चीचडी
लियोनिन और लिनालूज	पिस्सू, एफिड, घुन, कई प्रकार की मक्खियाँ, कागज ततैया और घरों के झींगुर
रोटेनान	पत्ती खाने वाले कीडे, एफिड, बीटल (शतावरी बीटल, कोरोराडो आलू बीटल, ककडी बीटल, स्ट्रावेरी लीफ बीटल), केटरपिलर, जानवरों के पिस्सू और जूँ
सबडिल्ला	कर्कश कीडे, थ्रिप्स, कैटरपिलर, लीफ होपर और दुर्गन्ध कीडे
रायणिया	कैटरपिलर एवं थ्रिप्स

अध्याय

10 प्राकृतिक खेती में मृदा को समृद्ध करने की देशी तकनीकी

1. बीजामृत

बीजामृत का प्रयोग बीजों को बीजशोधन के लिए किया जाता है। बीजशोधन का अर्थ है कि बीजों को बीजजनित या मृदाजनित रोगों से बचाव हेतु तैयार करना है। बहुत से रोग बीजों के माध्यम से फैलते हैं जिनसे फसल को बचाना बहुत महत्त्वपूर्ण है। रोगजनित बीमारियों का इलाज बीज शोधन से ही सम्भव है, लेकिन आज भी अधिकांश किसान बिना उपचारित बीज से ही खेत की बुआई करते हैं। बीजोपचार बीजो के अंकुरण क्षमता में भी वृद्धि करता है। बीज शोधन से बीज जल्दी एवं अधिक मात्रा में उग जाते हैं तथा जड़े तीव्रगति से बढ़ती हैं और मृदा से फसलों पर बीमारियों का प्रकोप नहीं होता है।

आवश्यक सामग्री: गाय का गोबर–5 किग्रा., गोमूत्र–5 लीटर, चूना–50 ग्राम, जल–20 लीटर, पेड़/जंगल का मिट्टी–50 ग्राम, गेहूं का बीज–100 किग्रा.

निर्माण विधि एवं उपयोग: 20 लीटर पानी को एक बर्तन में लेकर उसमें गोमूत्र मिलाते हैं। फिर गोबर, चूना तथा पेड़ के नीचे की मिट्टी मिलाकर अच्छी तरह से मिश्रण को मिला देते हैं। इस मिश्रण को 24 घंटे तक छाया में रखते हैं। फिर 100 किलो बीज को फर्श या पालीथीन शीट पर बिछाकर उस पर बीजामृत का छिड़काव कर देते हैं। छिड़काव के बाद बीज को हाथ से अच्छी तरह मिलाया जाता है ताकि बीजामृत की एक परत सभी बीजों पर चढ़ जाए।

2. संजीवक

सामान्यत: जैविक खेती में संजीवक मिट्टी में सूक्ष्म जीवाणुओं की संख्या को बढ़ाने हेतु उपयोग किया जाता है। इसको बनाने के लिए आवश्यक सामग्री की आवश्यकता निम्न प्रकार है:

गोमूत्र–3 लीटर, गाय का गोबर–30 किग्रा., गुड–500 ग्राम, जल–100 लीटर को 10 दिनों के लिए सड़ने दे।

बनाने की विधि– उपरोक्त वर्णित सामग्रियों को अच्छी तरह घोलकर उसे टंकी में 10 दिनों तक सड़ाते हैं। 10 दिनों के बाद संजीवक तैयार हो जाता है। इसे चारों किनारे से तथा बीच में भूमि के अन्दर डालने से सूक्ष्मजीव पूरी तरह से खेत मे फैल जाते हैं।

उपयोग–संजीवक का उपयोग पहले वर्ष में 1000 लीटर प्रति एकड़, दूसरे वर्ष में 800 लीटर प्रति एकड़ एवं तीसरे वर्ष में 600 लीटर प्रति एकड़ की दर से किया जाता है। इसके अतिरिक्त, प्रति एकड़ 3 टन सडी गोबर की खाद प्रत्येक तीन वर्ष में एक बार प्रयोग करने से फसलों की अधिक उपज प्राप्त होती है।

3. जीवामृत

जीवामृत का प्रयोग प्राकृतिक खेती में मृदा में सूक्ष्म जीवाणुओं की संख्या एवं क्रियाशीलता में वृद्धि के लिए जीवामृत का प्रयोग किया जाता है। जीवामृत के प्रयोग की जाने वाली आवश्यक सामग्री निम्नवत् है।

आवश्यक सामग्रीः गाय का गोबर–10 किग्रा., गोमूत्र–5-10 लीटर, गुड़–1 किग्रा., चने का आटा/बेसन–1 किग्रा., बरगद या पीपल के पेड़ के नीचे की मिट्टी–1 किग्रा., जल–200 लीटर

बनाने की विधिः 200 लीटर पानी में 10 किलो देशी गाय का गोबर डालें। इसके पश्चात 5-10 लीटर गोमूत्र, 1 किलो गुड़, 1 किलो बेसन अथवा किसी दाल का आटा तथा बरगद/बट/पीपल के पेड के नीचे की 50 ग्राम मिट्टी बराबर मिलाए। देशी गाय के गोबर में बैल या भैंस के गोबर की आधी-आधी मात्रा मिला सकते हैं। देशी गाय का गोबर जितना ताजा हो उतना अच्छा, देशी मूत्र जितना पुराना हो उतना अच्छा। जो गाय ज्यादा दूध देती है उसका गोमूत्र कम प्रभावकारी होता है। 1 गाय एक दिन में औसतन 10 किलो गोबर देती है, बैल 13 किलो गोबर देता है तथा भैंस 15 किलो गोबर देती है। गाय का गोबर 7 दिन तक सही रहता है। एक गाय एक दिन में 3 लीटर, बैल 4 लीटर तथा भैंस 5 लीटर मूत्र देती है। गुड के विकल्प के रूप में 1 किलो पपीता, 1 किलो केला या गन्ने के रस का प्रयोग कर सकते हैं।

एक प्लास्टिक/सीमेंन्ट की टंकी में गोबर को गोमूत्र में अच्छी तरह मिला देते है फिर गुड़ को पानी में डाल कर घोल में बेसन डाल देते हैं। सबसे अंत में बरगद के पेड़ की 50 ग्राम मिट्टी डालकर दोनों मिश्रणों को अच्छी तरह मिलाते हैं। इस मिश्रण को मिलाने के 48 घण्टे के बाद जीवामृत तैयार हो जाता है। 48 घंटे में जीवामृत को कम से कम 4 बार डंडे से चलाया जाना चाहिये। 7 दिनों तक जीवामृत का इस्तेमाल किया जा सकता है।

जीवामृत में निम्नलिखित सूक्ष्मजीवी बहुतायत में उपलब्ध होते हैं–

एजोस्पाइरिलम	2×10^6
पी.एस.एम.	2×10^6
स्यूडोमोनास	2×10^6
ट्राइकोडर्मा	2×10^6
खमीर एवं मोल्ड्स	2×10^6

सावधानियाँ: प्लास्टिक एवं सीमेन्ट की टंकी को छाया में रखें जहाँ धूप नहीं लगती हो।

1. गोमूत्र को धातु के बर्तन में न रखें।
2. 7 दिन पुराना तथा छाया में रखा हुआ गाय का गोबर ही इस्तेमाल करें।
3. जीवामृत बीज बोने के 21 दिन बाद पहली बार सिंचाई के साथ डाल दें। फिर हर 21वें दिन इसे डालना चाहिये।

उपयोग: प्रति एकड़ 200 लीटर जीवामृत को पानी की सिंचाई के साथ या छिड़काव करने वाली मशीन से 14-20 दिनों के अंतराल पर खड़ी फसल में खेत में प्रयोग कर सकते हैं। 5-6 छिड़काव करना फसलों के अधिक उत्पादन के लिए अपेक्षित है। जीवामृत का उपयोग बनाने के केवल 7 दिन तक किया जा सकता है। जीवामृत का प्रयोग करने से फसलों को उचित पोषण मिलता है जिससे दाने एवं फल-फूल-फलियाँ स्वस्थ हो जाती हैं।

4. पंचगव्य

पंचगव्य गाय के गोबर, मूत्र, दूध, दही और घी से प्राप्त उत्पादों से तैयार एक विशेष जैव-उत्प्रेरक है। तमिलनाडु कृषि विश्वविद्यालय के एक चिकित्सक और कृषि वैज्ञानिक डॉ नटराजन ने विभिन्न बागवानी और कृषि फसलों की आवश्यकता के अनुसार पंचगव्य को और परिष्कृत किया है। पंचगव्य के उत्पादन की लागत प्रति लीटर 25-35 रुपये आती है। पंचगव्य में मृदा में पाये जाने वाले उपयोगी सूक्ष्मजीव होते हैं जैसे कि कवक, बैक्टीरिया, एक्टिनोमाइसेटस और विभिन्न सूक्ष्म पोषक तत्त्व। यह पंचगव्य मृदा को समृद्ध करने के लिए एक टॉनिक के रूप में कार्य करता है, गुणवत्तायुक्त अधिक उत्पादन के साथ पौधे में शक्ति का संचार करता है। पंचगव्य में पाए जाने वाले विभिन्न सूक्ष्मजीवों की संख्या इस प्रकार है।

1. कुल कवक	38800/मिली
2. कुल बैक्टीरिया	1,880,000/मिली
3. लैक्टोबैसिलस	2,260,000/मिली
4. कुल अवायुवीय (एनरोब्स)	10,000/मिली
5. एसिड फॉर्मस	360/मिली
6. मिथेनोजेन	250/मिली

भौतिक-रासायनिक-जैविक अध्ययनो से पता चला है कि पंचगव्य में लगभग सभी स्थूल और पौधों की वृद्धि-हार्मोन जैसे इन्डोल एसिटिक एसिड, जिब्रेलिक एसिड मौजूद होते हैं। खमीर और लेक्टोबैसीलस जैसे किण्डवक सूक्ष्मजीवों की अधिकता मिट्टी की जैविक गतिविधि में सुधार करने और सूक्ष्मजीवों की वृद्धि में सहायता करती है। पत्तों पर छिड़काव के लिए 3-4 प्रतिशत पंचगव्य घोल प्रभावी रूप में कार्य करता है।

चार से पाँच बार फसल पर छिड़काव द्वारा पौधे की वृद्धि एवं विकास तथा अधिक उत्पादन प्राप्त किया जा सकता है।

(क) 15 दिनों के अन्तराल पर फूल आने से पहले दो बार छिड़काव।

(ख) दो छिड़काव फूल और फली आने के दौरान 10 दिनों के अन्तराल पर।

(ग) फल/फली की परिपक्वता के दौरान एक बार छिड़काव।

आम, अमरूद, आँवला (अम्ल रेखा), केला, मसाला-सौंफ, धनिया, जीरा, अदरक, हल्दी, फूल जैसे चमेली, गेंदा, गुलाब, औषधीय पौधों जैसे कोलस, अश्वगंधा, सब्जी (ककडी, पालक, भिंडी, मूली आदि), अनाज (मक्का, ज्वार, बाजरा, गेहूँ, दलहनी एवं तिलहनी फसलें आदि) और कई बागवानी फसलों जैसे बेर, पपीता, नींबू, फालसा, बेल, अनार आदि एवं सूरजमुखी आदि में पंचगव्य का उपयोग बहुत प्रभावी पाया गया है। पंचगव्य पिटिका सूचकांक (Gall index) और मिट्टी में निमेटोड (सूत्रकृमि) को कम करने का भी कार्य करता है। चूंकि पंचगव्य के इस्तेमाल से पत्तियों और तने पर एक पतली तैलीय फिल्म बन जाती है, इसलिए यह पानी के वाष्पीकरण से नुकसान को कम करती है और इस्तेमाल किए गए पानी का बेहतर उपयोग सुनिश्चित करती है।

आवश्यक सामग्री:

- गाय का गोबर-4 किग्रा.
- ताजा गाय का गोबर-1 किग्रा.
- गोमूत्र-3 लीटर
- गाय का दूध-2 लीटर
- गोदधि-2 लीटर
- गाय का घी-1 किग्रा.

प्रयोग विधि: 3 लीटर पंचगव्य 100 लीटर पानी में घोलकर प्रयोग करें।

- बीज एवं अंकुर का उपचार।
- सिंचाई के पानी के माध्यम से मिट्टी की उर्वरता बढ़ाने के लिए।
- पंचगव्य को समृद्ध करने के लिए केले के फल, देशी गाय का घी, गन्ना का रस, नारियल का पानी भी प्रयोग किया जा सकता है।

5. समृद्ध पंचगव्य (या दशगव्य)

आवश्यक चीजें- पाँच किलो गाय का गोबर, तीन लीटर गो-मूत्र, दो लीटर गाय का दूध,

दही दो लीटर, एक किलो गाय का देशी धी, तीन लीटर गन्ने का रस, तीन लीटर कच्चे नारियल का पानी, 12 केलो को मसलकर तैयार पेस्ट एवं ताडी या अंगूर का रस दो लीटर, एक पात्र में गाय का गोबर और देशी धी मिलाकर तीन दिनों तक सड़ने के लिए रख दें। बीच-बीच में इसे हिलाते रहना जरूरी है। चौथे दिन उपरोक्त सभी चीजें इसमें मिला दें और 15 दिनों के लिए (प्रति दिन दो बार हिलाना जरूरी है) सड़ने को रख दें 18वें दिन यह तैयार हो जाएगा गन्ने के रस के स्थान पर 500 ग्राम गुड़ 3 लीटर पानी के साथ मिलाकर उपयोग किया जा सकता है अथवा यीस्ट पाउडर को 100 ग्राम गुड और दो लीटर गरम पानी के साथ मिलाकर उपयोग कर सकते हैं। छिड़काव हेतु 3 से 4 लीटर दशगव्य को 100 लीटर पानी में मिला लें। मृदा (मिट्टी) में डालने हेतु 50 लीटर पंचगव्य एक हैक्टेयर के लिए पर्याप्त है। इसे बीजोपचार हेतु भी उपयोग किया जा सकता है।

6. नारियल-छाछ घोल

नारियल-छाछ घोल का प्रयोग फसलों में कीटों के नियंत्रण के लिए कीटनाशक के रूप में भी किया जा सकता है।

आवश्यक सामग्री

- गाय का छाछ-5 लीटर
- नरियल पानी-1 लीटर
- फलो का रस-1 लीटर
- हल्दी-100 ग्राम
- हींग-20 ग्राम

प्रयोग विधि

- नारियल-छाछ के घोल को 1 लीटर लेकर 10 लीटर पानी के साथ मिलाकर घोल बनाये और फिर फसल पर दो-तीन बार छिड़काव करें।
- फफूंदी से लगने वाले रोग एवं कीडों से पौधे की सुरक्षा के लिए यह बहुत ही अच्छा एवं प्रभावी कीटनाशक है।

7. नीमास्त्र

- 5 किलो नीम के पत्तों को पानी में कुचल दें।
- 5 ग्राम गोमूत्र और 2 किलो गाय का गोबर डालें।

- थोड़े-थोड़े समय पर हिलाने के साथ-साथ 24 घंटे के लिए किण्डवन के लिए रखें।
- छानकर निचोड़ें और 100 लीटर पानी मिलाकर पतला करें।
- एक एकड़ में फसलों पर छिड़काव के लिए प्रयोग करें।
- चूसने वाले कीटों और घुन कीटों के लिए बहुत ही प्रभावी एवं उपयोगी है।

8. ब्रह्मास्त्र

चूसने वाले कीटों, फल/फली वेधक कीट के लिए उपयोगी है।

- 10 लीटर गोमूत्र में 3 किलोग्राम नीम की पत्तियो को कुचल दें।
- 2 किलो शरीफा के पके पत्ते, 2 किलो पपीता के, 2 किलो अनार के पत्ते और 2 किलो अमरूद के पत्तों को पानी में कुचल दें।
- दोनों को मिलाए और आधा होने तक एक ही अन्तराल पर 5 बार उबालें।
- 24 घंटे के लिए रखे, फिर अर्क को निचोड़ें।
- इसे 6 महीने तक बोतलों में संग्रहित किया जा सकता है।
- एक एकड़ के लिए इस अर्क की 2.0-2.5 लीटर मात्रा को 100 लीटर पानी में मिलाकर पतला कर प्रयोग करें।

9. अग्नेयास्त्र

- 10 लीटर गोमूत्र में 1 किलोग्राम बेशरम /इपोमिया के पत्ते, 500 ग्राम तीखी लाल मिर्च, 500 ग्राम लहसुन और 5 किलोग्राम नीम के पत्ते को कुचल दें।
- मिश्रण को आधा होने तक उबालें।
- छानकर निचोड़ कर इसका रस निकालें।
- काँच या प्लास्टिक की बोतलों में संग्रहीत करें।
- 2-3 लीटर अर्क को 100 लीटर तक पतला करके एक एकड़ के लिए उपयोग करें।
- पत्ती रोलर, तना/फल/फली वेधक कीट के नियंत्रण के लिए उपयोगी है।

10. अमृत पानी

बिहार के जमुई जिले के केडिया गाँव में एक जीवित माटी किसान समिति नामक किसान

समूह है जहाँ के सभी किसानों द्वारा अमृत पानी, ब्रह्मास्त्र एवं जीवामृत के माध्यम से प्राकृतिक खेती की जा रही है। बिहार में यह एक मात्र ऐसा समूह है जो NPOP के अन्तर्गत निबन्धित है तथा जिस गाँव के परिवर्तन अवधि के उत्पाद बाजारों में उपलब्ध हैं। स्थानीय स्तर पर इन उत्पादों की माँग दिन प्रतिदिन बढ़ती जा रही है।

आवश्यक सामग्री

- गोमूत्र-1 लीटर
- गोबर-1 किलोग्राम
- नीम के पत्ते-1 किलो
- अकवन का पत्ता-1 किलो
- बेसन-1 किलो
- गुड़-150 ग्राम

तैयार करने की विधिः नीम तथा अकवन के 1-1 किलो पत्तो को बारीक काट लेते हैं। एक किलो गोमूत्र में 1 किलो ताजा गोबर को अच्छी तरह से मिलाते हैं तथा इसमें 150 ग्राम गुड़ घोलकर मिला देते हैं। इस मिश्रण में 10 लीटर पानी डालकर 1 किलो बेसन को अच्छी तरह मिला देते है। तत्पश्चात नीम एवं अकवन के कटे हुए पत्तों को घड़े में डालकर अच्छी तरह से सभी मिश्रण को मिला देते हैं।

मिश्रण को अच्छी तरह मिलाने के बाद घड़े का मुँह मिट्टी और गोबर से अच्छी प्रकार से सील कर देते हैं। घड़े को 21 दिनों के लिए स्थिर जगह पर रख देते हैं। 21 दिनों के बाद मिश्रण से अमृत पानी छानकर अलग कर लेते हैं।

प्रयोग विधिः 150 ग्राम अमृत पानी को 15 लीटर की टंकी में डालकर पूरे पौधे पर छिड़काव करते हैं। 15 दिनों के अन्तराल पर फसलों पर इसका छिड़काव करने से फल-फूल ज्यादा आते हैं, कीटों का प्रकोप कम होता है तथा उत्पादन भी अधिक प्राप्त होता है।

समृद्ध अमृत घोल

आवश्यक सामग्रीः

- गोमूत्र-5 लीटर
- गाय का गोबर-1 किग्रा.
- क्षयकारी फल (रस)-1 लीटर
- मिश्रण करने के पश्चात् 5 दिनों के लिए अच्छी प्रकार इसको सड़ाएँ।

प्रयोग विधि

- 1 एकड़ के लिए 20–30 लीटर छिड़काव करें।
- मृदा उर्वरता बढ़ाने के लिए 60–100 लीटर घोल का छिड़काव करें।
- पौधों की वृद्धि एवं विकास और फूलों की अधिक बढ़वार के लिए छिड़काव करें।
- 10–12 दिन के अन्तराल पर दो–तीन बार छिड़काव करना लाभप्रद है।

11. भ-भूत अमृत पानी

अमृत पानी तैयार करने के लिए 10 किलोग्राम गाय का ताजा गोबर, 250 ग्राम देशी गाय की नौनी/घी, 500 ग्राम शहद और 200 लीटर पानी की आवश्यकता होती है। सर्वप्रथम 200 लीटर के ड्रम में 10 किलोग्राम गाय का ताजा गोबर डालें उसमें 250 ग्राम नौनी घी, 500 ग्राम शहद को डालकर अच्छी तरह मिलायें। इसके पश्चात् ड्रम को पूरा पानी से भर लें तथा एक लकड़ी की सहायता से घोल तैयार करें इस घोल को जब फसल 15 से 20 दिन की हो जाये तब पंक्ति के मध्य में 3 से 4 बार प्रयोग करें। इसके प्रयोग के समय मृदा में नमी का होना अति आवश्यक है। अमृत पानी के प्रयोग के पूर्व 15 किलोग्राम बरगद अथवा पीपल के नीचे की मिट्टी एक एकड़ में समान रूप से बिखेर दें।

12. अमृत संजीवनी

एक एकड़ हेतु अमृत संजीवनी तैयार करने के लिये 3 किलोग्राम यूरिया, 3 किलोग्राम सुपर फास्फेट एवं 1 किलोग्राम पोटाश तथा 2 किलोग्राम मूँगफली की खली, 80 किलोग्राम गोबर एवं 200 लीटर पानी की आवश्यकता होती है। इसको तैयार करने के लिए उक्त सामग्री को एक ड्रम में डालकर अच्छी तरह मिला दें और ड्रम के ढक्कन को बंद कर 48 घंटे के लिए छोड़ दें तथा प्रयोग के समय ड्रम को पूरा पानी से भर दें। जब खेत में पर्याप्त नमी हो तब फसल बोने के पूर्व इसे समान रूप से एक एकड़ में छिड़क दें। खड़ी फसल में प्रयोग करने के लिए जब फसल 15–20 दिन की हो जाये तब पंक्तियों के मध्य भूमि पर 3–4 बार 15 दिन के अंतर पर छिड़काव करें यथा संभव फसल के पत्तों को घोल के संपर्क से बचाएँ।

अध्याय 11

प्राकृतिक खेती में एकीकृत पादप पोषक तत्त्व प्रबन्धन

विभिन्न कृषि जलवायु वाले क्षेत्रों में किसी भी फसल या फसल प्रणाली से अनुकूल अधिक उपज और गुणवत्ता तभी प्राप्त की जा सकती है, जब समस्त उपलब्ध साधनों से पौध पोषक तत्त्वों को प्रदान करने हेतु, उनका वैज्ञानिक प्रबन्धन किया जाए।

मृदा उर्वरता एवं फसल की किस्म के आधार पर संस्तुत पोषक तत्त्वों की संतुलित आपूर्ति केवल उर्वरकों के माध्यम से न करके जैविक खादों, उर्वरकों तथा अन्य उपलब्ध संसाधनों के मिले जुले प्रयोग करने को एकीकृत पोषक तत्व प्रबन्धन कहते हैं। इस प्रकार की फसल पोषण पद्धति अपनाने से एक तो रासायनिक उर्वरकों पर निर्भरता कम होती है, दूसरे जैविक खादों द्वारा मृदा से लिए आवश्यक जीवांश पदार्थ की भी आपूर्ति हो जाती है।

खाद्यान्न उत्पादन को बढ़ाने और टिकाऊ बनाये रखने के साथ मृदा की उत्पादकता को बनाये रखने और पर्यावरण की क्षति को न्यूनतम रखने के लिए यह आवश्यक है कि मृदा में जितने पोषक तत्त्वों की कमी हो, उसकी क्षतिपूर्ति उर्वरकों एवं खादों के विवेकपूर्ण उपयोग द्वारा की जाय। मृदा परीक्षण, मृदा उर्वरता की स्थिति का पता करने के लिए एक सर्वश्रेष्ठ वैज्ञानिक एवं भरोसेमंद विधि है।

वर्तमान में लगभग 1 अरब 30 करोड़ तक पहुँचने वाली भारत की जनसंख्या को लगभग 300 मिलियन टन खाद्यान्न की आवश्यकता है। इतनी खाद्यान्न आवश्यकता की पूर्ति के लिए प्रति हैक्टेयर उपज में वृद्धि करनी होगी, जिसके लिए प्रति हैक्टेयर अधिक पोषकतत्त्वों की आवश्यकता होगी और देश में उर्वरक उत्पादन की स्थिति पर्याप्त नहीं है, जिससे वर्तमान में कुल पोषक तत्त्वों की आवश्यकता की पूर्ति हो सके। साथ ही यह भी स्पष्ट है कि केवल रासायनिक उर्वरक या केवल कार्बनिक खादों के उपयोग से अधिक उपज प्राप्त नहीं की जा सकती है।

पोषक तत्त्वों के स्रोत के रूप में जिन संसाधनों का प्रयोग किया जाता है, उनमें तीन प्रमुख स्रोतों के रूप में बाँटा गया है–

1. **रासायनिक उर्वरक–** यूरिया, डी.ए.पी., सिंगल सुपर फास्फेट, म्यूरेट ऑफ पोटाश, एन.पी.के. के विभिन्न ग्रेड के उर्वरकों को पर्णीय छिड़काव एवं सीधे उपयोग हेतु सूक्ष्म पोषक तत्व आदि। देश में फसलों के उत्पादन को बढ़ाने में 35-40 प्रतिशत उर्वरकों का योगदान होता है।

2. **कार्बनिक श्रोत**– पौधों को पोषक तत्त्व उपलब्ध कराने के लिए कार्बनिक श्रोत निम्न हैं–

   (i) **गोबर की खाद एवं कम्पोस्ट**–गोबर की खाद का प्रयोग सबसे अधिक प्रचलित है। गाँवों में गोबर को ईंधन के रूप में प्रयोग करने, पुआल आदि को पशुओं को खिलाने तथा खेत में ही जला देने से गोबर की खाद तथा कम्पोस्ट की पर्याप्त आपूर्ति नहीं हो रही है। गोबर गैस की स्लरी एवं पशुओं के मूत्र में भी पोषक तत्त्व की अच्छी मात्रा प्राप्त होती है। अतः इसका प्रयोग किया जा सकता है। अधिकतर गोबर एवं घर का कूड़ा-करकट ढ़ेर के रूप में सड़क के किनारे एकत्र कर देते हैं जिसके कारण इनमें पोषक तत्त्वों का ह्रास हो जाता है। इन्हें नैडेप एवं अन्य कम्पोस्ट बनाने की विधि से अच्छी किस्म की गुणवत्तायुक्त कम्पोस्ट तैयार कर सकते हैं।

   (ii) **वर्मी कम्पोस्ट**–केंचुए द्वारा उत्पादित खाद।

   (iii) **हरी खाद**–हरी खाद के माध्यम से नाइट्रोजन के अतिरिक्त अन्य पोषक तत्व भी मृदा की ऊपरी सतह पर एकत्रित हो जाते हैं, जिनका आगामी उगाई जाने वाली फसलें आसानी से उपयोग कर लेती हैं तथा बड़ी मात्रा में जीवांश पदार्थ भी मृदा को उपलब्ध हो जाता है जैसे ढ़ैंचा, सनई, लोबिया आदि।

   (iv) **खली की खाद**–अन्डी की खली, महुआ की खली, नीम की खली, मूँगफली की खली आदि।

   (v) कृषि औद्योगिक उत्पादों में गन्ने की प्रेसमड पोषक तत्त्वों का अच्छा स्त्रोत है।

3. **जैविक स्रोत**–जैविक स्रोत कार्बनिक स्रोत के अन्तर्गत आते हैं, जैविक स्रोत मुख्य रूप से दो तरह के होते हैं–

   जैव उर्वरक–यह जीवित सूक्ष्म जीवाणुओं से बना होता है जैव उर्वरक में उपस्थित जीवाणु वायुमण्डलीय नाइट्रोजन का स्थिरीकरण तथा अघुलनशील अनुपलब्ध फास्फोरस को घुनलनशील तथा उपलब्ध बनाते हैं जैसे- नील हरित शैवाल, एजोटोबैक्टर, पी. एस.बी., राइजोबियम आदि।

4. **फसल चक्र**–फसल चक्र में दलहनी फसलों का समावेश होने से न केवल नाइट्रोजन मृदा में स्थिर होती है, बल्कि फास्फोरस तथा अन्य सूक्ष्म पोषक तत्व घुलनशील बनते हैं जिन्हें पौधे आसानी से ग्रहण कर लेते हैं।

5. **रासायनिक उर्वरक**–

   पोषक तत्व के रूप में रासायनिक उर्वरक से लाभ निम्नवत् हैं:

- पौधों के पोषक तत्त्व आसानी एवं शीघ्रता से उपलब्ध हो जाते हैं।
- उर्वरकों में पोषक तत्त्व अन्य स्रोतों की अपेक्षा ज्यादा मात्रा में होते है।

- ये भारी नहीं होते इसलिये इनके परिवहन में आसानी होती है।
- उर्वरको के प्रयोग से पौधों को पोषक तत्व तुरन्त उपलब्ध हो जाने से पौधे की वृद्धि एवं विकास अच्छा होता है।

पोषक तत्व के रूप में रासायनिक उर्वरकों से हानि निम्नवत् है:

- विभिन्न प्रकार के उर्वरकों का अत्यधिक मात्रा में मृदा असंतुलित उर्वरक के प्रयोग से मृदा का पी.एच. मान असंतुलित हो जाता है और मृदा क्षारीय अथवा अम्लीय हो सकती है। पी.एच. असंतुलित होने पर सूक्ष्म पोषक तत्त्वों की उपलब्धता कम हो जाती है तथा अनुपलब्ध रूप में मृदा में स्थिर हो जाते हैं। इसके अतिरिक्त मृदा में सूक्ष्म जीवों की क्रियाओं को भी प्रभावित करते हैं।
- रासायनिक उर्वरक के उत्पादन में ज्यादा ऊर्जा की खपत होती है अत: यह महंगे होते हैं।
- रासायनिक उर्वरकों से उत्पादित खाद्य पदार्थों की गुणवत्ता अच्छी नहीं होती है।
- रासायनिक उर्वरक कई तरह से पर्यावरण को प्रदूषित करते हैं। नाइट्रेट आदि उर्वरकों के अत्याधिक प्रयोग से भूमिगत जल प्रदूषित होता है।
- रासायनिक उर्वरकों के प्रयोग करने के पश्चात् पौधों द्वारा तुरन्त ग्रहण कर लिए जाते हैं शेष बचे पोषक तत्व नष्ट हो जाते हैं इनका कोई भी एवं किसी प्रकार का फसल एवं मृदा पर कोई प्रतिकूल प्रभाव नहीं पड़ता है।

पोषक तत्त्वों के स्रोत के रूप में कार्बनिक तथा जैविक स्रोतों से लाभ:

- यह मृदा के भौतिक, रासायनिक तथा जैविक गुणों में सुधार लाता है तथा मृदा की जलधारण क्षमता को बढ़ाता है।
- यह सूक्ष्म पोषक तत्त्वों की पूर्ति के लिए सबसे अच्छे स्रोत हैं तथा किसान के प्रक्षेत्र से उत्पादित होते हैं।
- इनके प्रयोग से सूक्ष्म जीवों द्वारा पोषक तत्त्वों का स्थिरीकरण एवं पोषक तत्त्वों की घुलनशीलता तेजी से होती है।
- यह पर्यावरण के लिए सर्वोत्तम है जैविक खाद द्वारा उत्पादित खाद्य पदार्थ उच्च कोटि के होते हैं तथा इनकी माँग भी विश्व में बढ़ रही है।

- कार्बनिक एवं जैविक खादों के प्रयोग करने के पश्चात् सम्पूर्ण फसल के जीवन काल तक पोषक तत्व उपलब्ध होते हैं। तथा इन खादों के अवशेष/प्रभाव आगामी फसलों को भी उपलब्ध होते हैं।

कार्बनिक तथा जैविक श्रोत के अवगुणः यह भारी होते हैं तथा इनमें पोषक तत्व कम मात्रा में एवं जटिल रूप में होते हैं एवं केवल इन्हीं स्रोतों से सभी आवश्कताओं की पूर्ति नहीं की जा सकती है। इन खादों में उपलब्ध पोषक तत्त्वों की मात्रा में भिन्नता हो सकती है।

अतः रासायनिक स्रोत, जैविक एवं कार्बनिक स्रोत के लाभ तथा हानि को देखते हुए हम यह कह सकते हैं कि किसी एक पर अत्यधिक निर्भर रहकर फसल उत्पादकता एवं पर्यावरण को टिकाऊ नहीं रख सकते हैं। व्यावहारिक रूप से रासायनिक तथा जैविक पोषक स्रोत दोनों में समस्याएँ हैं। अतः कार्बनिक खादों के साथ-साथ रासायनिक उर्वरकों के संतुलित उपयोग से न केवल अत्यधिक उपज मिलती है, बल्कि लम्बे समय तक इनके प्रयोग से मृदा उर्वरता स्तर में भी सुधार होता है। अतएव आई.पी.एन.एम. (एकीकृत पादप पोषक तत्त्व प्रबन्धन) लाभकारी तथा पर्यावरण की दृष्टि से सुरक्षित है।

अध्याय

12 पादप रोगों के निदान में प्राकृतिक उत्पादों का महत्त्व

देश की आजादी के बाद भारत जैसे विशाल देश में सबको भर पेट भोजन उपलब्ध कराने की एक कड़ी चुनौती सामने आई, इस चुनौती को स्वीकार करते हुए हमारे वैज्ञानिकों के अथक प्रयास से कृषि में हरित क्रान्ति का पर्दापण हुआ और कृषि उत्पादन में अभूतपूर्व वृद्धि हुई। जिसके परिणामस्वरूप आज हम खाद्यान्न उत्पादन में विश्व परिदृश्य में आत्मनिर्भर हो गये हैं, परन्तु हरित क्रान्ति आने से कृषि क्षेत्र में अंधाधुंध रासायनिक खादों, पीड़कनाशी रसायनों एवं उच्च उत्पादकता वाली फसलों की प्रजातियों के प्रयोग से पर्यावरण संतुलन बिगड गया। जिसका बुरा प्रभाव मानव स्वास्थ्य एवं पशु पक्षियों के साथ पर्यावरण पर भी पड रहा है। कृषि की असफलता में पादप रोग एक बहुत बड़ा कारण है जिसके कारण कृषि उत्पादन का बहुत बड़ा हिस्सा पादप रोगों द्वारा नष्ट कर दिया जाता है। पादप रोगों द्वारा होने वाले नुकसान को नियन्त्रित करने हेतु हमारे कृषक भाई केवल रसायनों पर निर्भर न रहकर ग्रामीण क्षेत्रों में पाये जाने वाले पेड़-पौधों के उत्पादों का प्रयोग कर सकते हैं। इन पेड़ पौधों में नीम एक प्रमुख वृक्ष है। जिसके उत्पादों का प्रयोग हम पादप रोग के नियन्त्रण हेतु कर सकते हैं जैसे-नीम के पौधों की पत्ती, छाल, बीज, गूदा एवं पुष्पक्रम का रस निकाल कर बहुत से कीटों के नियन्त्रण हेतु प्रयुक्त कर सकते हैं। नीम के तेल को बहुत से रोगजनकों के नियन्त्रण हेतु भी प्रयोग किया जा रहा है और व्यावसायिक रूप में इसके बहुत से उत्पाद बाजार में उपलब्ध हैं। नीमाजाल-ए, जो नीम का एक उत्पाद है के द्वारा मटर के चूर्णिल आसिता रोग को सफलतापूर्वक नियन्त्रित किया जा सकता है। मटर के पौधों में चूर्णिल आसिता के रोग जनक एरीसाइफी पोलीगोनी (माहूँ) के विरुद्ध प्रतिरोधिता विकसित कर देता है। नीम की खली का पौध रोपण के पूर्व प्रयोग करने से सूत्र कृमियों को नियन्त्रित कर सकते हैं। नीम के अतिरिक्त अन्य बहुत से प्राकृतिक उत्पादों का प्रयोग पौधशाला में रोग नियन्त्रण हेतु कर सकते हैं जैसे धतूरा, लहसुन, सफैदा, प्याज, क्रोटान, पुदीना, अदरक, लैन्टाना कैमरा, आर्जीमोन (भड़भड़ा), बेशरम, तम्बाकू के सार का प्रयोग पादप रोग नियन्त्रण हेतु कर सकते हैं।

हाल के वर्षों में अनेक ऐसे पौधों का पता लगाया गया है, जिनमें प्रतिरोधी क्षमता होती हैं। इन मिश्रणों का इस्तेमाल हानिकारक कीटों के प्रकोप के खिलाफ कारगर साबित होता है। चम्पक के फूल का रस मच्छर के लारवा को नष्ट करने में सहायक है। लैन्टाना (लैन्टाना कैमरा), तुलसी और वेटिवर की पत्तियों का अर्क लीफ माइनर्स कीटों के नियन्त्रण में काम

आता है, जो आलू, सेम, बैंगन, टमाटर, मिर्च, क्रूसीफैरी और प्याज की फसल को नुकसान पहुँचाते हैं। गेंदा (मेरीगोल्ड) की जड़ो का चूर्ण मृदा में प्रयोग करने से पौधे की जड़ों में लगने वाले गोलकृमि पर प्रभावी नियंत्रण होता है। मेरीगोल्ड (गेंदा) की जड़ों का अर्क येलो फीवर (पीतज्वर) के लिए जिम्मेदार मच्छरों के लारवों को नष्ट करने में सहायक है। शरीफा के बीज का अर्क डायमंड बैक मोथ कीट के विरुद्ध प्रभावशाली साबित होता है।

नीम के औषधीय गुण की जानकारी प्राचीन काल के ग्रंथों में सर्वविदित है। नीम से अनेक प्रकार के उत्पाद तैयार करके विभिन्न कम्पनियां मुनाफा कमा रही हैं क्योंकि यह पौधों की ही नहीं अपितु मनुष्यों की अनेक बीमारियों को दूर करने में भी सहायक हैं।

नीम आज वनस्पतिक मूल का सर्वाधिक प्रभावशाली जैव कीटनाशक स्त्रोत है। नीम में प्रतिरोधी तत्व अनेक कड़वे मिश्रणों के रूप में पाये जाते हैं, जिन्हें मेलिअसिन्स वर्ग का मिश्रण कहा जाता है, जिसमें 0.2-0.3 प्रतिशत तक ऐजाडिरैक्टिन और 30 से 40 प्रतिशत तक तेल पाया जाता है। नीम के पत्तों, बीज के आवरण और छाल में भी ये तत्व अल्प मात्रा में पाये जाते हैं। ऐजाडिरैक्टिन की पैदावार मिट्टी, जलवायु, बीज की परिपक्वता और भंडारण की अवधि के अनुरूप भिन्न-भिन्न होती है।

नीम के उत्पादों में पर्यावरण प्रतिरोध क्षमता नहीं होती और वे सूर्य के प्रकाश में नष्ट हो जाते हैं, किन्तु आवश्यकता हो तो खेतों में नीम से बने कीटनाशकों का असर, उनमें पराबैंगनी प्रकाश-आवरण शामिल करके, 3 से 7 दिन तक बढ़ाया जा सकता है। ये कीटनाशक अन्य कृत्रिम कीटनाशकों के समान कीटाणुओं को फिर से उभरने का मौका नहीं देते। नीम उत्पादों का फसल पर छिड़काव करने से कीटों में खाने के प्रति अरुचि कर देता है। कृत्रिम कीटनाशकों में एकमात्र सक्रिय घटक होता है, जिसके प्रति कीटों में प्रतिरोधी क्षमता विकसित हो जाती है, किन्तु नीम से बने कीटनाशकों में यह आशंका नहीं रहती, क्योंकि उनमें अंसख्य जैवधर्मी सिद्धांत काम करते हैं, पर्यावरण के अनुकूल नीम की ये विशेषताएँ एकीकृत कीट प्रबन्ध कार्यक्रमों के लिए उपयुक्त है। कृत्रिम कीटनाशकों के आविष्कार से पहले पाइरेथ्रम, रोटेनन, राइनिया और निकोटिन जैसे वनस्पतिक कीटनाशक प्रचलित थे, किन्तु बाद में कीट नियंत्रण में इन वनस्पतिक कीटनाशकों का स्थान महत्त्वपूर्ण नहीं रहा। क्राइजैन्थिमम के सूखे फूलों से पाइरेथ्रम निकलता है। उड़ने वाले कीटों पर यह बहुत तेजी से मारक असर करता है और घरेलू कीड़ो-मकौड़ों, पालतू पशुओं और मनुष्यों में होने वाले पिस्सुओं के खिलाफ अत्यन्त कारगर साबित होता है। पाइरेथ्रम भी सूर्य-प्रकाश में समाप्त हो जाता है और वातावरण में बना नहीं रहता है। यह स्तनधारियों के लिए अपेक्षाकृत अधिक सुरक्षित है।

नीम के बीज में तेल बहुत अधिक होता है। शुद्ध गिरी (गूदा) में 40 से 50 प्रतिशत तक तेल होता है। जबकि छिलका सहित बीज में 20 से 25 प्रतिशत तक तेल होता है। सूखे बीज की गिरी में औसत 45 प्रतिशत तक तेल होता है। बीज या फल इकट्ठा करने के बाद 2 माह से 5 माह की अवधि में तेल उत्पादन सर्वाधिक होता है, इसके पहले और बाद में तेल कम निकलता है।

नीम के बीज से तेल निकालने का घरेलू तरीका

सुखाये हुए बीज को दाल बनाने की चक्की या सिल बट्टे पर दड़ लें, इससे छिलका अलग हो जायेगा, इसे सूप से फटक कर गिरी अलग कर दें। अब गिरी में थोड़ा-थोड़ा पानी (एक किलो में लगभग 125 मिली.) डालकर मिक्सी या सिल बट्टे पर पीस कर आटे की लोई जैसी बना लें। अब इस लोई को मलमल के कपड़े अथवा थैले में भरकर बाहर से दबाकर तेल निचोड़ें, दबाव पड़ने पर तेल बह कर निकल आयेगा। इस विधि से एक किलो गिरी से 100 मिली. ही तेल निकल पाता है, जो हल्के पीले रंग का होता है। यह तेल एक्सपेलर से निकाले गये तेल से अच्छा होता है। क्योंकि एक्सपेलर में अधिक गर्मी के कारण इसके कुछ औषधीय तत्व नष्ट हो जाते हैं।

नीम भारतीय उप महाद्वीप की उत्पत्ति हैं, किन्तु अपने औषधीय गुणों के कारण विश्व के अनेक देशों में पहुँच चुका है। अधिक सर्दी और पाला न सहन कर पाने के कारण यह ठण्डे देशों में नहीं पहुँच सका। यह एक विचित्र संयोग है कि विश्व के विकसित देशों को नीम की सबसे अधिक आवश्यकता है, क्योंकि वे रासायनिक कीटनाशक तथा पीड़कनाशी दवाओं से मुक्ति पाना चाहते हैं, किन्तु उनके यहाँ सर्दी अधिक पड़ने के कारण नीम नहीं उगाया जा सकता है।

नीम उत्पादों का विभिन्न फसलों में पादप रोगों का नियन्त्रण

बहुत से जीवाणु जनित रोग जो पौधों पर प्रकोप करते हैं, का नियन्त्रण नीम की छाल के सत् द्वारा किया जा सकता है। काली मिर्च पर लगने वाली पर्ण धब्बे नामक बीमारी जीवाणु जनित होती है, का नियन्त्रण नीम तेल के 5 प्रतिशत घोल या नीम के बीज के पाउडर के 4 प्रतिशत घोल द्वारा किया जा सकता है। नीम मिश्रित यूरिया के प्रयोग से धान में लगने वाले बैक्टीरियल ब्लाइट में काफी कमी आ जाती है। खेत में नीम के तेल या खली के प्रयोग से नाइट्रोसोमोनास और नाइट्रोबैक्टर नामक बैक्टीरिया द्वारा की जाने वाली यूरिया का ह्रास रुक जाता है।

नीम 200 नाशी जीव कीटों तथा सूत्रकृमियों के प्रबन्धन में प्रभावी पाया गया है। ग्रास हॉपर, लीफ हॉपर, प्लांट हॉपर, एफिड, जैसिड, मौथ तथा इल्ली के लिए नीम अर्क एवं तेल बहुत प्रभावी है। नीम अर्क बीटल लार्वा, बटर फ्लाई, मौथ तथा कैटरपिलर जैसे कौक्सिकन बीन बीटल, कोलोरेडो पुटेटो बीटल तथा डायमंड ब्लैक मौथ की लिए भी बहुत प्रभावी है। नीम उत्पाद ग्रास हॉपर, लीफ माइनर तथा लीफ हॉपर जैसे बैरीएगिटिड ग्रास हॉपर, धान की हरी पत्ती का हॉपर तथा कपास का जैसिड नियंत्रण में भी प्रभावी है। बीटल, एफिडस, सफेद मक्खी, मिली बग, स्केल कीट व्यस्क बग, गैमोट तथा स्पाइडर का प्रबन्धन भी नीम अर्क द्वारा किया जा सकता है।

नीम के तेल के प्रयोग से पौध में लगने वाले वायरस जनित रोगों का नियन्त्रण भी किया

जाता है, क्योंकि नीम तेल के प्रयोग से वायरस को प्रसारित करने वाले कीटों का नियन्त्रण किया जा सकता है।

विभिन्न फसलों में लगने वाले फफूँद/कवक जनित रोगों का नीम उत्पादों द्वारा नियन्त्रण निम्न प्रकार से है।

फसल	रोग	प्रयोग
बैंगन	उकठा रोग	तेल/खली
धान	चूर्णिल आसिता, शीथ रॉट, पर्ण धब्बे	पत्ती का रस/तेल गिरी का रस खली/पत्ती
उडद	चूर्णिल आसिता	तेल
अरहर	उकठा	खली
केला	उकठा	खली
मक्का	मृदुरोमिल आसिता	तेल/खली
मूँग	आद्रपतन	गिरी का सत्
चना	जड़ सड़न एवं उकठा	तेल/पत्ती का रस, गिरी का सत्
टमाटर	जड़ गाँठ सूत्रकृमि	खली

फसलों के सूत्रकृमि का नियन्त्रण

सूत्रकृमि पौधों के भूमिगत भागों विशेषकर जड़ों पर आक्रमण करते हैं। ये पौधों के जिस अंग में रहते हैं, वहाँ गाँठ पड़ जाती है। सूत्रकृमि के कारण पौधों की दैहिक क्रियाएँ प्रभावित होती हैं जिससे पौधों में लगने वाले फूल, फल और बीज कमजोर हो जाते हैं। सूत्रकृमियों के नियन्त्रण में नीम के लगभग सभी भाग प्रयोग में लाये जा सकते हैं। नीम की पत्ती, हरी, सूखी उबाल कर निकाले गये रस द्वारा अथवा छाल, फूल के रस द्वारा या खली के प्रयोग द्वारा नियन्त्रित कर सकते हैं। इन नीम उत्पादों को विभिन्न प्रकार से खेत में प्रयोग कर सकते हैं जैसे- रोपण से पूर्व खेत की मिट्टी में भली प्रकार मिला देना चाहिए अथवा रोपाई से पूर्व नर्सरी पौध को नीम के उत्पादों द्वारा उपचारित कर लेना चाहिए। सूत्रकृमि के नियन्त्रण में नीम खली का प्रयोग सबसे अधिक प्रभावशाली पाया गया है। नीम की खली का प्रभाव खेत में 3-6 सप्ताह बाद तक रहता है। टमाटर की खेती सूत्रकृमियों से अत्यधिक प्रभावित होती है, में नीम की खली के प्रयोग करने से बहुत अच्छी फसल प्राप्त होती है।

फसलों के रोग नियंत्रण हेतु नीम के उपयोग

1. एक किलोग्राम ताजी हरी नीम की पत्ती को सिल-बट्टा, खल, मिक्सर या ग्राइन्डर से पीस कर बारीक चूर्ण बना लें तथा 10 ली. पानी में इस चूर्ण को घोल लें, इसके उपरान्त बारीक कपड़े से घोल को छान लीजिए आपकी 10 ली. दवा तैयार हो गई।

सड़न या दाग पत्ती तना या फल पर है तो इस घोल को छिड़काव करने वाली मशीन से फसल पर छिड़काव करें। रोग यदि जड़ में है तो पौधे की जड़ को इस घोल से सींचें। एक एकड़ क्षेत्र के लिए इस घोल की 300 से 400 लीटर मात्रा पर्याप्त है।

2. उपरोक्त विधि से चूर्ण पीसने में दिक्कत हो तो 1 किग्रा. ताजी हरी पत्ती को 10 ली. पानी में कम से कम एक घंटा तक हल्की धीमी लौ पर उबालें (अधिक लौ पर उबालने से इसके औषधीय तत्त्व नष्ट हो जाते हैं) नीम की पत्तियों को पानी में डालकर उबाल कर पानी छान लें तथा क्रमांक 1 की भाँति प्रयोग करें। इस घोल के उपयोग की मात्रा 300 से 400 ली./एकड़ है।
3. वर्षा ऋतु में नमी की अधिकता के कारण फसलों में बीमारियों का प्रकोप अधिक होता है, इस अवधि में निबौलियाँ पकती है। निबौलियों को पानी में डालकर फल के गूदे (पल्प) को मथ कर पानी में घोल लें एवं बीज तथा छिलका छानकर अलग कर लें। बीज एवं छिलके के बीज स्थित यह गूदा तीव्र रोगाणु नाशक है, इस गूदे के घोल को छानकर फसलों पर छिड़काव करने से बीमारियों का नियंत्रण हो जाता है। इसमें जितना फल हो उतना इसमें पानी मिलाकर गूदे का घोल निकालें। इस घोल के भी उपयोग की मात्रा 300-400 लीटर/एकड़ है।

बीज उपचार में

बीज में या बीज के अकुंरित होते समय मिट्टी में स्थित रोगाणु बीज एवं अंकुरण प्रभावित कर देते हैं अथवा रोगग्रस्त कर देते हैं। इसके लिए 1 लीटर पानी में 10 ग्राम नीम का तेल, 1 मिली. टीपाल, डिटर्जेन्ट या साबुन के घोल के साथ मिला लें। इस घोल में बोए जाने वाले बीज को रात भर भिगोकर अगले दिन बुवाई कर दें। इस विधि से बीजोपचार करने से पौधे रोगी नहीं होंगे तथा पौधे स्वस्थ और उपजाऊ होंगे।

खरपतवार नियन्त्रण में भी नीम काफी प्रभावकारी है। जिन खेतों में नीम की पौध तैयार की जाती है। उनमें मोंथा नामक खरपतवार नहीं उगता है। इसके अतिरिक्त नीम तेल का प्रयोग फलों का संरक्षण के लिए भी कर सकते हैं। नीम तेल के 2 प्रतिशत घोल को सेब पर इस्तेमाल करने से फूटे हुए सेब की सड़न 50 प्रतिशत तक कम हो जाती है। इनके अतिरिक्त नीम तेल द्वारा टमाटर में सड़न उत्पन्न करने वाली फफूँदी की रोकथाम की जा सकती है।

बाजार में नीम के कई उत्पाद उपलब्ध हैं, इनमें से नीम कोटेड यूरिया, ''नीमिन'' के प्रयोग से यूरिया का निछालन द्वारा ह्रास कम होता हैं। नीम कोटेड यूरिया में नत्रजन फसलों को धीरे-धीरे उपलब्ध होने से पोषक तत्व का ग्रहण काफी समय तक प्राप्त होने से कुल उत्पादन में वृद्धि हो जाती है।

अध्याय 13

पौध कीट एवं रोग नियंत्रण में प्राकृतिक उत्पाद

सामान्यत: ऐसा माना जाता है कि फसलों पर लगने वाले हानिकारक कीटों से फसलों की सुरक्षा का एक मात्र उपाय केवल कीटनाशक ही हैं। इस सोच की अवधारणा सन् 1940 में डीडीटी के अविष्कार एवं सफलता से सम्पूर्ण विश्व को अपनी चपेट में ले लिया। चालीस-पचास के दशक में विस्तृत मारक क्षमता वाले कृत्रिम एवं कार्बनिक कीटनाशकों ने अन्य सभी नियंत्रण की विधियों को धूमिल कर दिया। अंधाधुंध कीटनाशकों के प्रयोग से अनेक समस्यायें उत्पन्न हुईं जैसे–

- नाशी जीवों के प्राकृतिक शत्रु जैसे परभक्षी तथा परजीवी भी नष्ट हुए। परजीवी शत्रु कीटों अन्य नाशी जीवों का प्राकृतिक रूप से नियंत्रण कर प्रत्यक्ष अथवा परोक्ष रूप से लाभ पहुँचाते हैं।
- जहरीले रसायनों के मृदा में एकत्रित होने से फसलों की उत्पादकता पहले से घट गई है तथा पर्यावरण भी प्रदूषित हो रहा है। हानिकारक कीटों के प्रति इन रसायनों की प्रतिरोधक क्षमता विकसित होने लगी है।
- नये नाशी जीव जो पहले हानि रहित थे वह भी फसलों को हानि पहुँचाने लगे हैं।

इन समस्याओं पर नियंत्रण पाने के लिए आवश्यक है कि समेकित नाशीजीव प्रबन्धन को अपनाने की आवश्यकता है। जैविक प्रबन्धन एवं जैविक कीटनाशकों का प्रयोग इस प्रबन्धन का प्रमुख अंग है। जैविक नियंत्रण नाशीजीवों को नियंत्रित करने वाली एक प्रभावी विधि है जिससे कीटों, फफूंदियों, खरपतवारों आदि के प्राकृतिक शत्रुओं का प्रयोग किया जाता है। सर्वप्रथम प्राकृतिक शत्रु को पहचान कर उसे पालकर इनकी संख्या को बढ़ाया जाता है। इसके पश्चात् उन्हें उचित रूप और माध्यम की सहायता से फसलों पर तब छोड़ा जाता है जब नाशीजीव आर्थिक क्षति स्तर से अधिक आबादी से फसलों पर लगे हों। प्राकृतिक शत्रुओं को बायो एजेन्ट कहते हैं जो अपने लक्ष्य पर प्रहार करते हैं, अन्य कहीं पर भी नहीं। इनसे पर्यावरण, मनुष्य तथा पशु-पक्षियों पर कोई कुप्रभाव भी नहीं पड़ता है।

बायो-एजेन्ट जीवित प्राकृतिक शत्रु मुख्यत: कीट वर्ग के होते हैं जो जीवित भी हैं जैसे बैक्टीरिया, फफूँद, विषाणु तथा पादप जनित कीटनाशी आदि।

1. जैसा विदित है कि स्वस्थ माँ की संतान भी स्वस्थ होती है इसी प्रकार जैसे-जैसे हमारे खेत की मिट्टी सुधरेगी तो कीटों का प्रकोप भी कम होगा। दूसरा कीटनाशकों का प्रयोग बंद करने से मित्र कीटों की संख्या बढ़ती जाती है जो कीट नियंत्रण में बहुत सहायक होते हैं। तीसरी, फसल विविधता के चलते ज्यादा नुकसान नहीं होता। एक ओर तो जैव विविधता के कारण कीट ज्यादा पनप नहीं पाते और दूसरी ओर, एक फसल में नुकसान हो भी जाए, तो भी बाकी फसलों के चलते किसान तबाह नहीं होता। जैसे-जैसे किसान का अनुभव बढ़ता है मिट्टी में जीवाणु बढ़ते हैं, जैव विविधता बढ़ती है और कीटों की समस्या कम होती जाती है फिर भी यदि कीड़ों की समस्या होती है। तो उनको देशी विधियों द्वारा नियंत्रित किया जा सकता है।
2. ऐसे विभिन्न पदार्थों के मिश्रण जिनको बकरी भी नहीं खाती या जिनसे दूध निकलता है या जिनसे बदबू आती है या जिनका स्वाद कड़वा हो या जो जहरीले हो का काढ़ा अथवा घोल बनाकर छिड़काव किया जा सकता है। ऐसे कुछ पौधे जैसे नीम, आक, धतूरा, सत्यानाशी, बेशरम, करंज, लहसुन, अरंड, तीखी मिर्च, गाजर घास आदि का भी देशी कीटनाशक बनाने में प्रयोग हो सकता है इन समस्त साम्रगी से अपने क्षेत्र में मिलने वाली 4-5 चीजें लेकर उनका मिश्रण बनाया जा सकता है। कुछ उदाहरण यहाँ दिये जा रहे है इसी तरह के आप नये प्रयोग भी कर सकते हैं। ध्यान रहे रासायनिक छिड़काव के लिये प्रयोग होने वाले नेपसेक स्प्रेयर का प्रयोग देशी दवा के छिड़काव के लिये न करें। देशी कीटनाशी के छिड़काव के लिए अलग स्प्रेयर रखना चाहिए। छिड़काव शाम को करना चाहिये क्योंकि एक तो शाम को ज्यादा कीट आते हैं और दूसरा धूप और गर्मी में छिड़काव करने से जल्दी उड़कर नष्ट हो जाता है।
3. 200 लीटर पानी में 2 किलो गाय का गोबर, 10 लीटर गाय का मूत्र, 10 किलो नीम के पत्ते, निबोलियाँ तथा पतली टहनियों को कूट कर मिला लें। 48-72 घंटे छाया में रखें दिन में 3 बार हिलाते रहे तत्पश्चात् छानकर एक एकड़ में छिड़काव कर दें यह रस चूसने वाले कीटों के नियंत्रण के लिए प्रभावी है।
4. सूंड़ियों के नियंत्रण के लिये 20 लीटर गौमूत्र, 3 किलो नीम के पत्तों को तथा 2-3 किलो अरंड, करंज, पपीता, अमरूद, तुम्बा इत्यादि कोई 5-7 किस्म के पत्तों को पीस लें। सम्पूर्ण सामग्री को घोलकर उबाल लें उबालते समय ढ़क कर रखें चार उबाल आने के बाद अथवा आधा रह जाने पर पत्ते पीले पड़ने के बाद 48 घंटे तक ढ़क कर ठंडा होने दें इसको छानकर मिट्टी के बर्तन में 6 महीने तक रखा जा सकता है। यदि यह कीटनाशक बगैर उबाले बनानी है तो 7-8 दिन तक ढ़ककर रख दे। इस दौरान दिन में 2-3 बार हिलाते रहें। पत्ते पीले पड़ने पर यह घोल तैयार हो जाता है। बिना उबाले तैयार किया यह मिश्रण ज्यादा दिन तक नहीं रखा जा सकता। प्रयोग विधि एक ही है एक एकड़ में प्रयोग के लिये 10 लीटर पानी, 5 लीटर मूत्र और 3 लीटर ये काढ़ा मिलाकर छिड़काव करें।

5. एक लीटर गोमूत्र को 10 लीटर पानी में मिलाकर छिड़काव करने से भी कीट नियंत्रण होता है।
6. खट्टा मट्ठा (लस्सी) का 3 प्रतिशत घोल (यानी 100 लीटर पानी में 3 लीटर खट्टा मट्ठा/लस्सी) भी फफूंदनाशक और पोषक तत्वों का काम करता है। तांबे का टुकड़ा डालकर रखने से इसकी शक्ति बढ़ जाती है।
7. कीटों अथवा बीमारियों का आक्रमण होने से पहले ही गाय मूत्र या जीवामृत इत्यादि का महीने में दो बार छिड़काव करना लाभदायक रहता है जिससे कीट और बीमारियों की प्रकोप फसल पर नहीं होता है।
8. फैरोमैन ट्रैप और गेंदे के पौधे भी कीट नियंत्रण में सहायक होते हैं पीले प्लास्टिक पर किसी चिपचिपे पदार्थ का लेप करके खेत में 5–7 जगह बैनर की तरह लगाने से कई कीट आकर उस पर चिपक जाते हैं।

नाशी जीव प्रबंधन–जैविक खेती प्रबंधन में रासायनिक कीटनाशकों का प्रयोग वर्जित है। अतः नाशी प्रबंधन प्रमुखतः निम्न विधियों द्वारा किया जाता है।

1. ग्रीष्म कालीन गहरी जुताई करना एवं रोगरोधी प्रजातियों का प्रयोग करना।
2. **यांत्रिक विधियाँ अपनाकर नियंत्रण**– रोग प्रभावित पौधे तथा रोग ग्रसित भाग को अलग कर जलाना। अन्डा तथा लारवा समूहों को इकट्ठा करके नष्ट करना, चिड़ियों के बैठने के स्थान की स्थापना, प्रकाश पिंजरा, चिपचिपी रंगीन पट्टी तथा फैरोमोन ट्रेप आदि।
3. **जैविक नियंत्रण**– नाशी जीवों का भक्षण करने वाले जीव-जन्तु एवं रोगरोधी प्रजातियां नाशी जीव नियंत्रण में सबसे अधिक प्रभावी सिद्ध हुई हैं। ट्राइकोडरमा 40–50 हजार अंडे/हैक्टेयर, चैलोनस ब्लैकबर्नी 15–20 हजार अंडे/हैक्टयर, एपानटेलिस 15–20 हजार अंडे/हैक्टेयर तथा क्राइसोपरला के 5 हजार अंडे/हैक्टयर बुआई के 15 दिन बाद तथा नाशी जीवों का भक्षण करने वाले जीवजन्तु तथा अन्य परजीवी बुआई के 30 दिन बाद प्रयोग करने से नाशी जीवों का नियंत्रण प्रभावशाली ढ़ंग से किया जा सकता है।
4. स्वीकार योग्य वनस्पतिक अर्क या कुछ रसायन जैसे कॉपर सल्फेट, सॉफ्ट सोप आदि द्वारा।

जैविक नाशीजीव नाशकों का प्रयोग–टाईकोडर्मा विरीडी या ट्राईकोडर्मा हारजिएनम या बिबेरिया बेसियाना या स्यूडोमोनास 4 ग्रा/किलो बीज अकेले अथवा संयुक्त रूप से प्रयोग करना अधिकांश बीज जनित या मृदा रोगों के नियंत्रण में प्रभावी है। बाजार में उपलब्ध बिवेरिया वैसियाना, मेटारीजियम एनीसोप्लीआई आदि विशेष नाशीजीवी समुदाय का प्रबंधन कर सकते हैं। बैसीलस बैक्टीरिया के नाशीजीव नाशक कुछ अन्य. कीट जातियों के विरुद्ध प्रभावी है।

- **विषाणु जैव कीटनाशक**–वैक्यूलोवायरस समूह जैसे ग्रेनूलोसिस वायरस (जी.वी.) तथा न्यूक्लियर पॉली हिड्रोसिस वायरस (एन.पी.वी.) का प्रयोग हैलीकोवरपा आर्मीजेरा तथा स्पोडोप्टेरा लिटूरा (250 लार्वा समकक्ष मात्रा) के नियंत्रण में बहुत प्रभावी है।
- **वानस्पतिक कीटनाशक**–बहुत से वृक्ष कीटनाशी गुणों के कारण इनका सत्/अर्क नाशी जीवों के प्रबन्धन में प्रयोग किये जाते है। इसमें नीम सर्वाधिक प्रभावशाली पाया गया है।
- **नीम**–200 नाशी जीव कीटों तथा सूत्रकृमियों के प्रबन्धन में प्रभावी है। ग्रास हॉपर, लीफ हॉपर, प्लांट हॉपर, एफिड, जैसिड, मोंथ तथा इल्ली के लिए नीम अर्क तथा तेल बहुत प्रभावी है।

नीम अर्क–लारवा बीटल, बटर प्लाई, मोंथ, कैटरपिलर, जैसे कोल्सिकन बीन बीटल, कोलोरेडो पुटेटो बीटल तथा डाइमंड बैक मोंथ, एफिडस, सफेद मक्खी, मिलीबग, स्केल्स व्यस्क बग, गैमीट तथा स्पाइडर आदि के लिए बहुत प्रभावी है।

नीम उत्पाद– ग्रासहॉपर, धान की हरी पत्ती हॉपर तथा कपास का जैसिड आदि के लिए बहुत प्रभावी है।

कुछ अन्य नाशी जीव प्रबंधन सूत्र

बहुत से जैविक किसानो तथा गैर-सरकारी संगठनों ने बड़ी संख्या में अग्रणी सूत्र विकसित किये हैं जो विभिन्न नाशी जीवों के प्रबंधन हेतु प्रयोग किये जाते हैं। यद्यपि इन सूत्रों की वैज्ञानिक रूप में वैधता नहीं है, फिर भी उनका किसानों द्वारा बड़े पैमाने पर प्रयोग किया जाना उनकी उपयोगिता का द्योतक है। किसान इन सूत्रों को प्रयोग करने का प्रयास कर सकते हैं क्योंकि ये बिना क्रय के उनके खेत पर ही तैयार किये जा सकते हैं। कुछ लोकप्रिय सूत्र निम्न प्रकार सूचीबद्ध किये गये हैं:

1. गौमूत्र–एक लीटर गौमूत्र 20 ली. पानी में मिलाकर पर्णीय छिड़काव करने से अनेक रोगाणुओं तथा कीटों के प्रबंधन के साथ-साथ फसल वृद्धि उत्प्रेरक (Growth Promoter) का कार्य भी कर सकता है।

2. सड़ा हुआ छाछ पानी–मध्य भारत के कुछ भागों में सड़ा हुआ छाछ पानी, सफेद मक्खी एफिड आदि के प्रबंधन हेतु भी प्रयोग किया जाता है।

3. दश पर्णी सत्–20 किलो नीम पत्ती + 2 किलो निर्गुन्डी पत्ते + 2 किलो सर्पगन्धा पत्ते + 2 किलो गुडुची पत्ते + 2 किलो कस्टर्ड एपिल (शरीफा) पत्ते + 2 किलो करंज पत्ते + 2 किलो अरंड पत्ते + 2 किलो कनेर पत्ते + 2 किलो आक पत्ते + 2 किलो हरी मिर्च लुगदी + 250 ग्राम लहसुन लुगदी + 5 ली. गौ मूत्र + 3 किलो गाय के गोबर को 200

ली. पानी में कुचलें और एक माह तक सड़ने दें। दिन में दो से तीन बार हिलाते रहें। सत् को कुचलने के बाद छानें। सत् छः माह हेतु भंडारित किया जा सकता है तथा एक एकड़ में छिड़काव हेतु पर्याप्त है।

4. नीम गौमूत्र–5 किलो नीम पत्ती पानी में कुचलें। इसमें 5 ली. गौमूत्र तथा 2 किलो गाय का गोबर मिलायें। 24 घंटे तक सड़ने दें। थोड़े-थोड़े अंतराल से हिलायें। सत् को निचोड़कर छाने तथा 100 ली. पानी में पतला करें। एक एकड़ में पर्णीय छिड़काव हेतु प्रयोग करें। इससे चूसने वाले कीटों तथा मिली बग का नियंत्रण किया जा सकता है।

5. मिश्रित पत्तों का सत्

(1) तीन किलो नीम पत्ती 10 ली. गौमूत्र में कुचलें।

(2) दो किलो कस्टर्ड एपिल पत्ते + 2 किलो पपीता पत्ती + 2 किलो अनार पत्ती + 2 किलो अरंडी पत्ती + 2 किलो अमरुद (Guava) पत्ती को पानी में कुचलें। दोनों मिश्रण को मिलायें। थोड़ी-थोड़ी देर के अन्तराल में (5 बार) तब तक उबालें जब तक कि यह घटकर आधा रह जाये। 24 घंटे रखने के बाद निचोड़कर छानें। यह बोतलों में छः माह तक भंडारित किया जा सकता है। 2.0-2.5 ली. सत् में 100 ली. पानी मिलाकर यह घोल एक एकड़ हेतु पर्याप्त है। यह रस चूसने वाले तथा तना तथा फल भेदक कीटों के नियंत्रण में लाभकारी है।

6. मिर्च अदरक का सत–1 किलो बेशरम (Ipomea) पत्ती + 500 ग्राम हरी तीखी मिर्च + 500 ग्राम लहसुन + 500 ग्राम नीम पत्ती। सबको 10 ली. गौमूत्र में कुचलें। इसे तब तक उबालें जब तक कि यह घटकर आधा न रह जाये। इसके पश्चात सत् को निचोड़कर छानें। शीशे या प्लास्टिक की बोतल में भंडारित करें। 2-3 ली. सत् में 100 ली. पानी मिलायें। यह एक एकड़ छिड़काव हेतु पर्याप्त है। यह अर्क पत्ती लपेटक कीट, तना, फल तथा फली भेदक के नियंत्रण में लाभकारी है।

7. प्रभावी कीटनाशी सूत्र 1–एक तांबे के पात्र में 3 किलो कुचली हुई ताजी नीम की पत्तियां एवं 1 किलो नीम की निबौली का चूर्ण (पाउडर) 10 लीटर गौ मूत्र में मिलायें। पात्र को अच्छी तरह से बंद करके 10 दिनों तक सड़ने के लिए रख दें। 10 दिनों बाद इस मिश्रण को तब तक उबालें जब तक कि यह आधा न रह जाये। 500 ग्राम हरी मिर्च कुचलकर एक लीटर पानी में डालकर रात भर के लिए छोड़ दें। एक दूसरे पात्र में 250 ग्राम लहसुन को पानी में डालकर रात भर के लिए छोड़ दें। अगले दिन उबला हुआ मिश्रण, हरी मिर्च का सत् और लहसुन का सत् एक साथ मिला दें। अच्छी तरह से मिलाकर इसे छान लें। यह व्यापक प्रभावी कीटनाशक बन गया है, इसका उपयोग सभी फसलों में विभिन्न प्रकार के कीटों की रोकथाम के लिए कर सकते है। इस कीटनाशक की 250 मि.ली. मात्रा को 15 लीटर पानी में मिलाकर छिड़काव करें।

8. प्रभावी कीटनाशी सूत्र 2–5 किलो नीम की निबौली का चूर्ण (पाउडर), 1 किलो करंज के बीजों का चूर्ण, 5 किलो बारीक कटी बेशरम/बेहया की पत्तियां एवं 5 किलो नीम

की बारीक कटी पत्तियाँ 200 लीटर क्षमता वाले ड्रम में डालें। इसमें 10 से 12 लीटर गौमूत्र डालकर ड्रम को 150 लीटर तक पानी से भर दें। ड्रम को ऊपर से अच्छी तरह बंद करके 8 से 10 दिनों तक सड़ने के लिए छोड़ दें। 8 दिनों बाद मिश्रण को अच्छी तरह मिला कर आसवित करें। यह आसवित अर्क एक अच्छा कीटनाशक होने के साथ-साथ एक अच्छा वृद्धि कारक भी है। 150 लीटर मिश्रण से प्राप्त अर्क एक एकड़ भूमि के लिए पर्याप्त है। इसे समुचित घोल बनाकर छिड़काव करें। कुछ महीनों तक इसे रखे रहने पर भी इस पर कोई प्रतिकूल प्रभाव नहीं पड़ता है।

9. ब्रह्मास्त्र–फसलों पर कीट से बचाव के लिए ब्रह्मास्त्र बहुत फायदेमंद होता है। ये बड़ी सूंडी इल्लियों और अन्य कई तरह के कीटों पर नियंत्रण के लिए काम आता है।

ब्रह्मास्त्र बनाने की सामग्री:

- 10 लीटर गोमूत्र
- 3 किलोग्राम नीम की पत्ती
- 2 किलोग्राम करंज की पत्ती
- 2 किलोग्राम सीताफल की पत्ती
- 2 किलोग्राम बेल के पत्ते
- 2 किलोग्राम अरंडी की पत्ती
- 2 किलोग्राम धतूरा के पत्ते

ब्रह्मास्त्र को बनाने के लिए ऊपर दी गई सामग्रियों में से कोई भी पाँच सामग्रियों का चयन करें। सभी पत्तियों को एक साथ अच्छे से पीस लें। इस मिश्रण को मिट्टी के बर्तन में डाल कर 20 लीटर पानी मिलाकर उबाल लें। जब चार उबाल आ जाए तो इसे उतारकर दो से तीन दिन छाया में ठंडा होने के लिए रख दें। इसके बाद इसमें गौमूत्र मिलाये और कपड़े से छानकर मिट्टी के बर्तन में स्टोर करने के लिए रख दें। इसे धूप से बचाना जरूरी है। इस ब्रह्मास्त्र का इस्तेमाल छह महीने तक कर सकते हैं। एक एकड़ भूमि के लिए 200 लीटर पानी में 7 से 10 लीटर ब्रह्मास्त्र मिला कर छिड़काव करना चाहिए।

10. नीमास्त्र–नीमास्त्र का प्रयोग रस चूसने वाले कीट (Nymph and Sucking insects) और छोटी सूंडी (Larva) के नियंत्रण के लिए किया जाता है।

नीमास्त्र की सामग्री:

- 20 लीटर गौमूत्र
- 1 किलोग्राम गाय का गोबर

- 3 किलोग्राम नीम की पत्ती
- 2.5 किलोग्राम धतूरे के पत्ते
- 2.5 किलोग्राम आक के पत्ते

नीमास्त्र को बनाने के लिए सबसे पहले मिट्टी के बर्तन में नीम, धतूरे और आक की पत्तियों की चटनी बना लें। इसके बाद मिश्रण को पानी में उबालें। चार उबाल आने के बाद इसे 2 से 3 दिन ठंडा होने के लिए रख दें। इसके बाद इसमें गौमूत्र और गाय का गोबर डालकर अच्छे से मिला लें। फिर 2 से 3 दिन के लिए जालीदार कपड़े से ढ़क दें। नीमास्त्र का प्रयोग छह महीने तक कर सकते हैं। एक एकड़ भूमि के लिए 200 लीटर पानी में 7 से 10 लीटर नीमास्त्र मिलाकर छिड़काव करना उपयुक्त है।

11. अग्नि अस्त्र–अग्नि अस्त्र का उपयोग फसलों में तना कीट, फलों में लगने वाली सूंडी और इल्ली के प्रकोप से बचाने के लिए किया जाता है।

अग्नि अस्त्र बनाने की सामग्री:

- 20 लीटर गौमूत्र
- 5 किलोग्राम नीम की पत्ती
- आधा किलोग्राम तम्बाकू पाउडर
- आधा किलोग्राम हरी तीखी मिर्च
- आधा किलोग्राम लहसुन

अग्नि अस्त्र को बनाने के लिए ऊपर दी गई सभी सामग्रियों को मिट्टी के बर्तन में 20 लीटर पानी डालकर आग में उबालें। चार उबाल आ जाए तो इसे दो से तीन दिन ठंडा होने के लिए रख दें। हर 12 घंटे के अंतराल में इसे मिलाते रहें। इसके बाद गौमूत्र मिलाकर मिश्रण को छाया में रख दें।

अग्नि अस्त्र का प्रयोग तीन महीने तक कर सकते हैं। एक एकड़ के लिए 200 लीटर पानी में 5 से 6 लीटर अग्नि अस्त्र मिला कर छिड़काव करना चाहिए।

रासायनिक कीटनाशक (Chemical Insecticide) जहाँ दुश्मन कीट (Enemy Insects) के साथ-साथ मित्र कीटों को भी नुकसान पहुँचाते हैं। खेती के ये तीन अस्त्रों से मित्र कीटों (Friendly Insects) को नुकसान नहीं होता। इन अस्त्रों का प्रयोग सिंचाई के बाद शाम को 4 बजे के बाद करना चाहिए क्योंकि उस समय फसल पर मित्र कीट नहीं रहते। इन सभी का इस्तेमाल बारी-बारी से सप्ताह में एक बार करना चाहिए। पहले हफ्ते ब्रह्मास्त्र का इस्तेमाल कर रहे हैं तो अगले हफ्ते नीमास्त्र और फिर उसके बाद अग्नि अस्त्र का इस्तेमाल करना चाहिए।

जैविक कीटनाशी (बायो पेस्टी साइड)

जैविक रसायन (बायो पेस्टीसाइड) फफूंदी, बैक्टीरिया, विषाणु तथा वनस्पति आधारित उत्पाद हैं जो फसलों, सब्जियों एवं फलों को कीटों एवं रोगों से सुरक्षित कर उत्पादन बढ़ाने में सहयोग प्रदान करते हैं जिससे मनुष्यों के स्वास्थ्य एवं पर्यावरण को कोई भी क्षति नहीं होती है।

बायो एजेन्ट

जैविक एजेन्ट (बायो एजेन्ट्स) मुख्य रूप से परभक्षी (प्रीडेटर) जैसे प्रेइंग मेन्टिस, इन्द्र गोप भृंग, ड्रेगेन फ्लाई, किशोरी मक्खी, क्रिकेट (झींगुर), ग्राउन्ड बीटल, मिडो ग्रास हॉपर, वाटर बग, मिरिड बग, क्राइसोपर्ला, जाइगोग्रामा बाइकोलोराटा, मकड़ी आदि एवं परजीवी (पैरासाइट) जैसे ट्राइकोग्रामा कोलोनिस, कम्पालेटिस क्लोरिडी, एपैन्टेलिस, सिरफिड फ्लाई, इपीरीकेनिया मेंलानोल्यूका आदि कीट होते हैं, जो मित्र कीट की श्रेणी में आते हैं। उक्त कीट शत्रु कीटों एवं खरपतवारों को खाते हैं। इसमें से कुछ कीट जिनका प्रयोगशाला स्तर पर अभी पालन सम्भव नहीं हो पाया है उनको खेत/फसल वातावरण में ही संरक्षित किया जा रहा है। मकड़ी कीट वर्ग में नहीं आता है परन्तु परभक्षी होने के कारण मित्र कीट की श्रेणी में आती है। बायोएजेन्टस कीटनाशी अधिनियम में पंजीकृत नहीं है तथा इनकी गुणवत्ता, गुण नियंत्रण प्रयोगशाला द्वारा सुनिश्चित नहीं की जा सकती है। कुछ प्रभावी बायो एजेन्ट्स का विस्तृत विवरण निम्नवत् है।

1. ट्राइकोग्रामा– ट्राइकोग्रामा एक अत्यन्त सूक्ष्म कीट (ततैया) है जो अनेक प्रकार के शत्रु कीटों पर आक्रमण करता है। यह एक अंडा परजीवी है जो शत्रु कीट के अंडों में अपना अंडा देकर उन्हें नष्ट कर देता है। इस प्रकार यह एक जीवित कीटनाशक का कार्य करता है जो सिर्फ अपने लक्षित शत्रु कीट को मारता है तथा मनुष्य एवं पशुओं के स्वास्थ्य पर कुप्रभाव छोड़े बिना, पर्यावरण को भी सुरक्षित रखता है। ट्राइकोग्रामा के उत्पादन के लिए कोरसाइरा नामक पतंगों को पाला जाता है पतंगों के अण्डों को इकट्ठा कर पोस्टकार्ड के आकार के कागज पर गोंद की सहायता से चिपका देते हैं इसे ट्राइकोकार्ड कहते हैं। ट्राइकोग्रामा कोरसाइरा के अंडों में अंडे देती हैं। चार दिनों के पश्चात् सारे अंडे काले पड़ जाते हैं। आठवें दिन में खेत में छोड़ने योग्य हो जाते हैं। एक ट्राइकोकार्ड में लगभग 20000 परजीवी अंडे होते हैं।

इसके लिए ट्राइकोकार्ड को छोटे-छोटे टुकड़ों में काटकर पत्तियों की निचली सतह पर स्टेपलर द्वारा लगा देते हैं। इस विधि से ट्राइकोकार्ड का समान वितरण पूरे खेत में हो जाता है। यह ट्राइकोकार्ड को शाम के समय लगाना चाहिए क्योंकि दिन में तेज गर्मी तथा धूप होने से इन कीटों पर प्रतिकूल प्रभाव पड़ता है। इसको लगाने के कुछ ही घंटों में ट्राइकोकार्ड स्थित परजीवी अंडे से ट्राइकोग्रामा के व्यस्क निकलने शुरू हो जाते है। व्यस्क ट्राइकोग्रामा

प्रजनन के लिए मिलते हैं तत्पश्चात् ट्राइकोग्रामा अंडे देने के लिए अपने शत्रु के अंडे खोजना शुरू कर देती है जैसे-जैसे अंडे मिलते जाते हैं वह इनमें एक-एक अंडे देती रहती है एक मादा ट्राइकोग्रामा 30-40 अंडों को परिजीवित करती है।

फसल	शत्रु कीट	मात्रा
धान	तना छेदक	एक लाख ट्राइकोग्रामा जैपोनिकम (5 ट्राइकोकार्ड/है./सप्ताह) तीन सप्ताह लगातार
	पत्ती लपेटक	1.5 लाख ट्राइकोग्रामा जेपोनिकम (8 कार्ड/है./सप्ताह) तीन सप्ताह लगातार
मक्का	तना छेदक	1.5 लाख ट्राइकोग्रामा किलोनिस अंकुरण के 12वें तथा 22वें दिन पर (8 कार्ड/हे.)
गोभी	गोभी का पतंगा	50 हजार ट्राइकोग्राम बैक्टी (3 कार्ड/है.) 45 दिन पश्चात् प्रति सप्ताह 6 बार लगातार।

2. मेटाजियम एनीसोप्ली–मृदा में पाई जानी वाली फफूंद है जो भृंग, तितली व पतगें, बग, चींटी एवं ततैया तथा टिड्डी वर्ग के कीटों पर आक्रमण करते हैं। इसके द्वारा हानिकारक कीट जैसे स्पिटल बग (गन्ना), धान का भूरा महुआ, गोभी का पतंगा, सेमीलूपर, कटुआ कीट, मिली बग आदि का नियंत्रण करती है।

इसको पानी में तैयार घोल का मृदा एवं फसलों पर फैलाया जाता है। मृदा में प्रयोग करने पर इस घोल को 50 किलोग्राम गोबर की खाद में मिलाकर प्रति एकड़ की दर से छिड़काव किया जाता है। आलू तथा गन्ना बोने के पहले खेत में डालकर अच्छी प्रकार से जुताई कर दी जाती है। पाइरिला के नियंत्रण के लिए छिड़काव के साथ-साथ जीवित व्यस्क कीड़ों को कीटशाला में लाकर इस फफूंदी से ग्रसित कराया जाता है। इस रोग से ग्रसित पायरिला कीटों को नमी की अवस्था में गन्ने की फसल पर छोड़ा जाता है। जहाँ यह अन्य कीड़ों में रोग फैलाकर मार देते हैं। इसके प्रयोग करने पर रासायनिक फफूँदी नाशक का प्रयोग नहीं करना चहिए।

3. बैसीलस थूरिजियेंसिस (बी.टी.)–यह मृदा में पाये जाने वाले बैक्टीरिया हैं जो अनेक प्रकार के कीटों के अतिरिक्त कृमियों (नीमेटोड) को भी मारता है। इसके आक्रमण से कीड़ों की आहार नली तथा मुख निष्क्रिय हो जाते हैं तथा कीट तुरन्त मर जाता है। यह पाउडर तथा तरल रूप में उपलब्ध होता है। टमाटर, मिर्च, भिन्डी, धान, कपास तथा नींबू के पिस्सुओं के नियंत्रण के लिए 10 से 15 किग्रा/है. की दर से छिड़काव करते हैं।

कीट विषाणु (वायरस)–यह बैकुलो वायरस होते हैं जो अपने विशेष शत्रु कीट में ही पलते बढ़ते हैं और उन्हें रोगग्रसित कर मार डालते हैं। ये अपने शत्रु कीटों को छोड़कर, पौधों, मनुष्यों तथा अन्य किसी भी प्रकार के जीव जन्तुओं पर कोई प्रभाव नहीं डालते हैं। यह दो प्रकार के होते हैं।

ग्रेनुलोवायरस–गन्ने के शीर्ष छेदक कीट के लिए इसका प्रयोग करने के पश्चात् 5-8 दिनों बाद लक्षण प्रकट होते हैं। इससे प्रभावित लार्वा खाना छोड देता है, शिथिल पड़ जाते हैं, पेट दूधिया सफेद पड़ जाता है तथा कीट 8-22 दिनों में मर जाते हैं। इसका प्रयोग 250 एल.ई. (750 ग्रसित लार्वा) 200 लीटर पानी में 100 मिली टीपॉल मिलाकर प्रति एकड़ की दर से दो बार गन्ना बोने के 35वें तथा 50वें दिन पर छिड़काव करना प्रभावी है।

न्यूक्लियर पॉलीहिड्रोसिस वायरस (एनपीवी)–इसका प्रयोग सोयाबीन, चना, अरहर, मूँगफली तथा गोभी में हानि पहुँचाने वाले तम्बाकू एवं फली छेदक सूंडी के नियंत्रण के लिए किया जाता है। इसके प्रयोग से कीट द्वारा भोजन न करना, शिथिल हो जाना, फूलना, त्वचा फटना, सफेद श्राव निकलना तथा उल्टा लटककर मर जाता है। 250 एलई (500 मिली को 125 लीटर पानी, 0.5 प्रतिशत गुड़ तथा 0.01 प्रतिशत साबुन घोल मिलाकर प्रति है) की दर से शाम के समय छिड़काव करते हैं। यह छिड़काव तब तक करना चाहिए जब तक कि फसल में एक लार्वा प्रति पौधा नजर आता रहे। आवश्यकतानुसार फसल पर दो बार छिड़काव किया जा सकता है।

चना, टमाटर एवं मूँगफली में फली छेदक कीट के नियंत्रण के लिए इसका प्रयोग किया जाता है। इससे प्रभावित लार्वा चमकदार पीला हो जाता है, शरीर के अन्दर सब कुछ घुल जाता है शरीर से श्राव निकलने के साथ लटककर मर जाता है। 100 एलई (200 मिली) को 200-400 लीटर पानी, 5 प्रतिशत गुड़ और 0.01 प्रतिशत टीपॉल के साथ मिलाकर शाम को छिड़काव तब तक करना चाहिए जब 7 लार्वा प्रति 20 पौधों पर नजर आएँ।

अध्याय 14

प्राकृतिक कीटनाशी/जैविक एजेन्ट द्वारा कीट-रोग नियंत्रण

कृषि रक्षा रसायनों के प्रयोग से जहाँ कीटों/रोगों एवं खरपतवारों में इन रसायनों के प्रति सहनशक्ति उत्पन्न हो रही है और कीटों के प्राकृतिक शत्रु (मित्र कीट) कुप्रभावित हो रहे हैं, वही कीटनाशकों के अवशेष खाद्य पदार्थों, मिट्टी, जल एवं वायु की गुणवत्ता को खराब कर प्रकृति एवं मानव स्वास्थ्य को हानि पहुँचा रहे हैं। कीटनाशी रसायनों के हानिकारक प्रभावों से बचने के लिए जैविक कीटनाशी/जैविक एजेन्ट का प्रयोग नितान्त आवश्यक है।

जैविक कीटनाशी के प्रयोग से निम्नलिखित लाभ प्राप्त होते हैं:

1. जीवो एवं वनस्पतियों पर आधारित उत्पाद होने के कारण जैविक कीटनाशी मृदा में अपघटित हो जाते हैं तथा उनका कोई भी अंश अवशेष नहीं रहता।
2. जैविक कीटनाशी केवल लक्षित कीटों/रोगों को प्रभावित करते हैं, मित्र कीटों पर इनका कोई दुष्प्रभाव नहीं पड़ता है।
3. जैविक कीटनाशकों के प्रयोग से कीटों/रोगों में सहनशीलता अथवा प्रतिरोधक क्षमता उत्पन्न नहीं होती जिससे जैविक कीटनाशक हमेशा प्रासंगिक बने रहते हैं।
4. जैविक कीटनाशकों के प्रयोग के तुरन्त बाद फलों, सब्जियों आदि को प्रयोग में लाया जा सकता है, जबकि कीटनाशी रसायंनों के प्रयोग के बाद फलों, सब्जियों आदि का प्रयोग तुरन्त नहीं किया जा सकता है।
5. जैविक कीटनाशकों के सुरक्षित होने के कारण इनके प्रयोग से उत्पादित फल, सब्जियाँ, खाद्यान्न आदि अच्छे मूल्यों पर बिक जाते हैं, जिससे कृषकों की आर्थिक स्थिति सुदृढ़ हो जाती है।

1. ट्राइकोडरमा विरिडी/ट्राइकोडरमा हरजियानम

ट्राइकोडरमा फफूंद पर आधारित घुलनशील जैविक फफूंदनाशक है। ट्राइकोडरमा विरिडी 1 प्रतिशत डब्लू. पी., 1.5 डब्लू. पी., 5 प्रतिशत डब्लू. पी. तथा ट्राइकोडरमा हरजियानम 0.5 प्रतिशत डब्लू. एस., 1.0 प्रतिशत डब्लू. पी., 2.0 डब्लू. पी. के फार्मुलेशन में उपलब्ध है। ट्राइकोडरमा विभिन्न प्रकार की फसलों, फलों एवं सब्जियों में जड़ सड़न, तना सड़न, डैम्पिंग आफ, उकठा, झुलसा आदि फफूंदजनित रोगो में लाभप्रद पाया जाता है। धान, गेहूँ, दलहनी फसलों, गन्ना, कपास, सब्जियों, फलों आदि में फफूंद जनित रोगों में यह प्रभावी रोकथाम

करता है। ट्राइकोडरमा के कवक तंतु हानिकारक फफूंदी के कवक तंतुओं को लपेटकर या सीधे अन्दर घुसकर उसका रस चूस लेते हैं। इसके अतिरिक्त भोजन स्पर्धा के द्वारा कुछ ऐसे विषाक्त पदार्थ का श्राव करते हैं, जो सुरक्षा दीवार बनाकर हानिकारक फफूँदी से सुरक्षा देते हैं। ट्राइकोडरमा के प्रयोग से बीजों का अंकुरण अच्छा होता है तथा फसले फफूँदजनित रोगों से मुक्त रहती हैं। नर्सरी में ट्राइकोडरमा के प्रयोग करने पर बीजों का जमाव एवं पौधे की वृद्धि अच्छी होती है। ट्राइकोडरमा की सेल्फ लाइफ एक वर्ष की होती है।

ट्राइकोडरमा का प्रयोग निम्न प्रकार से कर सकते हैं:

1. बीज शोधन हेतु 4-5 ग्राम ट्राइकोडरमा प्रति किग्रा. बीज की दर से प्रयोग कर बुआई करना चाहिए।
2. कन्द एवं नर्सरी पौध उपचार हेतु 5 ग्राम ट्राइकोडरमा प्रति लीटर पानी की दर से घोलकर उसमे कन्द एवं नर्सरी के पौधों की जड़ को शोधित कर बुआई/रोपाई करना चाहिए।
3. भूमिशोधन हेतु 2.5 किग्रा. प्रति है. ट्राइकोडरमा को 65-70 किग्रा. गोबर की खाद में मिलाकर हल्के पानी का छीटा देकर 8-10 दिन तक छाया में रखने के उपरान्त बुआई से पूर्व आखिरी जुताई के समय भूमि में मिला देना चाहिए।
4. बहुवर्षीय पेड़ों की जड़ के चारों तरफ 1-2 फीट चौड़ा एवं 2-3 फीट गहरा गड्ढा पौधे के आकार के अनुसार खोदकर प्रति पौधा 100 ग्राम ट्राइकोडरमा को 8-10 किग्रा. गोबर की खाद में मिलाकर 8-10 दिन बाद तैयार ट्राइकोडरमायुक्त गोबर की खाद को मिट्टी में मिलाकर गड्ढ़ों की भराई करनी चाहिए।
5. खड़ी फसल में फफूँदीजनित रोगों के नियंत्रण हेतु 2.5 किग्रा. प्रति है. की दर से 400-500 ली. पानी में घोलकर सायंकाल छिड़काव करें जिसे आवश्यकतानुसार 15 दिन के अंतराल पर दोहराया जा सकता है।
6. अरहर में जड़ सड़न एवं उकठा रोग के नियंत्रण हेतु ट्राइकोडरमा विरिडी 1 प्रतिशत डब्लू.पी. 4 ग्राम प्रति किग्रा. बीज दर से बीजशोधन तथा 5 किग्रा. लगभग 100 किग्रा. गोबर की खाद में मिलाकर प्रति है. की दर से भूमिशोधन करना चाहिए।
7. चना में उकठा रोग के नियंत्रण हेतु ट्राइकोडरमा विरिडी 1 प्रतिशत डब्लू.पी. 5 ग्राम प्रति किग्रा. बीज दर से बीजशोधन तथा जड़ सड़न के नियंत्रण हेतु 5 किग्रा. लगभग 100 किग्रा. गोबर की खाद में मिलाकर प्रति है. की दर से भूमिशोधन करना चाहिए।
8. मूंग और उड़द में जड विगलन रोग के नियंत्रण हेतु ट्राइकोडरमा विरिडी 1 प्रतिशत डब्लू.पी. 4 ग्राम प्रति किग्रा. बीज दर से बीजशोधन करना चाहिए।
9. टमाटर तथा बैंगन जैसी सब्जियों में उकठा से बचाव के लिए ट्राइकोडरमा हरजियानम 1 प्रतिशत डब्लू. पी. 20 ग्राम प्रति किग्रा. बीज की दर से बीजशोधन करना चाहिए।

10. मक्का में जड़ सड़न के लिए ट्राइकोडरमा हरजियानम 2 प्रतिशत डब्लू.पी. 20 ग्राम प्रति किग्रा. बीज दर से बीजशोधन करना चाहिए।
11. ट्राइकोडरमा के प्रयोग से पहले एवं बाद में रासायनिक फफूँदनाशक का प्रयोग नहीं करना चाहिए।

2. ब्यूवेरिया बैसियाना

ब्यूवेरिया बैसियाना फफूंद पर आधारित जैविक कीटनाशक है। ब्यूवेरिया बैसियाना 1 प्रतिशत डब्लू.पी. एवं 1.15 प्रतिशत डब्लू.पी. के फार्मुलेशन में उपलब्ध है, जो विभिन्न प्रकार की फसलों, फलों एवं सब्जियों में लगने वाले फलीबेधक, पत्ती लपेटक, पत्ती खाने वाले कीट, चूसने वाले कीटो, भूमि में दीमक एवं सफेद गिडार आदि की रोकथाम के लिए लाभकारी है। ब्यूवेरिया बैसियाना अधिक आर्द्रता एवं कम तापक्रम पर अधिक प्रभावी होता है। ब्यूवेरिया बैसियाना के प्रयोग से पहले एवं बाद में रासायनिक फफूंदनाशक का प्रयोग नहीं करना चाहिए। ब्यूवेरिया बैसियाना की सेल्फ लाइफ एक वर्ष है।

ब्यूवेरिया बैसियाना के प्रयोग की विधि निम्नवत् है:

1. भूमिशोधन हेतु ब्यूवेरिया बैसियाना की 2.5 किग्रा. प्रति हेक्टेयर 65-70 किग्रा. गोबर की खाद में मिलाकर अन्तिम जुताई के समय प्रयोग करनी चाहिए।
2. खड़ी फसल में कीट नियंत्रण हेतु 2.5 किग्रा. प्रति हेक्टेयर की दर से 400-500 लीटर पानी में घोलकर सायंकाल छिड़काव करे, जिसे आवश्यकतानुसार 15 दिन के अन्तराल पर दोहराया जा सकता है।
3. धान में पत्ती लपेटक के लिए ब्यूवेरिया बैसियाना 1.15 प्रतिशत डब्लू. पी. 2.5 किग्रा. प्रति हेक्टेयर की दर से 400-500 ली. पानी में मिलाकर छिड़काव करना चाहिए।
4. चना में फली भेदक के नियंत्रण हेतु ब्यूवेरिया बैसियाना 1 प्रतिशत डब्लू. पी. 3.0 किग्रा. प्रति हेक्टेयर की दर से 500 ली. पानी में मिलाकर छिड़काव करना चाहिए।
5. भिण्डी में फली भेदक के नियंत्रण हेतु ब्यूवेरिया बैसियाना 1 प्रतिशत डब्लू. पी. 4-5 किग्रा. प्रति हेक्टेयर की दर से 400-500 ली. पानी में मिलाकर छिड़काव करना चाहिए।

3. मेटाराइजियम एनिसोप्ली

मेटाराइजियम एनिसोप्ली फफूंद पर आधारित जैविक कीटनाशक है। मेटाराइजियम एनिसोप्ली 1 प्रतिशत डब्लू.पी. एवं 1.15 प्रतिशत डब्लू.पी. के फार्मुलेशन में उपलब्ध है, जो विभिन्न प्रकार की फसलों, फलों एवं सब्ज्यिों में लगने वाले फलीभेदक, पत्ती लपेटक, पत्ती खाने वाले कीट, चूसने वाले कीटों, भूमि में दीमक एवं सफेद गिडार आदि की रोकथाम के लिए लाभकारी है। मेटाराइजियम एनिसोप्ली कम आद्रता एवं अधिक तापमान पर अधिक

प्रभावी होता है। मेटाराइजियम एनिसोप्ली के प्रयोग से 15 दिन पहले एवं बाद में रासायनिक फफूँदनाशक का प्रयोग नहीं करना चाहिए। मेटाराइजियम एनिसोप्ली की सेल्फ लाइफ एक वर्ष है।

मेटाराइजियम एनिसोप्ली के प्रयोग की विधि निम्नानुसार है:

1. भूमिशोधन हेतु मेटाराइजियम एनिसोप्ली की 2.5 किग्रा. प्रति हैक्टेयर 65–70 किग्रा. गोबर की खाद में मिलाकर अन्तिम जुताई के समय प्रयोग करना चाहिए।
2. खड़ी फसल में कीट नियंत्रण हेतु 2.5 किग्रा. प्रति हैक्टेयर की दर से 400–500 लीटर पानी में घोलकर सायंकाल छिड़काव करें जिसे आवश्यकतानुसार 15 दिन के अंतराल पर दोहराया जा सकता है।
3. धान में भूरे फुदके के लिए मेटाराइजियम एनिसोप्ली 1.15 प्रतिशत डब्लू.पी. 2.50 किग्रा. प्रति हैक्टेयर की दर से 500 लीटर पानी में घोलकर छिड़काव करें।
4. बैंगन में तना एवं फलीभेधक के लिए मेटाराइजियम एनिसोप्ली 1 प्रतिशत डब्लू. पी. 2.50–5.00 किग्रा. प्रति हैक्टेयर की दर से 400–500 लीटर पानी में घोलकर छिड़काव करें।

4. वर्टीसीलियम लैकानी

वर्टीसीलियम लैकानी फफूंद पर आधारित जैविक कीटनाशक है। वर्टीसीलियम लैकानी 1.0 प्रतिशत डब्लू.पी., 1.15 प्रतिशत डब्लू.पी. के फार्मुलेशन में उपलब्ध है जो विभिन्न प्रकार के फसलों में रस चूसने वाले कीटों यथा सिल्क कीट, माँहू, थ्रिप्स, जैसिड, मिली बग आदि की रोकथाम के लिए लाभकारी है। वर्टीसीलियम लैकानी के प्रयोग से 15 दिन पहले एवं बाद में रासायनिक फफूंदनाशक का प्रयोग नहीं करना चाहिए। वर्टीसीलियम लैकानी की सेल्फ लाइफ एक वर्ष है।

वर्टीसीलियम लैकानी का प्रयोग निम्न प्रकार से करते हैं:

1. खड़ी फसल में कीट नियंत्रण हेतु 2.5 किग्रा. प्रति हैक्टेयर की दर से 400–500 लीटर पानी में घोलकर सायंकाल छिड़काव करे, जिसे आवश्यकतानुसार 15 दिन के अंतराल पर दोहराया जा सकता है।
2. कपास में सफेद मक्खी के नियंत्रण के लिए वर्टीसीलियम लैकानी 1.15 प्रतिशत डब्लू.पी. 2.50 किग्रा. प्रति हैक्टेयर की दर से 500 लीटर पानी में घोल बनाकर छिड़काव करें।
3. नींबू में मिलीबग के नियंत्रण के लिए वर्टीसीलियम लैकानी 1.15 प्रतिशत डब्लू.पी. 2.50 किग्रा. प्रति हैक्टेयर की दर से 550 लीटर पानी में घोल बनाकर छिड़काव करें।

5. स्यूडोमोनास फ्लोरेसेंस

स्यूडोमोनास फ्लोरेसेंस बैक्टीरिया पर आधारित जैविक फफूंदीनाशक/जीवाणुनाशक है। स्यूडोमोनास फ्लोरेसेंस 0.5 प्रतिशत डब्लू.पी., 1 प्रतिशत डब्लू.पी., 1.5 प्रतिशत डब्लू.पी. एवं 1.75 डब्लू.पी. के फार्मुलेशन में उपलब्ध है जो विभिन्न प्रकार की फसलों, फलों, सब्जियों एवं गन्ने में जड़ सड़न, तना सड़न, डैम्पिंग आफ, उकठा, लाल सड़न, जीवाणु धारी आदि फफूँदीनाशक/जीवाणुनाशक रोगों के नियंत्रण के लिए प्रभावी पाया गया है। स्यूडोमोनास फ्लोरेसेन्स के प्रयोग के 15 दिन पहले एवं बाद में रासायनिक फफूंदनाशक का प्रयोग नहीं करना चाहिए। स्यूडोमोनास फ्लोरेसेन्स की सेल्फ लाइफ एक वर्ष है।

स्यूडोमोनास फ्लोरेसेन्स का प्रयोग निम्नवत् है:

1. बीजशोधन हेतु 10 ग्राम स्यूडोमोनास को 15-20 मिली. पानी की दर से घोल (स्लरी तैयार करके एक किग्रा.) बीज को उपचारित कर छाया में सुखाने के उपरान्त बुआई कर देनी चाहिए।
2. नर्सरी पौध उपचार हेतु 10 ग्राम स्यूडोमोनास को 1 लीटर पानी की दर से घोल (स्लरी) तैयार कर पौध उपचार अथवा 50 ग्राम स्यूडोमोनास को 5 लीटर पानी में घोलकर एक वर्ग मीटर क्षेत्रफल के क्यारियों में छिड़काव करना चाहिए जिससे भूमि जनित रोगों से बचाव किया जा सकता है।
3. भूमिशोधन हेतु 1 किग्रा. स्यूडोमोनास प्रति हैक्टेयर 10-20 किग्रा. महीन बालू में मिलाकर बुवाई/रोपाई से पूर्व उर्वरको की तरह भुरकाव करना लाभप्रद होता है। 1 किग्रा. स्यूडोमोनास को 100 किग्रा. गोबर की खाद में मिलाकर लगभग 5 दिन रखने के उपरान्त बुआई से पूर्व भूमि में मिलाया जा सकता है।
4. धान की फसल में ब्लास्ट रोग के नियत्रण हेतु स्यूडोमोनास फ्लोरेसेन्स 0.5 प्रतिशत डब्लू.पी. 1 किग्रा. प्रति है. की दर से पर्णीय छिड़काव करने से लाभ होता है।
5. धान में बैक्टीरियल ब्लाइट के नियंत्रण हेतु स्यूडोमोनास फ्लोरेसेन्स 1.5 प्रतिशत डब्लू. पी. 5 ग्राम बीज की दर से बीजशोधन करना चाहिए।
6. गेहूं में कण्डुवा रोग के नियंत्रण हेतु स्यूडोमोनास फ्लोरेसेन्स 1.75 प्रतिशत डब्लू.पी. 5 ग्राम बीज की दर से बीजशोधन करें अथवा 5 ग्राम स्यूडोमोनास फ्लोरेसेन्स 1.75 प्रतिशत डब्लू.पी. प्रति लीटर पानी में धोलकर छिड़काव करें।

6. बैसीलस थूरोजियेन्सिस

बैसीलस थूरोजियेन्सिस बैक्टीरिया पर आधारित जैविक कीटनाशक है बैसीलस थूरोजियेन्सिस प्रजाति कर्सटकी 0.5 प्रतिशत डब्लू.पी., 2.5 प्रतिशत ए.एस., 3.5 प्रतिशत ई.एस. एवं 5 प्रतिशत डब्लू.पी. के फार्मूलेशन में उपलब्ध है। बैसीलस थूरोजियेन्सिस विभिन्न प्रकार की फसलों, सब्जियों एवं फलों में लगने वाले लेपिडोप्टेरा कुल के फली भेधक, पत्ती खाने वाले

कीटों की रोकथाम के लिए लाभकारी है। बैसीलस थूरोजियेन्सिस के प्रयोग के 15 दिन पूर्व या बाद में रासायनिक जीवाणुनाशी का प्रयोग नहीं करना चाहिये। बैसीलस थूरोजियेन्सि की सेल्फ लाइफ एक वर्ष है।

1. चने में फलीभेधक के लिए बैसीलस थूरोजियेन्सिस प्रजाति कर्सटकी 0.5 प्रतिशत डब्लू.पी की 2 किग्रा. प्रति हेक्टेयर की दर से लगभग 500 लीटर पानी में घोल बनाकर छिड़काव करें।
2. अरण्डी में सेमीलूपर के लिए बैसीलस थूरोज़ियेन्सिस कर्सटकी 0.5 प्रतिशत डब्लू.पी. 400 ग्राम प्रति हैक्टेयर की दर से 250-300 लीटर पानी मे घोल बनाकर छिड़काव करें।
3. कपास में बालवर्म के लिये बैसीलस थूरोजियेन्सिस कर्सटकी 3.5 प्रतिशत ई.एस. की 750 मिली. से 1 लीटर प्रति हैक्टेयर की दर से 750-1000 लीटर पानी में घोल बनाकर छिड़काव करें।

7. न्यूक्लियर पालीहेड्रोसिस वायरस (एन.पी.वी.)

एन.पी.वी. वायरस पर आधारित जैविक कीटनाशक है, जो चना एवं तम्बाकू की सूडी के नियंत्रण के लिए प्रयोग में लाया जाता है। चने की सूंडी से बना हुआ जैविक कीटनाशक एन.पी.वी. (एच.) 0.43 प्रतिशत ए.एस. एवं 2 प्रतिशत ए.एस. में उपलब्ध है। इसी प्रकार तम्बाकू की सूडी से बना हुआ जैविक कीटनाशी एन.पी.वी. (एस.) 0.5 प्रतिशत ए.एस. के फार्मुलेशन में उपलब्ध है। चने की सूंडी से बना हुआ एन.पी.वी. चने की सूंडी पर तथा तम्बाकू की सूंडी से बना हुआ एन.पी.वी. तम्बाकू की सूडी पर ही प्रभावी है। कीट की सूंडी के द्वारा वायरस युक्त पत्ती या फली खाने के 3 दिन बाद सूंडियों का शरीर पीला पड़ने लगता है तथा एक सप्ताह बाद सूंडियाँ काले रंग की हो जाती हैं व शरीर के अन्दर द्रव भर जाता है। रोगग्रस्त सूंडियाँ पौधों की ऊपरी पत्तियों अथवा टहनियों पर उल्टी लटकी हुई पायी जाती हैं। एन.पी.वी. की सेल्फ लाइफ एक वर्ष है।

न्यूक्लियर पालीहेड्रोसिस वायरस के प्रयोग की विधि निम्नवत् है।

1. खड़ी फसल में कीट नियंत्रण हेतु 250-300 लार्वा के समतुल्य (एल.ई.) प्रति हैक्टेयर की दर से 400-500 लीटर पानी में घोलकर आवश्यकतानुसार 15 दिन के अंतराल पर सायंकाल छिड़काव करना चाहिये।
2. अरहर एवं चने के हेलिकोवर्पा कीट के नियंत्रण के लिए एन.पी.वी. (एच.) 2 प्रतिशत ए.एस. 250-500 मिली. प्रति हैक्टेयर की दर से 500-700 लीटर पानी में घोल बनाकर छिड़काव करें।
3. कपास में हेलिकोवर्पा कीट के नियंत्रण के लिए एन.पी.वी. (एच.) 0.43 प्रतिशत ए.एस. 2700 मिली. प्रति हैक्टेयर की दर से 400-600 लीटर पानी में घोलकर छिड़काव करें।

4. टमाटर में हेलिकोवर्पा कीट के नियंत्रण के लिए एन.पी.वी. (एच.) 0.43 प्रतिशत ए.एस. 1500 मिली. प्रति हैक्टेयर की दर से 400-600 लीटर पानी में घोलकर छिड़काव करें।
5. तम्बाकू में स्पोडोप्टेरा के नियंत्रण के लिए एन.पी.वी. (एस.) 0.5 प्रतिशत ए.एस. 1500 मिली. प्रति हैक्टेयर की दर से 400-600 लीटर लीटर पानी में घोलकर छिड़काव करें।

8. एजाडिरेक्टिन (नीम आयल)

एजाडिरेक्टिन नीम पर आधारित वनस्पतिक कीटनाशक है। एजाडिरेक्टिन 0.03 प्रतिशत, 0.15 प्रतिशत, 0.3 प्रतिशत तथा 1 प्रतिशत ई.सी. के फार्मुलेशन में उपलब्ध है। एजाडिरेक्टिन विभिन्न प्रकार की फसलों, सब्जियों एवं फलों में पत्ती खाने वाले, पत्ती लपेटने वाले, चूसने वाले, फली भेदक आदि कीटों के नियंत्रण कि लिए प्रभावी है। इसका प्रयोग कीटों में खाने की अनिच्छा उत्पन्न करता है तथा कीटों को दूर भागता है अंडों से सूंडियाँ निकलने के तुरन्त बाद इसका छिड़काव करना अधिक लाभकारी होता है। एजाडिरेक्टिन का छिड़काव आवश्यकतानुसार 15 दिन के अन्तराल पर सायंकाल करना चाहिये। एजाडिरेक्टिन की सेल्फ लाइफ एक वर्ष है।

एजाडिरेक्टिन (नीम आयल) के प्रयोग की विधि निम्नानुसार है:

1. धान में थ्रिप्स, तना भेदक, भूरा फुदका तथा पत्ती लपेटक के लिए 0.15 प्रतिशत ई.सी. 1.5-2.5 लीटर प्रति हैक्टेयर की दर से 500 लीटर पानी में घोल बनाकर छिड़काव करें।
2. चना में फली भेदक, कपास में माँहू, सफेद मक्खी, वाल वर्म तथा बैंगन में तना एवं फलीभेदक के नियंत्रण के लिए एजाडिरेक्टिन 0.15 प्रतिशत ई.सी. 2.5-5.0 लीटर प्रति हैक्टेयर की दर से 500-1000 लीटर पानी में घोल बनाकर छिड़काव करें।
3. कपास में सफेद मक्खी एवं वाल वर्म के नियंत्रण के लिए एजाडिरेक्टिन 0.15 प्रतिशत ई.सी. 2.5-5.0 लीटर प्रति हैक्टेयर की दर से 500-1000 लीटर पानी में घोल बनाकर छिड़काव करें।

जैविक एजेंट (परजीवी एवं परभक्षी)

1. ट्राइकोग्रामा किलोनिसः ट्राइकोग्रामा किलोनिस अंड परजीवी छोटी ततैया होती है। मादा ततैया अपने अंडे को हानिकारक कीटों को अंडों में डाल देती है अंडों के अन्दर ही पूरा जीवन चक्र पूरा होता है। प्रौढ़ ततैया अण्डे में छेद कर बाहर निकलता है। इसका जीवन चक्र निम्न प्रकार है:

- अंडा अवधि 16-24 घंटे

- लार्वा अवधि 2-3 दिन
- प्यूपा अवधि 2-3 दिन
- पूर्ण जीवन चक्र 8-10 दिन (गर्मी)
- पूर्ण जीवन चक्र 9-12 दिन (सर्दी)

ट्राइकोग्रामा की पूर्ति कार्ड के रूप में होती है। एक कार्ड की लम्बाई 6 इंच तथा चौड़ाई 1 इंच होती है, जिससे लगभग 20000 अंड परजीवी होते हैं। ट्राइकोग्रामा विभिन्न प्रकार के फसलों, सब्जियों एवं फलों के हानिकारक कीटों, जो पौधे की पत्तियों, कलियो तथा टहनियों आदि के बाहरी भाग पर अंडे देते हैं, के अंडों को जैविक विधि से नष्ट करने हेतु प्रयोग किया जाता है।

ट्राइकोग्रामा किलोनिस (ट्राइकोग्रामा कार्ड) के प्रयोग की विधि निम्नानुसार है:

ट्राइकोग्रामा कार्ड को विभिन्न फसलों में एक सप्ताह के अन्तराल पर 3-4 बार लगाया जाता है। खेतों में हानिकारक कीटों के अंडे दिखाई देते ही ट्राइकोकार्ड को छोटे-छोटे 4-5 समान टुकडों में काट कर खेत के विभिन्न भागों में पत्तियों की निचली सतह पर धागे से बांध देते हैं। सामान्य फसलो में 5 कार्ड, परन्तु बड़ी फसलों जैसे गन्ना में 10 कार्ड प्रति हैक्टेयर प्रयोग करना चाहिए। ट्राइकोग्रामा कार्ड को सायंकाल खेत में लगाया जाए, लेकिन इसके उपयोग से पहले, उपयोग के समय तथा बाद में खेत में रासायनिक कीटनाशक का छिड़काव नहीं करना चाहिए। ट्राइकोग्रामा कार्ड को बर्फ के डिब्बे अथवा रेफ्रिजरेटर में रखने पर इनका जीवनकाल लगभग 15 दिन तक और बढ़ाया जा सकता है।

2. क्राइसोपर्ला: क्राइसोपर्ला एक परभक्षी कीट है। इस कीट का लार्वा, सफेद मक्खी, मांहू, फुदका, थ्रिप्स आदि के अंडों एवं शिशु को खा जाता है। क्राइसोपर्ला के अंडों को कोसियेरा के अंडों के साथ लकड़ी के बुरादायुक्त बाक्स में आपूर्ति किया जाता है। क्राइसोपर्ला का लारवा कोसियेरा के अंडों को खाकर प्रौढ़ बनता है। इसका जीवन चक्र निम्न प्रकार है:

- अंडा अवधि 3-4 घण्टे
- लार्वा अवधि 11-13 दिन
- प्यूपा अवधि 5-7 दिन
- पूर्ण जीवन चक्र 19-24 दिन

विभिन्न फसलों एवं सब्जियों में क्राइसोपर्ला के 50000-100000 लार्वा या 500-1000 प्रौढ़ प्रति हैक्टेयर प्रयोग करना चाहिए। सामान्यत: इन्हें 2 बार छोड़ना चाहिए।

3. जाइगोग्रामा बाइकोलोराटा: जाइगोग्रामा बाइकोलोराटा पार्थीनियम (गाजर घास) का परभक्षी कीट है। इस कीट का प्रौढ़ एवं गिडार पार्थीनियम (गाजर घास) की पत्ती एवं फूल

को खा जाते हैं। इस कीट को जुलाई-अगस्त के महीने में पार्थीनियम (गाजर घास) पर छोडने से उसको खाकर पूरी तरह से नष्ट कर देते हैं।

4. अन्य परभक्षी कीटः प्रेइंग मेन्टिस, इन्द्रगोप भृंग, ड्रैगन फ्लाई, किशोरी मक्खी, क्रिकेट (झींगुर), ग्राउन्ड वीटिल, रोल वीटल, मिडो ग्रासहॉपर, वाटर बग, मिरिड बग आदि फसलों, सब्जियों आदि के खेतों में पाये जाते हैं। इन मित्र कीटों को संरक्षित करना चाहिए तथा खेतों में शत्रु एवं मित्र कीट अनुपात 2 : 1 हो तो कीटनाशकों का प्रयोग नहीं करना चाहिए।

5. परभक्षी मकड़ीः भेड़िया मकड़ी, चार जबड़े वाली मकड़ी, बौनी मकड़ी, थैली वाली मकड़ी, गोल मकड़ी, हली बग मकड़ी, गोलागार मकड़ी, कूदने वाली मकड़ी आदि धान के खेतों में पायी जाती हैं जो विभिन्न प्रकार के फुदको, मैगेट, पत्ती लपेटक आदि कीटों के शिशु, लार्वा एवं प्रौढ़ को खाकर प्राकृतिक रुप से नियंत्रित करती हैं। इन कीटों को संरक्षित करना चाहिए।

6. अन्य परजीवी कीटः सिरफिड फ्लाई, कम्पोलेटिस क्लारिडी, ब्रैकन, अपेन्टेलिस अपीरीकेनिया मेलानोल्यूका आदि परजीवी कीट विभिन्न प्रकार के फसलों, सब्जियों एवं गन्ना के खेतों में पाये जाने वाले कीटों के लार्वा, शिशु एवं प्रौढ़ को अन्दर ही अन्दर खाकर प्राकृतिक रूप से कीट का नियंत्रण करते हैं। इन मित्र परजीवी कीटों का संरक्षण करना चाहिए।

अध्याय 15

कृषि में जैविक/प्राकृतिक नियंत्रण

जैविक एजेन्ट तथा जैविक कीटनाशक जीवों जैसे कीटों, फफूंदी, जीवाणुओं तथा वनस्पति पर आधारित उत्पाद है जो फसलों, सब्जियों तथा फलों को कीटों तथा रोगों से सुरक्षित कर उत्पादन बढ़ाने में सहयोग करते हैं। ये जैविक एजेन्ट/जैविक कीटनाशक 20-30 दिनों के अन्दर भूमि एवं जल से मिलकर जैविक क्रिया का अंग बन जाते हैं तथा स्वास्थ्य एवं पर्यावरण को कोई हानि नहीं पहुँचाते हैं। यह जैव नियंत्रण घटकों यानी प्राकृतिक जीवों या प्राकृतिक सामग्री (जैसे कि जानवरों, पौधों, बैक्टीरिया अथवा कुछ खनिजों) से उत्पन्न पदार्थों को संदर्भित करता है, जिनमें उनके जीव या चयापचय पदार्थ शामिल है, जोकि कीटनाशकों को नियंत्रित करने के लिए उपयोग में लिये जाते हैं।

एफ.ए.ओ. के परिभाषा के अनुसार, जैव कीटनाशकों में वह जैव नियंत्रण घटक सम्मिलित होते हैं जो निष्क्रिय घटक हैं जो कि जैव नियंत्रण घटकों जैसे कि वैरालिटाइड, शिकारी और कीट रोग जनक निमेटोड की कई प्रजातियों के विपरीत सक्रिय रूप से कीटों (हानिकारक जीव) की तलाश करते हैं।

जैव कीटनाशकों के प्रकार

सूक्ष्म जीव कीटनाशक– जैव कीटनाशक इस तरह के कीटनाशक हैं जो कुछ निश्चित प्रकार के प्राकृतिक जीवों जैसे पशु, पक्षी एवं जीवाणुओं तथा कुछ खनिजों से प्राप्त होते हैं। सूक्ष्म जीव कीटनाशकों में सक्रिय संघटक के रूप में एक सूक्ष्म जीव, जीवाणु, कवक, विषाणु, प्रोटोजोआ तथा शैवाल होते हैं। सूक्ष्म जीव कीटनाशक कई अलग-अलग प्रकार के कीटों को नियंत्रित कर सकते हैं। इन सूक्ष्म जीव जैव कीटनाशकों के अलग-अलग सक्रिय संघटक लक्ष्य कीट के लिए अपेक्षाकृत अतिविशिष्ट होते हैं। उदाहरण के लिए कुछ कवक निश्चित खरपतवारों को नियंत्रित करते हैं तथा विशिष्ट प्रकार के कीड़ों को मारते हैं।

यह वह कीटों के लिए विशिष्ट विष, जो कीटों में एक बीमारी उत्पन्न करते हैं, के उत्पादन के द्वारा प्रतियोगिता या अन्य क्रियाओं के माध्यम से सूक्ष्म जीवों की स्थापना को रोककर कीट का अवरोधन करते हैं। सबसे व्यापक रूप में ज्ञात सूक्ष्म जीव कीटनाशकों जीवाणु बैसीलस थूरीजियेंसिस या बी टी की प्रजातियाँ हैं जो गोभी, आलू एवं अन्य फसलों में कीटों को नियंत्रित करती हैं। सूक्ष्म जीव कीटनाशकों को लगातार निगरानी करने की

आवश्यकता होती है ताकि यह सुनिश्चित हो सके कि ये सूक्ष्मजीव कीटनाशक मनुष्यों सहित गैर लक्षित जीवों को नुकसान पहुँचाने में सक्षम तो नहीं हो गये हैं।

- भारत एक कृषि प्रधान देश है। भारतीय अर्थव्यवस्था मूलतः कृषि पर आधारित है। यहाँ की कुल जनसंख्या का लगभग 67 प्रतिशत भाग प्रत्यक्ष या परोक्ष रूप से कृषि पर निर्भर है। आज कृषि केवल जीवनयापन का साधन न रहकर विभिन्न उद्योगों के साथ प्रत्यक्ष अथवा अप्रत्यक्ष रूप से सम्बन्ध स्थापित कर चुकी है। खाद्य-साम्रगी के साथ ही साथ उद्योग के लिए कच्चा माल भी कृषि से प्राप्त होता है। अतः कृषि का महत्त्व औद्योगिक कच्चे माल की आपूर्ति, विदेशी मुद्रा कोष में वृद्धि, औद्योगिक विकास के लिए, बाजार तथा कृषकों के उन्नत जीवन स्तर के रूप में स्पष्ट परिलक्षित होता है। इस प्रकार देश की वर्तमान आर्थिक प्रगति में कृषि का महत्वपूर्ण स्थान है तथा यह सत्य है कि देश का आर्थिक विकास कृषि विकास पर ही निर्भर हैं।
- नवीन कृषि प्रौद्योगिकी जैसे उच्च उत्पादक नवविकसित प्रजातियों का प्रयोग, रासायनिक उर्वरकों, सिंचाई, रासायनिक रोग एवं कीटनाशकों के प्रयोग तथा उन्नत सस्य क्रियाओं के अनुकूलन के कारण उत्पादन में स्थायित्व आ रहा है। साथ ही हमें बढ़ती हुई जनसंख्या को देखते हुए सन् 2050 तक 350 से 400 लाख टन खाद्यान्न की आवश्यकता होगी, जिसकी आपूर्ति के लिए हमें उपरोक्त प्रौद्योगिकी के अतिरिक्त कुछ अन्य वैकल्पिक उपाय भी खोजने होंगे।
- पादप रोग का सम्बन्ध पौधों में उत्पन्न विकार से है, जिसके कारंण भारत में कुल कृषि उत्पादन का लगभग 26 प्रतिशत भाग प्रतिवर्ष नष्ट हो जाता है। अतः यदि पादप रोग को एक निम्न सीमा स्तर पर नियंन्त्रित कर दिया जाये तो फसल उत्पादन को बढ़ाया जा सकता है और इसके अतिरिक्त और अधिक अन्य घरेलू आवश्यकताओं की आपूर्ति की जा सकती है। इस तारतम्य में पादप रोग नियन्त्रण में शोधरत वैज्ञानिक पौधों में लगने वाले रोगों के नियंत्रण एवं उत्पादन वृद्धि में अहम भूमिका का निर्वाहन कर रहे हैं।
- पादप रोगों के नियंत्रण का उद्देश्य रोगों से सम्भावित हानि को रोकना एवं फसल की लागत में कमी लाना है। मुख्यतः अभी तक पादप रोग नियंत्रण के लिये सस्य क्रियाओं, कीट एवं रोग प्रतिरोधी प्रजातियों का प्रयोग एवं रासायनिक रोगनाशकों का

ही प्रयोग किया जाता रहा है। रासायनिक रोगनाशकों द्वारा वातावरण पर बढ़ते दुष्प्रभाव, स्वास्थ्य के लिये उत्पन्न खतरे, मृदा प्रदूषण, मृदा में रहने वाले लाभदायक जीवों पर दुष्प्रभाव तथा रोगकारक कवकों में रासायनों के प्रति उत्पन्न प्रतिरोधक क्षमता के कारण, इनका प्रयोग अब उपयुक्त एवं संतोषप्रद नहीं रहा। विश्व स्वास्थ्य संगठन की रिपोर्ट के अनुसार प्रतिवर्ष लगभग 10 लाख लोग रासायनिक विषाक्तता के कारण बीमार होते हैं, और उनमें से लगभग 20 हजार लोग मर जाते हैं। साथ ही रोगकारकों की नई प्रजातियों के उद्भव से प्रतिरोधक क्षमता में ह्रास होने के कारण प्रतिरोधक प्रजातियों का प्रयोग भी अधिक समय तक उपयुक्त नहीं है। अतः पर्यावरणीय हितैषी विधियों पर प्रयोग किये जा रहे हैं, जिसमें जैविक नियंत्रण विधि सर्वोतम पाई गई है।

- सामान्यतः पादप रोगकारकों के नियंत्रण के लिये दूसरे जीवों का उपयोग ही जैविक नियंत्रण कहलाता है। गैरेट के अनुसार, ''जैविक नियंत्रण वह प्रक्रिया है, जिसमें पोषक या मनुष्य को छोड़कर एक या एक से अधिक सूक्ष्मजीवियों का उपयोग रोग कम करने या रोकने के लिये किया जाता है।'' वे सूक्ष्म-जीव जो रोग कारकों के नियंत्रण या मारने के लिये प्रयुक्त होते हैं, जैविक रोग नाशक कहलाते हैं। ये एन्टागोनिस्ट सूक्ष्म-जीव, रोग कारकों की संख्या को कम कर, रोग कारकों द्वारा रोग उत्पन्न करने में रोक लगाकर एवं संक्रमण के बाद रोगों के विकास को रोककर, पादप रोगों को नियंत्रित करते हैं। जैविक रोगनाशकों का प्रयोग, बीजोपचार, मृदा उपचार, जलीय घोल में डुबोकर अथवा छिड़काव द्वारा किया जाता है।
- फसलों के कई रोग मृदाजनित सूक्ष्मजीवियों द्वारा होते हैं, ये सूक्ष्मजीवी मृत कार्बनिक पदार्थों पर अपना जीवनयापन करते हैं या इनके कई प्रसुप्त रूप होते हैं। यदि इनका उन्मूलन किया जाए, तो प्राथमिक संक्रमण की सम्भावना कम रहती है। जैविक रोगनाशकों का मृदा उपचार, मृदोढ़ कवकों के उन्मूलन में सहायक सिद्ध हुआ है। तम्बाकू, चुकन्दर, फूलगोभी में पीथियम प्रजाति का नियंत्रण ट्राईकोडर्मा के मृदा उपचार द्वारा किया जाता है।
- जैविक रोग नियंत्रण में किये गये शोध कार्यों से यह स्पष्ट हो चुका कि जैविक रोगनाशकों का मृदोढ़ कवकों द्वारा होने वाले रोगों के नियंत्रण में सफलतापूर्वक उपयोग किया जा सकता है। इसी तारतम्य में भारतवर्ष की अनेक प्रयोगशालाओं में किये गये

शोधकार्य के परिणामस्वरूप मुख्यतः दलहनी फसलों जैसे चना, मसूर, उड़द, मूँग, अरहर, सेम, सब्जी वर्गीय फसलों जैसे टमाटर, बैंगन, मिर्च, कंद फसलों जैसे आलू, चुकन्दर, गाँठ गोभी, तिलहनी फसलों जैसे मूंगफली, सोयाबीन, शोभाकारी पौधे जैसे ग्लैडियोलस इत्यादि के बीज सड़न, मूल विगलन, आर्द्रपतन एवं उकठा रोग प्रमुख हैं। जिनसे 70-80 प्रतिशत तक नुकसान होता है, का नियंत्रण सफलतापूर्वक जैविक रोगनाशकों द्वारा ट्राईकोडर्मा तथा ग्लियोक्लेडियम प्रजातियों द्वारा अनुसंधान केन्द्र एवं कृषकों के खेतों पर किया जा चुका है। इन जैव रसायनों के प्रयोग द्वारा 70-80 प्रतिशत तक की कमी पायी गई है। चने में ग्लियोक्लेडियम वाइरेन्स के बीजोपचार द्वारा वर्णित की गई उपज में 211 प्रतिशत की बढ़ोत्तरी तथा मूँग में 75-80 प्रतिशत की बढ़ोत्तरी पाई गई। टमाटर तथा ग्लेडियोलस में भी जड़-गलन एवं उकठा रोगों को 67 प्रतिशत से 15 प्रतिशत तक कम किया गया है।

जैविक रोगनाशक के बीजोपचार द्वारा नियंत्रित पादप रोगों की सूची

फसल	**रोग**
सफेद सरसों	आद्रपतन
खीरा	ग्रीवगलन
मटर, मूली	आद्रपतन एवं सड़न
आइरिस	ग्रीवगलन
स्नैप बीन	सड़न रोग
कपास	म्लानि रोग
आलू	कन्द सड़न रोग
तरबूज	म्लानि रोग
चुकन्दर	ग्रीवगलन
चना	ग्रीवगलन, म्लानि रोग
टमाटर	आद्रपतन
सोयाबीन	म्लानि रोग
मसूर	ग्रीवगलन, म्लानि रोग
अदरक	म्लानि रोग
ग्लेडियोलस	म्लानि रोग
गॉठ गोभी	ग्रीवगलन
पोदीना	ग्रीवगलन
मूँगफली	ग्रीवगलन

- बीजोपचार के लिये जैविक रोगनाशक पाउडर का प्रयोग किया जाता है, जिसकी 3 ग्राम मात्रा प्रति किलो बीज की दर से उपयोग में लाई जाती है जैविक रोगनाशक पाउडर मुख्यत: अवशिष्ट कृषि उत्पाद जैसे गन्ने का अवशिष्ट भाग, लकड़ी का बुरादा, ज्वार के दाने आदि द्वारा ठोस किण्डवन प्रौद्योगिकी या मोलेसेस का उपयोग कर द्रव्य किण्डवन प्रौद्योगिकी द्वारा बनाया जाता है। विभिन्न फसलों में जैविक रोगनाशकों का बीजोपचार के रूप में उपयोग करके विभिन्न रोगों का नियंत्रण किया गया है।
- जैविक रोगनाशक कवकों का फसलों पर कोई प्रतिकूल प्रभाव नहीं पड़ता है। प्रयोगों द्वारा यह स्पष्ट हो चुका है कि जैविक रोगनाशक कवक फसलों की वृद्धि एवं विकास में भी सहायता करते हैं तथा बीजों के अकुंरण में भी बढ़ोत्तरी देखी गई है। चना, सोयाबीन तथा मसूर के बीजों को ग्लियोक्लेडियम वाइरेन्स से बीजोपचारित का अध्ययन कर सामान्य अंकुरण में वृद्धि पाई गई है। इसी प्रकार टमाटर में ट्राइकोडर्मा हरजीएनम के मृदा उपचार द्वारा आर्द्रपतन के नियंत्रण के साथ साथ पौधों में वृद्धि भी हो जाती है।
- जैविक रोगनाशक कवकों का आनुवांशिक सुधार जैविक रोगनाशक कवकों की रोग नियंत्रक की दक्षता बढ़ाने के लिये जैविक नियंत्रक प्रयोगशाला, पन्तनगर तथा भाभा परमाणु अनुसंधान केन्द्र, मुम्बई, में गामा विकरण द्वारा ग्लियोक्लेडियम वाइरेन्स के उत्परिवर्ती बनाये जा चुके हैं जिनमें से कुछ उत्परिवर्ती रोग-नियंत्रण में अत्यधिक कारगार साबित हुए है। इसी तारतम्य में जीवद्रव्य संलयन विधि द्वारा ट्राईकोडर्मा तथा ग्लियोक्लोडियम की नवीन प्रजातियाँ भी बनाई जा चुकी हैं। जिन पर परीक्षण कार्य चल रहा है। ट्राइकोडर्मा की नई प्रजाति का वर्णन भी रिपोर्ट में किया गया जो कि कपास के आर्द्रपतन नियंत्रण में मूल प्रजाति की तुलना में अधिक प्रभावी है।
- वैज्ञानिकों तथा सरकार द्वारा पिछले दशक से जैविक रोगनाशकों (बायोपेस्टीसाइड) के विकास पर अत्यधिक ध्यांन दिया जा रहा है। इस क्षेत्र में अनुसंधान सरकारी तथा गैर-सरकारी दोनों ही संस्थाओं में तेजी से चल रहे हैं, जिसके फलस्वरूप आज कई जैविक रोगनाशक बाजार में उपलब्ध हो गये हैं, जिनकी जानकारी सारणी में दी जा रही है।

पंजीकृत जैविक रोगनाशकों (बायोपेस्टीसाइड) की सूची

उत्पाद	सूक्ष्मजीव	नियंत्रित रोग/सूक्ष्मजीव
AQ10 बायोफंजीसाइड	एम्पेलोमाइसिज क्विसक्वेलिस-M10	चूर्णिल आसिता
बायो-फन्गस	ट्राइकोडर्मा स्पिशीज	ग्रीवगलन, आर्द्रपतन
एस्पायर	कैन्डिडा ओलियोफिला I-182	कली सड़न एवं विगलन कारक रोग जनक फफूँद
बाइनैब T जनक फफूंद	ट्राईकोडर्मा हर्जिएनम ATCC-20476 ट्राइकोडर्मा पालीस्पोरम ATCC-20475	विगलन कारक रोग
बायोफाम्स C	फ्यूजेरियम आक्सीस्पोरम (अरोगजनक)	म्लानि रोग
बायोफाम्स 100	स्यूडोमोनास सिरिजी ESC-10	कली सड़न एवं विगलन कारक रोग जनक फफूँद
बायोफाम्स 110	स्यूडोमोनास फ्लूओरेस्सेन्स A 506	पाला एवं दगधाग्र रोग रसेट-इन्ड्यूसिंग जीवाणु
कान्वेर	स्यूडोमोनास फ्लूओरेस्सेन्स	स्पूडोमोनास टोलेसाई
कान्टान्स	कोनियओथाइरिम मिनिटैन्स	ग्रीवगलन, ग्रीवसड़न
डेनी	बर्खोल्डेरिया केपासिया स्यूडोमोनास केपासिया टाइप विसकंसिन	ग्रीवगलन, म्लानि, आर्द्रपतन एवं सूत्रकृमि
एपिक	बैसिलस सबटिलिस	ग्रीवसड़न, पर्ण धब्बे
फ्यूजेक्लीन	फ्यूजेरियम आक्सीस्पोरम (अरोगजनक)	म्लानि रोग
गालट्रोल-A	एग्रोबैक्टीरियम रेडियोबैक्टर-84	कोशिकाओं में अतिवृद्धि
इन्टरसेप्ट	स्यूडोमोनास केपासिया	ग्रीवगलन, म्लानि
कोडिएक, कोडिएक HB	बैसिलस सबटिलिस	ग्रीवगलन, म्लानि रोग, पर्ण धब्बे
कोनी	कोनिओथाइरियम मिनिटैन्स	ग्रीवगलन
माइकोस्टाप	स्ट्रैप्टोमाइसिन ग्रिसेवविरिडिस K61	म्लानि रोग
नोगाल, डाइगाल	एग्रोबैक्टीरियम रेडियोबैक्टर	कोशिकाओं में अतिवृद्धि
नारबैक 84 C	एग्रोबैक्टीरियम रेडियोबैक्टर-K84	कोशिकाओं में अतिवृद्धि

पालीगैन्ड्रान	पिथियम ओलीगैन्ड्रम	आर्द्रपतन एवं ग्रीवगलन
प्राइमस्टाप		आर्द्रपतन एवं ग्रीवगलन
सॉल	स्यूडोमोनास सोलैनेसिएरम (अरोगजनक)	स्यूडोमोनास सोलैनेसिएरम
राइजो-प्लस	बैसीलस सबटिलिस FZB 24 राइजो-प्लासकांज	आर्द्रपतन एवं ग्रीवगलन पर्ण धब्बे
रूटशील्ड	ट्राइकोडर्मा हर्जिएनम स्टैन KRL-AG (T-22)	आर्द्रपतन एवं ग्रीवगलन म्लानि रोग
राटस्टॉप P.g. सस्पेन्सन	फ्लैबिया गिगैन्टी	हेटेरोबोसिडियम एनोसम
सेरेनेड	बैसीलस सबटिलिस	चूर्णिल आसिता, मृदुरोमिल आसिता, पर्ण धब्बे, अगेती झुलसा, पछेती झुलसा, भूरा सड़न एवं अंगमारी
स्वायल गार्ड	ग्लिओक्लोडियम वाइरेन्स GL-21	आर्द्रपतन एवं ग्रीवगलन
सुप्रसिविट सिस्टम-3	ट्राइकोडर्मा हर्जिएनम, बैसिलस सबटिलिस, GB03 और रासायनिक पेस्टिसाइड	विविध फफूंद
T-22G	ट्राइकोडर्मा हर्जिएनम	आर्द्रपतन एवं ग्रीवगलन म्लानि रोग
T-22 प्लैन्टर बॉक्स	स्ट्रेन KRL-AG2	ग्रीवगलन, म्लानि रोग
ट्राइकोडैक्स	ट्राइकोडर्मा हर्जिएनम विटिकोला, स्यूडोपेरोनोस्पोरा क्यूबेन्सिस,	कली सड़न, पर्ण धब्बे तना. सड़न
ट्राइकोपेल	ट्राइकोडर्मा हर्जिएनम	आर्मिलेरिया, बोट्रायोस्पफरिया,
ट्राइकोजेक्ट	ट्राइकोडर्मा विर्डी	म्लानि, नेक्ट्रिया, पर्ण झुलसा,
ट्राइकोडोवेल्स	ट्राइकोडर्मा स्पिशीज	आर्द्रपतन एवं ग्रीवगलन
ट्राइकोडमा 2000	ट्राइकोडर्मा स्पिशीज	आर्द्रपतन एवं ग्रीवगलन म्लानि रोग
विक्टस	स्यूडोमोनास फ्लूओरेसेन्स NCIB 12089	स्यूडोमोनास टोलेसाई
काला सेना	एस्पर्जिलस नाइगर	म्लानि रोग
ट्राइ-कन्ट्रोल	ट्राइकोडर्मा स्पिशीज	म्लानि रोग एवं ग्रीवगलन
इकोफिट	ट्राइकोडर्मा विर्डी	म्लानि रोग एवं ग्रीवगलन
बायोडरमा	ट्राइकोडर्मा विर्डी	म्लानि रोग एवं ग्रीवगलन

जैविक रोग निरोधकों का व्यावसायिक उत्पादन एवं प्रयोग विधि

प्रायोगिक उपयोग के लिए किण्डवन तकनीक द्वारा जैविक रोग निरोधक कवकों का उत्पादन किया जाता है। इसके उत्पादन के लिए ज्वार के दाने, फसलों के चारे, मोलेसेस या गेहूँ का चोकर आदि माध्यम के रूप में प्रयोग किया जाता है। कृषि अवशेष जिसका प्रयोग जैविक रोग निरोधकों के व्यावसायिक उत्पादन में होता है जो निम्न प्रकार है:

क्र.सं.	कृषि अवशेष
1	राई घास के बीज का चूर्ण
2	गेहूँ का चोकर
3	गेहूँ का चोकर व लकड़ी का बुरादा
4	मोलेसेस-यीस्ट माध्यम
5	ज्वार का बीज
6	गन्ना एवं मक्का का अवशेष
7	कॉफी के फल का छिलका और चेरी का भूसा
8	नारियल का पानी
9	सुगंधित पौधों के वाष्पीकृत अवशेष
10	चीनी मिल का प्रेसमड
11	केले का तना
12	कम्पोस्ट

- पूर्ण रूप से फफूंद द्वारा किण्वित माध्यम को सुखाकर, पीसकर पाउडर का रूप दे दिया है। इस पाउडर की 4 ग्राम प्रति किलोग्राम बीज की दर से बीजोपचार या 10 किलोग्राम की दर से मृदा का उपचार किया जाता है। वृहद पैमाने पर मृदा उपचार आर्थिक दृष्टि से लाभकारी नहीं है, लेकिन बीजोपचार आर्थिक दृष्टि से लाभकारी तथा रोग नियंत्रण दोनों में उपयुक्त साबित हुआ है।
- जैविक रोग निरोधक कवक, रोग नियंत्रित करने के साथ-साथ जैविक खाद का भी कार्य करते हैं। पादप रोगों का नियंत्रण पादप रोग वैज्ञानिकों का प्रथम एवं महत्त्वपूर्ण उत्तरदायित्व है साथ ही पर्यावरण को प्रदूषण मुक्त भी रखना है, इस उद्देश्य की पूर्ति के लिए जैविक नियंत्रण ही एकमात्र विकल्प है। इस नियंत्रण विधि को वृहद पैमाने पर कृषकों तक पहुँचाने के लिए जैविक रोग निरोधकों का व्यावसायिक उत्पादन आवश्यक है। जिसकी कार्य रूप रेखा वैज्ञानिकों द्वारा बनाई जा चुकी है।

- आंकड़ों से स्पष्ट है कि एक रासायनिक रोगनाशक के निर्माण में लगभग 10 से 12 वर्ष लगते हैं और 20 से 25 करोड़ रु. का खर्च आता है, परन्तु यदि 1 करोड़ रु. और 3-4 वर्ष ही जैविक रोगनाशकों के विकास पर खर्च किये जाये तो रोग नियंत्रण में अभूतपूर्व सफलता प्राप्त की जा सकती है। अब आवश्यकता है उद्यमियों की, जो जैविक रोगनाशकों के व्यावसायिक उत्पादन में सहयोग करें, जिससे भारतीय कृषि के दीर्घकालिक विकास का मार्ग प्रशस्त हो सके।

जैविक कीटनाशकों से लाभः जैविक कीटनाशकों के प्रयोग से निम्न लाभ प्राप्त होते हैं–

1. जीवों एव वनस्पतियों पर आधारित उत्पादन होने के कारण, जैविक कीटनाशक लगभग एक माह में भूमि में मिलकर अपघटित हो जाते हैं तथा इनका कोई अंश अवशेष नहीं रहता। यही कारण है कि इन्हें पारिस्थितिकीय मित्र के रूप में भी जाना जाता है।
2. जैविक कीटनाशक केवल लक्षित कीटों एवं बीमारियों को मारते हैं जबकि रासायनिक कीटनाशकों के प्रयोग से मित्र कीट भी नष्ट हो जाते हैं।
3. जैविक कीटनाशकों के प्रयोग से कीटों/व्याधियों में सहनशीलता एवं प्रतिरोधक क्षमता उत्पन्न नहीं होती है। जबकि अनेक रासायनिक कीटनाशकों के प्रयोग से कीटों में प्रतिरोधक क्षमता उत्पन्न हो जाती है जिसके कारण उनका प्रयोग अनुपयोगी हो जाता है।
4. जैविक कीटनाशकों के प्रयोग से कीटों में जैविक स्वभाव में कोई परिवर्तन नहीं होता जबकि रासायनिक कीटनाशकों के प्रयोग से ऐसे लक्षण परिलक्षित हो जाते हैं। सफेद मक्खी अब अनेक फसलों तथा चना का फली छेदक अब कई अन्य फसलों को भी नुकसान पहुँचाने लगी है।
5. जैविक कीटनाशकों के सुरक्षित, हानि रहित तथा पारिस्थितिकीय मित्र होने के कारण विश्व में इनके प्रयोग से उत्पादित चाय, कपास, फल, सब्जियों, तम्बाकू तथा खाद्यान्न, दलहन एवं तिलहन की माँग एवं मूल्यों में वृद्धि हो रही है जिसका परिणाम यह है कि कृषकों को उनके उत्पाद का अधिक मूल्य मिल रहा है। ट्राइकोडर्मा, जैविक कीटनाशकों के विषहीन एवं हानिरहित होने के कारण ग्रामीण एवं शहरी क्षेत्रों में इनके प्रयोग से आत्महत्या की सम्भावना शून्य हो गई है जैविक कीटनाशकों के प्रयोग से आत्महत्या हो रही है। जैविक कीटनाशक पर्यावरण, मनुष्य एवं पशुओं के लिए सुरक्षित तथा हानिरहित हैं। इनके प्रयोग से जैविक खेती को बढ़ावा मिलता है जो पर्यावरण एवं परिस्थितिकीय का संतुलन बनाये रखने में सहायक हैं।
6. जैविक कीटनाशकों के प्रयोग के तुरन्त पश्चात् फलियों, फलों और सब्जियों की कटाई कर प्रयोग में लाया जा सकता है जबकि रासायनिक कीटनाशकों के अवशिष्ट प्रभाव को कम करने के लिए कुछ समय/दिनों तक प्रतीक्षा करनी पड़ती है।

अध्याय 16

मानव स्वास्थ्य, मृदा स्वास्थ्य, पर्यावरण पर प्राकृतिक खेती का योगदान

बिना कर्ज और बिना जहर की खेती के कई नाम हैं– जैसे जैविक, प्राकृतिक, जीरो-बजट, सजीव, वैकल्पिक खेती इत्यादि। इन सबमें कुछ अंतर तो है परन्तु इन सबमें कुछ महत्वपूर्ण तथ्य एक जैसे हैं, इसलिये इस पुस्तक में जिन-जिन खेती की पद्धतियों का वर्णन किया गया है हम इन सबको प्राकृतिक अथवा जैविक या वैकल्पिक खेती कहेंगे। प्राकृतिक खेती में रासायनिक खादों, कीटनाशकों और बाहर से खरीदे हुए पदार्थों का प्रयोग बिल्कुल भी नहीं किया जाता है, परन्तु जैविक खेती का अर्थ केवल इतना ही नहीं है कि यूरिया की जगह कार्बनिक खादों का प्रयोग हो, इसके अलावा भी इस खेती के अनेक महत्वपूर्ण तथ्य है, जिनका विवरण कई अध्यायों में वर्णित किया गया है।

एक बात प्रारम्भ में ही स्पष्ट करना आवश्यक है कि प्राकृतिक खेती अपनाने का अर्थ केवल हरित क्रांति से पहले के तरीकों, अपने पूर्वजों के तरीकों पर वापस जाना नहीं है, इन पारम्परिक विधियों को अपनाने के साथ-साथ पिछले वर्षों में हासिल किये गए ज्ञान और अनुभव का भी प्रयोग किया गया है, प्राकृतिक खेती अपनाने का उद्देश्य यह है कि किसान को सम्मानजनक और सुनिश्चित आमदनी मिले, छोटी जोत की खेती भी सम्मानजनक रोजगार पूरक और जीवन दे, हर व्यक्ति को स्वास्थ्यवर्द्धक भोजन मिले, इसके अतिरिक्त पर्यावरण संतुलन में भी प्राकृतिक खेती का महत्वपूर्ण योगदान है। इन सब बातों के साथ-साथ मृदा स्वास्थ्य पर अच्छा प्रभाव पड़े तथा कम खेती से अधिकतम उपज मिले। पशुओं से प्राप्त अवशेष आदि का उचित उपयोग हो।

प्राकृतिक कृषि से अभिप्राय कृषि की ऐसी प्रणाली से है, जिसमें रासायनिक खादों एवं कीटनाशक रसायनों का बिल्कुल प्रयोग नहीं हो बल्कि उसके स्थान पर जैविक खाद या प्राकृतिक खादों का प्रयोग हो। यह कृषि की एक पारंपरिक विधि है, जिसमें भूमि की उर्वरता में सुधार होने के साथ ही पर्यावरण प्रदूषण भी कम होता है। प्राकृतिक कृषि पद्धतियों को अपनाने से धारणीय कृषि, जैव विविधता संरक्षण आदि लक्ष्यों को प्राप्त किया जा सकता है। प्राकृतिक कृषि को बढ़ावा देने के लिये किसानों को प्रशिक्षण देना महत्वपूर्ण है।

प्राकृतिक कृषि की शुरुआत 14 साल पहले एक छोटे से क्षेत्र में छोटे से बदलाव के रूप में हुई थी और अब यह पूरे देश के लिए सीखने का एक अच्छा उदाहरण बन गया है।

लेकिन यह एक महत्वपूर्ण प्रश्न है कि क्या पूरा देश प्राकृतिक/जैविक हो सकता है?

भारत के पास बहुत अच्छी उपजाऊ और उत्पादक कृषि भूमि है। भारत में 60 प्रतिशत से अधिक भूमि क्षेत्र कृषि कार्यों हेतु उपयुक्त है।

भारत की कुल ग्रामीण आबादी का लगभग 58 प्रतिशत मुख्य रूप से आजीविका के लिये कृषि पर निर्भर है।

इस तरह अधिक क्षमता के साथ, स्वस्थ और टिकाऊ कृषि पद्धतियों को बढ़ावा देने से पूरे देश की कृषि संबंधी प्रोफाइल में बदलाव अपेक्षित है तथा देश का स्वास्थ्य सूचकांक भी बदल सकता है।

वैश्विक स्तर पर विशेषज्ञों का सुझाव है कि भविष्य में कृषि क्षेत्र में प्राकृतिक कृषि के विकास की बहुत अधिक संभावनाएँ विद्यमान हैं। पश्चिमी देशों के लिये भी प्राकृतिक कृषि का काफी अधिक महत्व है। भारत के लिये प्राकृतिक कृषि दोबारा अतीत में वापस लौटने और प्राचीन प्रथाओं को दोबारा अपनाने जैसा है।

वर्ष 2016 में सिक्किम भारत का पहला पूर्ण जैविक राज्य बना। उसे प्राकृतिक जैविक राज्य का दर्जा अपनी लगभग 75,000 है। कृषि भूमि पर जैविक प्रथाओं एवं जैविक कृषि पद्धतियों को अपनाने से प्राप्त हुआ है। सिक्किम में रासायनिक कीटनाशकों, उर्वरकों या आनुवंशिक रूप से संशोधित फसलों का कोई उपयोग नहीं किया जाता है। सिक्किम में इस मिशन की शुरुआत और सफलता के लिये कई कारक विद्यमान थे, जैसे कि इसके लिये बुनियादी आवश्यकताओं को प्राप्त करना। जैविक कृषि की शुरुआत एवं विकास के लिये सबसे महत्वपूर्ण कार्य किसानों को प्रशिक्षित करना है।

भारत में जैविक खेती की अपेक्षा प्राकृतिक कृषि के बारे में अपेक्षाकृत कम जागरूकता है, जबकि अधिकांश देश पर्यावरण संरक्षण के लिये जैविक कृषि को अपना रहे हैं। भारत भी इस दिशा में प्रयासरत है।

इंटरनेशनल फैडरेशन ऑफ आरगेनिक एग्रीकल्चर मोमेंट (International Federation of Organic Agriculture Moment) के अनुसार, जैविक कृषि को अपनाने वाले देशों की सूची में भारत का नौवाँ स्थान है।

अधिकांश किसान रसायन-आधारित खेती के हानिकारक प्रभावों को नहीं जानते हैं, कुछ अन्य किसान जो कि इन हानिकारक प्रभावों को समझते है, लेकिन वे यह नहीं जानते कि इसमें कितना और किस प्रकार आवश्यक परिवर्तन किया जा सकता है।

कीटनाशकों का व्यापक स्तर पर प्रयोग, मिट्‌टी का कटाव और अन्य समस्याएँ जलवायु परिवर्तन में योगदान कर रही हैं। मृदा भी रासायनिक पदार्थों के अत्यधिक उपयोग के चलते काफी अम्लीय हो गई है।

जैविक कृषि को अपनाने के लिये किसानों को प्रशिक्षित करना कई प्रकार से लाभकारी हो सकता है। जैविक कृषि पद्धति को अपनाने से यह कृषि में कीटनाशकों के उपयोग को कम कर देगा जिससे खेतों में काम करने वाले व्यक्तियों पर भी इसका नकारात्मक प्रभाव बहुत कम पड़ेगा।

किसानों को प्राकृतिक कृषि के संदर्भ में शिक्षित किया जाना काफी अधिक महत्वपूर्ण है। कृषि के जैविक पद्धतियों को अपनाने का किसानों की आय और लाभ दोनों पर सकारात्मक प्रभाव पड़ता है। जिन किसानों ने भी इसे अपनाया है उनकी उत्पादकता में वृद्धि हुई है इसके साथ ही भूमि की उर्वरता और उत्पादकता भी बढ़ रही है।

किसानों को प्राकृतिक कृषि के लिये तकनीकी स्तर पर शिक्षा प्रदान करने और इस क्षेत्र में नवीनतम तकनीकी तथा वैज्ञानिक विकास के बारे में जागरुक करने की आवश्यकता है।

किसानों द्वारा अपने दैनिक कृषि कार्यों में कार्बनिक उपकरणों और तकनीकों (Organic Tools and Techniques) का कुशल और प्रभावी तरीके से उपयोग किया जाना, उनके प्रशिक्षण का ही एक हिस्सा है। कृषि कार्यो में प्राकृतिक तकनीकों पर प्रशिक्षण प्रदान कर कई प्रकार से किसानों को सशक्त बनाया जा सकता है। इससे उन्हें अच्छे वित्तीय निर्णय लेने और कृषि उत्पादकता को बढ़ाने के नए विकल्पों को खोजने में मदद मिलेगी।

नवीनतम उपकरणों और तकनीकों को अपनाकर किसान भूमि, पानी और अन्य पारिस्थितिक कारकों को सुसंगत बनाकर कृषि उत्पादन और विपणन में सुधार कर अधिक लाभ अर्जित कर सकते हैं।

भारत में प्राकृतिक कृषि की सफलता काफी हद तक प्रशिक्षण और प्रमाणन पर निर्भर करती है। किसानों को त्वरित गति से रासायनिक उर्वरकों के प्रयोग को कम कर अपनी पारंपरिक कृषि पद्धतियों को अपनाना होगा। किसानों को उर्वर मिट्टी के निर्माण, कीट प्रबंधन, अंतः फसल और खाद एवं कम्पोस्ट निर्माण जैसे पहलुओं पर प्रशिक्षित करने की आवश्यकता है।

प्राकृतिक कृषि पद्धतियों के महत्व और लाभ पर नियमित रूप से किसानों को सलाह देना और उनके साथ विचार-विमर्श करने की आवश्यकता है। कृषि उपज की गुणवत्ता की निगरानी करने और किसानों को समय-समय पर सलाह देने के लिए कृषि क्षेत्र में सस्यविदों (Agronomists) को तैनात किया जाना चाहिये।

भारत सरकार के नेशनल सेंटर फॉर ऑर्गेनिक फार्मिंग (National Centre for Organic Farming) और भागीदारी गारंटी योजना (Participatory Guarantee Scheme) जैसे प्रमाणन कार्यक्रम अनिवार्य रूप से शुरु किये जाने की आवश्यकता है।

वर्तमान में जैविक कृषि के बारे में जागरुकता सामान्यतः समृद्ध शहरी भारतीयों तक ही सीमित है। वे स्पष्ट रूप से जैविक भोजन के स्वास्थ्य सम्बन्धी लाभों से अवगत हैं और इससे भी अधिक उनके पास इन्हें खरीदने की क्रयशक्ति भी हैं। किसानों को जैविक कृषि के लाभों से अवगत कराकर इसे बढ़ावा दिया जाना चाहिये और उन्हें भविष्य में इसमें व्याप्त संभावनाओं का लाभ प्राप्त करने के लिये प्रेरित करना चाहिये।

पर्यावरण सम्बन्धी लाभ के साथ-साथ स्वच्छ, स्वस्थ, गैर-रासायनिक उपज किसानों और

उपभोक्ताओं दोनों के लिये लाभदायक है। प्राकृतिक कृषि भारतीय कृषि क्षेत्र के विकास के लिये काफी अधिक महत्वपूर्ण है।

प्राकृतिक कृषि से अभिप्राय कृषि की ऐसी प्रणाली से है, जिसमें रासायनिक खादों एवं कीटनाशक दवाओं का प्रयोग न हो बल्कि उसके स्थान पर प्राकृतिक खाद या प्राकृतिक खादों का प्रयोग हो। प्राकृतिक कृषि में रासायनिक कीटनाशकों एवं उवर्रकों का इस्तेमाल करने की बजाय परंपरागत तरीके अपनाकर पर्यावरण के साथ तालमेल बनाया जाता है। सम्पूर्ण विश्व में बढ़ती जनंसख्या के भोजन की आपूर्ति के लिये मानव द्वारा अधिक से अधिक उत्पादन हेतु तरह-तरह की रासायनिक खादों, जहरीले कीटनाशकों का उपयोग किया जाता है, जिससे भूमि की उर्वरा शक्ति खराब हो जाती है। साथ ही वातावरण दूषित होने से मनुष्य के स्वास्थ्य में भी गिरावट आती है। उपरोक्त समस्याओं से निपटने हेतु टिकाऊ खेती के सिद्धांत को अपनाया गया, जो प्राकृतिक कृषि के नाम से प्रचलित हुआ। प्राकृतिक खेती से जैव विविधता के संरक्षण तथा पर्यावरण की रक्षा के मामले में दीर्घकाल में मदद मिलती है और साथ ही फसल उत्पादन में भी वृद्धि होती है।

जैव कीटनाशकः उत्पादकों के लिए अवसर एवं चुनौतियाँः जैव कीटनाशक उत्पाद, उत्पादकों के लिए कई महत्वपूर्ण अवसर प्रदान करते हैं जैसे कि–

- जैव कीटनाशक समेकित कीट प्रबन्ध प्रणालियों के साथ उपयुक्त है पर्यावरण की दृष्टि से जिम्मेदार उत्पादन प्रणालियों में योगदान करते हैं।
- जैव कीटनाशक अधिकतम अवशेष स्तर (एम.आर.एल.) का प्रबन्धन करने में उत्पादक की सहायता करते हैं जिससे उन्हें बाजारों में निर्मित करने के लिए अधिक अवसर उत्पन्न करते हैं जहाँ एम.आर.एल. का स्तर काफी कम कर देते हैं।
- उत्पादक उत्पाद-खरीदारों के साथ सम्बन्धों को मजबूत कर सकते हैं क्योंकि यह जैव कीटनाशकों के कारण फसल कटाई एवं परिवहन के समय में सुधार करते हैं।
- जैव कीटनाशक, कार्बनिक उत्पादकों की अपनी प्रमाणित स्थिति को बनाये रखते हुए कीटों को नियंत्रित रखने में सहायता प्रदान करते हैं।

जैव कीटनाशक उत्पाद, उत्पादकों के लिए कई चुनौतियाँ पेश करते हैं जैसे कि–

- जैव कीटनाशक अनुप्रयोगों के उचित समय के लिए फसलों की लगातार निगरानी आवश्यक है।
- जैव कीटनाशक से परिचित एक सलाहकार के साथ मिलकर काम करने की आवश्यकता होती है।

- परम्परागत कार्यक्रम रसायनों का उपयोग करते हैं जो एक ही बार में कई प्रकार के कीटों को मारता है। जैव कीटनाशकों को सामान्यतः एक विशिष्ट कीट के लिए लक्षित किया जाता है, जिसका अर्थ है कि जैव कीटनाशक द्वारा नियंत्रित कीटों को मारने के लिए अन्य अनुप्रयोग आवश्यक हो सकते हैं।

अध्याय 17

प्राकृतिक खेती का आधार– गौ पालन

भारत एक कृषि प्रधान देश है जिसमें विश्व के कुल पशुओं की संख्या का 1/5 भाग है। ऐसा मानना है कि एक देशी गाय से लगभग 30 एकड़ भूमि पर गौ आधारित प्राकृतिक खेती की जा सकती है। गाय एवं बैल कृषि के प्रधान आश्रय हैं अत: ग्रामीण अर्थव्यवस्था में महत्वपूर्ण सहयोग देते हैं। अधिकांश कृषक गरीब है जिनके पास कम भूमि है और अपनी खेती के समस्त कार्य जैसे हल चलाना, पाटा चलाना, सिंचाई करना, खाद ढ़ोना, मड़ाई करना तथा उपज को ढ़ोना आदि बैलों की सहायता से करते हैं। गाय से दूध तथा दुग्ध पदार्थ प्राप्त होते हैं जो शाकाहारी मनुष्यों के आहार में प्रोटीन का एक मात्र साधन हैं। भारतवर्ष में गौवंश के पशुओं की संख्या काफी अधिक है जिनका उपयोग प्राकृतिक खेती के रूप में किया जा सकता है। वर्तमान में गौवंश के पशुओं को कृषक अवारा रूप में छोड़ देते हैं जो खेतों में खड़ी फसल को बहुत अधिक नुकसान पहुंचाते हैं यदि इनको बांधकर अथवा गौशालाओं में रखा जाए अथवा एक प्रभावी कार्ययोजना बना कर इनको संरक्षित किया जाए तब इनके गोबर और मूत्र का प्रयोग खेती में करके प्राकृतिक खेती को और अग्रसर किया जा सकता है। महात्मा गाँधी ने कहा था कि हिन्दुस्तान में गाय ही मनुष्य का सबसे अच्छा साथी एवं खेती का सबसे बड़ा आधार है। यही हिन्दुस्तान की एक कामधेनु है। गौमाता जन्म देने वाली माता से बढ़कर है।

सर्वे देवा: स्थिता इव सर्वदेवमयी हिं गौ

भगवान धन्वन्तरि ने उपदेश देते हुए आचार्य सुश्रुत से कहा कि गाय के शरीर में सभी देवताओं का वास है, अत: गाय सर्वदेवमयी है। गौओं में सम्पूर्ण लोक प्रतिष्ठित है गोमय और गोमूत्र में साक्षात लक्ष्मी एवं गंगा का वास है जो समृद्धिकारक एवं मंगल करने वाली है। गाय प्रेम एवं वात्सल्य की साक्षात प्रतिमूर्ति है।

गाय धरती के लिए वरदान है। अनादिकाल से तीन माता कही गयी है, जन्म देने वाली माता, गोमाता एवं पृथ्वी माता। गाय पृथ्वी के सहृदय मानी जाती है। इसलिये इसे ''विश्व माता'' कहा गया है। ''गावो विश्वस्य मातर:''। गाय से मिलने वाली वस्तुएँ ''पंचगव्य'' अर्थात गौदुग्ध, गोदधि, गोधृत, गोमल एवं गोमूत्र ये सभी जीवन शक्ति के महासागर हैं। यह जीवन रस है। भारत के जन-जन की एवं सम्पूर्ण राष्ट्र की सुख-समृद्धि गौ और गोवंश से जुड़ी है।

गाय भारत की एकता की चिरकाल से प्रतीक रही है। बैल ऊर्जा का अखण्ड श्रोत है। गाय एवं गोवंश के गोबर और गोमूत्र से बनने वाली खाद का प्रयोग करने से धरती अन्न और धन-धान्य से भर जाती है। भूमि की उर्वरा शक्ति बढ़ती है। यह देश का दुर्भाग्य ही कहा जायेगा कि सोने की खान गाय और गोवंश की खाद को छोड़कर रासायनिक खादों, रासायनिक कीटनाशकों के प्रयोग को बढ़ावा दिया गया है, जिसके दुष्परिणाम हमारे सामने हैं।

भारत एक कृषि प्रधान देश है और यहाँ लगभग 67 प्रतिशत जनसंख्या कृषि पर आधारित है। कृषि क्षेत्र में पिछले तीन दशक से हरित क्रान्ति तो आयी, जिसके आधार पर जहाँ एक ओर उत्पादन बढ़ा वहीं दूसरी ओर रासायनिक खाद एवं विभिन्न प्रकार के रासायनिक कीटनाशकों के प्रयोग से तमाम् समस्याएँ भी बढ़ी। जैसे खेती में रासायनिक खादों पर निर्भरता, मृदा में पोषक तत्वों की कमी, जमीन में निरन्तर जल स्तर का घटना एवं कीटनाशकों के अधिक प्रयोग से अन्न, सब्जी, फल, दूध, जल आदि के माध्यम से मनुष्य एवं पशुओं के स्वास्थ्य का खतरा बढ़ गया है। समस्या यहाँ तक बढ़ गयी है कि मिट्टी की उर्वरा शक्ति निरन्तर घटती जा रही है और यदि उसका संरक्षण न किया गया तो आने वाले समय में कृषि भूमि ऊसर अथवा बंजर हो जायेगी।

कहा जाता है कि भगवान के अवतार का मूल कारक गौ की रक्षा है। सर्वहितकारी

धन गाय है। सारे विश्व में गाय के समान उपयोगी जानवर नहीं है। गावः पवित्रः मांगल्या गोशु लोकाः प्रतिष्ठितः। अर्थात् गाय पवित्र और मंगलदायिनी है और समस्त लोक गौ में ही प्रतिष्ठित है। गौ दैवी सम्पदा है। गाय व्यक्ति, समाज और राष्ट्र को स्वावलम्बन प्रदान करती है। गाय पंचगव्य (गोदुग्ध, गोदधि, गोघृत, गोमल और गोमूत्र) प्रदान करती है जो परम पवित्र रसायन है, पथ्य है, बल-बुद्धि प्रदान करने वाली है, दीर्घायु करने वाली, सभी रोगों को नष्ट करने वाली, धरती की उर्वरा शक्ति को अक्षुण रखकर खुशहाली एवं समृद्धि लाने वाली है। गौ प्रत्येक दृष्टिकोण से चाहे वह आयुर्वेदिक हो या वैज्ञानिक हो अथवा आध्यात्मिक, सामाजिक या अर्थिक हो प्रत्येक रूप से संसार की श्रेष्ठतम वस्तु है।

देशी गाय की विशेषता एवं उपयोगिता

हमारी संस्कृति का आधार भारतीय कृषि पद्धति रही है तथा कृषि व्यवस्था का मूल आधार था गौवंश। इसके गोबर को तो सोने की खान माना गया है, क्योंकि इसमें करोड़ों-करोड़ों जीवाणुओं का वास होता है। जो भूमि की उर्वरा शक्ति को लगातार बनाए रखते हैं। गोबर में विषाणु नाशक तत्व भी होते हैं। भारतीय नस्ल की गायों में इन लाभकारी सूक्ष्म जीवाणुओं की संख्या विदेशी नस्लों की तुलना में कई सौ गुणा अधिक है। बाह्य आयात एवं विभिन्न कृषि रसायन आधारित वर्तमान कृषि से किसान की वर्तमान दुर्दशा को हम देख रहे हैं।

इससे किसान की खेती लागत बढ़ी, उत्पादन घटा, किसान ऋणी बनता गया तथा धीरे-धीरे खेती छोड़कर शहर की ओर रोजगार की तलाश में पलायन करता गया। सुभाष पालेकर के नाम पर इस खेती का नाम 'पालेकर प्राकृतिक खेती' रखा गया जो रासायन मुक्त, कम लागत आधारित, भूमि की उर्वरा शक्ति को बनाए रखने वाली तथा किसान की आय बढ़ाने वाली 'खेती की पद्धति' है। इस खेती पद्धति का आधार ही 'भारतीय नस्ल की गाय का गोबर एवं मूत्र' है। इस विधि से गौ आधारित, कम लागत एवं जहरमुक्त खेती होगी, जिसमें किसान की आय दोगुनी या इससे भी अधिक करने की क्षमता है।

यह वह खेती की विधि है जिसमें किसी भी प्रकार के रासायनिक खाद और कीटनाशकों का प्रयोग किए बिना कम लागत वाली खेती की जाती है। इसमें केवल देसी गाय के गोबर-मूत्र एवं कुछ स्थानीय वनस्पतियों के प्रयोग से ही खेती में प्रयोग होने वाले आदान तैयार किए जाते हैं। इसलिए इस खेती में देसी गाय का बहुत ही महत्व बताया गया है।

प्राकृतिक खेती विधि में देसी गाय का ही महत्व क्यों है। क्योंकि देसी गाय के 1 ग्राम गोबर में 3-5 सौ करोड़ के करीब लाभकारी सूक्ष्म जीवाणु होते हैं, जो भूमि की उर्वरा शक्ति को कई गुणा बढ़ा देते हैं। इसके अलावा देसी केंचुआ भी देसी गाय के गोबर तथा गोमूत्र के प्रति आकर्षित होता है, जिससे वह अपनी गतिविधियाँ बढ़ा कर मृदा को भुरभुरा बनाकर इसे आवश्यक पोषक तत्वों से भरपूर कर देता है।

हमारे देश की भौगोलिक परिस्थितियों और काम करने की क्षमता के अनुसार लगभग 70 नस्लें हैं। इन्हें तीन श्रेणियों में बाँटा गया है:

1. दुधारू नस्लें।
2. काम करने वाली नस्लें, तथा
3. दूध लेने के साथ काम करने वाली नस्लें।

पहली श्रेणी की जो नस्लें हैं उनमें से लगभग 4 या 5 नस्लें देश की भौगोलिक परिस्थितियों और जलवायु के हिसाब से पालने एवं अच्छे दूध उत्पादन के लिए उत्तम हैं। इस नस्ल की गायों का दूध उत्पादन तो ज्यादा है ही साथ में चीचड़ प्रकोप और बीमारी प्रतिरोधक क्षमता भी अधिक होती है।

देशी गाय की मुख्यत: चार नस्लें अधिक उपयोगी एवं अधिक दूध देने वाली हैं: जैसे– थारपारकर, रैड सिंधी, साहीवाल और गिर।

थारपारकर

थारपारकर गाय की उत्पत्ति स्थान पाकिस्तान का थारपारकर जिला है भारत में यह बीकानेर, बाडमेर एवं जैसलमेर जिलो तथा गुजरात के कच्छ जिले में पाई जाती हैं। इस नस्ल की गाय में कम लागत से उच्च दूध उत्पादन होता है। इसलिए इसे 'कामधेनु' भी कहा जाता है। इसमें उच्च चीचड़ प्रकोप प्रतिरोधक क्षमता होती है। यह हमारे देश के गर्म इलाकों में अच्छा दूध दे सकती हैं।

- प्रति ब्यांत यह औसतन 305 दिन तक दूध देती हैं।
- शरीर भार मादा–350–400 किग्रा।
- शरीर भार नर–475–500 किग्रा।
- प्रथम ब्यांत के समय आयु–36–52 माह।
- दो ब्यांत के मध्य अन्तराल–13–19 माह।
- दूध उत्पादन औसतन –2147 ली प्रति ब्यांत।

थारपारकर गाय

हमारे प्रदेश में इसका औसतन दूध उत्पादन अच्छे आहार की उपलब्धता में 2500-2800 ली प्रति ब्यांत प्राप्त किया जा सकता है। थारपारकर में औसतन दूध वसा 5.3 प्रतिशत होती है जबकि जर्सी में यह 4.5 प्रतिशत है। इसका दूध प्रोटीन, कैल्शियम, विटामिन और उच्च पोषण से भरा होता है।

साहीवाल

साहीवाल बहुत ही अच्छी दुधारू नस्ल है। इसमें चीचड़ों से होने वाली बीमारियों के विरुद्ध प्रतिरोधक क्षमता उच्चतम होती है। यह पंजाब और राजस्थान के इलाकों में बहुत अधिक मात्रा में पाई जाती हैं। यह हमारे देश के गर्म इलाकों में उच्च दूध उत्पादन देती हैं। इसकी कंधे से औसतन ऊँचाई 124 सेमी और रंग भूरा लाल होता है। इसके अलावा सींग छोटे और चमड़ी ढ़ीली होती है। प्रति ब्यांत यह औसतन 305 दिन तक दूध देती है। साहिवाल गाय में बीमारियाँ ना के बराबर होती हैं जिससे इसके पालने में भी कम खर्च आता है।

- अच्छा पौष्टिक चारा देने पर थारपारकर एवं जर्सी के बराबर दूध देती हैं।
- शरीर भार व्यस्क मादा-350-400 किग्रा.।
- शरीर भार व्यस्क नर-450-500 किग्रा.।
- प्रथम ब्यांत के समय आयु-36-48 मास।
- दो ब्यांत के मध्य अन्तराल-12-15 मास।
- दूध उत्पादन औसतन-3300 ली प्रति ब्यांत।

साहीवाल गाय

यह मुख्य रूप से पंजाब, हरियाणा, कर्नाटक, तमिलनाडु, केरल और उड़ीसा में पाई जाती हैं। पहाड़ी क्षेत्रों में हरे चारे की उपलब्धता के अनुसार इस नस्ल की गाय से 1400-2400 ली प्रति ब्यांत दूध उत्पादन ले सकते हैं। इसमें औसतन दूध वसा 5.0-5.5 प्रतिशत होती है।

रैड सिंधी

रैड सिंधी गाय थारपारकर और साहिवाल नस्ल की गाय के मुकाबले कद-काठी में छोटी होती है। इसलिए इसे कम आहार उपलब्धता वाले क्षेत्रों में अच्छी तरह से पाला जा सकता है। यह हमारे देश की सबसे अच्छे पशुओं की नस्लों में से एक है। इसमें उच्च चीचड़ बीमारी से प्रतिरोधक क्षमता है। इसे गर्म इलाकों के अलावा पहाड़ी क्षेत्रों में लगभग 7500 फुट या 2500 मी तक की ऊँचाई तक आसानी से पाला जा सकता है। यह रैड सिंधी उच्च दूध उत्पादन वाली बहुत ही शांत नस्ल है इसे प्रदेश के सभी इलाकों में आसानी से पाला जा सकता है।

- प्रति ब्यांत यह औसतन 265 दिन तक दूध देती है।
- प्रथम ब्यांत के समय आयु-30-50 माह।
- दो ब्यांत के मध्य अन्तराल-13-18 माह।
- दूध उत्पादन औसतन-2750 ली प्रति ब्यांत।

रैड सिंधी

यह मुख्य रूप से पंजाब, हरियाणा, उत्तर प्रदेश, दिल्ली, बिहार, मध्य प्रदेश और राजस्थान में पाली जाती हैं। हमारे प्रदेश के गांव की स्थिति में इसका दूध उत्पादन 1700 ली और बहुत अच्छे आहार की स्थिति में 2100 ली तक प्रति ब्यांत प्राप्त किया जा सकता है। थारपारकर गाय की तरह ही इसका दूध प्रोटीन, कैल्शियम, विटामिन और उच्च पोषण से भरा होता है।

गिर

दुधारू नस्ल की गायों में गिर नस्ल की गाय सबसे अधिक पाली जाने वाली गाय है। इसके दूध में सोने के तत्त्व पाए जाते हैं। इस कारण इसका दूध पीने से रोग प्रतिरोधक क्षमता का

विकास होता है। यह नस्ल मुख्य रूप से दक्षिण काठियावाड़ के गिर वन क्षेत्रों के अलावा गुजरात के जूनागढ़, भावनगर और अमरेली जिलों में पाई जाती हैं। देसी नस्ल की गायों में यह सबसे अधिक शांत और सहनशील है।

गिर गाय

- शरीर भार व्यस्क मादा–300-350 किग्रा।
- शरीर भार व्यस्क नर–400-500 किग्रा।
- प्रथम ब्यांत के समय आयु–39-50 माह।
- दो व्यांत के मध्य अन्तराल–12-18 माह।
- दूध उत्पादन औसतन–2600 ली।

गिर में दुग्ध उत्पादन 3300 ली प्रति ब्यांत तक लिया जाता है, लेकिन उच्चतम दूध उत्पादन के लिए इन्हें अच्छी मात्रा में चारे की आवश्यकता होती है। हमारे प्रदेश में गिर नस्ल की गाय से 1900-2400 ली प्रति ब्यांत दूध उत्पादन लिया जा सकता है। इसमें औसतन दूध वसा 4.5-5.5 प्रतिशत होती है। गिर गाय के दूध को बहुत ही पौष्टिक और गुणकारी माना गया है। प्रति ब्यांत यह औसतन 300 दिन तक दूध देती है।

पंचगव्य में जीवन शक्ति भरी पड़ी है

गोदुग्ध–अन्य दुग्धों की अपेक्षा गो का दूध विशेष रूप से मधुर, शीतल, सुपाच्य, वात-पित्त नाशक, रक्त विकार नाशक, रोगनाशक एवं सदा सेवन योग्य है। बल एवं बुद्धि में तीव्रता लाता है।

गोदधि–यह उत्तम दीपन, पाचन करने वाला तथा तमाम उदर रोगों को नष्ट करता है। यह बल एवं शुक्र को बढ़ाता है।

गोधृत–गौ का धृत विशेष रूप से नेत्र के लिये उपयोगी है। मेघा, कान्ति, बलवर्धक, आयु बढ़ाने वाला, रसायन एवं कल्याणकारक है। सभी घृतों में बलवान है। संधियों/जोडों की वेदना/दर्द शान्त करता है।

गोमय–गाय का गोबर एक जीवनोपयोगी वस्तु है। गोमय (गोबर) मल नहीं वरन् मल शोधक है। कूड़े-कचरे के साथ मिलकर उत्तम खाद बनाने की क्षमता रखता है। प्रदूषण एवं आणविक विकिरण से बचाव के लिए गोबर रक्षा कवच है। गोबर की राख तथा खाद कीटनाशक है। गोबर सस्ता, सुलभ एवं श्रेष्ठ उर्वरक है। गोबर से ईंधन, बिजली, प्रकाश प्राप्त होता है, गोबर से त्वचा रक्षक साबुन, धूपबत्ती, मच्छरमारक, डिस्टैम्पर आदि बनता है।

देशी गाय के गोबर को कृषि के लिए उत्तम बताया गया है। देशी गाय के एक ग्राम गोबर में लगभग 300-500 करोड़ जीवाणु पाए गए हैं। इन जीवाणुओं की मात्रा अन्य नस्लों की गायों में पहाड़ी गायों की तुलना में कम आँकी गई है।

गोमूत्र–गोमूत्र मानव तथा वनस्पति जगत को प्राप्त प्रकृति का श्रेष्ठ वरदान है। यह प्राकृतिक, सहज प्राप्य, हानिरहित, कल्याणकारी एवं अरोग्य दात्री रसायन है। यह अमृत सदृश्य है। स्वस्थ्य व्यक्ति के लिए स्वास्थ्य रक्षक तथा रोग ग्रस्त को निरोग करने वाली दिव्य औषधि है। सभी रोगों विशेषकर हृदय, यकृत, गुर्दे, उदर, श्वास आदि रोगों के लिए रामबाण है।

"जो खाय गोरूर चोना, तार देहे होय सोना"

अर्थात् जो व्यक्ति गोमूत्र पीता है, उसका शरीर सोने जैसा (निरोग) हो जाता है।

आयुर्वेद के अनुसार गोमूत्र हिंदु प्रथाओं एवं कई रिवाजों में महत्त्वपूर्ण भूमिका रखता है। इसके उपचारक गुणों का वर्णन चरक संहिता में भी किया गया है। गोमूत्र धार्मिक विशेषताएँ रखने के साथ-साथ कीटनाशक विशेषताएं भी रखता है। इसमें कई महत्वपूर्ण पदार्थ पाए जाते हैं, जो की कई बीमारियों से मनुष्य को बचाते हैं। गोमूत्र में 95 प्रतिशत पानी, 2.5 प्रतिशत यूरिया और बाकी के 2.5 प्रतिशत में खनिज पदार्थ, हार्मोन एवं एंजाइमों का मिश्रण पाया जाता है। यूरिया, क्रिएटिनिन, ऑरम हाइडॉक्साइड, स्वर्णक्शार की उपस्थिति से गोमूत्र को रोगाणुरोधी पाया गया है। गोमूत्र जैव उपलब्धता बढ़ाने के साथ-साथ रोगाणुरोधक दवाइयों के प्रभाव को भी बढ़ाता है।

गौदूध का कृषि में उपयोग– बोगनविलिया की पत्तियों को कच्चे दूध से भिगो कर रात भर रखें। दूसरे दिन सुबह इन पत्तियों को निचोड़कर इसका अर्क निकाल ले। इसका 10 प्रतिशत का घोल बनाकर तम्बाकू, टमाटर और मिर्च में होने वाले कुकड़ा रोग (चुर्रा-मुर्रा) को नियन्त्रण करने के लिए छिड़काव करें।

गो छाछ का कृषि में उपयोग

- चार लीटर छाछ सौ लीटर पानी में मिलाकर बुवाई से पहले भूमि पर छिड़कें। यह मृदा अनुकूलक का कार्य करता है।
- 10 लीटर छाछ को एक मटके में एक माह तक रखें। बाद में इसमें गेहूँ का आटा आधा किलो मिलाएँ। इस मिश्रण को पतला करके चने के खेत में चने की इल्ली का प्रभावी नियन्त्रण हो जाता है।
- चने का उकठा रोग (फ्यूजेरियम विल्ट) के नियन्त्रण के लिए चना की फसल में गो-छाछ से बीजोपचार करें। जिन खेतों में यह रोग होता है, उसमें चने को चार घंटे छाछ में भिगोने के बाद छाया में हल्का सुखाकर बोएँ।

गोमूत्र का कृषि में उपयोग

गोमूत्र में 33 प्रकार के घटक होते हैं जिसके फलस्वरूप कीट, फफूँद और विषाणु रोगों का नियन्त्रण होता है। गोमूत्र में उपस्थित गंधक कीटनाशक का कार्य करती है। गोमूत्र में उपस्थित नाइट्रोजन, फास्फोरस, पोटैशियम, लोहा, चूना, सोडियम आदि तत्व वनस्पति, फसल एवं पौधों को निरोगी तथा सशक्त बनाते हैं। गोमूत्र में उपस्थित मैंगनीज और कार्बोलिक एसिड कीटनाशक तथा कीट प्रजननरोधक का कार्य करते हैं। गोमूत्र में ताँबा भी होता है, जो कीटनाशक होने के साथ-साथ चुंबकीय लहरों को भी वनस्पति में पहुँचाता है, जिससे वनस्पति सशक्त और निरोगी होती है। गोमूत्र का कीटनाशक के रूप में उपयोग करने के लिये गोमूत्र का 5 प्रतिशत घोल उपयोग करें। गोमूत्र का खाद के रूप में उपयोग करने के लिये गोमूत्र का 25 प्रतिशत घोल उपयोग करें।

गोमूत्र का छिड़काव प्रातःकाल अथवा सायंकाल के समय में ही करें तथा सप्ताह में एक बार अवश्य करें। इसे फूल आने से पहले और फूल आने के बाद छिड़कें, इसके प्रयोग से उपज बढ़ेगी।

गो-पालन से स्वावलंबन की अमृत धारा

देशी गाय के दूध से बना घी अपने ही घर नही, देश विदेश तक में सेहत का राज बन गया है। यही नही देश में विभिन्न संस्थाओं द्वारा बनाये जा रहे घी को ऑस्ट्रेलिया और कनाडा तक प्रयोग किया जाता रहा है। इसके लिए देश में कई संस्थाये तथा एफ.पी.ओ. कार्य कर रहे हैं। गाय के दूध से घी बनाने का कार्य मुख्यतः महिलाएँ ही करती हैं इसके अतिरिक्त गाय के दूध से घी निकालने के पश्चात् छाछ का प्रयोग भी किया जाता है जिसकी बाजार में बहुत अधिक मांग है। गाय पालने से गाय का गोबर तथा गोमूत्र भी प्राप्त होता है जिसका

प्रयोग खेतों एवं फसलों में करने पर फसल की उपज में वृद्धि होने के साथ-साथ मृदा की उर्वराशक्ति में भी वृद्धि हो जाती है। बहुत सी महिलाएँ बिलौना तैयार कर घी बनाती हैं यानी दूध से दही बनाकर पारंपरिक तरीके से उसका बिलौना बनाकर घी निकाला जाता है। आज की महिलाएँ खेती किसानी में हाथ बटाने के साथ-साथ पशुपालन व्यवसाय भी करने लगी हैं जिससे उन्हें काफी अधिक आमदनी हो जाती है। इस प्रकार गोपालन एवं घी की बिक्री से महिलाएँ आत्मनिर्भर एवं स्वावलंबन की ओर अग्रसर हो रही हैं।

अध्याय 18

आवारा एवं जंगली पशुओं तथा वनरोज (नील गाय) का नियंत्रण

जंगलों के नष्ट होने से एवं उनके आश्रय स्थलों के कम होने के कारण नील गायों का प्रकोप कृषि फसलों की ओर हो गया। नील गाय एवं अवारा पशु फसलों को खाकर नष्ट तो कर ही देती हैं, परन्तु खाने से ज्यादा यह फसल को रौंद देती हैं जिससे पौधा दोबारा खड़ा नहीं हो पाता है। नीलगाय को वन्यजीव सुरक्षा कानून 1972 के तहत मारना कानूनन अपराध है। किसानों का मानना है कि वनरोज (नील गाय) के प्रकोप के कारण मिश्रित/मिलवां खेती नहीं कर सकते और विशेषरूप से सब्जियाँ भी नहीं उगा सकते। नीलगाय एवं अवारा पशु दलहनी फसलें जैसे अरहर, उड़द, मूँग, मटर, मसूर आदि फसलें अपनी वृद्धि एवं विकास की अवस्था में स्वादिष्ट एवं पोषक तत्वो से परिपूर्ण होने के कारण बड़े चाव से खाती हैं जिससे फसलों में बहुत अधिक नुकसान होता है। इसके अतिरिक्त सरसों एवं अरहर की फसलों के पकने की अवस्था में यदि खेत में घुस जाते हैं तो पकी हुई फसल बुरी तरह से टूट जाती है। नील गाय जो वास्तव में गाय नहीं है, बल्कि वनरोज है। अपने खेत से दूर रखने का सबसे आसान उपाय है कि खेत के चारो ओर वनरोज के गोबर का छिड़काव किया जाये। इसके अलावा वनरोज के गोबर और लस्सी अथवा मट्ठा का मिश्रण (3 किलो गोबर, 1 लीटर लस्सी या मट्ठा, 10 लीटर पानी) दिन में घोलकर रख दें। शाम को खेत के चारों ओर इस मिश्रण का छिड़काव करना भी कारगर रहता है अगर लोहे की बाड़ के स्थान पर रस्सी पर धान की पुआल लपेटकर बाड़ बनाई जाए और उस पर रंग-बिरंगी कपड़े की कतरन लपेट दी जाये तो भी नीलगाय नुकसान नहीं करती।

वनरोज (नील गाय)

इसी प्रकार आवारा पशुओं की भी बहुत बडी संख्या में साँडों एवं गायों की समस्या विकराल रूप धारण करती जा रही है। यह आवारा जानवर किसानो के खेतों में दिन अथवा रात में किसी भी समय घुसकर सम्पूर्ण फसल को चर लेते हैं। जैसा कि आप सभी जानते हैं कि यह आवारा जानवर एवं नीलगाय विशेष रूप से दलहनी फसलों को बड़े ही चाव से खाते हैं जिसके कारण किसानों ने दलहली फसलों को उगाना ही छोड दिया जिससे दलहन के कुल आच्छादन में कमी आई है।

नीलगाय एक शक्तिशाली प्राणी है जो भारत के कई हिस्सों जैसे मध्य प्रदेश के अलावा बिहार, ओडिशा, पंजाब, हरियाणा, उत्तर प्रदेश और राजस्थान में भी पाया जाता है। उत्तर प्रदेश के लगभग प्रत्येक जिले के किसान नीलगाय के आतंक से परेशान हैं। हजारों रुपए की लागत और हड्डी तोड़ मेहनत से तैयार की गई फसल को छुटटा जानवर एवं नीलगाय बर्बाद कर देते हैं, किसानों के खेतों का सबसे अधिक नुकसान नीलगाय करती है परन्तु वर्तमान समय में आवारा जानवरों के कारण कई किसान रात-रात भर जागकर खेतों की रखवाली कर रहे हैं। इस प्राणी के बारे में कुछ खास बातें निम्नवत हैं।

1. मादा नीलगाय का रंग धूसर, मटमैला या भूरा होता है जबकि नर का रंग नीलापन लिए होता है। नर के गले पर सफेद बड़ा धब्बा होता है जबकि मादा पर यह निशान नहीं होता है।

2. नीलगाय किस प्रजाति का है इसको लेकर एकमत नहीं दिखाई देता। हालांकि 1992 में हुई फाइलोजेनेटिक स्टडी के अनुसार डीएनए की जांच से पता चला कि बोसलाफिनी (बकरी, भेड़ प्रजाति), बोविनी (गौवंश) और ट्रेजलाफिनी (हिरण प्रजाति) प्रजाति के जानवरों से मिलकर नीलगाय बनी है।
3. ईसा से 1000 साल पहले लिखे गए 'ऐतरेय ब्राह्मण' में भी नीलगाय का जिक्र मिलता है। उस वक्त इसकी पूजा भी की जाती थी। नवपाषाण काल और सिंधु घाटी सभ्यता के दौरान भी मानव, नीलगाय के संपर्क में थे।
3. मुगल काल के दौरान इनके शिकार का भी जिक्र मिलता है। मुगल बादशाह जहांगीर की आत्मकथा में जिक्र मिलता है कि वे इसके शिकार पर काफी क्रोधित हो गए थे।
4. भारत के अलावा यह नेपाल, पाकिस्तान और बांग्लादेश में भी पायी जाती है। 2001 में हुई गणना के मुताबिक भारत में इसकी संख्या करीब 10 लाख थी।
5. यह बिना पानी पिए कई दिन तक रह सकती है और खराब से खराब सतह पर बिना थके लंबी दूरी तक दौड़ सकती है। यह कम आवाज करती हैं लेकिन लड़ाई के वक्त बेहद तेज आवाजें निकालती है।
6. यह 200 किलो तक भारी होती है और कई बार तो बाघ भी इसका शिकार नहीं कर पाता। यह इतनी अधिक ताकतवर होता है कि इसकी टक्कर से छोटी गाड़ियाँ पलट जाती हैं।
7. ये घने जंगल में जाने से परहेज करती हैं और घास, कंटीली झाड़ियों, छोटे पेड़ों वाले इलाके में रहना पसंद करती हैं। धीरे-धीरे इन्होंने खाने के लिए खेतों की ओर जाना शुरू किया। तभी से मानव के साथ इनका संघर्ष शुरू हुआ है।
8. नीलगाय नाम (नील और गाय) से मिल कर बना है। नील उर्दू शब्द है जबकि गाय हिन्दी। मुगल बादशाह औरंगजेब के समय में इसे नीलघोर (नीला घोड़ा) कहा जाता था।

कृषकों को अब नीलगाय के आतंक से परेशान होने की जरूरत नहीं है। अब उन्हें बिना मारे ही इनके आतंक से छुटकारा मिलेगा। वहीं फसलों की भी सुरक्षा होगी। नीलगाय को खेतों की ओर आने से रोकने के लिए हर्बल घोल तैयार कर सकते हैं जिसका प्रयोग करने से नीलगाय फसलों को नुकसान नहीं पहुँचाती हैं।

प्रदेश के लगभग समस्त क्षेत्रों में नीलगाय का प्रकोप है। किसानों की फसलों को ये नीलगाय खाकर और पैरों से रौंदकर नष्ट कर देते हैं। जिससे किसानों को खेती को लेकर काफी नुकसान उठाना पड़ता है। इन्हें खेतों में न घुसने देने के लिए किसान प्रयास तो करते हैं, लेकिन पूर्ण सफलता नहीं मिलती है।

आवारा पशुओं एवं नीलगाय का नियंत्रण

अवारा पशुओं एवं नीलगाय का नियंत्रण निम्न प्रकार से किया जा सकता है:

- नीलगाय की बढ़ती आबादी पर नियंत्रण के लिए बिहार सरकार ने इनकी नसबंदी कर उन्हें जंगल में छोड़ने का फैसला लिया है।
- नीलगाय को खेतों की ओर आने से रोकने के लिए 4 लीटर छाछ में आधा किलो छिला हुआ लहसुन पीसकर मिलाकर इसमें 500 ग्राम बालू डालें। इस घोल को पाँच दिन रखने के बाद छिड़काव करें। इसकी गंध से करीब 20 दिन तक नीलगाय खेतों में नहीं आएगी। इसे 15 लीटर पानी के साथ भी प्रयोग किया जा सकता है।

इन छुट्टा/अवारा जानवरों का भी असर खेती पर पड़ रहा है। नीलगाय/अवारा जानवरों के आतंक से परेशान किसानों के लिए कृषि वैज्ञानिकों ने कई घरेलू और परंपरागत नुस्खे बताए हैं जिससे काफी कम कीमत में किसानों को ऐसे पशुओं से भी आजादी मिल सकती है।

- गोमूत्र, मट्ठा और लालमिर्च समेत कई घरेलू चीजों से तैयार हर्बल घोल इस दिशा में कारगर साबित हो रहा है। हर्बल घोल की गंध से नीलगाय और दूसरे जानवर भी 20–30 दिन तक खेत के आस–पास नहीं फटकते हैं।
- नील गाय रामदाने की खुशबू से दूर भागती है। नीलगाय झुंड में रहती है तो जितना ये फसलों को खाकर नुकसान करती हैं उससे ज्यादा इनके पैरों से नुकसान पहुंचता है। सरसों और आलू के पौधे एक बार टूट गए तो पुनः खडे होना मुश्किल हो जाता है।
- नील गाय एवं अवारा जानवरों के नियंत्रण के लिए परंपरागत तरीके किसानों को जरुर आजमाने चाहिए। हालांकि लंबे समय के लिए ये कारगर नहीं है क्योंकि ये (नीलगाय) बहुत चालाक जानवर हैं तो बाड़ लगवाना सबसे बेहतर विकल्प है।
- बीस लीटर गोमूत्र, 5 किलोग्राम नीम की पत्ती, 2 किग्रा धतूरा, 2 किग्रा मदार की जड़, फल–फूल, 500 ग्राम तंबाकू की पत्ती, 250 ग्राम लहसुन, 150 लालमिर्च पाउडर को एक डिब्बे में भरकर वायुरोधी बनाकर धूप में 40 दिन के लिए रख दें। इसके बाद एक लीटर दवा 80 लीटर पानी में घोलकर फसल पर छिड़काव करने से महीना भर तक नीलगाय फसलों को नुकसान नहीं पहुंचाती है। इसके प्रयोग से फसल में कीटो के प्रकोप से भी रक्षा होती है।
- खेत के चारों ओर कंटीली तार, बाँस की फंटियाँ या चमकीली बैंड से घेराबंदी करें। खेत की मेड़ों के किनारे पेड़ जैसे करौंदा, जेट्रोफा, तुलसी, खस, जिरेनियम, मेंथा,

लेमन ग्रास, सिट्रोनेला, पामारोजा का रोपण भी नीलगाय से सुरक्षा देंगे।

- खेत में आदमी के आकार का पुतला बनाकर खड़ा करने से रात में नीलगाय देखकर डर जाती हैं।
- खेत के चारों तरफ फोरेट-10 जी के घोल का छिड़काव करने से इसकी गन्ध के कारण नील गाय लगभग एक सप्ताह तक आपके खेत में नहीं आयेगी। इसके पश्चात् पुनः 10-15 दिनो के अन्तराल पर इस घोल का छिड़काव करते रहना चाहिए।
- नीलगाय के गोबर का घोल बनाकर मेड़ से एक मीटर अन्दर फसलों पर छिड़काव करने से अस्थाई रूप से फसलों की सुरक्षा की जा सकती है। एक लीटर पानी में एक ढ़क्कन फिनाइल के घोल के छिड़काव से फसलों को इन जानवरों से बचाया जा सकता है।
- गधों की लीद, पोल्ट्री का कचरा, गोमूत्र, सड़ी सब्जियों की पत्तियों का घोल बनाकर फसलों पर छिड़काव करने से नीलगाय खेतों के पास नहीं फटकती हैं।
- देशी जीवनाशी मिश्रण बनाकर फसलों पर छिड़काव करने से नीलगाय दूर भागती हैं।
- कई जगह खेत में रात के वक्त मिट्टी के तेल की डिबरी जलाने से नीलगाय नहीं आती है।
- नीलगाय और जंगली सुअर जैसे जानवरों से फसल बचाने के लिए खेतों के आस-पास साड़ियों की बाड़ लगा रहे हैं। मेड़ पर लकड़ी ग़ाड़कर उनके सहारे बांधी जाने वाली साड़ियां वैसे हो मजबूती के नाम पर कुछ भी नहीं हैं, लेकिन उनके लहराने से मनुष्य की उपस्थिति का आभास और विविध रंगों की वजह से संभवतः नीलगाय फसल से दूरी बनाए रखती है। आड़ होने से फसल न दिखने से भी नीलगाय खेतों की तरफ नहीं आते हैं। कई इलाकों में यह देसी तरीका बहुत ही कारगर भी साबित हो रहा है।
- घरेलू विधा में पांच लीटर गोमूत्र, ढ़ाई किलो नीम की पत्ती, ढ़ाई किलो बकाईन की पत्ती, एक किलो धतूरा व एक किलो मदार की पत्ती, ढ़ाई सौ ग्राम लाल मिर्च का बीज, ढ़ाई सौ ग्राम लहसुन, ढ़ाई सौ ग्राम पत्ता सुर्ती, एक किलो ग्राम नीलगाय के मल को आपस में मिला लें। फिर इसे मिट्टी के बर्तन में डालकर बर्तन के मुंह को 25 दिन के लिए पूरी तरह बंद कर दें। मुँह ऐसे बंद करें कि किसी भी हालत में हवा भीतर प्रवेश न करें। एक बात का ध्यान दें कि जिस पात्र में इसे रखा जाये उसका

एक-तिहाई हिस्सा खाली रहना चाहिए। अन्यथा दवा सड़ाव के दौरान कार्बनिक गैस उत्पन्न होने पर बर्तन फट सकता है। सड़ाव में उत्पन्न कार्बनिक गैस के प्रभाव से ही दवा असरकारक तथा तीव्र गंधयुक्त होती है। दवा को 25 दिन सड़ाने के बाद इसे खोलें और घड़े से 50 फीसदी दवा लें और 100 लीटर पानी में मिलाएँ। उसमें 250 ग्राम सर्फ मिलाकर प्रति बीघा छिड़काव करें। इस दवा के छिड़काव के बाद कोई भी पशु आपकी फसलों के करीब नहीं आयेगा।

- नीलगाय के गोबर को खेत की मेड़ों के निकट छिड़काव से नीलगाय उधर नहीं आयेगी। नीलगाय की आदत होती है कि वह अपने गोबर की बदबू वाले स्थान से दूर रहती है। इसीलिये इसके झुण्ड खेतों में नुकसान तो करते हैं गोबर भी कई बार खाली स्थान पर ही करते हैं। उन्होंने बताया कि दूसरा उपाय अमरूद से हो सकता है। अमरूद इसे बहुत पसंद है। इसमें चीरा लगाकर इसके अंदर सल्फास की गोली रख कर अमरूद को बंद करके खेत में बांस आदि पर टांग देना चाहिये, परन्तु यह जैविक विधि नहीं है तथा इस कृत्य को करने से आप कानूनी प्रक्रिया में फँस सकते हैं।

अध्याय 19

फसल अवशेष प्रबन्धन-प्राकृतिक खेती का आधार

मृदा फसलोत्पादन के लिए एक भौतिक माध्यम है इसके सुद्धर्णीकरण के लिए कई प्रयास किये जाते हैं जिससे मृदा का स्वास्थ्य कायम बना रहे। आधुनिक समय में फसल उत्पादन के लिए कृषक केवल रासायनिक उर्वरकों का ही प्रयोग करते हैं जिसके कारण मृदा में जैव कार्बनिक पदार्थ की मात्रा में दिनोंदिन कमी होती जा रही है। मृदा में जैव कार्बनिक पदार्थ फसलोत्पादन का आधार है यदि मृदा में जैव पदार्थ की मात्रा शून्य कर दी जाए और उर्वरकों की अधिकतम मात्रा का प्रयोग करने पर भी फसलोत्पादन करना सम्भव नहीं हो सकता है। वर्तमान समय में अधिकांश मृदाओं में कार्बनिक पदार्थ की मात्रा 0.3-0.5 प्रतिशत है जबकि अच्छी उर्वराशक्ति वाली मृदाओं में इसकी मात्रा 1.0-1.2 प्रतिशत होनी चाहिए। खेती में यन्त्रीकरण हो जाने के कारण कृषकों ने पशु आधारित खेती को करना बन्द कर देने से मृदा में गोबर/कम्पोस्ट की खाद का प्रयोग बहुत कम हो गया है। इसके अतिरिक्त परम्परागत खेती में हरी खाद के प्रयोग का अहम स्थान था, परन्तु आधुनिक युग में कृषक सघन फसलोत्पादन के कारण वर्ष में 3-4 फसलें उगाकर अधिक से अधिक लाभ कमाना चाहता है यदि वह अपने खेत में हरी खाद की फसल उगाकर प्रयोग करना चाहता है तो उसको एक फसल का नुकसान होता है जिसके कारण कृषक हरी खाद का प्रयोग करना ही नहीं चाहता है, परन्तु यह धारणा सही नहीं है क्योंकि यदि कृषक अपने खेत में हरी खाद का प्रयोग करता है तो मृदा में रासायनिक उर्वरकों के प्रयोग से छोड़े गये रासायनिक पदार्थों की मात्रा को कम करने में सहायक है जिससे मृदा में विकार की समस्या से निजात मिल सकती है जिसके फलस्वरूप फसलों के उत्पादन पर अनुकूल प्रभाव भी पड़ता है।

मृदा के समृद्धीकरण एवं उर्वराशक्ति बढ़ाने में फसल अवशेषों का भी महत्वपूर्ण योगदान है। फसल उगाने में पौधे की सूखी पत्तियाँ, अपरिपक्व पुष्प तथा फलियाँ, डंठल, जड़ें आदि मृदा में अवशेष के रूप में रह जाती हैं जो सड़-गल कर मृदा में कार्बनिक पदार्थ की मात्रा में वृद्धि करती हैं। दलहनी फसलें जैसे अरहर, चना, मसूर, लोबिया आदि फसलों में फसल की कटाई के पूर्व समस्त पत्तियाँ, शाखायें, अपरिपक्व पुष्प तथा फलियाँ आदि झडकर मृदा में सड़ जाती हैं एवं दलहनी फसलों की जड़ों में जड़ ग्रन्थियाँ बहुत अधिक मात्रा में पाई जाती हैं जो वायुमंडल की नत्रजन का स्थिरीकरण करती हैं। इनकी बहुत अधिक मात्रा पौधे द्वारा स्वयं ग्रहण कर ली जाती हैं तथा शेष बची हुई मात्रा ग्रन्थियों में अवशेष रह जाने के कारण मृदा की उर्वरता में वृद्धि करती हैं। आधुनिक समय में श्रमिकों की उपलब्ध्ता में

कमी, सघन फसलोत्पादन के कारण अगली फसल की बुआई के लिए, खेत तैयार करना, पशुओं को चारे की आवश्यकता न होना, यन्त्रीकरण आदि कारणों से मुख्यतः धान एवं गेहूँ की फसलों की कटाई कम्बाइन एवं हारवेस्टर द्वारा कराने पर फसलों के तना एवं पत्तियां आदि खेत में ही छोड़ दिया जाता है। इसी प्रकार गन्ने की फसल कटाई के पश्चात् पौधों से निकली हुई सूखी एवं हरी पत्तियाँ भी खेत में छोड़ दी जाती हैं। जिसका कृषक किसी भी प्रकार से उपयोग नहीं कर पाने के कारण इनको जला देते हैं। यदि इन फसल अवशेषों को जुताई करके खेत में मिला दिया जाए तो मृदा में न केवल कार्बनिक पदार्थ की मात्रा में वृद्धि होगी बल्कि पर्यावरण में होने वाले प्रदूषण से भी मुक्ति मिल सकती है। इन फसल अवशेषों के जला देने से मृदा पर बहुत ही प्रतिकूल प्रभाव पड़ता है जिससे मृदा में लाभदायक सूक्ष्म जीवाणुओं, मित्र कीटों की संख्या में कमी तथा कार्बनिक पदार्थ जल जाता है जिसके कारण उत्पादन में आशातीत वृद्धि नहीं हो पा रही है।

अवशेषों को मृदा में मिलाने से लाभ–कृषक यदि इन फसल अवशेषों को मृदा में मिला देते हैं तो निम्न लाभ प्राप्त होते हैं।

1. फसल अवशेषों के उचित प्रबन्धन से पशुओं के लिए उत्तम किस्म का चारा प्राप्त किया जा सकता है जो देश में चारे की समस्या के समाधान में सहायक हैं। जो देश की अर्थव्यवस्था में बहुत बडा योगदान रखता है।
2. एकीकृत पोषक तत्व प्रबन्धन में फसल अवशेष प्रमुख एवं अहम योगदान रखते हैं। जब फसल अवशेष मृदा में मिलाये जाते हैं तब इनकी सड़ाव की प्रक्रिया होती है जिससे मृदा में लाभदायक सूक्ष्म जीवाणुओं की संख्या में वृद्धि होती है। जिसके फलस्वरूप उत्पादन पर अनुकूल प्रभाव पड़ता है।
3. आज देश में बढ़ते वायु, जल एवं मृदा प्रदूषण की बहुत बड़ी समस्या है जिसके कारण मनुष्यों में कई प्रकार की बीमारियां हो रही हैं। यदि इन फसल अवशेषों को मृदा में मिला दिया जाए तो धुएँ एवं जहरीली गैसों द्वारा जो वायु प्रदूषण होता है उससे कुछ हद तक निजात पाई जा सकती है तथा वातावरण को विपरीत परिस्थितियों से बचाने में सहायक है।
4. दलहनी फसलों के फसल अवशेषों को मृदा में मिला देने से नत्रजन एवं पौधों के आवश्यक अन्य पोषक तत्वों की मात्रा बढ़ाने में सहायक है। इसके साथ-साथ पौधों के लिए आवश्यक सूक्ष्म पोषक तत्व प्रचुर मात्रा में उपलब्ध होने के कारण फसल की उत्पादकता में वृद्धि होती है।
5. फसल अवशेष जैसे धान के पुआल को जुताई द्वारा जब मृदा में मिलाया जाता है तब मृदा में इसका सड़ाव होता है। सडाव की प्रक्रिया होने के पश्चात् कार्बनिक अम्ल का निर्माण होता है। इस कार्बनिक अम्ल का स्वभाव अम्लीय होता है जबकि उसरीली अथवा क्षारीय भूमियाँ नमकीन या क्षारीय होता हैं। उसरीली अथवा क्षारीय भूमियों में

धान का पुआल को मृदा में मिलाने से मृदा का पी एच मान कम हो जाने से मृदा उदासीन होकर अच्छी एवं उपजाऊ मृदा के रूप में परिवर्तित हो जाती है।

6. फसल अवशेषों को मृदा में मिलाने अथवा दबाने के पश्चात् कार्बनिक अम्ल का निर्माण होता है। विशेषकर समस्याग्रस्त मृदाओं में उपस्थित पोषक तत्व अप्राप्य अवस्था में रहते हैं। यह कार्बनिक पदार्थ मृदा में अप्राप्य पोषक तत्त्वों को प्राप्य अवस्था में परिवर्तित कर देते हैं जिनका पौधों द्वारा आसानी से ग्रहण कर लिया जाता है जिसके परिणामस्वरूप मृदा की उत्पादकता में वृद्धि होकर अधिक उपज प्राप्त होती है।
7. हरी खाद अथवा फसल अवशेषों का मृदा में प्रयोग करने से मृदा में लाभदायक जीवाणुओं की संख्या में वृद्वि होती है। इन लाभदायक जीवाणुओं की संख्या में वृद्धि होने से बीमारियाँ फैलाने वाले जीवाणुओं की संख्या में कमी हो जाती है। अतः फसल में लगने वाली विभिन्न बीमारियों का काफी हद तक नियंत्रण किया जा सकता है।
8. विशेषकर मटियार अथवा भारी मृदाओं की संरचना बहुत महीन होती है जिससे मृदा में वायुसंचार कम होने से लाभदायक जीवाणुओं की क्रियाशीलता प्रभावित होती है। जब फसल अवशेषों को मृदा में मिलाया जाता है तो मृदा सरन्ध्र तथा पोली हो जाती है जिससे मृदा में वायुसंचार में वृद्धि हो जाने से जीवाणुओं की सक्रियता में वृद्धि होने से फसलों के उत्पादन में वृद्धि हो जाती है।
9. सघन फसलोत्पादन के कारण फसल अवशेषों को मृदा में न मिलाने से जीवांश पदार्थ की मात्रा में निरन्तर कमी होती जाती है जिसके फलस्वरूप फसल उत्पादन में वृद्धि नहीं हो पा रही है। इन फसल अवशेषों को मृदा में मिला देने से जीवांश पदार्थ में हो रही लगातार ह्रास को कम करने में योगदान करता है।
10. फसल अवशेषों का प्रयोग पलवार के रूप में करने से असिंचित क्षेत्रों में जहाँ पर जल की कमी होती है वहाँ पर मृदा नमी का संरक्षण होने से फसलों की वृद्धि एवं बढ़वार अच्छी हो जाती है जिसके फलस्वरूप फसलोत्पादन में वृद्धि हो जाती है। इसके अतिरिक्त फसलों की पंक्तियों के मध्य में इन फसल अवशेषों का प्रयोग करने से जिन क्षेत्रों में मृदा कटाव की समस्या होती है वहाँ पर जल अपवाह में रुकावट होने से मृदा एवं जल संरक्षण अधिक मात्रा में किया जा सकता है। फसल अवशेषों को मृदा में मिलाने पर मृदा कटाव को भी काफी हद तक कम करने में भी सहायक है।
11. फसल अवशेषों का प्रयोग कम्पोस्ट बनाने में बहुत ही सहायक है। नाडेप विधि द्वारा इन फसल अवशेषों का प्रयोग करके अच्छी गुणवत्तायुक्त कम्पोस्ट बनाई जा सकती है। कृषक इस नाडेप कम्पोस्ट का प्रयोग करने पर मृदा की भौतिक, रासायनिक तथा जैविक संरचना में सुधार किया जा सकता है। जिसके फलस्वरूप मृदा की उर्वराशक्ति में वृद्धि करके फसलोत्पादन में आशातीत वृद्धि की जा सकती है।

12. फसल अवशेषों को मृदा में मिलाने से मृदा की भौतिक संरचना में सुधार हो जाने से मृदा की जलशोषण क्षमता तथा जल धारण क्षमता में वृद्धि हो जाती है। मृदा की जलधारण क्षमता में वृद्धि हो जाने से प्रतिकूल परिस्थितियों में भी पौधों को मृदा जल की उपलब्धता होने से फसलों से अधिक उत्पादन प्राप्त किया जा सकता है। मृदा की सरन्ध्रता में वृद्धि हो जाने से फसल की जड़े गहराई तक चली जाती हैं जिससे मृदा की गहराई से पोषक तत्वों तथा मृदा जल का अवशोषण करने में सक्षम हो जाती हैं।

फसल अवशेषों के जलाने से हानियाँ

जिन क्षेत्रों में फसलों की कटाई के लिये कम्बाइन का प्रयोग किया जाता है वहां पर फसलों के अवशेष डंठल के रूप में खड़े रह जाते हैं जिनको कृषक आग लगाकर जला देते हैं। इन फसल अवशेषों को जलाने से कई प्रकार की हानियाँ हैं जो निम्न हैं।

फसल अवशेषों के उचित प्रबन्धन से उत्तम किस्म का चारा प्राप्त किया जा सकता है जिससे देश में चारे की समस्या का समाधान किया जा सकता है, परन्तु यदि इनको जला किया जाता है तो चारे की समस्या जस की तस बनी रहती है।

फसल अवशेषों को जलाने से मृदा ताप में बढ़ोत्तरी हो जाती है जिसके कारण मृदा की भौतिक, रासायनिक तथा जैविक दशा पर प्रतिकूल प्रभाव पड़ता है।

फसल अवशेषों जैसे भूसा अथवा डंठलों को जलाने पर नजदीक के कृषकों की फसलों में आग लगने की सम्भावना बनी रहती है जिससे खड़ी फसल एवं आबादी में भी अग्निकांड होने की संभावना बनी रहती है, वहीं आस-पास के खेत तथा खलिहान एवं भवनों में भी अग्निकांड के कारण अत्यधिक नुकसान उठाना पड़ता है।

गेहूं का भूसा, धान का पुआल, गन्ने की सूखी एवं हरी पत्तियाँ आादि को जला देने से पशुओं के लिए चारे की व्यवस्था पर भी बुरा प्रभाव पड़ता है। जिसके फलस्वरूप पशुओं की कार्य क्षमता में तथा दुधारू पशुओं में दूध की मात्रा में कमी हो जाती है।

चूंकि मृदा को एक जीवित माध्यम माना जाता है। एक ग्राम मृदा में असंख्य जीवाणुओं का वास है। मृदा में इन सूक्ष्म जीवाणुओं द्वारा पोषक तत्त्वों का रूपान्तरण, फसल अवशेषों को जला देने से मृदा में उपस्थित लाभदायक मित्र कीट मर जाते हैं। जिससे मृदा बंजर हो जाती है तथा फसलोत्पादन के लिए अयोग्य हो जाती है।

फसलों के अव्रशेषों जैसे तना, पत्तियों आदि में पौधों के लिए आवश्यक पोषक तत्वों की काफी अधिक मात्रा में पाई जाती है। फसलों के अवशेषों को जलाने से उनकी जड़, तना, पत्तियों में संचित पोषक तत्व भी नष्ट हो जाते हैं।

उपरोक्त फसल अवशेषों से लाभ एवं हानियों को दृष्टिगत रखते हुए कि किसी भी प्रकार के फसल अवशेषों को जलाए नहीं बल्कि मृदा में कार्बनिक पदार्थों (जैव पदार्थो) की वृद्धि हेतु पादप अवशेषों को मृदा में मिलाएँ/दबाएँ/सड़ाएँ। कृषक भाई यदि फसलों की

कटाई में कम्बाइन का प्रयोग करते हैं तो रीपरयुक्त कम्बाइन का प्रयोग करें जिससे भूसा बनें और पशुओं को गुणवत्तायुक्त भरपूर चारा मिल सके। इसके अतिरिक्त पेड़ी स्ट्रा चोपर, हैप्पी सीडर, सुपर एस.एम.एस., जीरो टिल सीडड्रिल, रोटरी स्लेसर, मल्चर, श्रेडर, रिवरसिबल मोल्डबोर्ड प्लाऊ आदि कृषि यंत्रों का प्रयोग किया जा सकता है। फसल अवशेष प्रबन्धन से सम्बन्धित 14 प्रकार के कृषि यन्त्रों पर राज्य सरकार 50 प्रतिशत का अनुदान भी दे रही है।

मा. राष्ट्रीय हरित प्राधिकरण, नई दिल्ली द्वारा फसल अवशेषों को जलाये जाने पर निम्नलिखित दण्ड घोषित किया गया है:

1. कृषि भूमि का क्षेत्र 02 एकड़ से कम होने की दशा में फसल अवशेषों को जलाने पर प्रति घटना कृषक पर 2500.00 आर्थिक दण्ड घोषित किया गया है।
2. कृषि भूमि का क्षेत्र 02 एकड़ से अधिक, परन्तु 05 एकड़ से कम होने की दशा में फसल अवशेषों को जलाने पर प्रति घटना कृषक पर 5000.00 आर्थिक दण्ड घोषित किया गया है।
3. कृषि भूमि का क्षेत्र 05 एकड़ से अधिक होने की दशा में फसल अवशेषों को जलाने पर प्रति घटना कृषक पर 15000.00 आर्थिक दण्ड घोषित किया गया है।
4. खेतों में अवशेष जलाने की लगातार दो घटनाएँ होने की दशा में सम्बन्धित कृषक को सरकार द्वारा दिये जाने वाले अनुदान आदि से वंचित कर दिये जाने के निर्देश मा. राष्ट्रीय हरित प्राधिकरण, नई दिल्ली द्वारा दिये गये हैं।
5. फसलों की कटाई में कम्बाइन हार्वेस्टिंग बिद वाइन्डर अथवा स्ट्रारीपर का प्रयोग अनिवार्य कर दिया है। बिना रीपर मशीन के कम्बाइन मशीन प्रयोग करने वाले मालिकों के विरुद्ध सिविल दायित्व भी निर्धारित किये जायेंगे।

फसलों की कटाई के पश्चात् जड़, तना, पत्तियों आदि के रूप में पादप अवशेष भूमि के अन्दर एवं भूमि के ऊपर उपलब्ध होते हैं। इनको यदि 20 किग्रा. यूरिया प्रति एकड़ की दर से छिड़क कर मिट्टी पलटने वाले हल से अथवा रोटावेटर से जुताई करके मिला देने से यह पादप अवशेष लगभग 20-25 दिन के अन्दर जमीन में सड जाते हैं जिससे मृदा में कार्बनिक पदार्थों एवं अन्य तत्त्वों की बढ़ोतरी हो जाती है जिसके परिणामस्वरूप फसल उत्पादन पर अनुकूल प्रभाव पड़ता है।

कुछ क्षेत्रों में जहाँ पानी की कमी होती है अथवा बारानी क्षेत्रों में अथवा कम्पोस्ट को जल्दी सडाने तथा बनाने के लिए नेशनल सेंटर फॉर ऑर्गेनिक फार्मिंग, गाजियाबाद ने एक वेस्ट डिकम्पोजर नाम का रसायन विकसित किया है। इस रसायन की 20 ग्राम मात्रा को 200 लीटर पानी में घोलकर इस फसल अवशेषों अथवा कम्पोस्ट पर छिड़काव कर देने से इन फसल अवशेषों का सड़ाव 10-12 दिन में हो जाता है। वेस्ट डिकम्पोजर को देशी गाय के गोबर से बनाया गया है। इसका प्रयोग सभी प्रकार की फसलों में बीजोपचार तथा कीटों एवं बीमारियों के नियंत्रण के लिए भी किया जा सकता है।

इन फसल अवशेषों को मृदा में पलटने के लिए उपरोक्त कृषि यन्त्रों का प्रयोग किसान भाई कर सकते हैं जिन पर केन्द्र तथा राज्य सरकार द्वारा अनुदान भी घोषित किया गया है। इन कृषि यन्त्रों को खरीद कर फसल अवशेषों का उचित संरक्षण करके मृदा में होने वाली हानि से बचा जा सकता है तथा फसलोत्पादन में वृद्धि की जा सकती है।

अध्याय 20

रसायन मुक्ति का प्रमाण पत्र लेना हुआ आसान

अगर आप जैविक विधि द्वारा अपनी खेती करते हैं और जैविक उत्पाद होने का प्रमाण पत्र लेना चाहते हैं तो अब यह काम अब बहुत आसान हो गया है। पहले जैविक प्रमाण पत्र देने का अधिकार केवल विदेशी कम्पनियों को था, परन्तु अब भारत की कई कम्पनियों को भी यह अधिकार मिल गया। तब यह छोटे किसानों के लिये काफी महंगा पड़ता था। अब किसानों की संस्थाओं को भी यह प्रमाण पत्र देने का अधिकार मिल गया है। कम से कम पाँच किसान मिलकर एक समूह के तौर पर यह प्रमाण पत्र प्राप्त कर सकते हैं। इसके लिये विस्तृत जानकारी www.pgsorganic.in पर मिल सकती है ऐसा प्रमाण पत्र मिलने से बड़े शहरों अथवा विदेशों में अच्छी कीमत पर उपज को बेचना आसान हो जाता है।

जैविक खेती का पंजीकरण

पिछले कुछ वर्षों में जैविक खेती की तरफ किसानों का रुझान बढ़ा है, लेकिन जानकारी के अभाव में किसानों को उनके उत्पाद का सही दाम नहीं मिल पाता है। ऐसे में प्रदेश के किसानों को जैविक खेती का प्रमाणपत्र देने के लिए उत्तर प्रदेश राज्य जैविक प्रमाणीकरण संस्था की स्थापना की गई है। जहाँ पर किसान प्रमाणपत्र बनवा सकते हैं। उत्तर प्रदेश राज्य जैविक प्रमाणीकरण संस्था के निदेशक प्रकाश चन्द्र सिंह बताते हैं आठ अगस्त को 2014 को संस्था की शुरुआत की गई थी। यहाँ से किसानों को जैविक प्रमाणपत्र उपलब्ध कराया जाता है। यहाँ पर प्रमाणपत्र मिलने के बाद किसान कहीं भी अपने उत्पाद को बेच सकता है। वह आगे बताते हैं उत्पाद का जैविक प्रमाणीकरण कराने के लिए वार्षिक फसल योजना, भूमि के दस्तावेज, किसान का पैनकार्ड, आधारकार्ड, पासपोर्ट साइज फोटो, फार्म का नक्शा एवं जीपीएस डाटा संस्था आलमबाग लखनऊ से अनुबन्ध और फार्म डायरी का प्रारूप से संबंधित अभिलेख उपलब्ध कराना होता है। कृषि और खाद्य प्रसंस्करण उत्पाद निर्यात विकास प्राधिकरण (एपीडा) के अनुसार प्रमाणिक जैविक खेती के तहत खेती योग्य क्षेत्र पिछले एक दशक में लगभग 17 गुना बढ़ गया है। यह क्षेत्र वर्ष 2003-04 में 42000 हैक्टेयर था जो वर्ष 2013-14 में बढ़कर 723 लाख हेक्टेयर तक पहुंच गया। उत्तर प्रदेश में 4467010 हैक्टेयर में जैविक खेती हो रही है। प्रदेश के कई प्रगतिशील किसान जैविक खेती करते हैं। उन्होंने इसी संस्था से प्रमाणीकरण कराया और अब वह विकास भवन में जैविक सब्जियों की दुकान चलाते हैं।

देश में कई कृषकों की राय है कि जैविक उत्पाद बेचने का कोई नियत स्थान नहीं है और न ही जैविक उत्पाद खरीदने वाले उपभोक्ता। इसके लिए किसानों को खुद ही बाजार बनाना पड़ता है। एक वर्ष से तीन वर्ष तक जैविक पद्धति का उपयोग करके उत्पाद लेने वाले किसानों के लिए अलग-अलग श्रेणी के प्रमाणपत्र दिए जाने की व्यवस्था विभाग द्वारा की जाती है।

आवेदन करना

किसान संस्था में आवेदन कर सकता है जिसके बाद संस्था द्वारा आवेदन पत्र की जांच की जाती है। किसान के पात्र होने पर आवेदक को निर्धारित निरीक्षण तथा प्रमाणीकरण शुल्क जमा करना होता है। आवेदक द्वारा निर्धारित शुल्क जमा करने के बाद संस्था द्वारा आवेदक के खेत का निरीक्षण किया जाता है। खेत के निरीक्षण के बाद जैविक प्रमाणीकरण समिति के समक्ष सम्पूर्ण फाइल रिपोर्ट करना होता है आवेदक द्वारा उत्तर प्रदेश राज्य जैविक प्रमाणीकरण संस्था से अनुबंध करना होता है। संस्था द्वारा आवेदक को स्थायी पंजीयन प्रमाण पत्र जारी करना। फार्म पर फार्म मैप, फसल इतिहास शीट, क्रय की गई आगतों का विवरण, फसल कटाई, मड़ाई, भंडारण, विक्रय का रिकॉर्ड, मृदा परीक्षण, जल परीक्षण आदि का फार्म पर तैयार खाद का विवरण, बोए जाने वाले बीज का विवरण, कीटनाशक तथा रोगनाशक उपयोग का विवरण जिसकी एक प्रति पंजीयन आवेदक परिपत्र के साथ संलग्न करना होती है।

कृषकों को ध्यान रखने योग्य बातें: जैविक खेती करने वाले किसानों को निम्न बातें ध्यान में रखनी चाहिए।

- किसी भी प्रकार के रासायनिक उर्वरक पौध संरक्षक कीटनाशक औषधियों का उपयोग नहीं कर सकते हैं।
- जेनेटिक इंजीनियरिंग से उत्पादित बीज का उपयोग नहीं कर सकते हैं।
- फसल कटने के बाद फसल अवशेषों को कदापि न जलाएँ।
- कीट-रोग सहनशील किस्मों के उपयोग को प्राथमिकता दी जानी चाहिए।
- उपयुक्त 3 से 4 वर्षों का उपयुक्त फसल चक्र अपनाना चाहिए जिसमें दलहनी फसलें एवं हरी खाद की फसलों को प्राथमिकता देनी चाहिये।
- मिट्टी में तत्वों की आपूर्ति के लिए गोबर से तैयार किये गए जैविक खाद, बायोगैस स्लरी, नाडेप कम्पोस्ट, फास्फो कम्पोस्ट, वर्मी कम्पोस्ट, नीलहरित शैवाल एवं एजोला का प्रयोग करना चाहिए।
- व्यावसायिक स्तर पर तैयार नीम के उत्पाद अथवा प्राकृतिक रूप से तैयार का उपयोग कीट नियंत्रण के लिए करना चाहिए।

- परजीवी/परभक्षी सूक्ष्म जीवों का उपयोग कीटव्याधि नियंत्रण के लिए करना चाहिए।
- नीम, करंज की पत्तियाँ, नीम के तेल, निबौली आदि का उपयोग प्रक्रिया उपरान्त पौध संरक्षण औषधियों के रूप में करना चाहिए।
- कीटों एवं बीमारियों के नियंत्रण के लिए जैव रसायन जैसे ट्राइकोडरमा, विवेरिया वेसियाना, बीजामृत, जीवामृत आदि का प्रयोग करना चाहिए।
- बीजों के भण्डारण के समय भंण्डारण के कीटों के नियंत्रण के लिए घरेलू नुस्खों जैसे सूखी नीम की पत्तियाँ, लहसुन आदि का प्रयोग करने से बीज सुरक्षित रहता है।
- जैविक खेती के लिए भूमि शोधन भी करना आवश्यक है इसके लिए पंचगव्य, दशगव्य, बायोडायनामिक खादों आदि का प्रयोग करने से मृदा समृद्धिकरण के साथ-साथ भूमि में सूक्ष्म जीवाणुओं की संख्या में वृद्धि होने से उपज में बढ़ोतरी हो जाती है।
- खेतों की मेड़ों पर विभिन्न प्रकार वृक्षों जैसे ईंधन, फलदार, चारे वाले वृक्ष, इमारती लकड़ी वाले वृक्ष आदि को उगाना चाहिए तथा इनके सड़ने-गलने से मृदा में कार्बनिक पदार्थ बढ़ने से मृदा की उर्वरा शक्ति में वृद्धि होती है।

ज्यादा जानकारी के लिए इस पते पर संपर्क कर सकते हैं: उत्तर प्रदेश राज्य जैविक प्रमाणीकरण संस्थान, राजकीय अनुसंधान परिसर, करियप्पा मार्ग आलमबाग, लखनऊ-226005

मोबाइल- 917317001232 फोन नं.- 0522-2451639/2452358

अध्याय

21 सहभागिता एवं जैविक प्रतिभूति प्रणाली

पूरे विश्व में जैविक उत्पाद अपने जैविक उत्पादों की जैविक गुणवत्ता एवं निष्ठा प्रमाणिक करने हेतु विभिन्न प्रकार के गारन्टी कार्यक्रम विकसित कर रहे हैं। तृतीय पक्ष प्रमाणीकरण प्रक्रिया विश्व जैविक बाजार की सबसे अधिक मान्य प्रतिभूति (गारंटी) प्रक्रिया है। इस प्रक्रिया के प्रचलन एवं प्रमाणीकरण हेतु भारत में 25 प्रमाणीकरण संस्थाएँ कार्यरत हैं। तृतीय पक्ष प्रमाणीकरण विश्व बाजार में यद्यपि सर्वाधिक मान्य प्रक्रिया है, परंतु इसमें भी कुछ कमियाँ हैं। इस प्रक्रिया के बहुस्तरीय आयाम, अत्यधिक एवं जटिल प्रलेखन की आवश्यकता तथा इस पर होने वाला खर्च अधिकांश लघु किसानों के लिये न केवल मुश्किल है अपितु उनकी खर्च वहन क्षमता से अधिक है। इस कारण स्थानीय बाजार में जैविक उत्पाद उपलब्ध नहीं हो पा रहे हैं। पूरी प्रक्रिया की जटिलता तथा उसका खर्च जैविक खेती आन्दोलन की प्रगति में बाधक है।

इस असमानता को दूर करने और जैविक प्रतिभूति (गारंटी) पद्धति को सर्वसुलभ बनाने हेतु स्थानीय बाजार एवं लघु उत्पाद समूहों के लिए अनेक वैकल्पिक प्रतिभूति प्रणालियाँ विकसित की गई हैं। ऐसी सभी वैकल्पिक प्रणालियों को सामूहिक रूप से सहभागिता प्रतिभूति प्रणाली (पी.जी.एस.) के नाम से जाना जाता है। पी.जी.एस. जैविक आश्वासन प्रक्रिया में सभी उत्पादकों एवं अन्य भागीदारों की सक्रिय सहभागिता उसका मूल आधार है।

सहभागिता प्रतिभूति प्रणाली

सहभागिता प्रतिभूति प्रणाली एक ऐसी गुणवत्ता आश्वासन पहल है जो स्थानीय रूप से प्रासंगिक होकर सभी भागीदारों जिनमें उत्पादक तथा उपभोक्ता दोनों शामिल हैं के सक्रिय सहभाग पर आधारित है तथा तृतीय पक्ष प्रमाणीकरण से अलग रहकर कार्य करती है। आईफोम (2008) की परिभाषा के अनुसार **"सहभागिता प्रतिभूति प्रणाली स्थानीयता केन्द्रित एक ऐसी गुणवत्ता आश्वासन प्रक्रिया है जिसमें उत्पादकों का प्रमाणीकरण सभी भागीदारों की सहभागिता सुनिश्चित कर किया जाता है। आपसी विश्वास, सामाजिक जुड़ाव तथा ज्ञान का आदान-प्रदान इसके आधारभूत तत्व हैं।"** पी.जी.एस. प्रक्रिया में समूह सदस्य (लघु जोत किसान या उत्पादक) समान परिस्थितियों में एक-दूसरे की उत्पादन प्रक्रिया का मूल्यांकन, निरीक्षण तथा जाँच कर सम्मिलित रूप में पूरे समूह की कुल जोत को जैविक प्रमाणीकरण करते हैं।

पी.जी.एस. प्रक्रिया का मूलभूत ढ़ाँचा सहभागिता, सम्मिलित दूरदृष्टि, पारदर्शिता तथा विश्वास पर आधारित है। सहभागिता पूरी प्रक्रिया का सबसे आवश्यक एवं गतिमान पहलू है। सभी प्रमुख भागीदार (उत्पादक, उपभोक्ता, विक्रेता, विपणन कर्ता तथा अन्य जैसे गैर सरकारी संस्थान इत्यादि) इसके प्रारम्भिक स्वरूप के निर्माण से लेकर पूर्ण प्रचालन तक में महत्वपूर्ण भूमिका निभाते हैं। पी.जी.एस. प्रचालन प्रक्रिया में सभी भागीदार पूरी प्रक्रिया के विभिन्न पहलुओं पर निर्णय से लेकर प्रमाणीकरण प्रक्रिया के अंतिम निर्णय तक उसमें सक्रिय भूमिका निभाते हैं। प्रचालन प्रक्रिया में सहभागिता के साथ-साथ उत्पादक भागीदार लगातार जानकारी के आदान-प्रदान से एक-दूसरे के ज्ञानवर्धन में सहायक होते हैं और अपनी उत्पादन प्रक्रिया में उत्तरोत्तर विकास करते हैं। यह ज्ञानवर्धन प्रक्रिया जहाँ कुछ अवस्थाओं में समूह के सदस्यों से प्रेरित होती हैं वहीं कुछ अवस्थाओं में सहायक गैर/सरकारी संस्थाओं के सहयोग से पूरी की जाती हैं। ज्ञानवर्धन प्रक्रिया प्रमुख रूप से उत्पादन स्थलों पर सीधे तकनीकी प्रदर्शन, किसान दिवस अथवा गोष्ठियों के रूप में होती है। सहभागिता के साथ सामूहिक उत्तरदायित्व पी.जी.एस. जैविक आश्वासन का प्रमुख आधार है।

जैविक सहभागिता प्रतिभूति प्रणाली के मार्गदर्शक सिद्धान्त

अंतर्राष्ट्रीय मान्यताओं के आईफोम के पी.जी.एस. दिशा-निर्देशों के अनुपालन में, पी.जी.एस. इण्डिया प्रणाली भी सहभागिता, सम्मिलित दूरदृष्टि, पारदर्शिता तथा आपसी विश्वास के मूलभूत स्तम्भों पर आधारित है। अतिरिक्त पी.जी.एस. इण्डिया कार्यक्रम पी.जी.एस. धारणा को राष्ट्रीय मान्यता के साथ-साथ इसे एक संस्थागत स्वरूप भी प्रदान करता है।

सहभागिता सिद्धान्त

सहभागिता पी.जी.एस. का सबसे महत्वपूर्ण एवं गतिमान भाग है। सभी प्रमुख भागीदार (उत्पादक, उपभोक्ता, विक्रेता, विपणन कर्ता तथा अन्य जैसे गैर-सरकारी संस्थान) इसके प्रारम्भिक स्वरूप के निर्माण से लेकर पूर्ण प्रचालन तथा निर्णय तंत्र में सक्रिय भूमिका निभाते हैं।

सहभागिता के अन्तःकरण में निहित सामूहिक उत्तरदायित्वता का सिद्धान्त जैविक निष्ठा की स्थापना का मूल मंत्र है। सामूहिक उत्तरदायित्वता निम्न बिन्दुओं पर परिलक्षित होती है।

- पी.जी.एस. का सामूहिक स्वामित्व।
- विकास प्रक्रिया में सभी की भागीदारी।
- पूरी प्रक्रिया कैसे काम करती है उसकी समझ ।
- उत्पादक, उपभोक्ता तथा अन्य भागीदारों के बीच सीधा सम्बन्ध एवं संवाद।

ये सभी मूल तत्त्व आपसी विश्वास को आधार बनाकर जैविक निष्ठा के स्थापन में

सहयोग करते हैं। पूरी प्रचालन प्रक्रिया की पारदर्शिता आपसी विश्वास की स्थापना में सबसे महत्त्वपूर्ण है। निर्णय प्रक्रिया में पारदर्शिता, सभी प्रलेखों एवं सूचना तंत्र तक सीधे पहुँच तथा उपभोक्ताओं की प्रचालन तथा निरीक्षण में भागीदारी पूरे कार्यक्रम को विश्वसनीयता प्रदान करती है। निर्णय प्रक्रिया में यद्यपि विपणनकर्ताओं, विक्रेताओं अथवा उपभोक्ताओं की अनवरत भागीदारी सम्भव नहीं होती है, परन्तु उनकी भागीदारी से पूरी प्रक्रिया की सत्यनिष्ठा एवं विश्वसनीयता बढ़ती है।

सम्मिलित दूरदृष्टि का सिद्धान्त

प्रचालन और निर्णय प्रक्रिया में सामूहिक उत्तरदायित्व सम्मिलित दूरदृष्टि से ही सम्भव है। सभी प्रमुख भागीदार (उत्पादक सहायक संस्थायें, गैर सरकारी संस्थान, तथा राज्य सरकारें) पी.जी.एस. में निहित मार्गदर्शक सिद्धान्तों तथा लक्ष्यों को प्राप्त करने में सहयोग करते हैं। ऐसा तभी सम्भव होता है जब सब कार्यक्रम निर्माण में भागीदार हों और उसमें शामिल होकर उसके प्रचालन में सहयोग करें। प्रतिबद्धता सुनिश्चित करने के लिये आवेदन या प्रलेख जिसमें दूरदृष्टि उल्लिखित हो पर हस्ताक्षर किये जाने चाहिये।

यद्यपि प्रत्येक भागीदार संस्था या पी.जी.एस. समूह अपनी अलग-अलग दूरदृष्टि पत्र बना सकते हैं परन्तु ऐसे प्रलेख पी.जी.एस.-इण्डिया की समग्र दूरदृष्टि एवं मानकों के अधीन होने आवश्यक हैं।

पारदर्शिता का सिद्धान्त

पारदर्शिता सुनिश्चित करने के लिये यह जरूरी है कि सभी भागीदार (उत्पादक एवं उपभोक्ता इस बात से भली-भांति परिचित हों कि सहभागिता प्रतिभूति प्रणाली कैसे कार्य करती है, मानकीय आवश्यकतायें क्या हैं, जैविक प्रतिभूति क्रियाविधि तथा आवश्यक प्रलेखन तथा निर्णय प्रक्रिया कार्य करती है। पी.जी.एस. समूहों के सभी दस्तावेजों तथा सूचनाओं (जैसे प्रमाणिक उत्पादकों की सूची, उनके फार्म एवं उत्पादन प्रक्रिया का विवरण, मानक विरोधी कार्य इत्यादि) तक आमजन की पहुँच सुनिश्चित की जानी चाहिये। पी.जी.एस. इण्डिया के कार्यक्रम के अन्तर्गत ऐसी समस्त जानकारी एक राष्ट्रीय डाटाबेस वेबसाइट के माध्यम से सुनिश्चित की जायेगी।

इस कथन का यह मतलब भी नहीं है कि राष्ट्रीय पी.जी.एस. वेबसाइट पर उपलब्ध सभी जानकारी सभी को उपलब्ध होगी। सबसे निचले स्तर पर पारदर्शिता सुनिश्चित करने के लिये सभी उत्पादकों को पूरी जैविक प्रतिभूति क्रियाविधि में सक्रिय रूप से शामिल किया जाना आवश्यक है। इसके लिये निम्न बिन्दुओं पर विशेष ध्यान देना होगा।

- सभी गोष्ठियों तथा बैठकों में जानकारी का आदान-प्रदान।
- आंतरिक निरीक्षणों एवं पुनरीक्षण प्रक्रिया में भागीदार तथा

- निर्णय प्रक्रिया में सक्रिय योगदान।

विश्वास का सिद्धान्त

पी.जी.एस. प्रक्रिया में जैविक निष्ठा का मूल आधार यह है कि उत्पादकों पर विश्वास किया जा सकता है तथा जैविक प्रतिभूति प्रणाली इसी विश्वास पर आधारित सत्यापन प्रक्रिया है। इस विश्वास का मूल आधार सम्पूर्ण पी.जी.एस. प्रक्रिया में सभी भागीदारों की सम्मिलित दूरदृष्टि, सम्मिलित प्रयास, प्रचालन तथा सम्मिलित निष्ठा सत्यापन है। यह विश्वास अलग-अलग पी.जी.एस. समूहों में उनके सांस्कृतिक तथा सामाजिक परिवेश के अनुसार अलग-अलग परिलक्षित होता है। इस विश्वास के मूल में यह अवधारणा भी है कि प्रत्येक उत्पादक अपनी सम्पूर्ण जैविक उत्पादन प्रक्रिया में पर्यावरण सुरक्षा तथा उपभोक्ता स्वास्थ्य के प्रति पूर्ण रूप से प्रतिबद्ध है।

विश्वसनीयता क्रियाविधि में निम्न बिन्दु महत्वपूर्ण हैं–

- प्रत्येक उत्पादक एक लिखित शपथ पत्र द्वारा अपनी प्रतिबद्धता दर्शाता है।
- पूरा समूह सामूहिक रूप से वचन देता है कि वे पी.जी.एस. प्रक्रिया के सिद्धान्तों, मानकों तथा प्रक्रिया का पूरा पालन करेंगे।

समस्तरीयता

उत्पादक समूह स्तर पर पी.जी.एस.-इण्डिया में कोई भी बड़ा या छोटा नहीं होता तथा यह पूरी प्रक्रिया के लोकतांत्रिक तथा सामूहिक उत्तरदायित्वता के रूप में परिलक्षित होता है। समस्त कार्य जैसे निरीक्षण, पुनरीक्षण इत्यादि बारी-बारी से सभी सदस्यों द्वारा किये जाते हैं तथा सारे क्रिया-कलापों तथा निर्णय प्रक्रिया में पूरी पारदर्शिता सुनिश्चित की जाती है।

राष्ट्रीय संस्थागत तंत्र का निर्माण- पी.जी.एस.- इण्डिया कार्यक्रम में पी.जी.एस. की मूल भावना को अक्षुण रखते हुए पूरी प्रक्रिया को एक संस्थागत स्वरूप दिया गया है जिसमें पूरे देश के सभी उत्पादक समूह विभिन्न सहायक संस्थाओं, प्रादेशिक परिषद् तथा आंचलिक परिषदों के माध्यम से एक ही राष्ट्रीय तंत्र से जोड़े गये हैं। पूरी प्रक्रिया को पारदर्शी बनाने तथा सभी सूचनाओं को विक्रेताओं एवं उपभोक्ताओं तक पहुँच सुनिश्चित करने के लिये सभी सूचनाओं, दस्तावेजों तथा आँकड़ों को राष्ट्रीय वेबसाइट पर रखा जायेगा। राष्ट्रीय जैविक खेती केन्द्र इन सभी आँकड़ों के राष्ट्रीय अभिरक्षक होने के साथ-साथ नीति निर्धारण, मार्गदर्शन, निगरानी तथा प्रमाणिक उत्पादों की रसायन अवशेष जांच का कार्य भी करेगा। प्रादेशिक परिषद तथा सहायक संस्थायें समूहों के क्षमता निर्माण, प्रशिक्षण, तकनीकी ज्ञान विसर्जन तथा सभी आँकड़ों एवं जानकारी को वेबसाइट पर डालने में सहायता का कार्य करेंगी। सभी स्तरों पर यह सुनिश्चित किया जायेगा कि संस्थान (शीर्ष संस्थान, प्रादेशिक तथा आंचलिक परिषद् इत्यादि) उत्पादक समूह की कार्य प्रणाली तथा उनकी निर्णय प्रक्रिया में कोई दखल

न दें। उन परिस्थितियों में भी जहाँ जाँच तथा निगरानी की गयी और रिपोर्ट में प्रक्रिया के उल्लंघन के मामले हैं तो भी पूरी रिपोर्ट को वेबसाइट पर डाल दिया जायेगा और उस पर क्या कार्यवाही की जानी है यह उत्पादक समूह तथा सम्बन्धित प्रादेशिक परिषद के विवेक पर छोड़ दिया जायेगा।

तृतीय पक्ष प्रमाणीकरण के मुकाबले पी.जी.एस. के लाभ– पी.जी.एस. प्रक्रिया में जैविक उत्पादकों का पूरी प्रमाणीकरण प्रक्रिया पर नियंत्रण होने के कारण गुण नियन्त्रण आश्वासन तृतीय पक्ष प्रमाणीकरण प्रक्रिया के मुकाबले कहीं अधिक विश्वसनीय होगा। इस प्रक्रिया के प्रमुख लाभदायी बिन्दु निम्नानुसार हैं:

- पूरी प्रक्रिया बहुत आसान है तथा सारा प्रलेखन आधारभूत होने के साथ स्थानीय भाषा में होगा जो सभी उत्पादकों के लिये समझ पाना सम्भव होगा।
- सभी सदस्य स्थानीय होंगे और एक-दूसरे से भली-भांति परिचित होंगे। चूँकि सभी सदस्य स्वयं जैविक उत्पादक होंगे अतः उनकी दैनिक क्रियाविधि पर अच्छी पकड़ होगी और वे सभी खेतों या फार्मों से भी भली-भांति परिचित होंगे।
- सभी पुनरीक्षक चूंकि उसी समूह के सदस्य होंगे और उसी गाँव के निवासी होंगे अतः वे एक दूसरे पर बेहतर निगरानी कर सकेंगे।
- स्थानीय पुनरीक्षण प्रक्रिया खर्चमुक्त होगी।
- विभिन्न प्रादेशिक पी.जी.एस. समूहों के बीच आपसी मान्यता एवं सहयोग से प्रसंस्करण तथा विपणन तंत्र स्थापित करने में सहायता मिलेगी।
- उत्तरोत्तर क्षमता निर्माण से उत्पादकों के ज्ञान में वृद्धि होगी और वे अधिकाधिक आधिकारपरक एवं जागरुक होंगे।
- बिना किसी बिचौलिये के उपभोक्ता सीधे उत्पादकों के संपर्क में आ सकेंगे।
- तृतीय पक्ष उत्पादक समूह प्रमाणीकरण के विपरीत पी.जी.एस. प्रक्रिया में प्रत्येक उत्पादक को उसका अलग से स्वयं का प्रमाण पत्र मिलेगा जिससे वह अपने उत्पादक को स्वतंत्र रूप से प्रमाणीकरण के साथ बेच सकेगा।
- उपभोक्ता तथा विक्रेता उत्पादन जाँच एवं निगरानी प्रक्रिया के अंग होंगे।
- समय-समय पर की जाने वाली रसायन अवशेष जाँच पूरी प्रक्रिया की सत्यनिष्ठा एवं उसकी विश्वसनीयता को और अधिक सुदृढ़ करेगी।

पी.जी.एस. चिन्ह व विशिष्ट प्रमाणीकरण पहचान कोड देना—प्रादेशिक परिषद् द्वारा प्रमाणीकरण स्वीकृति प्राप्त होने पर स्थानीय समूह सभी सदस्यों के अलग-अलग प्रमाण पत्र वेबसाइट के माध्यम से छाप सकता है तथा अपने उत्पादों के पैकेट या उनके थैलों पर स्वीकृत पी.जी.एस. चिन्ह लगाकर उनका विपणन कर सकता है। प्रत्येक किसान के प्रमाण पत्र में एक विशिष्ट पहचान कोड अंकित होगा जिसमें उस समूह तथा सम्बन्धित प्रादेशिक परिषद की पहचान निहित होगाी। प्रत्येक प्रमाण पत्र में उस किसान की कुल जोत, ली गई फसलों एवं प्रमाणित उत्पादों का विवरण भी परिशिष्ट के रूप में अंकित होगा। विभिन्न उत्पादों की कितनी मात्रा का उत्पादन तथा प्रमाणीकरण किया गया है इसकी जानकारी पी.जी.एस. -इडिया वेबसाइट पर उपलब्ध होगी।

प्रत्येक प्रमाणपत्र निर्णय स्वीकृत तिथि से 12 महीने तक प्रभावी होगा। अगली सारांश शीट जमा करने और निर्णय के बाद नया प्रमाणपत्र जारी किया जायेगा जिसकी वैधता जारी करने की तिथि से 12 माह तक होगी। इस प्रकार हर बार सारांश शीट जमा करने एवं प्रमाणीकरण निर्णय स्वीकृत होने पर प्रमाणीकरण की वैधता बढ़ती रहेगी।

पी.जी.एस. चिन्ह प्रमाणीकरण उत्पादों पर विशिष्ट पहचान कोड सहित अंकित करना होगा। उपभोक्ता इस विशिष्ट पहचान कोड को वेबसाइट में डालकर उत्पाद तथा समूह की पूर्ण जानकारी, प्रमाणीकरण स्तर, उत्पादन प्रणाली, पुनरीक्षण एवं निगरानी जाँच रिपोर्ट इत्यादि देख सकेंगे।

पी.जी.एस. जैविक तथा पी.जी.एस. परिवर्तन अधीन उत्पादों हेतु अलग-अलग चिन्ह हैं-

पी.जी.एस. इण्डिया प्रणाली में पी.जी.एस. जैविक एवं पी.जी.एस. परिवर्तन अधीन उत्पादों पर निम्नानुसार अलग-अलग चिन्ह लगाये जाएंगे।

पी.जी.एस. हरित	पी.जी.एस. कार्यक्रम के अन्तर्गत परिवर्तन कालावधि उत्पाद	PGS-INDIA GREEN
पी.जी.एस. जैविक		PGS-INDIA ORGANIC

अध्याय

22 परिशिष्ट

जैविक खेती में पोषण प्रबंधन एवं मृदा सुधार हेतु उपयोग किए जाने वाले पदार्थों की स्वीकार्यता

उपादान	स्वीकार्यता की स्थिति
पौध एवं जन्तु श्रोतों से प्राप्त उपादान	अनुमन्य
जैविक कृषि फार्म पर उत्पादित	
• गोबर खाद, मुर्गी खाद, पशु मल एवं मूत्र	अनुमन्य
• फसल अवशिष्ट तथा हरी खाद	अनुमन्य
• भूसा एवं अन्य पलवार	अनुमन्य
• कम्पोस्ट तथा वर्मी कम्पोस्ट	अनुमन्य
अन्य स्रोतों से प्राप्त	
• रक्त, मांस, हड्डी, पंख से प्राप्त खाद (बिना रसायनों के)	सीमित
• पौध एवं जन्तु अवशेषों एवं पशु मल से प्राप्त कम्पोस्ट	सीमित
• गोबर खाद, मुर्गी खाद, पशु मल एवं मूत्र	सीमित
• मछली खाद व अन्य मछली उत्पाद (बिना रसायनों के)	सीमित
• गुआनो	सीमित
• मानव मल	पूर्ण निषेध
• लकड़ी की छाल, बुरादा, राख तथा कोयला	सीमित
• भूसा, जन्तु कोयला, कम्पोस्ट, मशरूम अवशिष्ट तथा वर्मीक्यूलेट पदार्थ	सीमित
• घरों से प्राप्त कचरा एवं उसका कम्पोस्ट	सीमित
• पौध अवशिष्ट से प्राप्त कम्पोस्ट	सीमित
• समुद्री खरपतवार एवं उनके उत्पाद	सीमित
औद्योगिक उप उत्पाद	
• खाद्य एवं कपड़ा उद्योग के ऐसे उप उत्पाद जो पौध एवं जन्तु स्रोतों से प्राप्त हो, जैव अपघटित हो तथा रसायनों से मुक्त हो।	सीमित

• पाम तेल, नारियल, कोको उद्योग के उप उत्पाद तथा अवशिष्ट	सीमित
• जैविक खाद्य प्रसंस्करण उद्योगों के उप उत्पाद	सीमित
• मशरूम तथा क्लोरेला के अर्क, एस्परजिलस के सड़न उप उत्पाद तथा प्राकृतिक अम्ल	सीमित
खनिज स्रोतों से प्राप्त	
• बेसिक स्लेग	सीमित
• कैल्शियम एवं मैग्नीशियम खनिज	सीमित
• चूना, चूना पत्थर तथा जिप्सम	अनुमन्य
• कैल्सिकृत समुद्री खरपतवार	अनुमन्य
• कैल्शियम क्लोराइड	अनुमन्य
• ऐसा खनिज पोटाश जिसमें क्लोराइड की मात्रा बहुत कम हो	सीमित
• प्राकृतिक रॉक फास्फेट	अनुमन्य
• सूक्ष्म पोषक तत्त्व	अनुमन्य
• गंधक	अनुमन्य
• क्ले (बैन्टोनाइट, परलाइट, जियोलाइट)	अनुमन्य
सूक्ष्मजीव स्रोतों से प्राप्त	
• जीवाणु उत्पाद (जैसे जैव उर्वरक)	सीमित
• जैव सक्रिय उत्पाद	सीमित
• पौध उत्पाद तथा वानस्पतिक अर्क	सीमित

जैविक खेती में नाशीजीव प्रबंधन हेतु उपयोग किये जाने वाले पदार्थों की स्वीकार्यता

उपादान	स्वीकार्यता की स्थिति
पौध एवं जन्तु श्रोतों से प्राप्त उपादान	
• पौध आधारित प्रतिकर्षी (जैसे नीम उत्पाद)	अनुमन्य
• शैवाल उत्पाद (जैसे जिलेटिन)	अनुमन्य
• केसीन	अनुमन्य
• मशरूम तथा क्लोरेला के अर्क तथा एस्परजिलस के सड़न उप उत्पाद	अनुमन्य
• प्रापोलिस	सीमित
• मधुमक्खी मोम, प्राकृतिक अम्ल, क्सूआसिया	अनुमन्य
• डेरिस इलिपटिका, लोन्चोकारपस या टेफरोसिया पौधे से प्राप्त रोटेनोन	सीमित
• तम्बाकू का काढ़ा (शुद्ध निकोटीन का प्रयोग निषेध)	अनुमन्य
• रायोनिया पौधे के उत्पाद	अनुमन्य

खनिज स्रोतों से प्राप्त	
• चूने व सोडियम क्लोराइड	अनुमन्य
• बरगन्डी घोल	अनुमन्य
• क्ले (बैन्टोनाइट, परलाइट, वर्मीक्यूलाइट, जियोलाइट)	अनुमन्य
• तांबे के लवण/अकार्बनिक लवण (बोर्डोक्स मिक्सचर, कॉपर हाइड्रोक्लोराइड, कॉपर ऑक्सीक्लोराइड)	पूर्ण निषेध
• चूना	सीमित
• डाइएटम मिट्टी	अनुमन्य
• हल्के खनिज तेल	सीमित
• पोटैशियम परमैंगनेट	सीमित
कीट स्रोतों से प्राप्त	
• परजीवी एवं परभक्षी मित्र कीटों का प्रयोग	सीमित
• बंध्याकृत कीटों का प्रयोग	सीमित
• नर कीटों का बंध्याकरण	पूर्ण निषेध
जैविक जीवनाशी प्रबंधन में सूक्ष्मजीवों का प्रयोग	
• विषाणु, जीवाणु एवं फफूंद आधारित नाशीजीव अन्य	सीमित
• कार्बन डाई ऑक्साइड एवं नत्रजन गैस	अनुमन्य
• कोमल साबुन, सोडा तथा सल्फर डाई ऑक्साइड	अनुमन्य
• होम्योपैथिक व आयुर्वेदिक उत्पाद	अनुमन्य
• वनस्पतिक एवं जैव सक्रिय उत्पाद	अनुमन्य
• समुद्री नमक एवं खारा पानी	अनुमन्य
• इथाइल अल्कोहल	पूर्ण निषेध
ट्रैप, बाधायें व प्रतिकर्षी	
• भौतिक उपाय (जैसे क्रोमेटिक ट्रैप व यांत्रिक ट्रैप)	अनुमन्य
• मल्च एवं जाल का उपयोग	अनुमन्य
• फिरेमोन्स-केवल ट्रैप व डिस्पैंसर में	अनुमन्य